绿色化学前沿丛书

生物质转化利用

胡常伟　李建梅　祝良芳　童冬梅　李　丹　编著

科学出版社

北　京

内 容 简 介

本书较为系统地介绍了近年来通过化学方法和技术转化利用木质纤维素类生物质的相关进展。首先介绍了木质纤维素类生物质的组成、结构特点及其化学转化利用面临的科学和技术上的挑战。以化学反应特点为线索，提出了木质纤维素类生物质转化利用可能涉及的各种转化反应、工艺及其特点。在此基础上，以从简到繁的原则，介绍了以生物质基小分子油类（油脂）、小分子糖类、生物质纤维素组分、生物质半纤维素组分、生物质木质素组分、生物质整体为原料，制备能源和化学品的转化进展，在生物质整体转化方面主要介绍了整体气化和整体液化的进展，并对生物质转化利用提出了若干可能的发展方向。

本书可作为化学、化工、生命、能源等相关专业研究生参考资料，也可供相关专业研究人员参考。

图书在版编目（CIP）数据

生物质转化利用 / 胡常伟等编著. —北京：科学出版社，2019.11

（绿色化学前沿丛书 / 韩布兴总主编）

ISBN 978-7-03-062695-0

Ⅰ. ①生… Ⅱ. ①胡… Ⅲ. ①生物质—能量转换—研究 ②生物质—能量利用—研究 Ⅳ. ①TK62

中国版本图书馆 CIP 数据核字（2019）第 233829 号

责任编辑：翁靖一 李丽娇 / 责任校对：杜子昂
责任印制：吴兆东 / 封面设计：东方人华

科学出版社出版
北京东黄城根北街 16 号
邮政编码：100717
http://www.sciencep.com
北京中石油彩色印刷有限责任公司印刷
科学出版社发行 各地新华书店经销
*
2019 年 11 月第 一 版 开本：720 × 1000 1/16
2025 年 1 月第四次印刷 印张：21 1/2
字数：415 000

定价：138.00 元

（如有印装质量问题，我社负责调换）

绿色化学前沿丛书

编　委　会

总 序

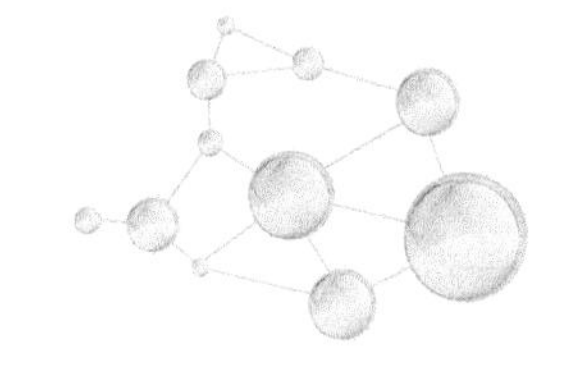

化学工业生产人类所需的各种能源产品、化学品和材料，为人类社会进步作出了巨大贡献。无论是现在还是将来，化学工业都具有不可替代的作用。然而，许多传统的化学工业造成严重的资源浪费和环境污染，甚至存在安全隐患。资源与环境是人类生存和发展的基础，目前资源短缺和环境问题日趋严重。如何使化学工业在创造物质财富的同时，不破坏人类赖以生存的环境，并充分节省资源和能源，实现可持续发展，是人类面临的重大挑战。

绿色化学是在保护生态环境、实现可持续发展的背景下发展起来的重要前沿领域，其核心是在生产和使用化工产品的过程中，从源头上防止污染，节约能源和资源。主体思想是采用无毒无害和可再生的原料、采用原子利用率高的反应，通过高效绿色的生产过程，制备对环境友好的产品，并且经济合理。绿色化学旨在实现原料绿色化、生产过程绿色化和产品绿色化，以提高经济效益和社会效益。它是对传统化学思维方式的更新和发展，是与生态环境协调发展、符合经济可持续发展要求的化学。绿色化学仅有二十多年的历史，其内涵、原理、内容和目标在不断充实和完善。它不仅涉及对现有化学化工过程的改进，更要求发展新原理、新理论、新方法、新工艺、新技术和新产业。绿色化学涉及化学、化工和相关产业的融合，并与生态环境、物理、材料、生物、信息等领域交叉渗透。

绿色化学是未来最重要的领域之一，是化学工业可持续发展的科学和技术基础，是提高效益、节约资源和能源、保护环境的有效途径。绿色化学的发展将带来化学及相关学科的发展和生产方式的变革。在解决经济、资源、环境三者矛盾的过程中，绿色化学具有举足轻重的地位和作用。由于来自社会需求和学科自身发展需求两方面的巨大推动力，学术界、工业界和政府部门对绿色化学都十分重视。发展绿色化学必须解决一系列重大科学和技术问题，需要不断创造和创新，这是一项长期而艰巨的任务。通过化学工作者与社会各界的共同努力，未来的化学工业一定是无污染、可持续、与生态环境协调的产业。

为了推动绿色化学的学科发展和优秀科研成果的总结与传播，科学出版社邀请我组织编写了“绿色化学前沿丛书”，包括《绿色化学与可持续发展》、《绿色化学基本原理》、《绿色溶剂》、《绿色催化》、《二氧化碳化学转化》、《生物质转化利用》、《绿色化学产品》、《绿色精细化工》、《绿色分离科学与技术》、《绿色介质与过程工程》十册。丛书具有综合系统性强、学术水平高、引领性强等特点，对相关领域的广大科技工作者、企业家、教师、学生、政府管理部门都有参考价值。相信本套丛书的出版对绿色化学和相关产业的发展具有积极的推动作用。

最后，衷心感谢丛书编委会成员、作者、出版社领导和编辑等对此丛书出版所作出的贡献。

中国科学院院士

2018 年 3 月于北京

前　言

随着人类社会的不断发展和人类对美好生活的不断追求，我们对能源和化学品不仅在需求量上不断增加，而且对其质量的要求也不断提高，现代化学工业已成为社会文明的重要基础之一。到目前为止，我们用于生产能源和化学品的原料主要是石油、煤、天然气等化石资源。采用化石资源制备能源和化学品，我们使用的主要是其中由碳元素和氢元素构成的物质，简言之，我们利用的主要是化石资源中的碳和氢这两种元素。然而，化石资源是千万年来大自然通过复杂过程演化形成的，其储量十分有限，目前面临枯竭的危险；此外，我们在消耗使用化石资源的同时，还不断向大气中排放二氧化碳、硫氧化物等，不仅直接造成环境污染，危害人类健康，而且大气中二氧化碳净浓度的不断升高，还造成了一系列次生环境问题，如温室效应等。生物质在人类生命时间尺度内是可再生的资源，是目前除化石资源外自然界能得到的含有碳元素和氢元素的唯一的资源。因此，把生物质作为生产能源和化学品的原料，是人类社会维持目前生活状态和实现可持续发展的必然需求，最近几十年来受到学术界和工业界的高度重视。未来必须在科学技术上发展“生物炼制”，进而推动“生物质经济”的发展，已成为各国政府、世界学术界和工业界的共识。

由于生物质原料在组成、结构等方面与化石资源有很大的差异，完全将传统的用于加工化石资源的基本原理、基本技术和基本方法直接用于生物质原料的加工处理会遇到许多新的困难。因此，以获得现有基本能源材料和基本化学产品为目标，针对生物质组成、结构特点开展的基本原理、基本技术和基本方法相关研究受到高度重视，目前已取得了不少进展。在韩布兴院士等的鼓励下，本书以基本化学品的制备和主要植物生物质组分为线索，对近几十年来的相关研究进行了总结，希望能抛砖引玉，给有志于开展可持续发展化学研究的学生和学者提供一些入门知识。全书分为 9 章，按照由简到繁的原则，逐步推进，第 1 章作为绪论，简单地介绍了生物质与化学的发展，第 2 章主要阐述生物质转化利用面临的挑战与对策，第 3 章介绍油类生物质的转化，第 4 章介绍糖类化合物的转化，第 5 章介绍纤维素的转化，第 6 章介绍半纤维素的转化，第 7 章介绍木质素的转化，第 8 章介绍生物质气化，第 9 章介绍生物质的热解转化。

本书第1、2章由胡常伟完成，第3章由李丹完成，第4章由祝良芳完成，第5～7章由李建梅完成，第8、9章由童冬梅完成。全书由胡常伟统稿。

本书得到国家重点研发计划项目“纤维素类生物质生物、化学、热化学转化液体燃料机理与调控”课题四“纤维素类生物质多组分耦合热分解机理及产物定向提质规律”（2018YFB1501404）支持，特此感谢！

生物质转化利用发展迅速，涉及学科众多，限于编著者的研究领域和时间，收集的资料不够完全，对相关问题的认识不够深刻，书中难免有疏漏或不妥之处，恳请读者和业内专家对此提出批评和建议。

胡常伟

2019年8月18日

于四川大学

目　　录

第1章 绪　论

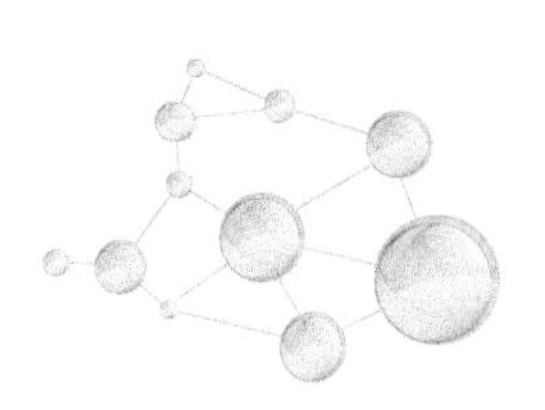

石油、天然气和煤等化石资源正在面临枯竭，同时使用化石资源造成的环境污染等全球性问题日益突出，迫使我们寻找可再生的资源来替代化石资源，以延续我们目前的社会生活和争取实现人类社会的可持续发展，生物质资源是除化石资源外当前所能获取的唯一的含有 C、H 元素的资源，是替代化石资源的最佳选择。

1.1 生物质与化学的发展

化学的科学内涵、科学方法及相关技术的发展与人类所具备的认识水平和可获得的原料密切相关。

人类早期的钻木取火、以火熟食、以火取暖、以火防卫等，是生物质作为能源等利用的原始实践，其后，人类在相当长一段时期内以生物质作为能源材料，满足日常生活的需要。人类利用生物质作为化工原料也已有上千年的历史，我国发明的造纸术、古埃及木炭的制造术等均是生物质作为化工原料利用的成功实例[1]。早期甲醇是由木材蒸馏得到的，故甲醇也称为木醇[2]。后来人类发现和开采了煤，煤化工在德国等欧洲国家得到了高度的发展，主要开发了煤炼焦技术和煤焦油深度利用技术；由煤制备电石，电石与水反应制备乙炔，由此衍生一系列产品等。石油的开采利用进一步促进了化学的发展，以石油为原料，衍生了包括新能源、新材料、医药等的众多现代化工产业[3]。20 世纪 70 年代中后期发生的石油危机迫使人们再度重视煤化工，发展了以煤制备合成气，由合成气制备众多化学品的工业。其间，人们也将天然气作为重要的能源和化工原料，相关工业得到很好的发展，而生物质原料的利用则渐渐被淡化[4]。然而，煤、石油、天然气均是大自然长期演化的产物，尽管每年世界各地都有新发现煤田、油田和气田的报道，但是，这些资源是不可再生的，其储量也是有限的，总有一天要枯竭，节约使用也仅仅能延缓其枯竭的时间而已。同时，化石资源的使用还不可避免地造成一系列环境污染，例如，煤直接燃烧会排放硫氧化物、含汞烟尘、煤灰等污染物，直接污染环境；化石能源燃烧排放的二氧化碳，造成大气中二氧化碳净浓度的急剧

增加，已被证明是造成温室效应等环境问题的重要原因之一[5]。因此，1973 年的第一次全球石油危机以后，人们又加紧了对生物质原材料作为化工原料利用的研究[6]。

1.2 碳循环与化学

关于生物质转化利用的早期研究主要集中在利用生物质获得能量——热、电或燃料如乙醇等，现已逐步向生物质多方面全方位利用发展，其中一个重要的方向就是建立以生物质为原材料的新型化学工业，为将来完全替代现在的石油与煤炭化工做好准备[7-27]。目前，全球能源需求的至少 50%仍通过化石燃料来供给，即使有风能和太阳能此类清洁能源的快速增长，在我们可预见的未来也仍可能涉及化石燃料的使用，这也增加了环境中的二氧化碳净排放量。捕获过剩的二氧化碳并将其转化为燃料或制造塑料及其他产品的原材料，作为一种存储介质可解决二氧化碳过剩问题[13, 16, 24, 26-29]。如果不考虑大自然对二氧化碳的承受能力，继续使大气中二氧化碳浓度按目前的速度增长，大自然的碳循环就会被打破，也许还会引发我们目前没有发现的其他后果；此外，考虑大自然漫长的演变过程，根据现在普遍接受的石油、煤的形成理论，数百亿年也许可以实现化石资源的再生，然而这并不是我们人类社会可以接受的。何鸣元院士等[7]提出了绿色碳科学的新概念，通过利用二氧化碳和生物质，形成新的碳循环。如果能合理有效地转化农业废弃物，新的碳循环所需的时间就可缩短到以年为时限，这无疑对实现人类社会可持续发展有重要作用。生物质的生长及作为能源供应可有效地加速新的碳循环的实现[10, 11, 15, 18-21, 30, 31]。

1.3 生物质转化的重要性

石油、煤、天然气等化石资源，不仅是维持当今人类社会发展所需能源的原料，也是生产、生活必需的琳琅满目的化学品的原料，在能源和化学品的生产中，我们主要利用的是化石原料中的 C、H 元素。生物质（主要是木质纤维素类生物质）是世界上除化石资源之外唯一含有 C、H 元素的资源，可在相当短的时间内实现再生，农业和林业每年都会产生大量的农业废弃物和森林废弃物，如果不合理有效地利用这些废弃物，会造成严重的环境污染[25]。由于石油、煤、天然气等化石资源正在日益枯竭，而人类社会在能源的使用中仍有不少领域（如航空、航海等领域）必须依靠液体燃料，同时人类社会的日常生活离不开大量的具有各种功能的化学品，因而，生物质转化利用，不仅是实现能源可持续供给的重要选择之一，也是化学化工产品可持续生产的唯一路线[9-12, 15, 18-22, 31]。因此，生物质转化利用不仅是实现人类社会可持续发展的必然需求，也是克服环境污染的重要措施[9, 11, 12, 17, 18, 32]。研究生物质转化利用的基础化学科学问题及工程工艺问题，发展生物质转化利用的新技术，不仅对发展出新兴的学科领域、提升对大自然的认识水平具有重要意义，而且对发展生物质炼制产业和生物质经济、实现人类社会可持续发展具有十分重要的意义[9, 12, 17, 28, 29, 32]。同时，生物质转化利用不仅可消除或减少当前农林废弃物带来的环境污染，还可优化农林经济，为农民增收、农村发展提供新的路线[23, 31]。

参 考 文 献

[1] 阎立峰，朱清时. 以生物质为原材料的化学化工. 化工学报，2004，55（12）：1938-1943.

[2] Nigam P S，Singh A. Production of liquid biofuels from renewable resources. Progress in Energy and Combustion Science，2011，37（1）：52-68.

[3] Grabowski H G. Determinants of industrial research and development study of chemical，drug，and petroleum industries. Journal of Political Economy，1968，76（2）：292-306.

[4] Tang M，Xu L，Fan M，et al. Progress in oxygen carrier development of methane-based chemical-looping reforming：a review. Applied Energy，2015，151：143-156.

[5] Shafiee S，Topal E. When will fossil fuel reserves be diminished? Energy Policy，2009，37（1）：181-189.

[6] Vennestrom P N R，Osmundsen C M，Christensen C H，et al. Beyond petrochemicals：the renewable chemicals industry. Angewandte Chemie International Edition，2011，50（45）：10502-10509.

[7] He M Y，Sun Y H，Han B X. Green carbon science：scientific basis for integrating carbon resource processing，utilization，and recycling. Angewandte Chemie International Edition，2013，52（37）：9620-9633.

[8] Deneyer A，Peeters S，Renders T，et al. Direct upstream integration of biogasoline production into current light straight run naphtha petrorefinery processes. Nature Energy，2018，3（11）：969-977.

[9] Lee J W，Hawkins B，Day D M，et al. Sustainability：the capacity of smokeless biomass pyrolysis for energy production，global carbon capture and sequestration. Energy & Environmental Science，2010，3（11）：1695-1705.

[10] Miller I J，Fellows S K. Liquefaction of biomass as a source of fuels or chemicals. Nature，1981，289（5796）：398-399.

[11] Olah G A. Towards oil independence through renewable methanol chemistry. Angewandte Chemie International Edition，2013，52（1）：104-107.

[12] Olah G A，Prakash G K S，Goeppert A，et al. Anthropogenic chemical carbon cycle for a sustainable future. Journal of American Chemical Society，2011，133（33）：12881-12898.

[13] Federsel C，Jackstell R，Beller M，et al. State-of-art catalysts for hydrogenation of carbon dioxide. Angewandte Chemie International Edition，2010，49（36）：6254-6257.

[14] Arakawa H，Aresta M，Armor J N，et al. Catalytic research of relevance to carbon management：progress，challenges，and opportunities. Chemical Reviews，2001，101（4）：953-996.

[15] Vasireddy S，Morreale B，Cugini A，et al. Clean liquid fuels from direct coal liquefaction：chemistry，catalysis，technological stayus and challenges. Energy & Environmental Science，2011，4（2）：311-345.

[16] Khodakov A Y，Chu W，Fongarland P. Advance in the development of novel cobalt Fischer-Tropsch catalysts for synthesis of long-chain hydrocarbons and clean fuels. Chemical Reviews，2007，107（5）：1692-1744.

[17] Beach E S，Cui Z，Anastas P T. Green chemistry：a design framework for sustainability. Energy & Environmental Science，2009，2（10）：1038-1049.

[18] Zakzeski J，Bruijnincx P C A，Jongerius A L，et al. The catalytic valorization of lignin for the production of renewable chemicals. Chemical Reviews，2010，110（6）：3552-3599.

[19] Alonso D M，Bond J Q，Dumesic J A. Catalytic conversion of biomass to biofuels. Green Chemistry，2010，12（9）：1493-1513.

[20] Corma A，Iborra S，Velty A. Chemical routes for the transformation of biomass into chemicals. Chemical Reviews，2007，107（6）：2411-2502.

[21] Gallezot P. Conversion of biomass to selected chemical products. Chemical Society Reviews，2012，41（4）：1538-1558.

[22] Kunkes E L，Simonetti D A，West R M，et al. Catalytic conversion of biomass to monofunctional hydrocarbons and targeted liquid-fuel classes. Science，2008，322（5900）：417-421.

[23] Tuck C D，Perez E，Horvath I T，et al. Valorization of biomass：deriving more value from waste. Science，2012，337（6095）：695-699.

[24] Sakakura T，Choi J C，Yasuda H，et al. Transformation of carbon dioxide. Chemical Reviews，2007，107（6）：2365-2387.

[25] Yu T，Cristiano R，Weiss R G. From simple，neutral triatomic molecules to complex chemistry. Chemical Society Reviews，2010，39（5）：1435-1447.

[26] Cokoja M，Bruckmeier C，Rieger B，et al. Transformation of carbon dioxide with homogeneous transition metal catalysts：a molecular solution to a global challenge? Angewandte Chemie International Edition，2011，50（37）：8510-8537.

[27] Peters M，Kohler B，Kuckshinrichs W，et al. Chemical technologies for exploiting and recycling carbon dioxide into the value chain. ChemSusChem，2011，4（9）：1216-1240.

[28] Bushuyev O S，De Luna P，Dinh C T，et al. What should we make with CO_2 and how can we make it? Joule，2018，2（5）：825-832.

[29] Khurram A，He M F，Gallant B M，et al. Tailoring the discharge reaction in Li-CO_2 and how can we make it? Joule，2018，2（12）：2649-2666.

[30] Dodds D R，Gross R A. Chemicals from biomass. Science，2007，318（5854）：1250-1251.

[31] Rostrup-Nielsen J R. Making fuels from biomass. Science，2005，308（5727）：1421-1422.

[32] Mohanty A K，Vivekanandhan S，Pin J M，et al. Composites from renewable and sustainable resources：challenges and innovations. Science，2018，362（6414）：536-542.

第 2 章 生 物 质

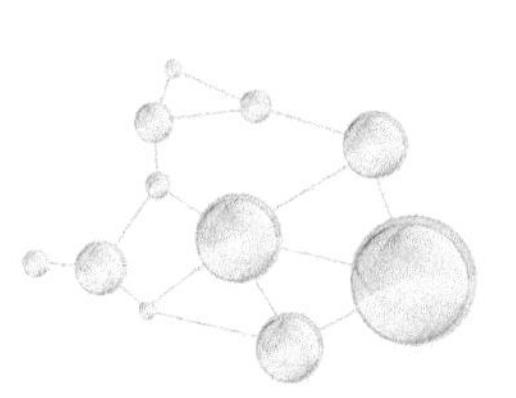

2.1 生物质概述

生物质通常指利用水和大气中的二氧化碳通过太阳光的光合作用生成的有机体，包括所有的水生生物、植物、动物、微生物等。典型的生物质有：农作物及其废弃物、森林木材及木材加工废弃物、动物及动物的粪便、餐饮废弃物（包括餐饮剩余食品、海鲜废弃物等）、城市垃圾等[1]。

根据生物质的组成特征，可以将生物质分为如下四类。

（1）木质纤维素类生物质：主要指草本和木本植物类生物质，包括植物的根、茎、叶及果实的外壳等。例如，玉米秸秆、小麦秸秆、稻草、玉米芯、树干、树皮、木屑等。这类生物质的主要成分是纤维素、半纤维素和木质素[2]。通常，木质纤维素类生物质中纤维素含量最高，为 35%～50%，半纤维素的含量为 25%～30%，木质素为 15%～30%，如图 2.1 所示。

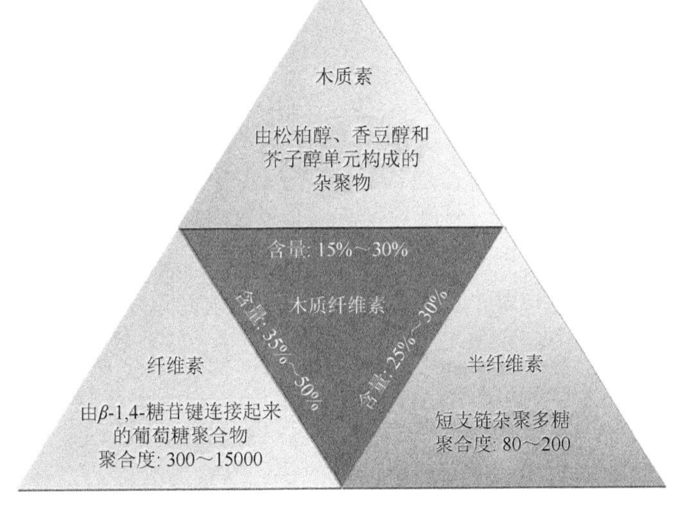

图 2.1 木质纤维素类生物质主要组分分布的示意图

（2）植物的籽粒或果实类生物质：也可以认为是植物的种子，如玉米、大米、小麦、油菜籽、麻风果、棕榈果穗等。这类生物质的主要成分根据种类不同主要有两类，一类是以糖类（包括可溶性糖和不可溶性糖）为主，如大米、小麦、玉米等，另外一类以油脂为主，如麻风果、棕榈果穗、油菜籽等[3]。

（3）甲壳素类生物质：主要来源于虾皮、贝壳、蟹壳以及昆虫的甲壳等，是一种含有氨基的特殊“纤维素”多糖，在海鲜食品废弃物等中含量丰富[4]。

（4）藻类生物质：藻类生物质主要含有脂类、糖类和蛋白质，该类生物质有生长繁殖特别快的特点，是湖泊和近海的重要污染物之一[5, 6]。

本书主要以第一类（即木质纤维素类生物质）和第二类（即植物的籽粒或果实类生物质）生物质的转化利用为内容作具体阐述。

2.2 木质纤维素类生物质的重要组成与分析方法

如上所述，木质纤维素类生物质主要包括纤维素、半纤维素和木质素三大组分，同时根据种类不同还含有少量的胶质、蛋白质、脂肪、无机物（硅、镁、钙、铁等）等。木质纤维素类生物质的分析通常分为组分分析和成分分析[7-9]。

生物质中C、H、N、S等元素的含量可直接采用元素分析仪进行测定；生物质中Fe、Ca、Mg等元素的含量测定可采用等离子体发射光谱（ICP-AES）方法等，即先将生物质中有机质除去（如烧掉有机质），然后用酸溶解固体，配成溶液，测定溶液中离子的含量。

生物质中的纤维素、半纤维素和木质素三大组分，常采用滴定法测定[8, 9]。其基本原理如下。

1. 纤维素滴定测定原理

先用乙酸和硝酸的混合液在加热的情况下处理生物质粉末，此时，生物质细胞间的物质被溶解，生物质中的淀粉、多缩戊糖和其他物质受到了水解，木质素、半纤维素和其他物质被彻底破坏并溶于水中。而样品中的纤维素部分也在该过程中被水解为单束的固体纤维。用水洗涤除去杂质以后，纤维素在硫酸的存在下被重铬酸钾氧化成二氧化碳和水。

$$C_6H_{10}O_5 + 4K_2Cr_2O_7 + 16H_2SO_4 = 6CO_2 + 4Cr_2(SO_4)_3 + 4K_2SO_4 + 21H_2O$$

过剩的重铬酸钾用硫酸亚铁铵溶液滴定，再用硫酸亚铁铵滴定同量的但是未与纤维素反应的重铬酸钾，根据差值可以求得纤维素的含量。

$$K_2Cr_2O_7 + 6FeSO_4 + 7H_2SO_4 = 3Fe_2(SO_4)_3 + Cr_2(SO_4)_3 + K_2SO_4 + 7H_2O$$

2. 半纤维素的滴定测定原理

用沸腾的 80%硝酸钙溶液处理生物质，使其中的淀粉溶解，同时将干扰测定半纤维素的溶于水的其他碳水化合物除掉。将沉淀物用蒸馏水冲洗以后，用较高浓度的盐酸使半纤维素水解，将水解得到的糖溶液稀释到一定体积，用氢氧化钠溶液中和，其中的总糖量用铜碘法测定。

铜碘法原理：半纤维素水解后生成的糖在碱性环境和加热的情况下将二价铜还原成一价铜，一价铜以 Cu_2O 的形式沉淀出来。用碘量法测定 Cu_2O 的量，从而计算出半纤维素的含量。

测定还原性糖的铜碱试剂中含有 KIO_3 和 KI，它们在酸性条件下会发生反应，也不会干扰糖和铜离子的反应。加入酸以后，会发生反应释放出碘：

$$KIO_3 + 5KI + 3H_2SO_4 = 3I_2 + 3K_2SO_4 + 3H_2O$$

加入草酸以后，碘与氧化亚铜发生反应：

$$Cu_2O + I_2 + H_2C_2O_4 = CuC_2O_4 + CuI_2 + H_2O$$

过剩的碘用 $Na_2S_2O_3$ 溶液滴定：

$$2Na_2S_2O_3 + I_2 = Na_2S_4O_6 + 2NaI$$

3. 木质素的滴定测定原理

先用 1%的乙酸处理生物质，以分离出其中的糖、有机酸和其他可溶性化合物。然后用丙酮处理，分离叶绿素、拟脂、脂肪和其他脂溶性化合物。然后，在室温下用 73%的浓硫酸处理样品 16h，保证纤维素完全被降解溶解。将浓硫酸处理后的沉淀用蒸馏水洗涤以后，在硫酸存在、沸水浴和搅拌的条件下，用重铬酸钾氧化水解产物中的木质素：

$$C_{11}H_{12}O_4 + 8K_2Cr_2O_7 + 32H_2SO_4 = 11CO_2 + 8K_2SO_4 + 8Cr_2(SO_4)_3 + 38H_2O$$

过量的重铬酸钾用硫酸亚铁铵溶液滴定。方法与测定纤维素的方法相同。

2.3 木质纤维素类生物质各组分的结构特征

纤维素：纤维素是木质纤维素类生物质中含量最高的组分，其含量一般在 35%～50%，是由葡萄糖单体通过 β-1, 4-糖苷键连接而成的聚合物，聚合物的链与链之间通过氢键紧密结合，形成结晶结构，即纤维素是由葡萄糖单体的聚合物形成的晶体。因此，纤维素经水解应得到葡萄糖。图 2.2 是纤维素单链的示意图，而纤维素的真实结构要复杂得多[10]。

半纤维素：半纤维素也是木质纤维素类生物质的主要组分，其含量为 25%～30%。半纤维素尽管含量没有纤维素高，但其结构要复杂得多。其基本结构单元包括 D-木

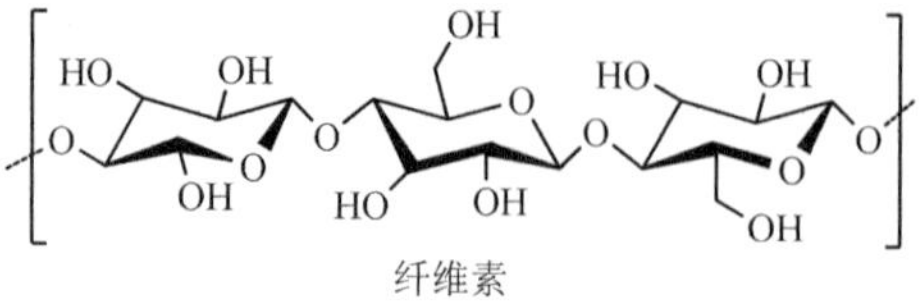

纤维素

图 2.2　纤维素单链的示意图

糖、D-葡萄糖、L-阿拉伯糖、D-甘露糖等，主要为 D-木糖。这些结构单元通过复杂的化学键连接形成无定形杂聚物。同时，半纤维素中还有乙酰基、甲氧基等基团，连接各结构单元或聚合的结构单元[11]。图 2.3 为典型半纤维素结构示意图。

半纤维素

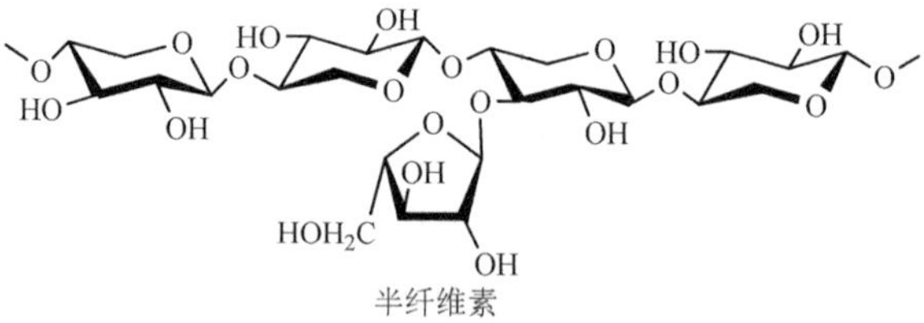

图 2.3　典型半纤维素结构示意图

木质素：木质素是木质纤维素类生物质的三大组分之一，其含量为 15%～30%。木质素的基本结构单元有三类，即愈创木酚型、紫丁香酚型和对羟基苯基型，为含有不同甲氧基取代的丙基苯酚。这些结构单元通过醚键、不同类型的 C—C 键连接，构成杂聚的高分子。图 2.4 为木质素的基本结构单元，即对羟基苯基苯丙烷、愈创木基苯丙烷和紫丁香基苯丙烷。图 2.5 为典型木质素结构及可能连接化学键示意图[12]。

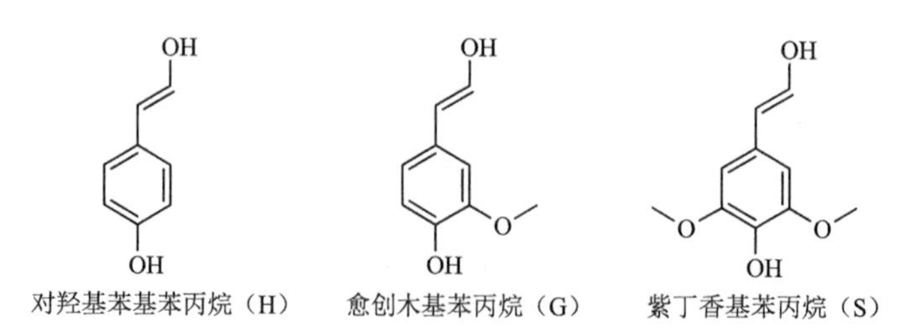

图 2.4　典型木质素结构单元示意图

纤维素、半纤维素、木质素间的连接：纤维素、半纤维素、木质素之间一般通过不同种类的氢键连接，形成生物质整体。近年来的研究发现，除氢键外，木质素与纤维素及半纤维素之间还存在不同类型的化学键，被统称为木质素与碳水化合物间的连接（lignin carbohydrate complex，LCC）[13-21]。目前已报道的典型 LCC 结构单元、LCC 结构连接各组分及可能发生的演化等如图 2.6～图 2.9 所示。

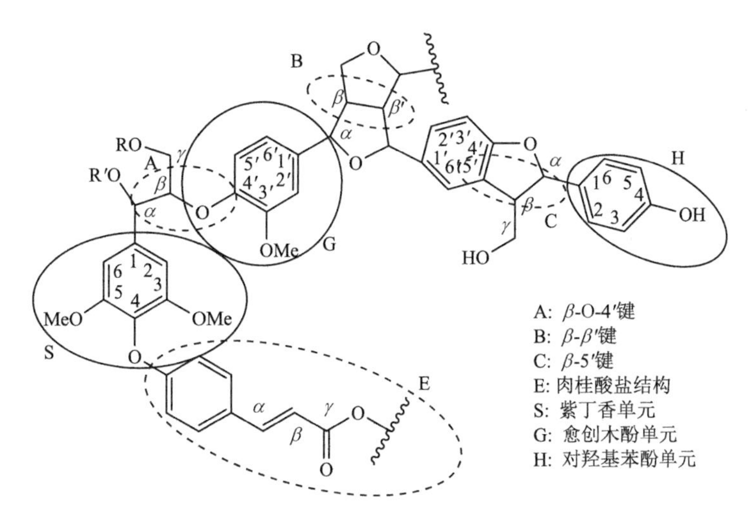

图 2.5　典型木质素结构及可能连接化学键示意图

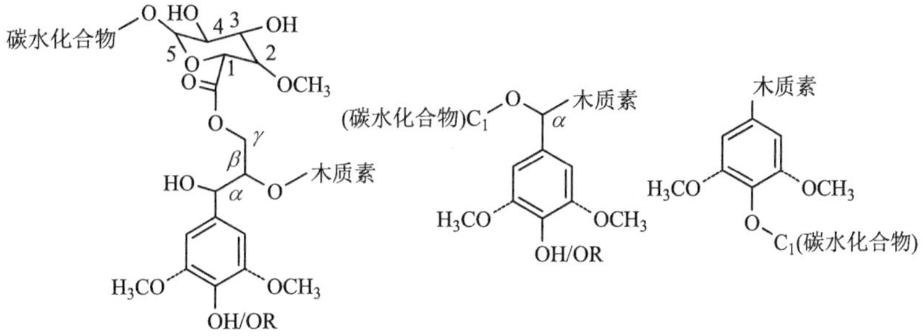

图 2.6　典型 LCC 结构单元（一）

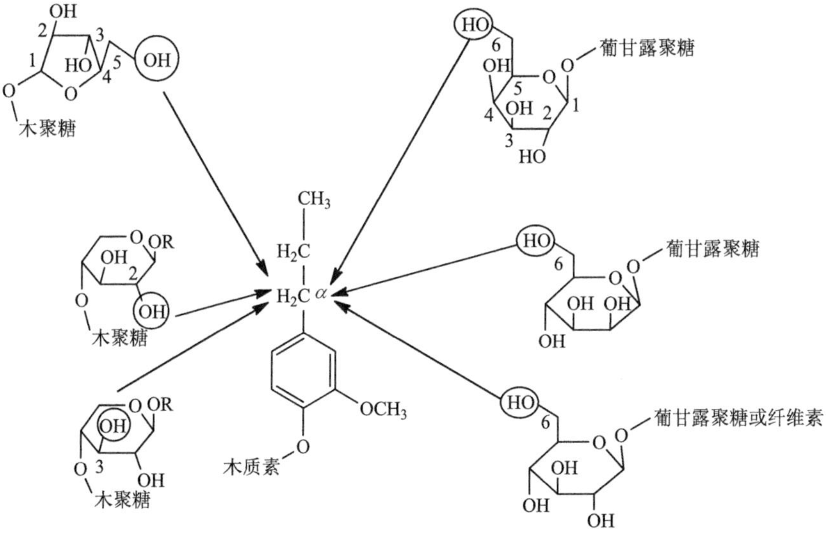

图 2.7　典型 LCC 结构单元（二）

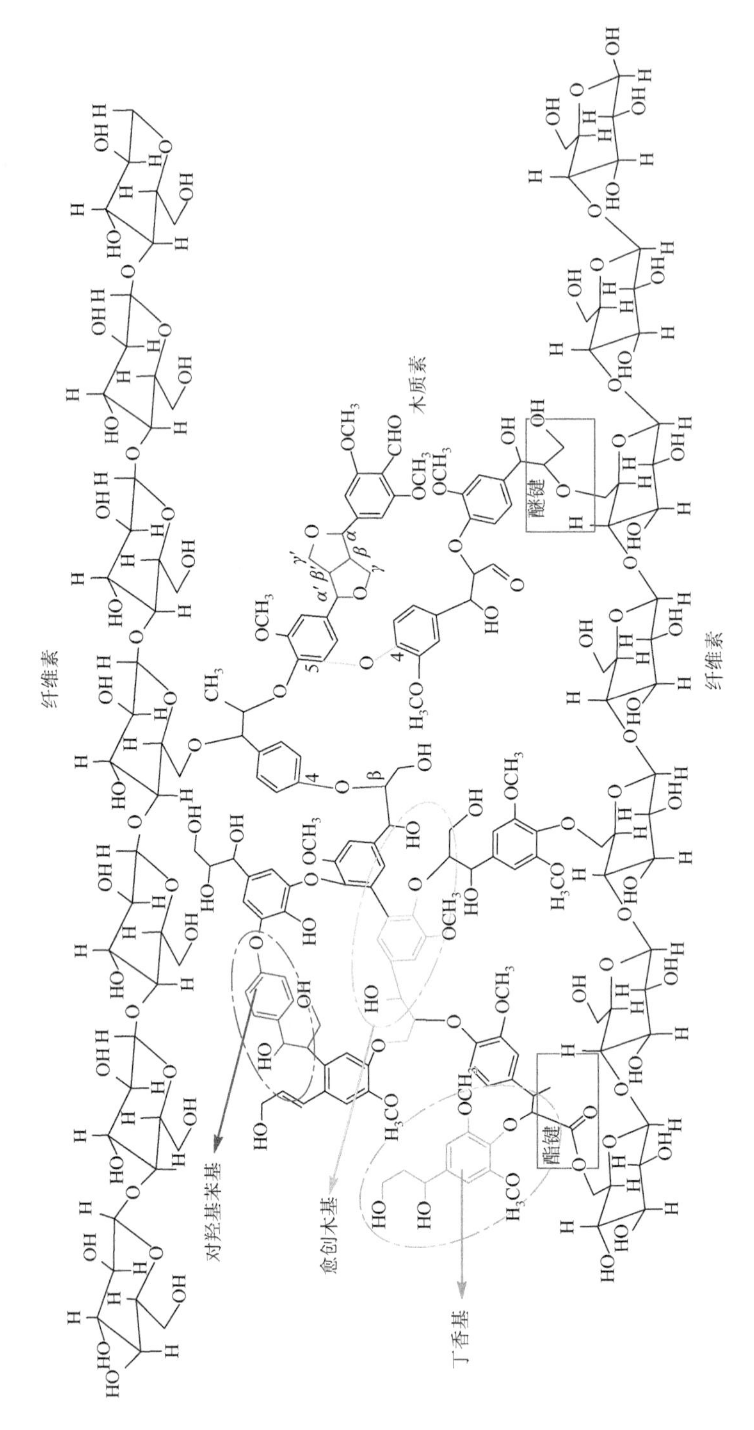

图 2.8　木质素、纤维素通过 LCC 连接示意图

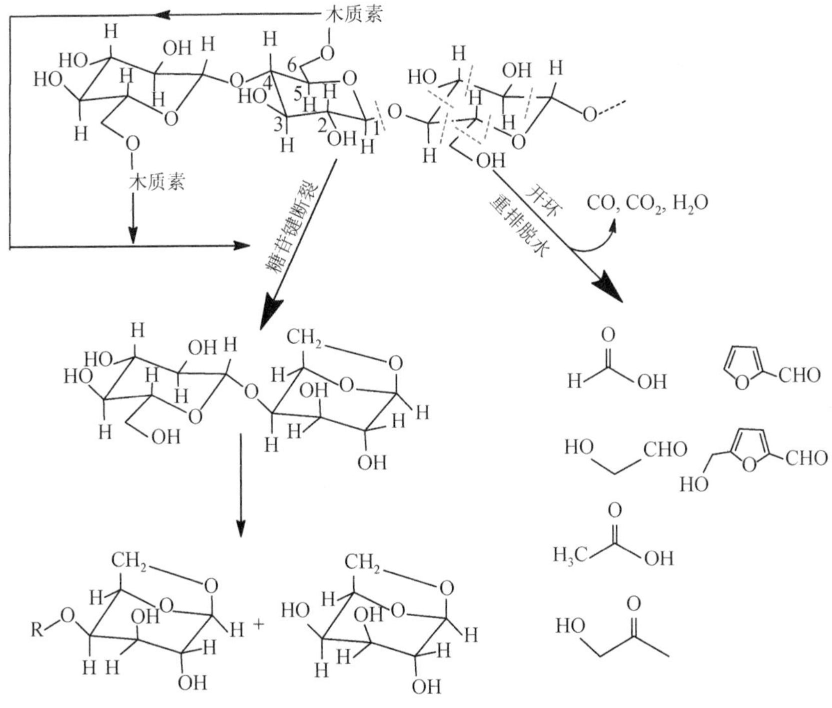

图 2.9　典型 LCC 连接及其可能发生的演化示意图

2.4　生物质转化面临的挑战

木质纤维素类生物质通常以固体形式存在，其组成和结构均十分复杂，其导热、导电性均很差，因而其转化利用面临诸多挑战[22-24]。

1. 木质纤维素类生物质转化面临多尺度复杂性的挑战

要从木质纤维素类生物质中获得可按我们当前需要使用的化学品和能源材料，必须克服由木质纤维素类生物质原料造成的多尺度的复杂性（即从分子层次、组分层次到生物质整体层次）的挑战，如图 2.10 所示[25]。图 2.10 是以竹类生物质原料为例，研究其中从纤维素转化到葡萄糖转化的复杂性的示意图。结构单元葡萄糖一般通过醚键结合，聚合形成葡萄糖链，葡萄糖链间通过复杂氢键等作用，形成非晶态和晶态纤维素，纤维素再与半纤维素、木质素一起构成竹材料，即相关研究将涉及的葡萄糖是埃（Å）级的分子，而竹材料是米级的材料，中间还涉及许多不同尺度的原料或中间物的研究[26]。

以传统的化石资源为原料，我们比较熟悉和习惯的、表达化学反应的化学反应计量式通常可记为

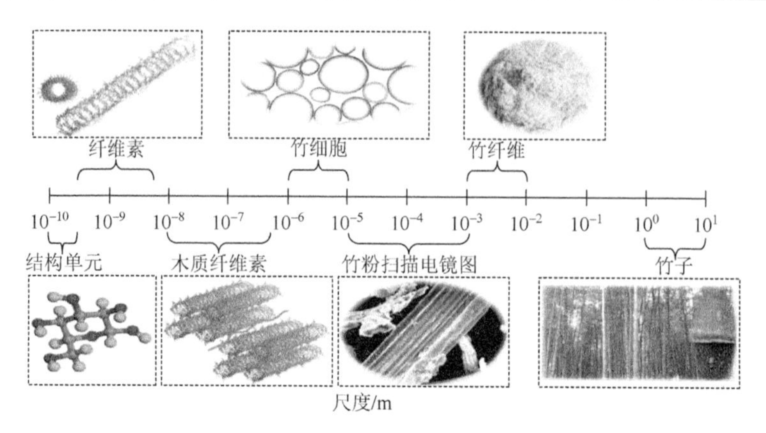

图 2.10　生物质转化研究面临的多尺度复杂性示意图

化合物 A + 化合物 B ⟶ 化合物 C + 化合物 D（A + B ⟶ C + D）

当利用木质纤维素类生物质作为化学品制备的原料时，反应物是聚合物聚合而成的复杂体系，面临的是：

由聚合物构成的复杂体系 ⟶ 化合物 C（+ 化合物 D）

甚至写不出化学计量式，这就需要发展新的原理、新的方法和新的技术。

2. 木质纤维素类生物质转化多相体系复杂性的挑战

木质纤维素类生物质不仅导热性、导电性均很差，而且一旦局部受热，就会发生脱水、解聚分解、重聚等一系列反应，转化为含有气相、液相和残余固相的多相体系，其中，固体部分也是由不同相的物质构成的多相体系，如图 2.11 所示。因此，需要发展新的传热、传质、传动方法与新的催化剂和催化过程，使催化剂对复杂多相体系产生作用，以实现生物质的转化利用[27, 28]。

3. 木质纤维素类生物质转化中寡聚物的生成和转化

在木质纤维素类生物质及其组分的转化过程中，除希望获得的目标产物外，常生成不同种类的寡聚物。例如，在六碳糖（葡萄糖、果糖）催化脱水制备 5-羟甲基糠醛（HMF）反应中，除了主产物 HMF 外，反应的原料、中间物，甚至产物间还会发生复杂的聚合反应，生成分子量大小不一的寡聚物，最后生成胡敏素（humins）；又如，由生物质热解液化制备生物油（bio-oil），产物中除了部分小分子化合物外，还有大量的寡聚物；在生物质水热/溶剂热转化过程中，也会有寡聚物生成。目前，我们对这些寡聚物的组成、结构、性质都缺少研究，也找不到标准物来对它们进行定量分析，这在木质纤维素类生物质转化研究中是一个重大的挑战[29, 30]。

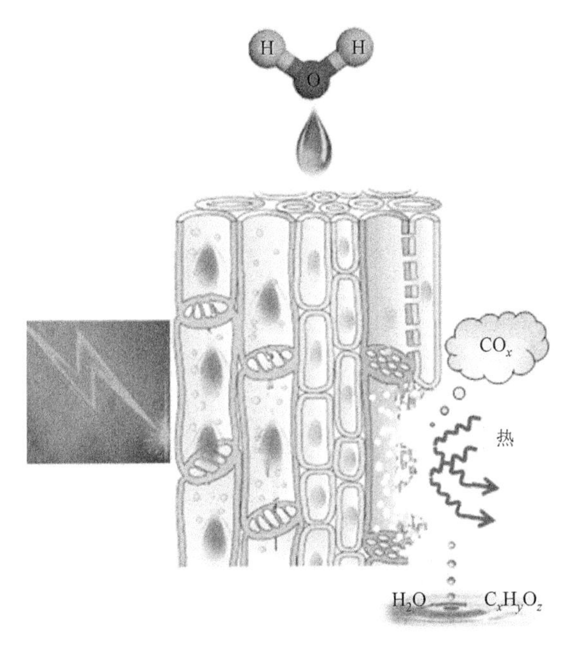

图 2.11 生物质转化研究面临的多相体系复杂性示意图

4. 木质纤维素类生物质高含氧量的挑战

与化石资源相比，木质纤维素类生物质含氧量高，其中纤维素、半纤维素均是碳水化合物，可用通式 $C_nH_{2n}O_n$ 表达其元素组成，木质素由于具有芳环结构，其氧含量要低一些，通常可用通式 $C_9H_{10}O_2(OCH_3)_{1\sim2}$ 表达。总的说来，木质纤维素类生物质的氧含量远远高于石油、煤和天然气。因此，在希望由木质纤维素类生物质获得我们现在利用的化学品的前提下，其转化利用就必然涉及脱氧反应、还原反应，这与传统采用化石原料时，在许多情况下要采用氧化反应完全不同[31, 32]。

5. 木质纤维类生物质合理有效完全转化利用

在以木质纤维素类生物质为原料制备能源材料和化学品时，能否将原材料完全转化利用也是值得关注的重要问题。如果仅利用生物质中的某一组分，不仅会浪费资源，也会造成环境污染。另外，除能源材料可以是混合物外，我们对其他化学品均希望获得单一的产物，最好是纯度高的产物，这就要求我们研发对目标产物选择性高的转化方法和过程[33, 34]。生物质在自然生长过程中可能形成了某些特定的功能化结构，可能会有某些特定的手性结构，如何在转化过程中使其得到保留，获取自然形成的手性结构物质，以发挥其特定作用，这也是值得重视的重要方面之一[35]。

2.5 木质纤维素类生物质转化过程中涉及的主要化学反应

根据木质纤维素类生物质的以上特点，其转化过程中主要涉及如下几类化学反应。

1. 解聚反应

要将木质纤维素类生物质转化为能源材料和化学品，首先面临的就是其解聚解构问题。如前所述，木质纤维素类生物质是由纤维素、半纤维素、木质素三大聚合物组分和其他一些成分通过复杂化学键连接而成的。因此，要由此获得化学品，首先就得使生物质解聚，选择性地打破断裂这些化学键。解聚包括两种情况，一是木质纤维素类生物质各组分间的化学键选择性断裂，而各组分内的化学键则保持不受影响，解聚为其组分，即纤维素、半纤维素和木质素；二是木质纤维素类生物质中某一组分中的化学键选择性断裂，部分解聚为寡聚物，或者解聚为小分子化合物[36]。

2. 脱氧反应

如前所述，木质纤维素类生物质的氧含量高，要获得化学品或者能源材料，就需要减少氧的含量，根据需要从原料中将氧选择性除去，目前研究的脱氧反应（以六碳糖脱氧反应为例）主要有如下几种。

1）脱水反应

目前，对碳水化合物研究最多的反应是其部分脱水反应，即由六碳糖脱水制备 5-羟甲基糠醛，后者被认为是可连接生物质化工和石油化工的桥梁型平台化合物[37]。

$$C_6H_{12}O_6 \xrightarrow{-3H_2O} \text{HO} \quad \text{O} \quad \text{O}$$

其实，如果碳水化合物完全脱水，就变成了碳：

$$C_nH_{2n}O_n \longrightarrow nH_2O + C_n$$

2）脱羰和脱羧反应

碳水化合物部分脱羰或者脱羧，可望获得含氧化合物，要从化石原料中获得这些含氧化合物，需要氧化功能化反应[38]。

$$C_nH_{2n}O_n \longrightarrow CO + C_{n-1}H_{2n}O_{n-1}$$

$$C_nH_{2n}O_n \longrightarrow nCO + nH_2$$

$$C_nH_{2n}O_n \longrightarrow CO_2 + C_{n-1}H_{2n}O_{n-2}$$

碳水化合物完全脱羰在理论上就生成合成气，而完全脱羧就会得到二氧化碳和氢气。部分脱羰或者部分脱羧均可获得 H_{eff}/C 比更高的产物。这里物质的 H_{eff}/C 比值是用于描述其相对氢含量的一个参数，指的是扣除其中用于与氧形成水所需的氢后的氢含量与碳含量之比[39]，即

H_{eff}/C = (物质中总氢原子数−2×物质中氧原子数)/物质中碳原子数

3）加氢反应或者脱除氧气反应

碳水化合物可通过加氢脱水得到烃类，即

$$C_nH_{2n}O_n + nH_2 \longrightarrow nH_2O + C_nH_{2n}$$

这需要额外的氢源，在早期研究中，氢的主要来源是化石原料，因而，关于氢来源存在担忧。近年来，随着可再生能源研究和应用的进展，由太阳能、风能发电等获得的电能正好可用于电解水制氢，提供氢源，推动生物质加氢反应的研究。当然，如果能使生物质以氧气的方式脱氧，就可直接获得烃类或者功能化含氧化合物。

部分脱氧：　$C_nH_{2n}O_n \longrightarrow O_2 + C_nH_{2n}O_{n-2}$

完全脱氧：　$C_nH_{2n}O_n \longrightarrow 0.5nO_2 + C_nH_{2n}$

目前文献中还没有这方面的报道。

总体看来，如果能实现以氧气的方式脱氧，就可直接获得功能化含氧化合物，甚至直接获得烃类，当前，这仅是一种梦想而已。以脱羰和脱羧的方式脱氧，也可获得功能化含氧化合物，这是生物质脱氧反应很有希望的发展方向之一。

4）聚合反应：利用和抑制

基于生物质的小分子碳水化合物葡萄糖、果糖、木糖（xylose）等经脱水等反应后，可得到 H_{eff}/C 比更高的平台化合物，如 HMF、呋喃、糠醛（furfural）等，这些小分子化合物可直接被利用，也可以经过聚合反应得到新的与化石资源所得物质性质相近的物质[40-43]。例如，HMF 通过一系列聚合反应和加氢反应，可制备不同链长的烃类[40, 42, 43]，如图 2.12 所示。同时，由于 HMF 及由其衍生的系列物质的不饱和结构，也可以直接将 HMF 及其衍生物作为单体，通过聚合反应得到多碳燃料[44]，如图 2.13 所示。因此，需要研究新的聚合反应[45-48]。

此外，在糖类脱水转化过程中，由于糖分子及其脱水中间产物均具有多个非常活泼的基团（如羰基、羟基等），糖分子之间、糖分子与中间产物分子之间、不同中间产物分子之间、糖分子与产物分子之间、产物分子之间、产物与中间产物分子之间均可能发生均聚和交叉聚合反应，形成新的不同聚合度的聚合物（包括寡聚物和高聚物）副产物，其中最典型的副产物就是称为胡敏素的物质，如图 2.14 所示[49-53]。这些副产物的生成，一方面降低了原料的利用度，浪费了碳资源，另一方面还会造成催化剂失活、产物分离困难等危害。因此，应开展相关研究，尽量避免这类聚合反应的发生，即抑制这类聚合反应[53, 54]。

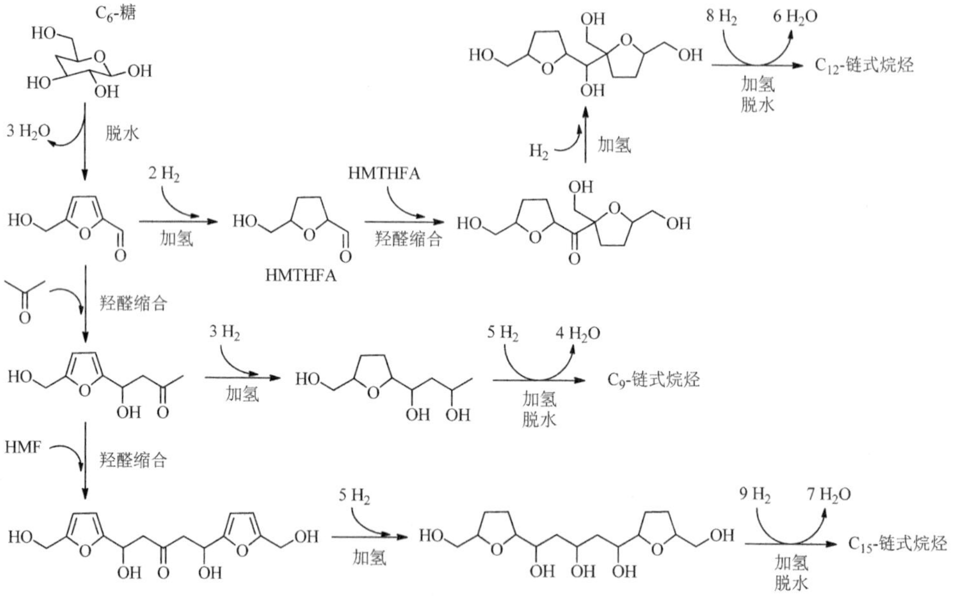

图 2.12　由六碳糖制备不同碳链的烃类简图

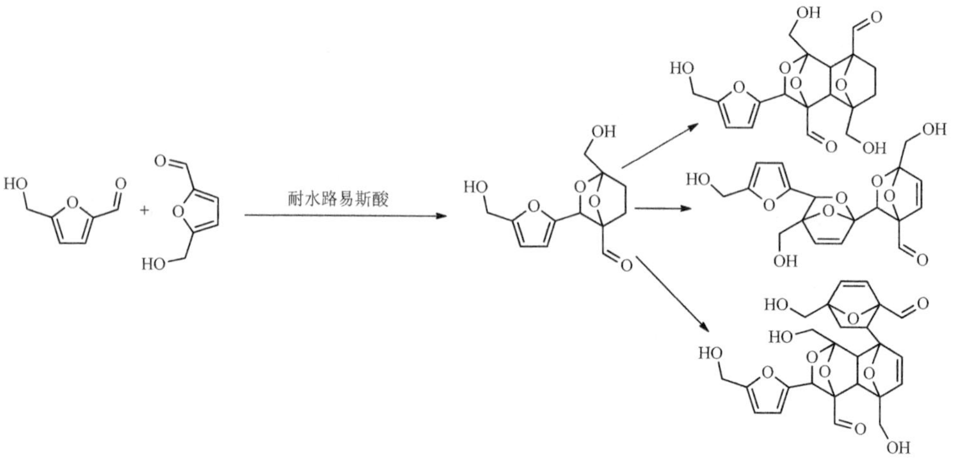

图 2.13　以 HMF 为单体制备新型生物质基聚合物

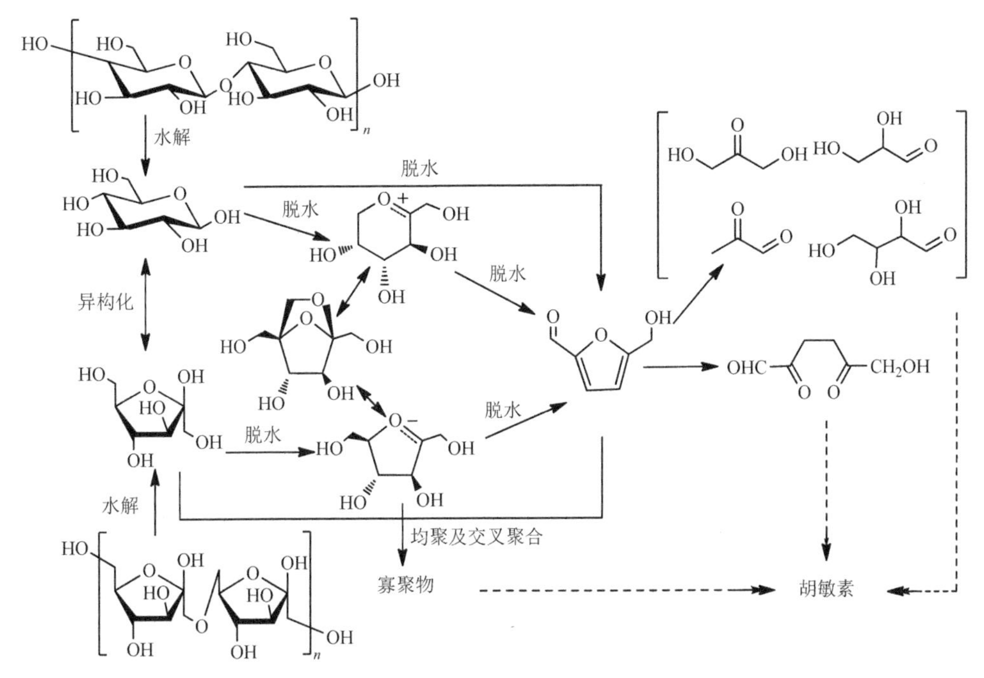

图 2.14　由纤维素制备 HMF 过程中可能发生的不同聚合反应简图

以木质纤维素类生物质为原料替代化石原料制备能源和化学品，由于原料的复杂性、产物的复杂性和过程的复杂性，上述反应仅从宏观上看已经得到重视和研究，但木质纤维素类生物质的转化还有很多值得进一步研究的内容，还有许多新型反应等待我们去研究和开发，如由生物质基平台化合物制备新型聚合物材料，直接利用生物质结构中的手性结构单元等。

总的说来，以木质纤维素类生物质为原料，开展其转化利用研究，可望在如下几个方面为人类社会做出贡献。

（1）由木质纤维素类生物质获得能源材料（燃料）。燃料一般为混合物，由生物质各组分转化得到不同的燃料油组分产物，再混合为燃料油，这可以获得生物质基燃料。此外，也可以不必分离生物质，而由生物质整体转化获得燃料；但高品质的燃料需要合适的碳链长度及高的 H_{eff}/C 比，通过化学降解过程、聚合过程和脱氧过程，获得碳链长度适当、H_{eff}/C 比高的产物十分重要。最理想的情况是，木质纤维素类生物质通过脱氧获得与由化石资源得到的燃料组成、结构完全相同的燃料，这样就可在不改变已有使用方式的情况下，实现由生物质资源替代化石资源；但是，由于生物质组成、结构的复杂性，由生物质获得与来源于化石资源的燃料完全相同的燃料难度很大，因此，即使通过多步转化得到合适链长的、H_{eff}/C 比提高了的燃料，这样的燃料也不能完全按已有的模式使用，还需要同时发展新的基于生物质燃料的燃料使用方法和设备（如新型生物质燃料汽车等），实现由木

质纤维素类生物质资源对化石资源的能源化替代。

（2）由木质纤维素类生物质获得系列与由化石资源获得的化学品一样的化学品，按当前已有的使用模式利用。当前，我们使用的基于化石资源的化学品很多是纯的化合物，这就要求我们在生物质转化过程中尽量提高目标产物的选择性，发展出合理有效的分离提纯过程，由生物质高选择性地合成需要的化学品，这可能需要开展从生物质原料组分分离提纯、每一步转化中间物的分离提纯到最终产物的分离提纯过程的研究。

（3）由木质纤维素类生物质获得组成、结构与来源于化石资源的化学品不同，但商业性能与某些源于化石资源的化学品相同的物质，在应用上，可以用这些源于生物质的物质代替那些源于化石资源的物质，以满足我们的应用需求。

（4）在生物质转化中，我们还可能发现目前还没有从化石资源中制备出来新的物质，如新的手性物质，研究这些新物质的性能，探索其新的用途，对生物质的开发利用有重要意义。

（5）利用由生物质获得的平台化合物或者在生物质中心发现的新物种，开展新的化学反应和新物质合成研究，为人类社会生活提供新的物质和新的材料。

参 考 文 献

[1] Mohanty A K，Vivekanandhan S，Pin J M，et al. Composites from renewable and sustainable resources：challenges and innovations. Science，2018，362（6414）：536-542.

[2] FitzPatrick M，Champagne P，Cunningham M F，et al. A biorefinery processing perspective：treatment of lignocellulosic materials for the production of value-added products. Bioresource Technology，2010，101（23）：8915-8922.

[3] Biermann U，Bornscheuer U，Meier M A R，et al. Oils and fats as renewable raw materials in chemistry. Angewandte Chemie International Edition，2011，50（17）：3854-3871.

[4] Chen X，Yang H Y，Zhong Z Y，et al. Base-catalysed，one-step mechanochemical conversion of chitin and shrimp shells into low molecular weight chitosan. Green Chemistry，2017，19（12）：2783-2792.

[5] Zhang R，Li L L，Tong D M，et al. Microwave-enhanced pyrolysis of natural algae from water blooms. Bioresource Technology，2016，212：311-317.

[6] Zhou Y D，Li L L，Zhang R，et al. Fractional conversion of microalgae from water blooms. Faraday Discussions，2017，202：197-212.

[7] Luo Y P，Fan J J，Budarin V L，et al. Microwave-assisted hydrothermal selective dissolution and utilization of hemicellulose in *Phyllostachys heterocycle cv. pubescens*. Green Chemistry，2017，19（20）：4889-4899.

[8] Hu L B，Luo Y P，Cai B，et al. The degradation of the lignin in *Phyllostachys heterocycle cv. pubescens* in an ethanol solvothermal system. Green Chemistry，2014，16（6）：3107-3116.

[9] Qi W Y，Hu C W，Li G Y，et al. Catalytic pyrolysis of several kinds of bamboos over zeolite NaY. Green Chemistry，2006，8（2）：183-190.

[10] Fink H P，Hofmann D，Purz H J，et al. On the fibrillary structure of native cellulose. Acta Polymerica，1990，41（2）：131-137.

[11] Teleman A，Tenkanen M，Jacobs A，et al. Characterization of *O*-(4-*O*-methylglucurono) xylan isolated from birch and beech. Carbohydrate Research，2002，337（4）：373-377.

[12] Vanholme R，Demedts B，Morreel K，et al. Lignin biosynthesis and structure. Plant Physiology，2010，153（3）：895-905.

[13] Balakshin M，Capanema E，Gracz H，et al. Quantification of lignin-carbohydrate linkages with high resolution NMR spectroscopy. Planta，2011，233（6）：1097-1110.

[14] You T T，Zhang L M，Zhou S K，et al. Structural elucidation of lignin-carbohydrate complex（LCC）preparations and lignin from *Arundo donax* Linn. Industrial Crops and Products，2015，71：65-74.

[15] Zhang B，Fu G Q，Niu Y S，et al. Variations of lignin-lignin and lignin-carbohydrate linkages from young *Neosinocalamus affinis* bamboo culms. RSC Advances，2016，6（9）：15478-15484.

[16] Narron R H，Chang H M，Jameel H，et al. Soluble lignin recovered from biorefinery pretreatment hydrolyzate characterized by lignin-carbohydrate complexes. ACS Sustainable Chemistry & Engineering，2017，5（11）：10763-10771.

[17] Choi J W，Choi D H，Faix O，et al. Characterization of lignin-carbohydrate linkages in the residual lignins isolated from chemical pulps of spruce (*Picea abies*) and beech wood (*Fagus sylvatica*). Journal of Wood Science，2007，53（4）：309-313.

[18] Watanabe T，Kaizu S，Koshijima T，et al. Binding-sites of carbohydrate moieties toward lignin in lignin-carbohydrate complex from pinus-densiflora wood. Chemistry Letters，1986，11：1871-1874.

[19] Watanabe T，Ohnishi J，Yamasaki Y，et al. Binding-site analysis of the ether linkages between lignin and hemicelluloses in lignin carbohydrate complexes by ddq-oxidation. Agricultural and Biological Chemistry，1989，53（8）：2233-2252.

[20] Zhou Y P，Stuart-Williams H，Farquhar G D，et al. The use of natural abundance stable isotopic ratios to indicate the presence o oxygen-containing chemical linkages between cellulose and lignin in plant cell walls. Phytochemistry，2010，71（8-9）：982-993.

[21] Zhang J，Choi Y S，Yoo C G，et al. Cellulose-hemicellulose and cellulose-lignin interaction during fast pyrolysis. ACS Sustainable Chemistry & Engineering，2015，3（2）：293-301.

[22] Singh A，Pant D，Nizami A S，et al. Key issues in life cycle assessment of ethanol production from lignocellulosic biomass：challenge and perspectives. Bioresource Technology，2010，101（13）：5003-5012.

[23] Yang L C，Xu F Q，Ge X M，et al. Challenges and strategies for solid-state anaerobic digestion of lignocellulosic biomass. Renewable & Sustainable Energy Reviews，2015，44：824-834.

[24] Yousuf A. Biodiesel from lignocellulosic biomass—prospects and challenges. Waste Management，2012，32（11）：2061-2067.

[25] Binder J B，Raines R T. Simple chemical transformation of lignocellulosic biomass into furans for fuels and chemicals. Journal of the American Chemical Society，2009，131（5）：1979-1985.

[26] Lv X Y，Jiang Z C，Li J D，et al. Low-temperature torrefaction of *Phyllostachys heterocycle cv. pubescens*：effect of two torrefaction procedures on the composition of bio-oil obtained. ACS Sustainable Chemistry & Engineering，2017，5（6）：4869-4878.

[27] Gallezot P. Conversion of biomass to selected chemical products. Chemical Society Reviews，2012，41（4）：1538-1558.

[28] Zhou C H，Xia X，Lin C X，et al. Catalytic conversion of lignocellulosic biomass to fine chemicals and fuels. Chemical Society Reviews，2011，40（11）：5588-5617.

[29] Byun J，Han J. Catalytic production of biofuels（butane oligomers）and biochemical（tetrahydrofurfuryl alcohol）from corn stover. Bioresource Technology，2016，211：360-366.

[30] Liu Y Z，Chen W S，Xia Q Q，et al. Efficient cleavage of lignin-carbohydrate complexes and ultrafast extraction of lignin oligomers from wood biomass by microwave-assited treatment with deep eutectic solvent. ChemSusChem，2017，10（8）：1692-1700.

[31] Simonetti D A，Dumesic J A. Catalytic strategies for changing the energy content and achieving C—C coupling in biomass-derived oxygenated hydrocarbons. ChemSusChem，2008，1（8-9）：725-733.

[32] De S，Saha B，Luque R，et al. Hydrodeoxygenation processes：advances on catalytic transformations of biomass-derived platform chemicals into hydrocarbon fuels. Bioresource Technology，2015，178：108-118.

[33] Jiang Z C，He T，Li J M，et al. Selective conversion of lignin in corncob residue to monophenols with high yield and selectivity. Green Chemistry，2014，16（9）：4257-4265.

[34] Li J M，Jiang Z C，Hu L B，et al. Selective conversion of cellulose in corncob residue to levulinic acid in an aluminum trichloride-sodium chloride system. ChemSusChem，2014，7（9）：2482-2488.

[35] Xu C G，Li J，Li J M，et al. D-excess-LaA production directly from biomass by trivalent yttrium species. IScience，2019，12：132-140.

[36] Xu C P，Arancon R A D，Labidi J，et al. Lignin depolymerisation strategies：towards valuable chemicals and fuels. Chemical Society Reviews，2014，43（22）：7485-7500.

[37] Dai J H，Zhu L F，Tang D Y，et al. Sulfonated polyaniline as a solid organocatalyst for dehydration of fructose into 5-hydroxymethlyfurfural. Green Chemistry，2017，19（8）：1932-1939.

[38] Du X Z，Li D，Xin H，et al. The conversion of jatropha oil into jet-fuel on NiMo/Al-MCM-41 catalyst：intrinsic synergic effects between Ni and Mo. Energy Technology，2018.

[39] Karatzos S，McMillan J D，Saddler J N. The potential and challenges of drop-in biofuels.1st ed. The United Kindom：IEA Bioenergy，2014：2.

[40] Huber G W，Chheda W，Barrett C J，et al. Production of liquid alkanes by aqueous-phase processing of biomass-based derived carbohydrates. Science，2005，308（5727）：1446-1450.

[41] Bohre A，Saha B，Abu-Omar M M. Catalytic upgrading of 5-hydroxymethylfurfural to drop-in biofuels by solid base and bifunctional metal-acid catalysts. ChemSusChem，2015，8（23）：4022-4029.

[42] Barrett C J，Chheda J N，Huber G W，et al. Single-reactor process for sequential aldol-condensation and hydrogenation of biomass-derived compounds in water. Applied Catalysis B：Environmental，2016，66：111-118.

[43] Chheda J N，Dumusic J A. An overview of dehydration，aldol-condensation and hydrogenation processes for production of liquid alkanes from biomass-derived carbohydrates. Catalysis Today，2007，123（1-4）：59-70.

[44] James O O，Maity S，Usman L A，et al. Towards the conversion of carbohydrate biomass feedstocks to biofuels *via* hydroxylmethylfurfural. Energy & Environmental Science，2010，3：1833-1850.

[45] Gao L C，Deng K J，Zheng J D，et al. Efficient oxidation of biomass derived 5-hydroxymethylfurfural into 2, 5-furandicarboxylic acid catalyzed by Merrifield resin supported cobalt porphyrin. Chemical Engineering Journal，2015，270：444-449.

[46] Yoshida N，Kasuya N，Haga N，et al. Brand-new biomass-based vinyl polymers from 5-hydroxymethylfurfural. Polymer Journal，2008，40（12）：1164-1169.

[47] Motagamwala A H，Wong W Y，Sener C，et al. Toward biomass-derived renewable plastics：production of 2, 5-furandicarboxylic acid from fructose. Science Advances，2018，4（1）：9722-9731.

[48] Chernyshev V W，Kravchenko O A，Ananikov V P. Conversion of plant biomass to furan derivatives and

sustainable access to the new generation of polymers， functional materials and fuels. Russian Chemical Reviews， 2017， 86（5）：357-387.

[49] Zandvoort I V， Wang Y H， Rasrendra C B， et al. Formation， molecular structure， and morphology of humins in biomass conversion：influence of feedstock and processing conditions. ChemSusChem，2013，6（9）：1745-1758.

[50] Dee S J， Bell A T. A study of the acid-catalyzed hydrolysis of cellulose dissolved in ionic liquids and the factors influencing the dehydration of glucose and the formation of humins. ChemSusChem， 2011， 4（8）：1166-1173.

[51] Yang G， Pidko E A， Hensen E J M， et al. Mechanism of Brøonsted acid-catalyzed conversion of carbohydrates. Journal of Catalysis， 2012， 295：122-132.

[52] Swift T D， Nguyen H， Erdman Z， et al. Tandem Lewis acid/Brønsted acid-catalyzed conversion of carbohydrates to 5-hydroxymethylfurfural using zeolite beta. Journal of Catalysis， 2016， 333：149-161.

[53] Hu X， Li C Z. Levulinic esters from the acid-catalysed reactions of sugars and alcohols as part of a bio-refinery. Green Chemistry， 2011， 13（7）：1676-1679.

[54] Fu X， Dai J H， Guo X W， et al. Suppression of oligomer formation in glucose dehydration by CO_2 and tetrahydrofuran. Green Chemistry， 2017， 19（14）：3334-3343.

第3章 油类生物质的转化

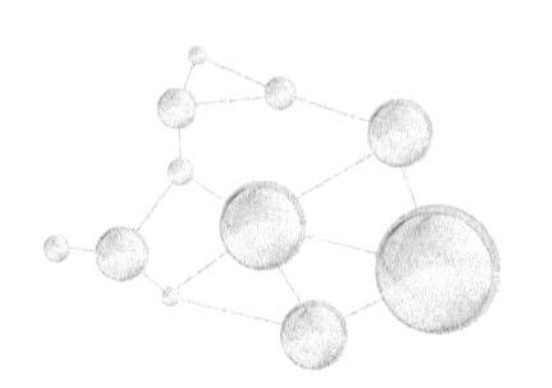

随着科技的进步和人类社会的发展，世界能源消耗不断增加。目前，人类利用的主要能源为煤、石油和天然气。其中，石油能源是现代社会赖以生存和发展的物质基础。随着地球上石油储备的不断消耗，尤其是从20世纪70年代开始出现的日益严重的石油危机，使人类越来越重视能源问题。据《BP世界能源统计年鉴》2006年报道的数据，在世界范围内包括海洋下的所有石油可开采量仅够维持40年，能源危机迫在眉睫。与此同时，这些不可再生的化石燃料在燃烧过程中排放出大量的废气和粉尘颗粒，造成了严峻的环境污染问题。因此，要解决石油能源短缺和环境污染问题，除了有效地提高石油利用率外，开发新型、对环境无害的非石油类能源和可再生能源也是一条重要的途径。

可再生能源包括电能、风能、太阳能、地热能、核能和生物质能等。其中，生物质能是通过绿色植物进行光合作用储存，将能量转换为常态的气体、液体和固体燃料，具有永久再生性。生物质能与化石能源相比，具有来源稳定、环境友好等优点；且与其他新能源相比，比核能更安全，比风能和地热能使用范围更广，因此成为新能源研究最热门的方向。随着生物质燃料的不断发展，生物柴油作为化石柴油的理想替代品顺势而生。

生物柴油是动植物油脂与甲醇在一定温度下通过酯化反应和酯交换反应得到的脂肪酸甲酯，与石油等矿物能源相比，生物柴油具有十六烷值高、密度高、不含N和S元素、润滑性好、易分解、无污染等优点，是一种环保、可再生的绿色能源[1]。因此，研究与开发生物柴油代替石油等矿物能源具有重大意义，并有较高的市场利用价值和巨大的经济效益。据欧洲生物质产业协会（European Biomass Industry Association，EUBIA）统计：欧洲、亚洲、拉丁美洲每年可以生产8.9×10^{18}J、21.4×10^{18}J、19.9×10^{18}J的生物质能。与化石燃料相比，生物燃油具有多方面的优越性：①降低生产成本；②生物燃油无毒，生物降解率可达98%；③含硫量低，SO_2和硫化物的排放比普通燃油减少约30%；④不含导致环境污染的芳香族烷烃，在生物燃油燃烧后逸出的废气中，有毒有机物的排放量仅为化石燃油的1/10[2-4]。综上所述，大力发展生物燃油对经济可持续发展、推动能源替代、减轻环境压力和控制城市大气污染等问题具有重要的意义。

对于生物柴油这种可再生的新能源目前主要有欧盟和美国两种质量标准，二者在质量指标上基本一致，仅在冷滤点、密度等指标上有所差异，即使在欧盟内部各国也准许对这些指标的规定按照各国实际情况有一定的调整。造成差异的主要原因是采用的原料有所不同，在欧洲主要是菜籽油，而在美国主要是大豆油。中国生物柴油的发展虽然起步较迟，但从 2000 年开始已经着手制定了生物柴油的标准。从目前所掌握的中国生物柴油标准的指标来看，基本上是欧盟和美国标准的结合。表 3.1 中给出了目前美国、德国、欧盟和中国的生物柴油标准[5]。

表 3.1 美国、德国、欧盟和中国的生物柴油标准

特性	美国 ASTM D6751 标准	欧洲 EN 14214-2003（E）标准	德国 DIN E 51606 标准	中国 GB/T 20828 标准
生效日期	1999.7	2003	1997.9	2007
酯含量（easter content）	—	Min.96.5%(*m*/*m*)	—	—
闪点（flash point）	Min.130℃	Min.120℃	Min.110℃	Min.130℃
水含量（water）	Max.0.05%（体积分数）	Max.500mg/kg	Max.300mg/kg	Max.0.05%（体积分数）
运动黏度（40℃）[kinematic viscosity（40℃）]	1.9～6.0mm^2/s	3.5～5.0mm^2/s	3.5～5.0mm^2/s	1.9～6.0mm^2/s
硫酸盐灰分（sulfated ash）	Max.0.02%	Max.0.02%	Max.0.03%	Max.0.02%
硫含量（sulfur）	Max.0.05%	10mg/kg	Max.0.01%	Max.0.05%和 0.005%
铜片腐蚀强度（copper strip corrosion）	Max.no.3	Max. Class 1	Max. Class 1	Max. Class 1
十六烷值（cetane）	Min.47	Min.51	Min.49	Min.49
100%样品的残炭（carbon residue 100% sample）	Max.0.05%	—	Max.0.05%	Max.0.3%
酸值（acid number）	Max. 0.8mg KOH/g	Max. 0.5mg KOH/g	Max. 0.5mg KOH/g	Max. 0.8mg KOH/g
游离甘油（free glycerine）	Max.0.02%	Max.0.02%	Max.0.02%	Max.0.02%
总甘油（total glycerine）	Max.0.24%	Max.0.25%	Max.0.25%	Max.0.24%
磷含量（phosphorus content）	Max.0.001%	Max.10mg/kg	Max.10mg/kg	—
密度（15℃）（density at 15℃）	—	0.86～0.90kg/m^3	0.875～0.90kg/m^3	0.82～0.90kg/m^3
冷滤点（cold filter plugging point）（without）	—	–10℃，D 级	0/–10/–20	采用报告方式

注：Min. 表示最小值；Max. 表示最大值。

3.1 油脂酯交换制备生物柴油

化石能源的减少和全球环境压力的增加，迫使我们寻找新型、可再生的清洁能源。生物柴油作为可再生的清洁能源，已经受到了广泛的关注和研究。目前生

物柴油的生产方法主要有直接混合法、微乳化法、裂解法和酯交换法[6-11]。其中直接混合法和微乳化法属于物理法，这种方法通过物理加工来降低动植物油的黏度以直接用作内燃机的燃料，直接混合法的问题是因氧化和聚合作用，产物中含有一些凝胶和碳沉积，导致油黏度增大和油污染等问题，另外，这种混合油的总体性能仍不能完全满足柴油机对燃料的要求。微乳化法从一定程度上降低了植物油的黏度，但会产生积碳严重、燃烧不完全以及油黏度增加等问题。裂解法和酯交换法属于化学法。裂解法需高温，设备投资大、控制难度大，且主要产品为生物汽油，生物柴油只是其副产物。酯交换法以动植物油以及废餐饮油为原料和甲醇、乙醇等低碳醇类物质在催化剂作用下或无催化剂存在的超临界状态下进行酯交换反应，原料中的甘油三脂肪酸酯转化成脂肪酸甲（乙）酯和甘油，降低了天然油脂分子量，改善了其黏度过高的性能，其反应方程式如图 3.1 所示。由于酯交换法反应条件温和，易于控制，是目前国内外研究最多的生物柴油制备方法。油脂具有高氧含量、高黏度和低挥发性等特点，作为液态车用燃料直接使用则需要进一步精制。

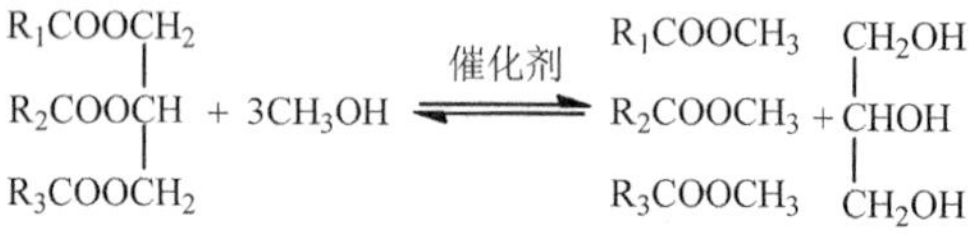

$$\begin{array}{l} R_1COOCH_2 \\ \quad\quad\;\, | \\ R_2COOCH \\ \quad\quad\;\, | \\ R_3COOCH_2 \end{array} + 3CH_3OH \overset{\text{催化剂}}{\rightleftharpoons} \begin{array}{l} R_1COOCH_3 \\ R_2COOCH_3 \\ R_3COOCH_3 \end{array} + \begin{array}{l} CH_2OH \\ | \\ CHOH \\ | \\ CH_2OH \end{array}$$

图 3.1　酯交换反应制备生物柴油的反应方程式

在酯交换反应中，催化剂对生物柴油的质量和产率有很大的影响。对于酸值较高的油脂而言，先通过酯化反应降低内部的游离脂肪酸，然后经过酯交换反应制备生物柴油。根据催化剂种类，酯交换反应又可分为均相催化法和非均相催化法、超临界法、生物酶催化法、离子液体法等。

3.1.1　均相催化法

均相催化法是目前工业生产中最常用的方法，可分为碱催化和酸催化。该方法主要是以液体碱（NaOH、KOH、CH_3ONa、有机胺类、胍类有机碱等）和液体酸（浓 H_2SO_4 溶液、浓 HCl 溶液）为催化剂，在较温和的条件下进行酯交换。

1. 碱催化法

目前在工业生产中，碱催化法使用较多。最常用的碱催化剂有 NaOH、CH_3ONa、KOH、CH_3OK、K_2CO_3 等。欧美发达国家大多以菜籽油或大豆油等为优质原料，采用均相碱催化酯交换法生产生物柴油。均相碱催化法对原料油的质量要求较高，为了防止发生皂化反应，必须严格控制原料油中水分和游离脂肪酸的含量，且存在反应产物与催化剂难以分离等缺点，需要大量的水进行中和洗涤处理，从而产生大量的废水导致污染环境。碱催化反应机理如图 3.2 所示，因为氢氧化物和甲氧基化合物在甲醇中的溶解度较大，所以反应活性较高。以 KOH 为例，在反应温度 60℃、甲醇：油（大豆油或棕榈油）摩尔比 6：1、碱催化剂用量（指与原料油的质量分数）为 1.0%时，脂肪酸甲酯的收率可达到 97%以上。在相同的实验条件下，催化剂的活性顺序为：KOH＞NaOH＞CH_3ONa。而以季氨碱为催化剂时，魏雅洁和徐广辉[11]的研究结果表明，催化剂的投入量为油质量的 0.5%，大豆油和甲醇在 60℃下搅拌 30min，产物转化率就能达到 95%。但是在游离脂肪酸含量或水含量较高时，碱性催化剂会因为游离脂肪酸与碱金属产生皂化物而失活。另外，水的存在也会引起酯水解产生游离脂肪酸而发生皂化反应，皂化物使产物中的油相和甘油相难以分离，后处理过程变得繁杂，排污量增大。因此对于有较高含量的脂肪酸和水分的原料油而言，通常采用先酸后碱的方法：先利用硫酸对原料油进行催化预酯化，将原料油中的游离脂肪酸转化为脂肪酸甲酯，避免对碱性催化剂的毒害；经过中和洗涤后，用 NaOH 作催化剂来催化原料油的酯交换反应，很好地解决了含酸油脂原料的皂化问题。

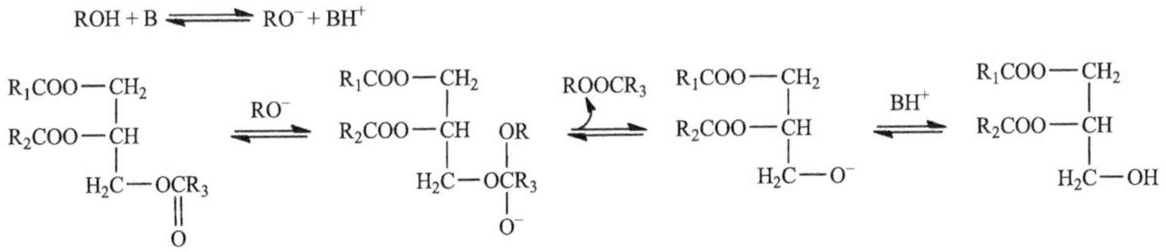

$$ROH + B \rightleftharpoons RO^- + BH^+$$

$R_1COO-CH_2$ / $R_2COO-CH$ / $H_2C-OC(=O)R_3$ $\xrightleftharpoons{RO^-}$ $R_1COO-CH_2$ / $R_2COO-CH$ / $H_2C-OC(OR)(O^-)R_3$ $\xrightleftharpoons{}$ $ROOCR_3$ + $R_1COO-CH_2$ / $R_2COO-CH$ / H_2C-O^- $\xrightleftharpoons{BH^+}$ $R_1COO-CH_2$ / $R_2COO-CH$ / H_2C-OH

图 3.2　均相碱性催化剂催化酯交换反应机理

在酯交换反应过程中使用含氮类的有机碱作为催化剂可以有效防止皂化反应，从而避免产生乳化现象，反应结束后较容易实现催化剂的分离。Schuchardt 等[12]以菜籽油为原料，对一系列有机碱催化剂催化甲酯化的反应进行了分析。结果表明，在反应温度 70℃，1, 5, 7-三氮杂二环[4, 4, 0]-5-癸烯（TBD）用量为 1%的条件下，反应产物产率可以达到 90%以上。当油脂中的游离脂肪酸含量较高时，碱容易与游离的脂肪酸发生中和反应产生难分离的副产物皂，如图 3.3 所示，从而消耗了部分催化剂，降低了生物柴油的产率，使产物难以分离。水的存在则会促使油脂水解而与碱生成皂。

副反应

皂化反应

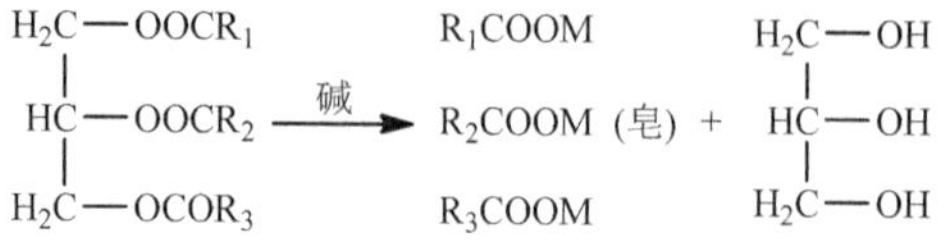

$$\begin{matrix} H_2C—OOCR_1 \\ | \\ HC—OOCR_2 \\ | \\ H_2C—OCOR_3 \end{matrix} \xrightarrow{\text{碱}} \begin{matrix} R_1COOM \\ R_2COOM\ (\text{皂}) \\ R_3COOM \end{matrix} + \begin{matrix} H_2C—OH \\ | \\ HC—OH \\ | \\ H_2C—OH \end{matrix}$$

中和反应

$$R_1COOH + NaOH \longrightarrow R_1COONa + H_2O$$

图 3.3 均相碱性催化剂催化酯交换的皂化反应及中和反应机理

2. 酸催化法

采用酸催化法制备生物柴油，对原料的要求不是很高，尤其适用于游离脂肪酸和水分含量高的油脂制备生物柴油，当以这些油脂作为酯交换反应的原料时，因为含游离脂肪酸较多，会导致碱催化剂中毒，但不会使酸催化剂中毒。酸催化法用到的催化剂主要有硫酸、盐酸和磷酸等。其中硫酸市场价格较低，资源比较丰富，是被广泛使用的酸催化剂。酸催化法的反应机理如图 3.4 所示。与碱催化反应相比，酸催化反应的缺点是速率慢、反应温度高、能耗大、对设备腐蚀严重，但酸性催化剂不受原料中游离脂肪酸的毒害，既能催化游离脂肪酸与甲醇的酯化反应，又能催化甘油三酯的酯交换反应，因此酸催化法适用于以游离脂肪酸和水含量较高的油脂为原料的体系。在酸催化酯交换反应体系中，常用作均相酸催化剂的有 Brønsted 酸（B 酸）如浓硫酸、盐酸、苯磺酸等，Lewis 酸（L 酸）如氯化铝、氯化锌和脂肪酸盐等。

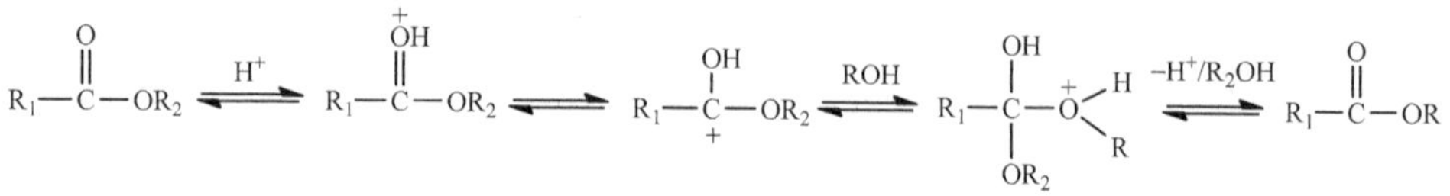

$$R_1—\overset{O}{\overset{\|}{C}}—OR_2 \underset{}{\overset{H^+}{\rightleftharpoons}} R_1—\overset{\overset{+}{O}H}{\overset{\|}{C}}—OR_2 \rightleftharpoons R_1—\underset{+}{\overset{OH}{\overset{|}{C}}}—OR_2 \overset{ROH}{\rightleftharpoons} R_1—\underset{OR_2}{\overset{OH}{C}}—\overset{+}{O}\langle^{H}_{R} \overset{-H^+/R_2OH}{\rightleftharpoons} R_1—\overset{O}{\overset{\|}{C}}—OR$$

图 3.4 均相酸性催化剂催化酯交换反应机理

酸催化酯交换的反应条件较苛刻，反应温度高、压力大、甲醇用量大、对设备要求较高，且速度较慢、对设备腐蚀严重。所以在工业上酸催化法的普及程度远小于碱催化法。

均相酯交换反应的主要优点是技术比较成熟，反应条件温和，在常温常压下反应就可以进行，且速度较快，在 60℃下反应 20min 就能达到平衡，脂肪酸甲酯收率高。不足之处是反应结束后必须对酸碱催化剂进行中和与水洗，带来过多的工业废水，均相酸碱催化剂不可以重复利用，增加了催化剂成本。同时，酸碱催化剂对设备腐蚀比较严重，这是一个必须考虑的问题。

目前欧美等国家和地区的生物柴油工业化生产工艺已趋于成熟，它们主要基于均相酸、碱催化酯交换反应，产物油的收率都可以达到99%以上，代表性技术有德国的 Lurgi 工艺、德国的 Sket 工艺、美国的 Greenline 工艺等[13]。

1）德国的 Lurgi 工艺

Lurgi 工艺采用的是两级连续酯交换工艺制备生物柴油，工艺流程如图 3.5 所示。

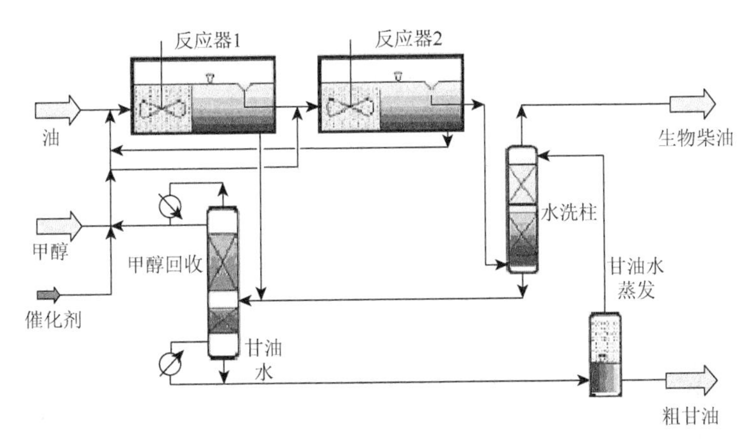

图 3.5　德国的 Lurgi 工艺流程图

该工艺以精制油脂为原料，采用的是两段酯交换和两段甘油回炼工艺。先将催化剂和甲醇配制成溶液，按一定比例用泵连续打入第一级酯交换反应器（反应器 1），反应后生成的混合物分离出甘油相后溢流进入第二反应器（反应器 2），再补充甲醇和催化剂，生成的混合物进入第二级沉降槽分离，分离后的粗油脂经水洗后脱水得到生物柴油。Lurgi 工艺的总转化率大于 99%，产品甲酯含量大于 96.5%，质量符合 EN 14214—2003（E）。Lurgi 工艺的特点：第二段酯交换后分离出的含有较高浓度的甲醇和催化剂可以直接进入第一级反应器中参与反应；过程连续，常压，温度 60℃，催化剂消耗量低；该工艺中的反应器和沉降槽均为 Lurgi 专有技术，产品质量高，分离过程不需要离心设备。该工艺的缺点：不适用于高酸值原料，原料适用性差，工艺流程长。

2）德国的 Sket 工艺

德国的 Sket 工艺流程如图 3.6 所示，该工艺采用连续的酯交换脱甘油法制备生物柴油。首先将 KOH 催化剂与甲醇按一定比例配成溶液，然后与精制后的油脂按相应比例压入第一级反应器中，反应后的产物分离出甘油，再进入第二级反应器进行反应，进一步反应后脱除甘油，物料再次进入第三级反应器，并补充甲醇与催化剂，在第三级反应器中再次进行酯交换反应。由于该技术连续脱甘油，酯交换反应不断向右移动，因此酯交换率可达到 99%。Sket 工艺的特点：工艺成熟，反应条件温和，常压及 65～75℃下操作，设备投资少，产品质量优良，安全稳定。

主要缺点：产品颜色较深，原料适应性差，需要精制，工艺流程复杂，甘油回收能耗高，“三废”排放多，设备腐蚀严重。

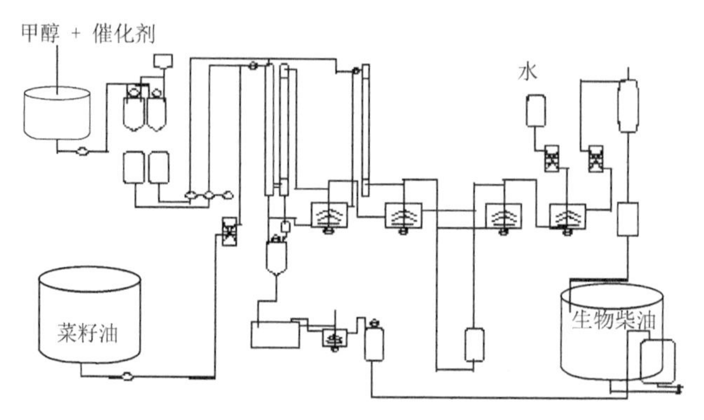

图 3.6　德国的 Sket 工艺流程图

3）美国的 Greenline 工艺

美国的 Greenline 工艺与 Lurgi 工艺相似，也是采用两段酯交换法制备生物柴油，工艺流程如图 3.7 所示。首先将催化剂和甲醇溶液加入油脂中进行第一级反应，然后分离出甘油，甲酯相补充催化剂和甲醇进行第二级反应，再次分离出甘油后，对酯相进行蒸馏回收甲醇。回收后的生物柴油由上往下通过填有 Amberlite 树脂的塔，该树脂会脱除生物柴油中的杂质，再过滤精制，得到成品生物柴油。Greenline 工艺特点：采用 Amberlite 树脂干洗方法对粗酯进行净化处理，该树脂

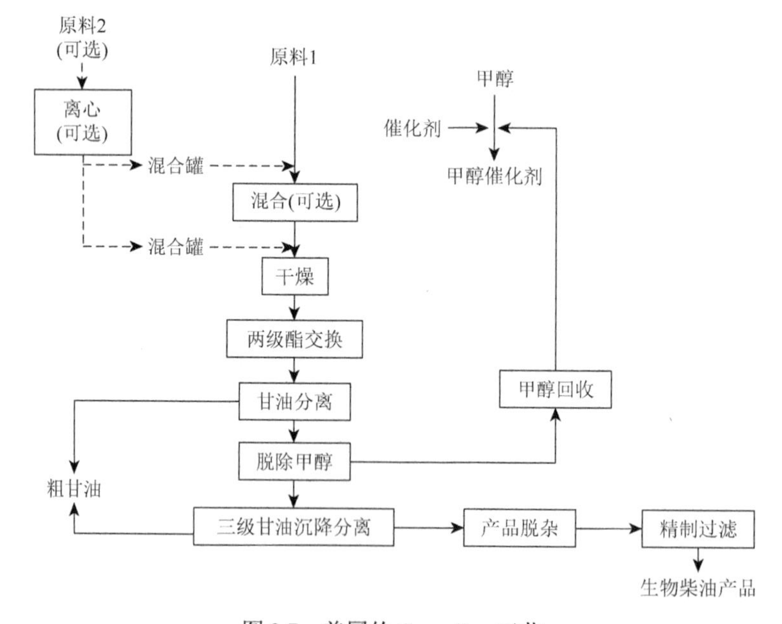

图 3.7　美国的 Greenline 工艺

专门应用于 Greenline 工艺中，废弃的树脂无毒，可以作为垃圾直接被掩埋。但同时，均相催化酯交换反应体系仍存在若干显著缺点，如催化剂很难与产物分离、可再生性差、工艺复杂、后处理烦琐、排污量大等。

3.1.2 非均相催化法

相对于传统的均相酸碱催化酯交换制备生物柴油，采用非均相固体催化剂的酯交换反应可以避免所生成的产物与催化剂分离困难的问题，能够减少操作单元，减少反应产生的废物，甚至可以避免反应完成后催化剂对环境的污染问题，因此非均相催化剂被广泛地应用于工业生产。

非均相催化法是指利用固体酸或碱代替液体酸或碱作为催化剂，以酯交换反应制备生物柴油的方法。目前，研究较多的是将金属氧化物负载到比表面积大的固体上制成改性固体酸碱催化剂。

1. 固体酸催化剂

固体酸催化剂是指在反应中能够给出质子或者接受电子对的固体催化剂。固体酸一般用酸强度、酸量和酸位类型来表征酸性。在表示酸强度时常采用 Hammett 酸强度函数 H_0 来定量描述，H_0 酸强度函数越小，表明酸强度越强。酸量是指固体酸表面上酸位的多少，通常用 mmol/g 来表示。酸位类型分为 B 酸位和 L 酸位，B 酸位指能提供质子的质子酸位，L 酸位指能接受电子对的 Lewis 酸位。因为固体酸不但可以催化酯交换反应，还可以催化酯化反应，所以固体酸多用于高酸值油脂的催化酯交换反应。目前，在生物柴油制备中常用的固体酸催化剂按其组成可分为：固体超强酸、分子筛、杂多酸、离子交换树脂等。

1）固体超强酸

固体超强酸是指比 100%浓 H_2SO_4 酸性更强的固体酸。1979 年，日本学者田野诚[14]首次报道了无卤素型 M_xO_y/SO_4^{2-} 超强酸体系，发现由某些稀硫酸盐浸泡的金属氧化物经过高温烧结后，可以形成酸强度远大于 100%浓 H_2SO_4 的固体超强酸，此后这类催化剂就一直受到人们的广泛关注。在酸催化作用中，固体超强酸克服了液体酸催化剂的许多弊端，对酯化反应具有很高的催化活性，M_xO_y/SO_4^{2-} 超强酸体系一直是近年来的研究热点，成功地制备出以 ZrO_2、TiO_2、ZrO_2-TiO_2 复合物、SnO_2 等其他一些氧化物为基体浸渍硫酸、钨酸等阴离子的各种超强酸，并成功地应用于酯化反应。SO_4^{2-}/TiO_2 是目前在催化酯化反应研究中使用较多的固体酸催化剂。它属于超强酸范畴，酸度 $H_0<-11.93$。当用硫酸铵处理后催化剂表面同时产生 Brønsted 酸和 Lewis 酸，当用硫酸处理时，催化剂表面只有 Lewis 酸。硫酸铵处理的催化剂表面酸强度（$H_0<1.2$）比硫酸处理的

催化剂表面酸强度（H_0＜0.8）分布更为宽一些。这类固体超强酸的制备主要工艺方法为溶胶-凝胶法和沉淀浸渍法。固体超强酸作为催化剂与液体超强酸相比，存在如下优点：①反应生成物与催化剂容易分离；②催化剂易于制备和保存，可以反复使用；③催化剂对反应容器无腐蚀作用；④废催化剂引起的“三废”问题较少；⑤催化剂的选择性一般都较高；⑥可在温度高达 500℃下使用等，因此引起人们的广泛关注[15-17]。

2）分子筛

沸石分子筛是一种结晶型硅铝酸盐，是由硅氧及铝氧四面体通过顶角氧原子连接而成的三维骨架结构，内部的孔穴可起到吸附分子的作用。孔穴之间由孔道相互连接，分子由孔道经过。常用的分子筛有 ZSM-5、Beta、H-ZSM-5、h-Beta、Al-MCM-41 等。沸石分子筛在酯化反应中具有优良的反应活性。分子筛在制备过程中受模板剂、Si/Al 比、pH、反应温度、反应时间、焙烧温度、焙烧时间等条件影响。Si—OH 产生 Brønsted 酸和 Lewis 酸，随 Si/Al 比的增大酸性位点减少，酸强度增加，催化酯化活性降低。沸石分子筛骨架上非极性的 Si—O—Si 基团决定了它的疏水性能，也决定它的催化活性。理想的沸石孔道周围由 SiO_4 四面体组成，没有—SiOH 基团，属于高度疏水。对沸石疏水性的减弱可以通过用 Al^{3+}替换部分 Si^{4+}实现。因此通过 Si/Al 比来调节酸性能和疏水性进而影响催化剂酯化反应的活性。介孔硅材料，如 MCM、SBA 系列分子筛，具有非晶相的孔壁，酸性较弱，很难催化酯化反应。在微晶硅表面交联过渡金属氧化物，如氧化铝、氧化钛、氧化锆等，能够产生大量的酸性位点，大大增强微晶硅的酸性，提高催化酯化反应的活性。

3）杂多酸

近年来，一种多功能新型催化剂——杂多酸及其盐类在催化领域得到重视。杂多酸是由中心原子（杂原子 P、Si、Fe 和 Co 等）和多原子（Mo、W、V、Nb 等）按一定的结构通过氧原子配位桥联组成的含氧多酸，中心原子可以是金属和非金属，其具有类似于分子筛的笼型结构，催化活性较高，不但具有较强的 Brønsted 酸性，而且具有氧化还原性。杂多酸由一个质子（或金属阳离子）和杂多阴离子组成，包括 V、Mo、W 等氧化物和 P、Si 等，结构上分为一级结构和二级结构。杂多阴离子的一级结构有 5 种，分别为 Keggin 型（$XM_{12}O_{40}^{n-}$）、Silverton 型（$XM_{12}O_{42}^{n-}$）、Dawson 型（$X_2M_{18}O_{62}^{n-}$）、Strandberg 型（$X_2M_5O_{23}^{n-}$）和 Anderson 型（$XM_6O_{24}^{n-}$），在这些结构中，以 Keggin 结构最为稳定。杂多酸的质子性使其很好地溶解在极性溶液中，如酯化反应中的醇溶液中，比表面积小（1～10m^2/g），因此不利于作为非均相催化剂，也不适合多相催化体系。杂多酸的这些缺点可以通过形成 NH 或 Cs 盐等来解决。例如，将 Cs 取代杂多酸中的部分质子（$CsH_{3-x}PW_{12}O_{40}$

和 $CsH_{3-x}PMo_{12}O_{40}$），制备的催化剂不溶于极性溶剂并且能增加催化剂的比表面积。Cs 掺杂得到 $Cs_{2.5}H_{0.5}PW_{12}O_{40}$ 催化剂，比表面积会明显增加。掺杂 Cs 的另一个优势就是增加了催化剂表面的酸性位点。例如，$H_4PMO_{11}VO_{40}$ 表面酸量小于 10μmol/g，而 $Cs_xH_{4-x}PWO_{11}O_{40}$ 表面酸量约为 160μmol/g。杂多酸在酯化领域中的研究和应用较为活跃，而且某些杂多酸催化剂表现出优异的催化性能，具有工业化的前景。

4）离子交换树脂

离子交换树脂催化剂的研究早在 20 世纪 40 年代就已经开始了，这些离子交换树脂均以交联聚苯乙烯为基体。聚苯乙烯树脂是以聚苯乙烯为单体，双烯烃物质为交联剂，利用悬浮聚合方法制备的共聚物。聚苯乙烯树脂本身属于中性，经功能化反应后可制成离子交换树脂，使其具有一定的酸碱性和离子交换性，从而得到广泛应用。近年来发展了新型的大孔强酸性阳离子交换树脂，其孔径一般为几十纳米，活性中心是磺酸基—SO_3H，因此类似于固体硫酸。无论是在干条件还是湿条件下，其内部孔道都存在大量的酸性中心，故具有较高的催化活性。同时它还具有较强的耐氧化性、耐磨损、抗有机污染的能力。最常用的有机酸树脂包括 Nafion 和 Amberlyst-15。Nafion 是全氟磺酸-聚四氟乙烯共聚物，是优良的阳离子交换树脂。Amberlyst-15 是硫酸化的苯乙烯-二乙烯苯共聚物，是强酸性大孔阳离子交换树脂。这两种有机酸树脂都已经商业化生产并应用于多种工业反应，如甲基叔丁基醚合成、双酚 A 合成、叔丁醇脱水制备异丁烯、丙烷水合二丙醇等。虽然这两种有机酸树脂都含有亲水性的 SO_3^-、H^+端基基团，在水分充足的条件下，能够释放质子酸，但是酸性能却不同。通常情况下 Nafion 的酸强度要大于 Amberlyst-15。Nafion 的 Hammett 酸值在–11～–13，Amberlyst-15 的酸值为–2.2。而 Amberlyst-15 酸量是 Nafion 酸量的 5 倍多。在热稳定性方面，Nafion 保持催化活性的耐热温度较高，在 280℃左右，而 Amberlyst-15 耐热温度较低，在 120～140℃。由于两种树脂酸性和热稳定性不同，适合的催化反应类型也各有不同。烷基化反应要求较高的酸强度和较高的反应温度，因此 Nafion 在烷基化反应中展现出良好的催化活性。而 Amberlyst-15 更适合酯化反应，因为酯化反应不需要太强的酸性，反应温度也较为温和（50～274℃）。在结构方面，Nafion 和 Amberlyst-15 材料本身都具有较小的孔容和比表面积，分别小于 $5cm^3/g$ 和 $50m^2/g$，但是当浸渍极性溶剂后，材料溶胀并且变成大孔材料。交联的聚合物骨架决定了材料的溶胀程度，交联程度越低，溶胀性越强。酯化或者酯交换反应中为了使反应充分，往往会加入过量的醇，而过量的醇又促进酸性树脂的溶胀，促使大量大分子的反应物可以扩散到催化剂内部的酸性位点进行反应。

2. 固体碱催化法

固体碱是能给出电子或接受质子的固体，活性中心具有极强的供电子或接受质子的能力。固体碱量就是指能化学吸附酸或使酸性指示剂变色的固体。固体碱一般用碱强度、碱量和碱位类型来表征其碱性。固体碱具有以下几个特点：①能使指示剂变色，呈碱色，碱强度用 H_-表征，碱强度为固体表面的碱性中心使其吸附的电中性酸转变为它的共轭碱的能力，即固体表面向所吸附的酸给出电子对的能力；②与均相碱催化剂有类似的催化活性；③反应机理研究、产物分析和其表面吸附物种光谱分析都有力地表明负离子中间体参与了反应过程。非均相固体碱催化合成生物柴油，产物易于分离和纯化、催化剂可循环使用、对原料油中水分和游离脂肪酸的耐受力高、反应设备腐蚀性小、易于实现自动化连续化工业生产。固体碱催化剂是环境友好的新型催化材料，具有广泛的工业应用价值。固体碱催化剂可分为负载型固体碱和非负载型固体碱。而非负载型固体碱主要包括金属氧化物固体碱、分子筛、黏土矿物和碱性离子交换树脂等。

1）负载型固体碱催化剂

负载型固体碱催化剂由于具有机械强度较高、碱性强、比表面积大等优点，近年来引起国内外学者的普遍关注。负载型固体碱催化剂的载体主要有 Al_2O_3、活性炭、分子筛、氧化钙等，负载的前驱体主要有碱金属或碱土金属及其氢氧化物、碳酸盐、硝酸盐和胺化物等。这类催化剂一般采用浸渍或沉淀的方法先将前驱体负载至载体表面，再经过高温灼烧，使得活性成分与载体之间产生一定的键合作用，得到具有一定碱强度的催化剂，其催化活性常随着催化剂的制备条件不同而不同。

氧化铝表面同时具有酸、碱活性位点，机械强度高，热稳定性好，是工业常用的催化剂。将碱金属和碱土金属前驱体负载到氧化铝的表面，经过焙烧活化后，可得到用于催化油脂酯交换的负载型固体碱催化剂。Kim 等[18]制备了 Na/NaOH/γ-Al_2O_3 催化剂，以正己烷为共溶剂，在醇油比为 9∶1 的条件下，用于催化生物柴油的反应，生物柴油的最大收率达到了 94%。

以 MgO、CaO 等金属氧化物为载体的固体碱催化剂，当相同的前驱体负载在不同的载体上时，其碱强度随载体的碱强度的增加而增加。孟鑫和辛忠[19]制备了 KF/CaO 催化剂，并用于以大豆油和甲醇为原料的酯交换实验。研究发现：在共溶剂四氢呋喃存在的条件下，反应条件为醇油摩尔比 12∶1、催化剂用量（占原料油质量）3%、反应温度为 60～65℃、反应时间为 1h 时，生物柴油的收率可达到 90%，与 CaO 催化反应结果相比，KF/CaO 催化剂的催化活性明显提高。将碱金属或碱土金属氧化物及其盐负载到多孔载体上，不仅可以得到超强碱位的碱，还可以显著地提高催化剂的比表面积，并且其制作方法简单，是制备固体碱催化剂的常用方法。

2）非负载型固体碱催化剂

氧化锆及其水合物、活性氢氧化铌等是有着许多优点的酯化催化剂，其原料来源丰富、价格低廉、选择性好、应用较广泛。它们的主要优点是对设备无腐蚀性、副反应少和后处理简单。近年来，陆续报道了用四价钼催化剂合成甘油酯、用稀土混合物催化合成羧酸丁酯和邻苯二甲酸二辛酯等。氧化物 SnO 对一些醇酸的酯化反应具有较好的催化活性。例如，以癸二酸、苯甲酸、乙酸等分别与丁醇或戊醇作用，酯产率均在 90%以上，催化效果优于硫酸，可显著地缩短反应时间，提高酯产率，但由于反应温度较高，SnO 易被氧化，导致催化效果减弱，如何重复使用该催化剂还有待进一步的研究。

固体碱土金属是很好的催化剂体系，其在醇中的溶解度低，同时具有相当的碱度。Bancquart 等[20]利用固体碱 MgO、ZnO、CeO 和 La_2O_3 催化硬脂酸甲酯与甘油，在 493K 下发生酯交换反应制备单甘油酯，研究发现，这些固体碱的区域碱性（单位面积碱性）越强，催化活性越高。Gryglewicz[21]将钙、镁、钡等碱土金属氢氧化物、氧化物及甲氧基化合物应用于催化菜籽油与甲醇的酯交换反应中，其中，CaO、$Ba(OH)_2$、$CaO(CH_3)_2$ 能在常压下，2h 左右达到 90%的转化率，发现其活性大小顺序为：NaOH＞$Ba(OH)_2$＞$CaO(CH_3)_2$＞CaO。CaO 的活性最低，但在 2.5h 后反应也可以达到平衡。在碱土金属氧化物中，MgO 因为碱强度低，不能用作油脂和甲醇的酯交换反应的催化剂，而碱强度高的 CaO 就有催化活性。Granados 等[22]的研究表明，CaO 与空气中的 CO_2、水发生化学吸附作用后，在表面形成碳酸盐和羟基，导致其活性位中毒。刘畅等[23]制备了一种磁性纳米固体碱催化剂 $Ca(OH)_2$［将煅烧 $Ca(OH)_2$ 得到的 CaO 负载在 Fe_3O_4 上，$n(Ca^{2+})$∶$n(Fe_3O_4) = 7$∶1］用于催化麻风树油与甲醇的酯交换反应。80min 内油脂转化率达 95%，反应 4h 产率可达 99%。反应结束后，将反应物置于 2200Gs（高斯，$1Gs = 10^{-4}T$）磁场中，$Ca(OH)_2$ 的回收率可达 91.45%。当 $Ca(OH)_2$ 重复使用 5 次后，油脂的酯交换转化率仍达 90%，重复使用 10 次后仍有 70%的转化率，生产的生物柴油易提纯。碱催化酯交换反应虽具有催化活性高、反应速率快、醇用量较少等优点，但同样存在催化剂活性遇水会降低、易与游离脂肪酸发生皂化反应导致催化剂失活等缺点。因此，开发对水和游离脂肪酸稳定的固体碱催化剂是今后研究的重点。

具有水滑石（hydrotalcites，HT）结构的 Mg—Al—O 阴离子型层状化合物被应用于许多酯化反应，同时被用作生物柴油酯交换反应的催化剂。其前驱体结构式一般为 $[M_1^{2+}M_2^{3+}(OH)_{2(x+l)}](A_{1/m}^{m-})\cdot nH_2O$，其中 $M_1 = Mg$、Zn 或 Ni，$M_2 = Al$、Cr 或 Fe，A^{m-}可以是 Cl^-、CO_3^{2-} 等。当 M_1 为 Mg、M_2 为 Al 时，这种水滑石类催

化剂表面同时具有酸、碱活性位，适当地改变镁铝比以及起中和作用的阴离子可以改变层板氧原子的电荷密度，从而改变这类催化剂表面酸碱活性位的比例。由于水滑石类的 Mg—Al—O 阴离子型化合物具有独特的层状结构，其比表面积通常比较高，可达到 200m^2/g。Corma 等制备的 Mg—Al 水滑石具有较强的催化甘油和甘油三酸酯交换反应的能力，在 240℃下反应 5h 后转化率达 92%。国内的李为民等用共沉淀法制备水滑石，焙烧后得到的 Mg—Al 复合氧化物催化剂用于催化菜籽油酯交换反应，得出最佳工艺条件为：反应温度 65℃，醇油摩尔比 6∶1，反应时间为 3h，催化剂加入量为菜籽油质量的 2%，脂肪酸甲酯（生物柴油）产率为 95.7%。得到的生物柴油低温流动性能好，闪点高达 170℃，氧化稳定性好，主要性能指标符合 0$^{\#}$柴油标准，可以与 0$^{\#}$柴油以任何比例调和。

3.1.3　超临界法

超临界流体（supercritical fluid）是指温度、压力分别超过临界参数值的流体，集气体与液体的优点于一身，拥有良好的扩散性能与溶解能力。超临界法是指在超临界条件（甲醇超临界温度为 239.4℃，压力为 8.09MPa）下，油脂与醇进行酯交换反应生成生物柴油的方法。该法中的超临界甲醇既是反应物，又扮演催化剂的角色，对油脂原料要求低，不需要预处理，反应速率高，无污染。但超临界法要求的反应压力高、温度高和醇油比高，因而对设备要求高。近年来，在酸性、碱性、酶催化酯交换反应的研究基础上，超临界酯交换法制备生物柴油成为不需要催化剂直接进行反应的新兴制备工艺，其反应机理由 Saka 和 Kusdiana[24]在 2004 年提出，他们认为发生反应的原子共同分享电子对，是亲核取代反应，机理示意如图 3.8 所示。

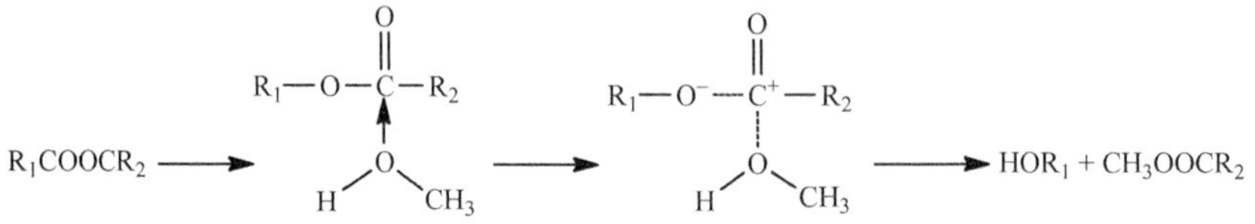

$$R_1COOCR_2 \longrightarrow R_1{-}O{-}\overset{O}{\overset{\|}{C}}{-}R_2 \;(\uparrow O(H)CH_3) \longrightarrow R_1{-}O^{-}{-}\overset{O}{\overset{\|}{C^{+}}}{-}R_2 \;(\vdots\, O(H)CH_3) \longrightarrow HOR_1 + CH_3OOCR_2$$

图 3.8　超临界下低碳醇酯交换反应机理示意图

超临界法制备生物柴油的最主要工艺参数是醇油比、反应时间、反应温度和原料的类型。为了将超临界法用于餐饮废油的酯交换反应，实现环保和能源利用双效益，Saka 等研究了反应温度为 350℃、压力为 43MPa、醇油摩尔比为 42∶1 时原料油中游离脂肪酸（free fatty acid，FFA）和水分对超临界法生产生物柴油的影响。研究表明，FFA 和水分对生物柴油的产率几乎没有影响，而且 FFA 可略提高生物柴油的产率，油中含一定量的水分有利于反应后甘油的分离。此外还报道了甲醇与废棕榈油（含有 61%的 FFA 和 20%的水分）在超临界条件下进行酯交换反应，生物柴油的产率可达 95.8%。可见，超临界法适用于由餐饮废油生产生物柴油。Kasim 等研究超临界甲醇与米糠油进行酯交换生产生物柴油时发现：用脱蜡、脱胶后的米糠油和超临界甲醇进行酯交换反应，当醇油摩尔比 271∶1、反应温度 30℃、压力 30MPa 时，反应 5min，生物柴油的产率就可达 94.84%。在同样的条件下，用未处理的粗米糠油与甲醇的超临界酯交换反应，生物柴油的产率只有 51.28%。由此可见，超临界甲醇酯交换反应法制备生物柴油，对反应原料油的质量要求较高。

随着人们对生物柴油制备工艺认识的不断深入，研究人员意识到超临界酯交换法需要满足苛刻的高温（约 350℃）、高压（10～50MPa）反应条件，反应装置需满足较高要求，反应过程能耗大、成本高。为了在一定程度上解决这些问题，研究人员将催化剂和助溶剂引入超临界酯交换方法中，强化制备工艺过程。在葵花籽油同超临界甲醇的酯交换反应中，Demirbas 等考察了固体碱性催化剂氧化钙的含量对反应催化作用的影响，所有的反应在 100mL 耐高温高压柱形反应釜中进行，选用电熔炉对其升温控制。在反应温度 250℃、醇油摩尔比 41∶1 的反应条件下，催化剂质量含量为 1.0%的反应产率是不含催化剂的产率的 3.3 倍，这说明了少量的固体碱性催化剂能明显增大反应产率，催化强化影响显著。

超临界法虽然具有其他方法不具备的优势，但是由于反应条件苛刻、对反应设备要求高和生产容量小、能耗大等缺点，用于生物柴油的工业生产尚需时日。

3.1.4 生物酶催化法

与化学催化法相比，生物催化法不但能耗较低、对环境友好，而且反应产物无需经复杂的净化处理过程。近年来，人们开始关注酶催化法制备生物柴油技术，即用脂肪酶催化动植物油脂与低碳醇间的酯化反应，生成相应的脂肪酸甲酯。该法是利用适当的载体，将产生脂肪酶的微生物细胞固定化，直接利用微生物细胞产生的酶催化酯交换反应制备生物柴油的方法。该法将细胞分批培养与固定化同步进行，省去了酶的分离纯化过程，降低了生产成本，而且酶对乙醇的耐受性高，有利于反应后产物的分离及细胞的回用。日本神户大学研究小组最早报道了将该法用于生物柴油制备。研究者将聚根霉菌细胞固定在胺酯树脂上，分 3 次加入甲醇，当细胞含水率达到 15%时，甲酯的产率可达 90%。他们在填充床反应器上进行了试验。当反应液流速为 25L/h 时，生物柴油的产率可达 90%。固定化酶细胞重复使用 10 次后，生物柴油的产率仍能维持在 80%左右。

脂肪酶来源广泛，具有区域选择性、立体选择性、较高稳定性，在非水相中能发生催化水解、酯合成、转酯化等多种反应，且反应条件温和、无需辅助因子，这些优点使脂肪酶成为生物柴油生产的一种适宜催化剂。新的研究表明，脂肪酶是一种很好的催化醇与脂肪酸甘油酯酯交换反应的催化剂。酶作为一种生物催化剂，具有较高的催化效率和经济性，日益受到关注。用于合成生物柴油的脂肪酶主要是酵母脂肪酶、根霉脂肪酶、毛霉脂肪酶、猪胰脂肪酶等。酶法合成生物柴油的工艺包括间歇式酶催化酯交换和连续式酶催化酯交换。在生物柴油的生产中直接使用脂肪酶催化，也存在着一些问题。生物酶法生产生物柴油虽然对原料的选择性低、反应条件温和、醇用量少、后处理简单、副产物甘油容易分离、无污染物排放，但是，目前使用天然的脂肪酶生产生物柴油的方法存在着一定的局限性，主要有：①脂肪酶价格昂贵，直接用作催化剂时，不易分散、易变性失活、用量大、回收利用困难；②脂肪酶对短链醇的转化率较低，致使脂肪酶用量过大、反应周期过长，脂肪酶的催化活性有待进一步提高；③短链醇，特别是甲醇对脂肪酶的活性有一定的抑制作用，缩短了酶的使用寿命。这些因素制约着酶催化法的大规模应用。

为解决上述问题，采用脂肪酶固定化技术，以提高脂肪酶的稳定性并使其能重复利用。Li 等[25]采用静电纺织法得到聚丙烯腈纳米纤维膜，将其激活制备了固定化洋葱假单胞菌脂肪酶，并以其催化大豆油与甲醇发生酯交换制备生物柴油。结果发现，重复使用 10 次以后，催化剂的活性仍可保留 91%，重复使用性良好。Li 和 Yan[26]以洋葱假单胞菌固定化脂肪酶催化乌桕油生产生物柴油，脂肪酶用量为 2.7%（质量分数）时产率达 96.2%，且催化剂在最佳实验条件下使用 20 次后，活性基本无损失，显示出了良好的操作稳定性。Li 等[27]将稻根霉菌脂肪酶重组体固定在阴离子交换树脂上，并以其催化黄连木籽植物油与甲醇的酯交换反应，生物柴油的产率达 94%，重复使用 5 次后，催化剂活性未见明显下降。考虑到所用原料是可更新的非食用木本植物油，在大规模工业化应用时，对环境的污染小，原料成本低，上述两种催化剂显示出工业应用的巨大潜力。

3.1.5　离子液体法

离子液体是指由有机阳离子和无机或有机阴离子构成的、在室温或近室温下呈液态的盐类。离子液体不易挥发、不燃、不爆和对热稳定，对无机物、金属有机物和高分子聚合物具有良好的溶解性能。离子液体具备可设计性，可以设计出酸碱性更强的催化剂，且离子液体性质稳定，对环境友好，这恰好满足了当前生物柴油制备中开发利用新型催化剂的要求。酸碱离子液体在其他化工技术中已得到广泛应用，而应用于生物柴油制备则是一个新的方向。

1. 酸性离子液体催化剂

B 酸离子液体作为新型的环境友好的溶剂和液体酸催化剂，不仅具备液体酸的高密度反应活性位和固体酸的不挥发性等优点，而且其结构和酸性可调，与产物易分离，是真正意义上的绿色溶剂和催化剂。因此，采用 B 酸离子液体作为酯交换法生产生物柴油的催化剂具有很好的产业化前景。

Liang 等[28]用自制的$[Et_3NH]Cl-AlCl_3[x(AlCl_3) = 0.7\%]$离子液体作为催化剂，催化 5g 大豆油和 2.33g 甲醇的酯交换反应。在 70℃反应 9h 后，生物柴油的产率为 98.5%。这种离子液体催化剂具有价廉、催化活性高、不产生皂化现象等优点，但重复使用其催化活性会大大降低。Han 等[29]用一种含有 SO_3H 官能团的 B 酸离子液体催化甲醇和餐饮废油的酯交换反应，当醇、油和离子液体摩尔比为 12∶1∶0.06、170℃反应 4h 时，生物柴油的产率为 93.5%，循环使用 9 次后生物柴油的产率仍很高。此外，Vasundhara 和 Singh 在 2005 年合成了$[BMIM][HSO_4]$和$[BMIM][H_2PO_4]$两种酸性离子液体，此反应在微波下进行大大缩短了反应时间。吴芹等[30]制备了 5 种 B 酸离子液体作催化剂，并对离子液体催化棉籽油酯交换制备生物柴油进行了研究，棉籽油与催化剂按甲醇∶棉籽油∶离子液体摩尔比为 12∶1∶0.057 加入不锈钢反应釜中，在 170℃下搅拌反应 5h 后，转化率可达 70%～92%，并且离子液体重复使用了 6 次后，催化活性没有下降。

酸性离子液体具有固体酸和无机酸催化剂的所有优点，并且通过调整阴、阳离子的结构就可以实现酸性的调整，具有取代某些工业酸性催化剂的能力。离子液体催化剂的缺点是制造成本高，约为 KOH 的 15 倍，所以降低成本是离子液体催化剂今后的研究课题。

2. 碱性离子液体催化剂

使用固体 KOH 与[BMIM]Br 在二氯甲烷中反应，除去沉淀 KBr，即可以得到碱性离子液体[BMIM]OH。除了阴离子为氢氧根的离子液体外，阴离子为乳酸根、乙酸根、二氰胺根等也具有碱性，这类离子液体可以应用于碱催化的反应。这些阴离子的Lewis碱性赋予离子液体催化性能，但是目前研究最多的还是[BMIM]OH离子液体。研究者们发现以乙醇作为溶剂，[BMIM]OH 作为催化剂，可以高效催化环己酮、芳香醛及芳香胺之间三组分的 Mannich 型反应，且反应完成后，处理后催化剂循环使用 5 次，其催化性能几乎不变。以离子液体[BMIM]OH 为催化剂，进行芳香胺、*N*-杂环化合物与 a,β-不饱和酮的 Michael 加成，发现[BMIM]OH 具有优良的催化性能和循环利用性能。如前所述，B 酸离子液体应用于生物柴油制备的文献报道较多，但是其催化制备生物柴油需要温度条件较高，不利于大规模应用。相反，虽然碱性离子液体应用于生物柴油制备的文献报道很少，但是可以预测其与常规的氢氧化钠、氢氧化钾催化制备生物柴油类似，反应条件较温和，因而有很大的研究价值。

3.2 油脂催化合成生物航空燃料

随着人类社会的进步和发展，作为一种便捷的交通和运输工具，飞机越来越

受到人们的青睐，预计到2030年，全球飞机乘客的数量将达到70亿人次/年，航空燃料的需求将不断增加。以我国为例，2015年我国航空煤油消费量超过了2000万t，位居世界第二位，而且每年将以高于10%的速度增长。基于目前我国原油大量进口的现实以及我国炼油产业结构的现状，为保证航空燃料的稳定供给，必须寻找石油之外的航空燃料来源[13, 31]。

此外，进入21世纪以来，航空运输业发展迅速，全球航空运输业每年消耗15亿～17亿桶的航空煤油，占世界范围内人造碳排放量的2%～3%，航空业面临巨大的环保压力，二氧化碳减排已经成为各航空公司所面临的现实难题。作为航空碳税最先实施的区域，从2012年起，欧盟做出决定：欧盟区域内的民航班机二氧化碳的排放总量需控制在2006年碳排放量的97%，2013年二氧化碳排放需降至 95%，对于不能符合要求的航空公司将强制征收巨额碳排放费用。国际航空运输协会也给出承诺：从2009年到2020年，每年燃油效率提高1.5%左右；与2005年相比，2020年碳排放量需减少50%，直至2020年达到碳排放零增长。

生物航空燃料是以可再生生物质资源为原料生产的航空煤油，在其全生命周期内不产生碳排放，有助于解决航空产业燃料短缺及二氧化碳减排的双重难题。因此世界各国均对生物航空燃料的开发非常重视，积极推动生物航空燃料生产、标准建立以及适航性检测等研究大量开展。

3.2.1 生物航空燃料简介

生物航空燃料的规格标准是美国材料与试验协会（American Society Testing and Materials，ASTM）于2009年起草制定的含合成烃类的航空涡轮燃料的规格标准 ASTM D7566。目前只有采用费托合成和油脂加氢法制得的产品才能通过ASTM 国际标准 ASTM D7566 的测试评价和认证，另外两种方法（生物质热解/加氢法和生物异丁醇法）得到的产品还没有相关的质量标准。生物质气化-费托合成/加氢改质的石蜡煤油（FT-SPK）和动植物油脂经加氢处理改质的石蜡煤油（HEFA-SPK）的 ASTM D7566-2011 标准见表 3.2[13]。

表 3.2 生物航空煤油的理化指标要求和组成要求

性质		FT-SPK	HEFA-SPK
总酸值/(mg KOH/g)	最大	0.015	0.015
蒸馏温度/℃			
10%回收温度（T10）/℃	最大	205	205
终馏点温度/℃	最大	300	300
T90–T10/℃	最小	22	22
蒸馏残留/%	最小	1.5	1.5

续表

性质		FT-SPK	HEFA-SPK
蒸馏损失/%	最大	1.5	1.5
闪点/℃	最小	38	38
15℃密度/(kg/m^3)	—	730～770	730～770
冰点/℃	最大	约 40	约 40
热安定性（控制温度下 2.5h）温度/℃	最小	325	325
过滤器压力降/mmHg	最大	25	25
加热管沉积物评价级小于	—	3	3
抗氧化剂/(mg/100mL)	最小	17	17
	最大	24	24
实际胶质/(mg/100mL)	最大	—	7
FAME/(mg/L)	最大	—	5
碳氢化合物组成（质量分数）			
环烷烃/%	最大	15	15
芳香烃/%	最大	0.5	0.5
碳氢化合物/%	最小	99.5	99.5
非碳氢化合物组成（质量分数）			
氮/$(mg/kg)^{-1}$	最大	2	2
水/$(mg/kg)^{-1}$	最大	75	75
硫/$(mg/kg)^{-1}$	最大	15	15
金属/$(mg/kg)^{-1}$	最大	每种 0.1	每种 0.1
卤素/(mg/kg)	最大	1	1

目前航空产业链各单元如航空公司、能源公司及飞机制造商均投入大量资源进行生物航空燃料的研发、试飞及终端使用。发展至今，生物航空燃料已有多起成功的试飞案例，表 3.3 为 2008～2012 年全球试飞成功的案例[32, 33]。例如，UOP 公司[22]利用先进的精炼技术，将生物油精加工合成航空燃料，并成功试飞；Terasol Energy 能源公司[34]也从麻风树中提取原油，运用 UOP 的提炼技术制备生物航空燃料。这些成功试飞案例部分说明了生物航空燃料在商业化飞行中的可行性。

表 3.3　2008～2012 年全球试飞成功的案例

试飞时间	试飞公司	试飞飞机机型	生物航空煤油原料
2008 年 2 月	英国维京大西洋航空	波音 747-400	椰子油和棕榈果油
2008 年 12 月	新西兰航空	波音 747-400	麻风树油

续表

试飞时间	试飞公司	试飞飞机机型	生物航空煤油原料
2009年1月	美国大陆航空	波音737-800	海藻与麻风树油
2009年1月	日本航空	波音747-300	亚麻荠油、麻风树油、海藻
2010年3月	美国空军	A-10雷神飞机	亚麻荠
2010年4月	美国海军	F-18大黄蜂飞机	亚麻荠
2010年6月	荷兰皇家空军	AH-64D"阿帕奇"直升机	藻类
2011年1月	荷兰皇家航空KLM	波音737-800	餐饮废油
2011年7月	芬兰航空Finnair	空客A319	餐饮废油
2011年7月	德国汉莎航空	空客A321	麻风树油、亚麻芥油、动物脂肪
2011年7月	墨西哥Interjet公司	空客A320	麻风树油
2011年8月	墨西哥AeroMexico	波音777-200	麻风树油
2011年10月	英国Thomson Airways	波音757-200	餐饮废油
2011年10月	法国航空	空客A320	餐饮废油
2011年10月	中国国际航空	波音747-400	小桐子油
2011年11月	美国大陆航空	波音737-800	海藻油
2012年6月	荷兰皇家航空	波音777-200	地沟油

尽管取得了成功试飞等阶段性成果，航空燃料的开发依然处于起步阶段，其大规模工业化应用仍存在相关瓶颈：①现有生物航空燃料制备技术依赖高品位生物质资源（优质油脂）和昂贵的加工过程（加氢脱氧），导致其生产成本过高；②原料无法大规模持续供应也是限制生物航空燃料大规模生产的重要原因。因此生物航空燃料未来的研究和技术开发应着眼于可大量提供的各类生物质资源，如木质纤维素、餐饮废弃油、各类非食用油脂及化工行业中的副产物脂肪醇、脂肪酸甲酯等，在原料稳定供给的基础上通过生产技术的改进降低其生产成本，使生物航空燃料真正成为我国航空产业的现实推动力[35-37]。

3.2.2 生物航空煤油的生产技术

由于用于生物航空燃料合成的生物质原料来源和组成差异较大，用于生物航空燃料的生产工艺也不尽相同。根据生物质的结构特点，生产生物航空煤油的技术路线可分为动植物油脂加氢法（加氢法）、生物质F-T合成工艺/加氢改质法（费托合成法）、生物质热解/加氢法，表3.4对生物航空燃料的不同制备工艺特点进行了总结。

表 3.4　生物航空燃料制备工艺总结

生物航空燃料制备工艺	适用生物质原料	常用催化剂	工艺特点	参考文献
直接加氢处理工艺	植物油、动物油脂、藻类油脂等生物油脂	加氢脱氧催化剂（Ni，Co，Mo，W）；裂解&异构活性催化剂（沸石分子筛）	原料通常要求为液体且无须特殊处理；工艺较为简单，主要包括加氢脱氧和裂解&异构过程；合成产物为直链或支链烷烃，芳香烃类含量低	[38-41]
生物质 F-T 合成工艺	生物油脂、秸秆等绝大多数生物质	F-T 合成催化剂（Fe，Co）	对原料状态无特殊要求，但进入合成工艺前需对原料进行气化处理；工艺较为复杂，主要包括原料气化，合成气净化，F-T 合成，裂解&异构过程；合成产物为直链或支链烷烃，芳香烃类含量低	[42-44]
生物质热解工艺	生物油脂、秸秆等绝大多数生物质	有/无活性金属负载分子筛催化剂	对原料状态无特殊要求，通常为固态组分；工艺较为复杂，包括原料的粉碎、热解处理、加氢脱氧和裂解&异构过程；合成产物组分复杂，除部分直链或支链烷烃外，通常含有大量环烷烃和芳香烃	[45-48]

1. 动植物油脂加氢法

加氢处理工艺的原料通常为动物油脂或者植物油脂，油脂加氢制备航空燃料的反应路线如图 3.9 所示。目前，使用该工艺并已经将该工艺完全工业化的是美国 UOP Honeywell 所开发的 Bio-SPK 工业和合成油品公司所开发的 Bio-Synfining 工艺[38]。以动植物油脂（如大豆油、菜籽油、藻油、棕榈油和动物油脂等）为原料，首先利用加氢脱氧过程去除油脂分子中的氧，将油脂转化为不含氧的烃类物质，然后对获得的烃类物质进行加氢裂解和加氢异构处理，使得产品的碳原子数落在航空燃料的要求范围内，且异、正构烷烃之比符合航空燃料要求。

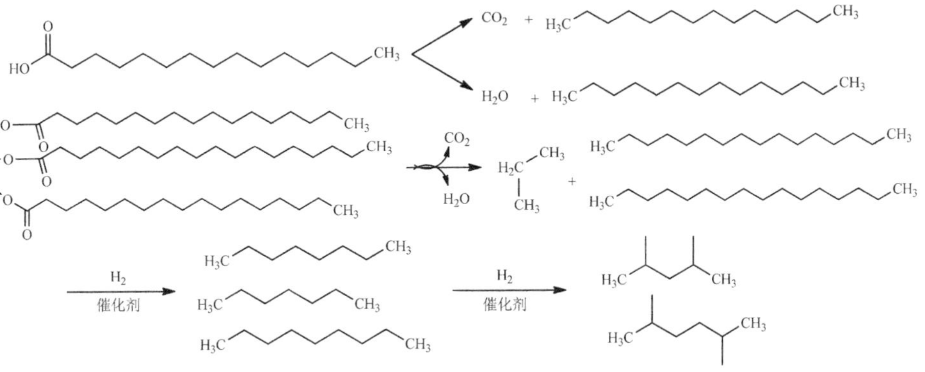

图 3.9　油脂加氢制备航空燃料反应路线

Bio-Synfitfing 工艺与 Bio-SPK 工艺非常类似，其共同特点为：两工艺所生产得到的喷气燃料中芳烃含量基本为 0，硫含量也基本为 0，绝大多数烃为饱和烃。

但由于其组成原因，只有加入传统的环烷基喷气燃料馏分，才能满足喷气燃料的使用要求。目前，Bio-Synfining 工艺与 Bio-SPK 工艺所生产的产品在欧美等国家和地区已完成试飞工作，且相关认证也已签发，可以以 0～50%的比例与现有石化航空燃料进行调和后使用。

另外，芬兰 Nestel 石油公司采用第二代可再生柴油生产工艺的技术（NExBTL 工艺，也是两段加氢法）生产第二代生物柴油，可联产 15%的航空生物燃料，其生物航空煤油的年产量大约为 30 万 t。美国 UOP 公司也是采用加氢法制备生物航空煤油，于 2008 年在休斯敦合作建设了一套加工能力为 8000t/a 的示范装置，已成功生产出多批次满足 ASTM D7566 标准要求的航空生物燃料，并为多家航空公司和美国空军提供了试飞燃料。

我国生物航空煤油的技术开发也在稳步进行，2011～2012 年中国石油化工集团有限公司采用两段加氢法已于中国石化集团杭州炼油厂工业示范装置进行中试实验，并生产出合格的生物航空煤油产品，生产的生物航空煤油按照 50%的最大调和度与传统石化航空煤油进行调和，被命名为中国石化 1 号生物航空煤油。中国石化 1 号生物航空煤油已于 2013 年 4 月在空客 320 型飞机进行了 85min 的技术飞行测试，并平稳降落，此举标志着中国成为世界少数几个拥有生物航空煤油自主研发生产技术并成功商业化的国家之一。

截至目前，两段加氢技术已在多套装置上实现工业应用，技术成熟度较高。但其生产受到原料供应量及价格、催化剂转化率和选择性等因素的影响，生产成本较高。油脂一段加氢技术工艺简单，但目前仍存在原料适用性差、反应温度高、产物选择性低等问题。因此，无论是一段加氢技术还是两段加氢技术，开发高活性、高选择性的双功能催化剂是未来发展的关键。

2. 生物质 F-T 合成工艺

生物质 F-T 合成生物航空燃料工艺又被称为生物质间接液化工艺。与传统煤气化后 F-T 合成烃类工艺类似，生物质 F-T 合成生物航空燃料过程是以生物质为原料。首先在温度 780～890℃，部分氧气存在的条件下，在气化炉中对生物质进行气化，得到含 H_2、CO、CO_2、CH_4 等多种组分的混合气体组分和含焦油、多种有机物的液体组分。其中，混合气体组分经分离净化后得到主要由 H_2 和 CO 组成的 F-T 反应合成气。经净化后得到的 F-T 反应合成气在 Fe 基或 Co 基催化剂的作用下发生反应，可制得含气态烃组分（含 1～4 个碳原子）、石脑油组分（含 5～8 个碳原子）、喷气燃料组分（含 9～14 个碳原子）、柴油组分（含 11～18 个碳原子）以及石蜡组分（含 19 个及以上碳原子）的烃类混合物。其中，碳原子数在 5 个及以上的组分经冷凝和精馏后可收集得到航空燃料。产物中的重质组分，如柴油组分和石蜡组分可被重新加氢裂解&加氢异构以制备航空燃料。

3. 生物质热解工艺

生物质热解工艺又称为生物质的直接液化，该工艺是将生物质首先在5～20MPa、250～350℃条件下或0.1～0.5MPa、350～550℃条件下发生裂解、解聚、脱水等反应得到热解蒸气，热解蒸气经冷却后可得到黑色黏稠的生物油中间液相产物，目前用于生物质热解过程的方法主要有快速裂解、微波裂解、真空裂解等。由于热解过程得到的生物油黏度大，且成分复杂、氧含量高，因此，通常将生物油再次进行加氢脱氧、选择性裂解&异构处理以制备生物航空燃料，该过程所用催化剂及工艺与直接加氢处理工艺类似。

参考文献

[1] 张华涛，殷福珊. 第二代生物柴油的最新研究进展. 日用化学品科学，2009，32（2）：17-20.
[2] 闵恩泽，唐忠，杜泽学，等. 发展我国生物柴油产业的探讨. 中国工程科学，2005，7（4）：1-5.
[3] 孙纯，梁玮. 我国生物柴油的开发生产现状. 天然气工业，2008，13（1）：23-27.
[4] 忻耀年，Sondermann B，Emersleben B. 生物柴油的生产和应用. 中国油脂，2001，26（5）：72-77.
[5] 倪蓓. 国外生物柴油标准介绍. 石油商技，2005，（1）：60-62.
[6] Fangrui M，Milford A H. Biodisel production：a review. Bioresource Technology，1999，（70）：1-15.
[7] Alcantara R，Amorea J，Canera L，et al. Catalytic production of biodiesel from soybean oil，used frying oil and tallow. Biomass and Bioenergy，2000，（15）：515-527.
[8] 李永超，王建黎，计建炳，等. 生物柴油工业化的现状及其经济可行性评估. 中国油脂，2005，30（5）：59-64.
[9] 范航，张大年，赵一先. 生物柴油的研究与应用. 上海环境科学，2000，19（11）：516-518.
[10] 杨阳阳，陈树宾，徐东芳，等. 生物柴油的研究进展及发展方向. 山东化工，2019，10（48）：85-87.
[11] 魏雅洁，徐广辉. 季铵碱催化剂在合成生物柴油中的应用. 节能技术，2008，26（148）：148-149.
[12] Schuchardt U，Vargas R M，Gelbard G. Transesterification of soybean oil catalyzed by alkylguanidines heterogenized on different substituted polystyrenes. Journal of Molecular Catalysis A：Chemical，1996，109：37-44.
[13] 胡徐腾，齐泮仑，付兴国，等. 航空生物燃料技术发展背景与应用现状. 化工进展，2012，31（8）：1625-1630.
[14] Hino M，Kobayashi S，Arata K. Solid catalyzed treated with anion reactions of butane and isobutene catalyzed by zirconium oxide treated with sulfate ion. Solid superacid catalyst. Chemical Society，1979，（101）：6439-6441.
[15] 陈和，王金福. 固体酸催化棉籽油酯交换制备生物柴油. 过程工程学报，2006，6（4）：571-574.
[16] Jitputti J，Kitiyanan B，Rangsunvigit P，et al. Transesterification of crude palm kernel oil and crude coconut oil by different solid catalysts. Chemical Engineering Journal，2006，116（1）：61-66.
[17] Peng B X，Shu Q，Wang J F，et al. Biodiesel production from waste oil feedstocks by solid acid catalysis. Process Safety and Environmental Protection，2008，5（3）：236-241.
[18] Kim H，Kang B，Kim M，et al. Transesterification of vegetable oil to biodiesel using heterogeneous base catalyst. Catalysis Today，2004，93-95：315-320.
[19] 孟鑫，辛忠. KF/CaO催化剂催化大豆油脂交换反应制备生物柴油. 石油化工，2005，（34）：282-285.
[20] Bancquart S，Vanhove C，Pouillaoux Y，et al. Glycerol transesterification with methyl stearate over solid basic catalysts：Ⅰ. Relationship between activity and basicity. Applied Catalysis A：General，2001，218（122）：1-11.

[21] Gryglewicz S. Rapeseed oil methyl esters preparation using heterogeneous catalysts. Bioresource Technology，1999，70（3）：249-253.

[22] Granados M L，Poves M D Z，Marisca R，et al. Biodiesel from sunflower oil by using activated calcium oxide. Applied Catalysis B：Environmental，2007，73：317-326.

[23] 刘畅，颜芳，罗文，等. 纳米磁性固体碱催化剂用于合成生物柴油的研究. 现代化工，2009，29（2）：167-171.

[24] Saka S，Kusdiana D. Biodiesel fuel from rapeseed oil as prepared in supercritical methanol. Fuel，2001，80（2）：225-331.

[25] Li S F，Fan Y H，Hu R F，et al. *Pseudomonas cepacia* lipase immobilized onto the electrospun PAN nanofibrous membranes for biodiesel production from soybean oil. Journal of Molecular Catalysis B：Enzymatic，2011，72（1-2）：40-45.

[26] Li Q，Yan Y. Production of biodiesel catalyzed by immobilized *Pseudomonas cepacia* lipase from *Sapium sebiferum* oil in microaaqueous phase. Applied Energy，2010，87（10）：3148-3154.

[27] Li X，He X Y，Li Z L，et al. Enzymatic production of biodiesel from *Pistacia chinensis bge* seed oil using immobilized lipase. Fuel，2012，92（1）：89-93.

[28] Liang X Z，Gong G Z，Wu H H，et al. Highly efficient procedure for the synthesis of biodiesel from soybean oil using chloroaluminate ionic liquid as catalyst. Fuel，2009，88（4）：613-616.

[29] Han M，Yi W，Wu Q，et al. Preparation of biodiesel from waste oils catalyzed by a Brønsted acidic ionic liquid. Bioresource Technology，2009，100（7）：2308-2310.

[30] 吴芹，陈和，韩明汉. 高活性粒子液体催化棉籽油脂交换制备生物柴油. 催化学报，2006，27（4）：294-296.

[31] 姚国欣. 加速发展我国生物航空燃料产业的思考. 中外能源，2011，16（4）：18-26.

[32] 刘广瑞，颜蓓蓓，陈冠益. 航空生物燃料制备技术综述及展望. 生物质化学工程，2012，46（3）：45-48.

[33] 张玉玺. 生物航空煤油的发展现状. 当代化工，2013，42（9）：1316-1318.

[34] 诸逢佳，刘建周. 航空生物燃料的现状及研制前景展望. 能源与环境，2011，（4）：19-21.

[35] 曲连贺，朱岳麟，熊常健. 航空燃料发展综述. 长沙航空职业技术学院学报，2009，（2）：37-41.

[36] 赵永彦，陈玉保，杨顺平，等. 生物质制备航空燃料的技术研究及应用. 安徽农业科学，2014，（34）：12258-12261.

[37] 赵勇强. 世界生物燃料产业发展趋势及对中国的启示. 国际石油经济，2010，18（2）：15-19.

[38] Gutiérrez-Antonioa C，Gómez-Castrob F，Segovia-Hernándezb J G. Simulation and optimization of a biojet fuel production process. Computer Aided Chemical Engineering，2013，32：13-18.

[39] Do P T，Chiappero M，Lobban L L，et al. Catalytic deoxygenation of methyl-oetanoate and methyl-stearate on Pt/Al_2O_3. Catalysis Letters，2009，130（1-2）：9-18.

[40] Kubika D，Kalua L. Deoxygenation of vegetable oils over sulfided Ni，Mo and NiMo catalysts. Applied Catalysis A：General，2010，372（2）：199-208.

[41] Peng B，Yao Y，Zhao C，et al. Towards quantitative conversion of microalgae oil to diesel-range alkanes with bifunctional catalysts. Angewandte Chemie International Edition，2012，51（9）：2072-2075.

[42] Kallio P，Pasztor A，Akhtar M K，et al. Renewable jet fuel. Current Opinion in Biotechnology，2014，26：50-55.

[43] Liu G，Yan B，Chen G. Technical review on jet fuel production. Renewable and Sustainable Energy Reviews，2013，25：59-70.

[44] Hanaoka T，Miyazawa T，Shimura K，et al. Jet fuel synthesis in hydrocracking of Fischer-Tropsch product over Pt-loaded zeolite catalysts prepared using microemulsions. Fuel Processing Technology，2015，129：139-146.

[45] Milbrandt A，Kinchin C，Mccormick R. The feasibility of producing and using biomass-based diesel and jet fuel in

the united states. Contract，2013，303：275-300.

[46] Zhang X，Lei H，Zhu L，et al. Production of renewable jet fuel range alkanes and aromatics *via* integrated catalytic processes of intact biomass. Fuel，2015，160：375-385.

[47] Bi P，Wang J，Zhang Y，et al. From lignin to cycloparaffins and aromatics：directional synthesis ofjet and diesel fuel range biofuels using biomass. Bioresource Technology，2015，183：10-17.

[48] Long J，Xu Y，Wang T，et al. Efficient base-catalyzed decomposition and in situ hydrogenolysis process for lignin depolymerization and char elimination. Applied Energy，2015，141：70-79.

第 4 章
糖类化合物的转化

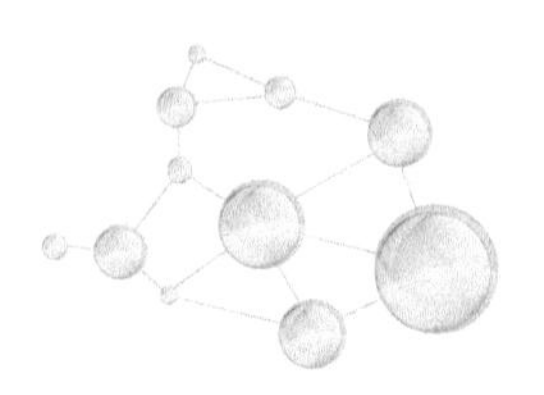

木质纤维素是自然界最丰富的生物质资源，主要由纤维素、半纤维素、木质素三种组分构成。其中纤维素占 35%～50%，由六碳糖单元构成，半纤维素占 25%～30%，由五碳糖和六碳糖单元共同构成[1]。由木质纤维素制备高附加值化学品、高品位燃料分子以及高分子材料，具有替代石油资源的巨大潜力，是一个新兴的充满机遇和挑战的研究课题[2, 3]。

木质纤维素中的纤维素与半纤维素组分经水解后，主要得到五碳糖（木糖）和六碳糖（葡萄糖和果糖）。除用作甜味剂以外，木糖、果糖和葡萄糖还是重要的化工中间体，可通过生物催化转化或化学催化转化的方法，制备各类平台化合物，并可进一步通过生物-化学级联催化的方法，合成多种生物质基化学品和液体燃料。这里的“平台化合物”是指那些来源丰富、价格低廉、用途众多的一类基本有机化合物，从它们出发，可合成一系列具有巨大市场和高附加值的化学品。2004 年，美国能源部发布了一份名为“源自生物质的高附加值化学品”的技术报告[4]，首次提出了 12 种最具竞争力的生物质糖基平台化合物（图 4.1），包括 1, 4-丁二酸（琥珀酸、富马酸和马来酸）、2, 5-呋喃二甲酸、3-羟基丙酸、天冬氨酸、葡萄糖二酸、谷氨酸、衣糠酸、乙酰丙酸、甘油、山梨醇、木糖醇和 3-羟基丁内酯等，评价标准包括原料成本、生产成本、市场规模和价格以及技术可行性等。2010 年，Bozell 和 Petersen 在美国能源报告的基础上，提出了平台化合物的 9 条评价标准，又重新列出了一份“Top 10 + 4”平台化学品，包括乙醇、呋喃类［糠醛、5-羟甲基糠醛、2, 5-呋喃二甲酸和 2, 5-呋喃二甲醛，见图 4.2］、甘油、乳酸、琥珀酸、羟基丙酸/醛、乙酰丙酸、山梨醇和木糖醇等[5]。

以五碳糖和六碳糖为原料，目前已发展了发酵、热解、化学催化等多种转化方法，其中化学催化转化法具有对特定产物选择性高、反应条件相对温和、有效减少原料糖分子中 C—C 键的断裂和 C 原子的无效流失等优点，有望成为制取众多可替代石油基化学品和燃料的重要反应途径[6]。化学催化法的关键在于发展高效实用的催化体系，以促进五碳糖和六碳糖原料分子经由异构化、脱水、加氢、

1, 4-丁二酸
(succinic acid)

2, 5-呋喃二甲酸
(2, 5-furandicarboxylic acid)

3-羟基丙酸
(3-hydroxypropionic acid)

天冬氨酸
(aspartic acid)

葡萄糖二酸
(glucaric acid)

谷氨酸
(glutamic acid)

衣糠酸
(itaconic acid)

乙酰丙酸
(levulinic acid)

甘油
(glycerol)

山梨醇
(sorbitol)

木糖醇
(xylitol)

3-羟基丁内酯
(3-hydroxybutyrolactone)

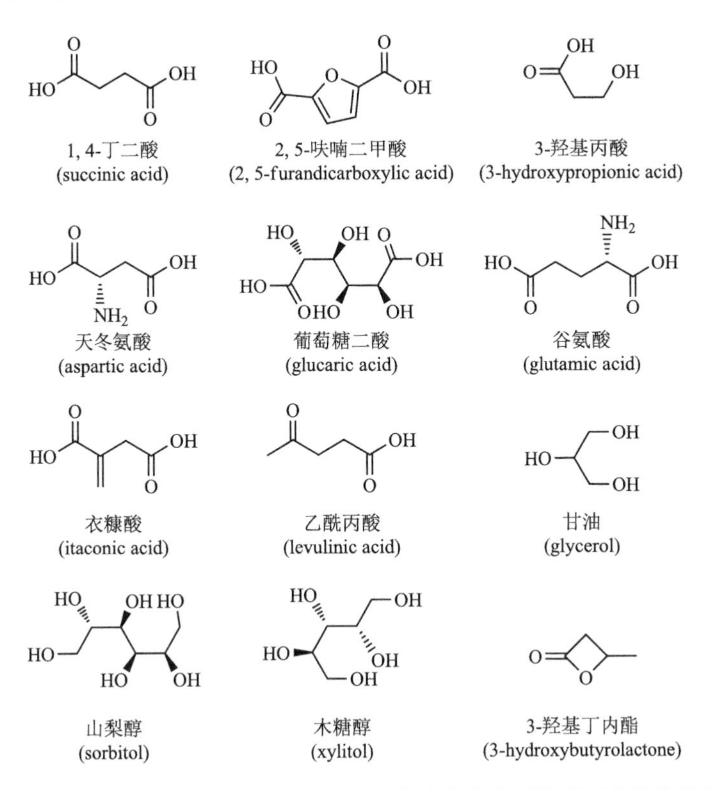

图 4.1　2004 年美国能源部发布的 12 种最具竞争力的生物质糖基平台化合物的结构[4]

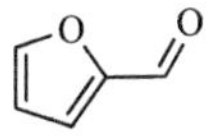

糠醛
(furfural)

5-羟甲基糠醛
(5-hydroxymethylfurfural)

2, 5-呋喃二甲醛
(2, 5-diformylfuran)

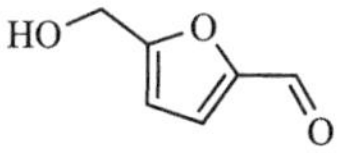

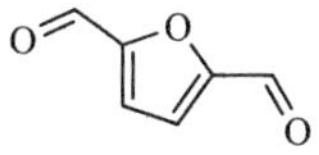

图 4.2　由五碳糖和六碳糖衍生的几种呋喃类平台化合物的结构

氧化、缩合等途径制取高附加值化学品和液体燃料分子[7-17]。本章以木糖、果糖和葡萄糖的化学催化转化为线索，主要介绍相关转化后产品的性质、应用、制备方法以及相关化学原理。

4.1　木糖的转化

木糖（xylose）是单糖的一种，但与日常食用的六碳糖（葡萄糖及果糖）不同，木糖不能为人体提供热量，但具有增加肠道双歧杆菌等的特殊功能。工业生产用木糖为 D-木糖，为细针状晶体，味甜。如图 4.3 所示，D-木糖在水溶液中以

吡喃糖、呋喃糖或开链结构三种形式存在[18]。木糖独特的化学结构决定了其独特的化学性能：木糖最末端的碳原子上有醛基，因此属于还原糖；木糖和稀无机酸加热，可脱水生成糠醛，可作精炼溶剂和医药工业原料；木糖一般不被微生物利用，但能被热带假丝酵母等特殊微生物代谢利用；木糖可加氢还原生成木糖醇。在木质纤维素原料尤其是农林废弃物中，木糖基的含量达 18%～30%，占总糖类的 30%～50%（以葡萄糖基和木糖基计），是自然界中第二大糖类物质。因此，木糖的高效转化利用是影响木质纤维素资源生物炼制经济效益的关键因素之一，也是构建其工业化生产体系的必要前提。目前，由木糖出发，可经化学转化制得糠醛、糠醇、乳酸等多种平台化合物。

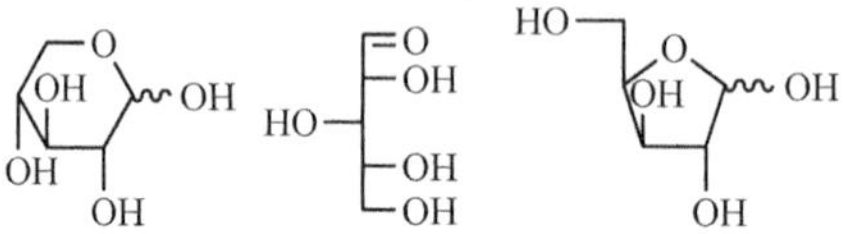

图 4.3　水溶液中 D-木糖的构型

4.1.1　合成糠醛

1. 糠醛的性质

糠醛（furfural）又名呋喃甲醛，分子式 $C_5H_4O_2$，分子量 96。糠醛是无色液体，具有与苯甲醛类似的气味，在空气中容易变黑，熔点–38.7℃，沸点 161.7℃，相对密度 1.1594（20/4℃），闪点为 61.7℃，紫外最大吸收波长为 276nm，在 20℃可形成 8.3%的水溶液。糠醛能溶于许多有机溶剂如丙酮、苯、乙醚、异丁醇、三氯甲烷、乙酸乙酯、乙二醇（ethylene glycol，EG）、四氯化碳、甲苯等。糠醛能与有机酸如乙酸、酪酸、蚁酸、乳酸、油酸、丙酸、环烷酸等混溶。糠醛极易溶解芳烃和烯烃，而脂肪族饱和烃类在糠醛中溶解度很小。

2. 糠醛的应用

糠醛是重要的杂环化合物，其化学性质活泼，可通过氧化、缩合等反应制取多种衍生物，是一种广泛应用于石油炼制、石油化工、化学工业、医药、食品及合成橡胶、合成树脂等行业的重要有机化工原料和化学溶剂。尤其是近年来，糠醛在生物质能源等领域显示出日益重要的作用（图 4.4）：在 Cu 基催化剂作用下，糠醛在低压条件下加氢可制取 2-甲基呋喃或糠醇，由糠醇为原料可进一步制取乙酰丙酸；在负载型贵金属催化剂作用下，糠醛在高压条件下（20bar①）加氢可制取 2-甲基四氢呋喃（MTHF），MTHF 可作为汽油的添加剂使用（体积分数>

① bar：压力单位，1bar = 10^5Pa。

60%)，对发动机性能不产生负面影响，不增加尾气毒性，同时 MTHF 也是二氯甲烷（DCM）溶剂的理想替代品；糠醛催化加氢还可制备戊二醇，其中 1, 2-戊二醇是重要的农药中间体——丙环唑——的原料，而 1, 5-戊二醇则是制备高品质树脂的原料；在 Pd 基催化剂作用下，糠醛可脱羰为呋喃，后者经加氢可制取四氢呋喃（THF），而 THF 是一种常用的有机溶剂，年产量超过 20 万 t，是一些分子聚合物的前驱体，也可通过氧化反应制取羧酸；在 Pt/C 催化剂作用下，糠醛在水溶液中温和的条件下（常压，65℃，pH = 8）经分子氧氧化可制得呋喃甲酸；同时，糠醛作为重要的生物质平台分子，可通过脱水、加氢以及羟醛缩合/加氢反应制备 C_8～C_{15} 的长链液态燃料[19-23]。

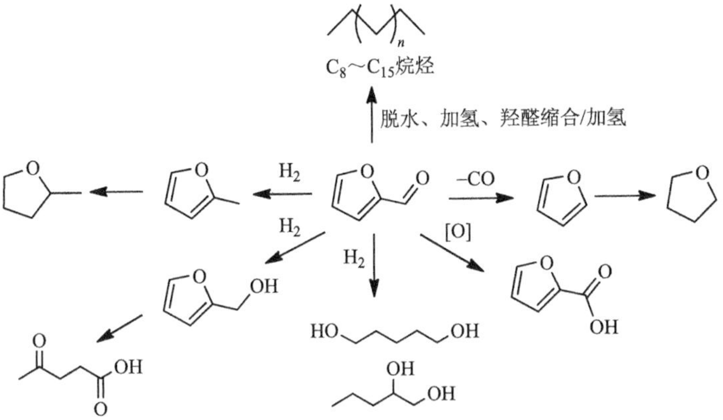

图 4.4　糠醛及其部分衍生物

3. 糠醛的制备及反应机理

传统的糠醛生产工艺中多采用盐酸、硫酸、磷酸等液体矿物酸作催化剂。工业上，木糖脱水制取糠醛一般使用硫酸为催化剂（浓度 0.25%～4.50%），在 170～180℃下反应 1～4h，糠醛收率低于 50%。在硫酸催化作用下，农业废弃物或林业废弃物水解可每年生产 25 万～30 万 t 糠醛，使得糠醛成为唯一实现由碳水化合物大规模生产的不饱和化合物。由于液体矿物酸酸度高，催化反应过程一般难以控制，糠醛在酸溶液中易发生降解和/或聚合反应，因此副产物多，产品纯度低，液体酸无法循环使用，“三废”对生产装置和环境的危害严重，因而在发达国家的产能不断萎缩。我国的糠醛年产量占全球年产量的一半之多，大部分糠醛用于出口，污染压力则留在国内。因此，糠醛的清洁化生产问题亟待解决，这将依赖于环境友好且可循环使用的高效固体酸催化剂和催化过程的研制开发与使用。

一般认为，木糖在水溶液中脱水转化为糠醛的路径包括两步（图 4.5）：第一步，木糖在酶、碱或 Lewis 酸的催化作用下经开环/异构为木酮糖/来苏糖（lyxose）；第二步，木酮糖/来苏糖经 Brønsted 酸催化脱水生成糠醛[18]。其中 1, 2-氢化物的

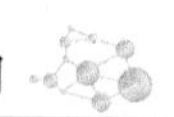

迁移为关键步骤（图 4.6）[24]。另外，也有研究认为木糖可经由 1, 2-烯醇化作用（图 4.7）[25, 26]或 β-消除（图 4.8）[27]脱水为糠醛；或认为木糖以吡喃糖形式，经由 *O*-2 质子化生成 2, 5-木糖苷呋喃糖中间体，再脱水为糠醛（图 4.9）[28, 29]。尽管在不同反应条件下采用不同手段获得糠醛的反应机理不尽相同，但是已达成的共识是，由木糖制取糠醛常需要酸碱复合催化剂中酸性位和碱性位的协同催化作用[30]。

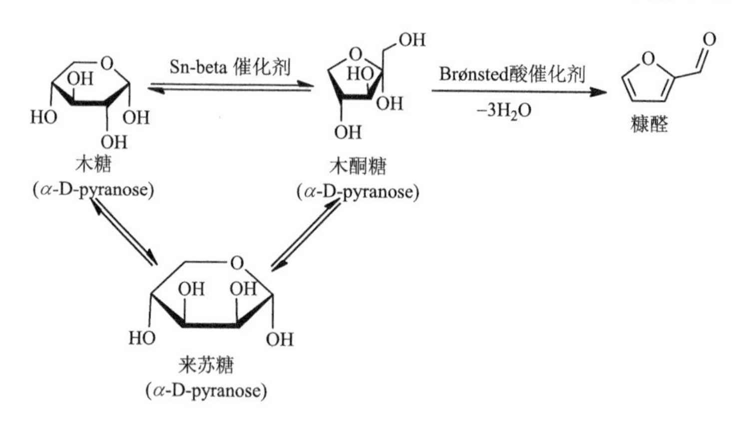

图 4.5　木糖经由 Lewis 酸催化异构化和 Brønsted 酸催化脱水为糠醛

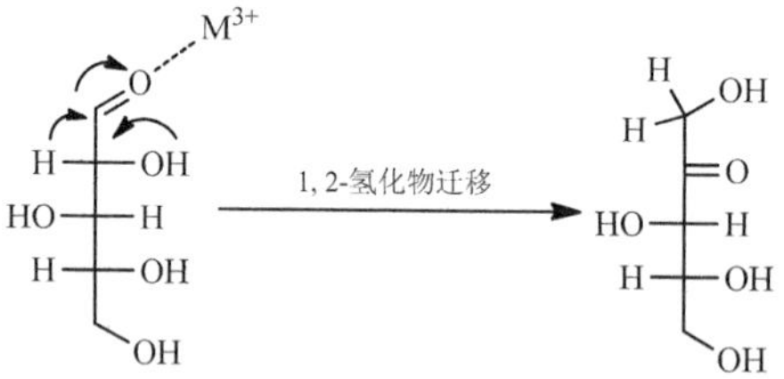

图 4.6　木糖经由 1, 2-氢化物迁移的异构化反应

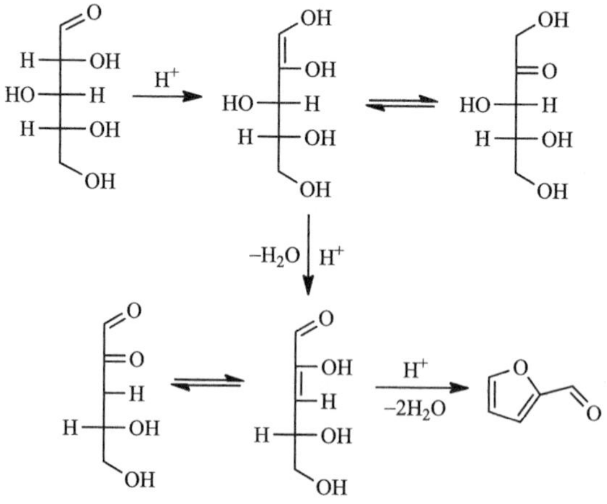

图 4.7　木糖经由 1, 2-烯醇互变脱水为糠醛的机理

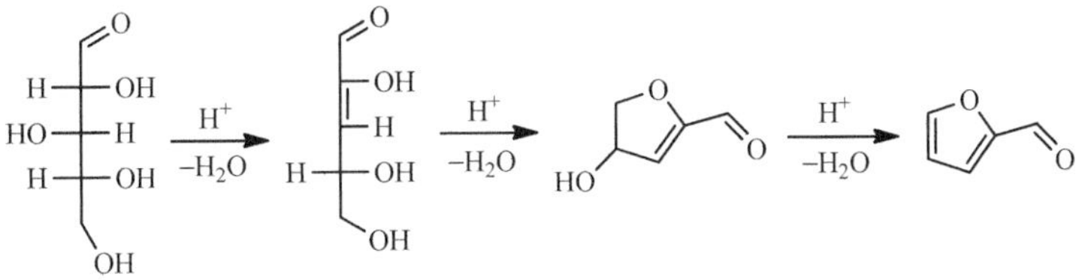

图 4.8　木糖经由 β-消除脱水为糠醛的机理

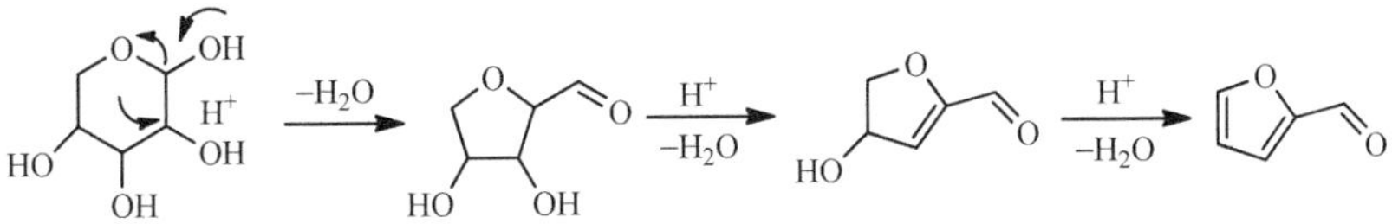

图 4.9　木糖经由环状结构中间体脱水为糠醛的机理

目前，用于木糖脱水生产糠醛的新型固体催化剂主要包括分子筛[31-33]、碳基固体酸[34]、杂多酸/盐[35]、离子交换树脂[36]、磺化有机聚合物[37]、硫酸改良的氧化硅/氧化锆、微/介孔磷酸盐以及层状钛酸盐/铌酸盐/钛酸铌盐[38, 39]等。高比表面积、窄孔径分布，同时具有高的总酸性位（包括 Brønsted 酸位和 Lewis 酸位）的多孔材料表现出较好的催化性能，如介孔磷酸铌[40]、脱层纳米材料[38]、脱铝分子筛[41]等。研究表明，以脱铝分子筛 ITQ-20 为木糖脱水制取糠醛的催化剂，反应过程中无铝溶脱，催化剂性能更为稳定，可多次循环使用。

木糖在反应条件下还会发生平行降解反应，生成有机酸等低相对分子质量产物。另外，糠醛一旦生成也可能降解生成乙醛、甲醛、丁烯醛等小分子醛。尤其是在较高的初始木糖浓度下，这些产物和副产物之间的二次缩合反应会生成可溶性或不可溶性的胡敏素[42]，造成原料碳损失。为减少副反应发生，溶剂的选择对提高糠醛的收率和选择性有很大的影响，尤其是二甲亚砜溶剂或水-有机双相溶剂明显优于水溶剂[43-45]。在水-有机双相溶剂中，木糖的脱水反应在水相中进行，产物糠醛一旦生成，利用有机溶剂将糠醛从水相中连续萃取至有机相，可避免糠醛过度反应，实现产物及时分离，从而提高糠醛收率和选择性。这里的有机溶剂可以是甲苯、甲基异丁酮（MIBK）、四氢呋喃等。例如，在 H_2O/MIBK 双相溶剂中，木糖在 Brønsted 酸催化剂作用下脱水，糠醛收率可达 85%；H 型蒙脱土在水-甲苯双相溶剂中，糠醛收率最高可达 98%[46]。此外，离子液体[47-49]、超/亚临界流体如超临界二氧化碳[50]、超/亚临界水等对糠醛的制备也显示出好的溶剂性能。

然而，目前已见报道的催化体系的使用仍仅限于纯木糖在稀溶液中的反应，其在糠醛工业生产行业中短期内无法实现应用。一些敏感性参数，如催化剂在高木糖浓度中的活性和选择性、催化剂失活和再生问题、木糖脱水反应溶剂与戊聚糖水解溶剂的兼容性、有机溶剂与水的适当配比等尚需调控，以加快糠醛清洁生产的工业化进程。

4.1.2 合成糠醇

1. 糠醇的性质和应用

糠醇（furfuryl alcohol）又名呋喃甲醇、2-羟甲基呋喃，结构式见图 4.10。糠醇是糠醛选择性加氢后的产物，是糠醛的重要衍生物，也是一种重要的化工原料。以糠醇为原料不但可制得乙酰丙酸，而且可制得各种性能的呋喃型树脂、糠醇-尿醛树脂及酚醛树脂等；由糠醇可制得耐寒性能优异的增塑剂；同时，糠醇又是呋喃树脂、清漆、颜料的良好溶剂和火箭燃料；此外，在合成纤维、橡胶、农药和铸造工业也有广泛应用。

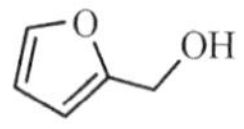

图 4.10　糠醇的结构

2. 糠醇的制备

1）糠醛液相加氢法

工业上，在 Cu-Cr 催化剂作用下，糠醛经液相加氢可制得糠醇。液相加氢是使催化剂悬浮在糠醛中，在 180～210℃下使用中压或高压加氢，所用装置是空塔式反应器。为减轻热负荷，常需控制糠醛加入速度，延长反应时间（大于 1h）。由于无效的返混使加氢反应不能停留在生成糠醇这一步，糠醇将进一步加氢生成副产物 2-甲基呋喃及四氢糠醇等，导致产物选择性降低，且废催化剂难以回收，易造成严重的铬污染。另外，液相法需在高压下操作，对设备要求较高。我国是世界上主要的糠醇生产、出口国，年产量约 5000t，其中 60%～80%用于出口。但我国在 1994 年以前的糠醇生产企业全部以液相法生产，1994 年吉林化学工业公司开发了常压糠醛气相加氢制糠醇技术，催化剂寿命可达 1500h；保定石油化工厂也从芬兰 Rosenlew 公司引进了低压液相加氢技术，在一定程度上改善了我国糠醇生产工艺的结构。

2）糠醛气相加氢法

糠醛气相加氢法生产糠醇始于 1956 年，反应通常在常压或低压下进行，糠醛气化后与氢气混合，混合气通过长径比为 100 的列管式固定床反应器，因物料返混小，可有效抑制二次加氢，糠醇选择性高。另外，气相加氢反应温度低，催化剂容易回收，且可再生利用。因此，采用气相法代替液相法已是国际上糠醇生产的发展趋势，国外的主要糠醇生产厂家均已用气相法生产，如美国的 Quaker Oats 公司、法国的 Rhone Poulenc 公司和芬兰的 Rosenlew 公司等。

近年来，国内外研究着重于开发环境友好的无铬气相加氢催化剂，保留糠醛的呋喃环，而仅使羰基发生选择性加氢反应。气相加氢反应所用催化剂主要以铜作为活性组分，其次是镍和钴，添加适量的铬、钾、钡、钙等作助催化剂可抑制副产物的产生，同时提高糠醇的选择性。铜系催化剂活性好，选择性高，在 Cu-Co/SiO_2 或 Cu/MgO 催化剂作用下，糠醛在 200℃气相加氢，糠醇收率可达 98%；但铜系催化剂热稳定性较差，如反应器换热效果不好，催化剂易失活。镍系催化剂直接用于由糠醛加氢制糠醇的选择性不好，主要生成二次加氢产物，但 Raney Ni（雷尼镍）经杂多酸盐尤其是 $Cu_{3/2}PMo_{12}O_{40}$ 浸渍改性后，糠醇收率可达 96.5%[51]。另外，钴系催化剂活性好、选择性好、寿命长，但价格较昂贵。

3）木糖脱水/加氢串联法

从木质纤维素或原生生物质衍生的木糖出发，使其经由脱水/加氢串联催化反应直接合成糠醇，可避免糠醛分离提纯步骤，节约分离能耗。例如，Perez 和 Fraga[52] 以 Pt/SiO_2 和硫酸改良的 ZrO_2(ZrO_2-SO_4)为组合催化剂，利用 SiO_2 中的 Lewis 酸位促进木糖异构为木酮糖，再利用 ZrO_2-SO_4 催化剂中的 Brønsted 酸位催化木糖和木酮糖脱水为糠醛，最后糠醛在 Pt/SiO_2 催化剂作用下选择性加氢为糠醇（130℃，3.0MPa H_2）。然而，如图 4.11 所示，由木糖直接制取糠醇的串联反应过程中反应路径多，反应网络复杂，主要涉及木糖和木酮糖加氢生成木糖醇甚至短链的多元醇，以及糠醛脱羰为呋喃、呋喃加氢为四氢呋喃、糠醇加氢为四氢糠醇、糠醇加氢脱水为 2-甲基呋喃等。溶剂对糠醇的选择性有很大影响：在水溶剂中，糠醇选择性仅 5%；在水/2-丙醇混合溶剂中（体积比为 1∶3），糠醇聚合的副反应受到抑制，木糖转化率为 65%，糠醇选择性可提高到 51%，主要副产物木糖醇的选择性为 20%。He 等[53]采用 SO_4^{2-}/SnO_2-Kaoline 和 *Escherichia* cioli CCZU-T15 为组合催

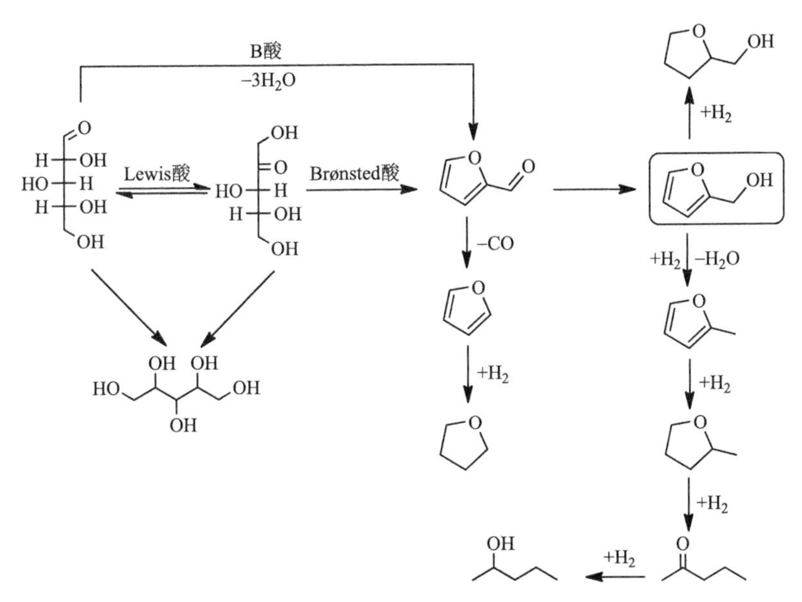

图 4.11　由木糖直接合成糠醇的反应路径及涉及的副反应[52]

化剂，第一步木糖在甲苯-水双相溶剂（体积比 1∶2）中脱水，糠醛收率达 74.3%；第二步为生物催化加氢，糠醇收率达 100%（基于糠醛）；但基于原料的糠醇收率仅 13%。通过发展高效催化剂和/或组合催化剂及相应的催化过程，抑制呋喃环开环和非目标性加氢反应，糠醇收率和选择性有望进一步得到提高。

4.1.3 合成乳酸

1. 乳酸的性质

乳酸（lactic acid），又称 2-羟基丙酸或 α-羟基丙酸，分子式为 $C_3H_6O_3$，其分子量为 90，相对密度约 1.2。如图 4.12 所示，乳酸分子结构中含有一个手性碳原子，具有旋光性，按其构型及旋光性可分为 L-乳酸、D-乳酸和 DL-乳酸三类。乳酸是自然界中广泛存在的有机酸，其易溶于水、乙醇、甘油，微溶于乙醚，但不溶于苯、三氯甲烷、汽油、二硫化碳等。乳酸在食品、皮革制造、医药以及日化行业中具有十分广泛的应用，乳酸一般可作为食品工业的添加剂，也可用于合成化学品和聚合物。

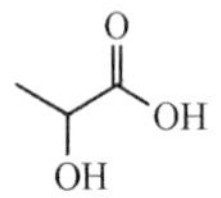

O
OH
OH

图 4.12 乳酸的结构

2. 乳酸的应用

乳酸的结构中含有羟基和羧基，因此化学反应性强。如图 4.13 和图 4.14 所示，乳酸易发生自酯化作用生成乳酰乳酸、乳酸丙交酯及线型聚酯，也可通过化学转化合成多种有用化学品，如通过脱水反应可制取丙烯酸（可用于合成塑料、黏结剂、涂料等），通过脱水/加氢反应可制取丙酸，通过脱羰/脱羧反应可制取乙醛，

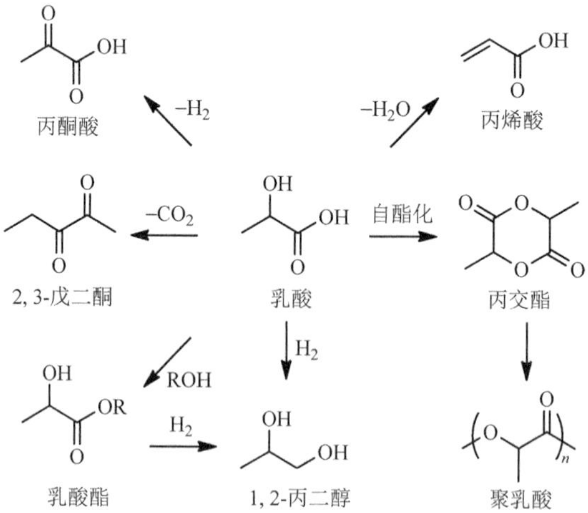

丙酮酸
$-H_2$
$-H_2O$
丙烯酸
$-CO_2$
自酯化
2, 3-戊二酮
乳酸
丙交酯
H_2
ROH
H_2
乳酸酯
1, 2-丙二醇
聚乳酸

图 4.13 乳酸及其衍生化合物

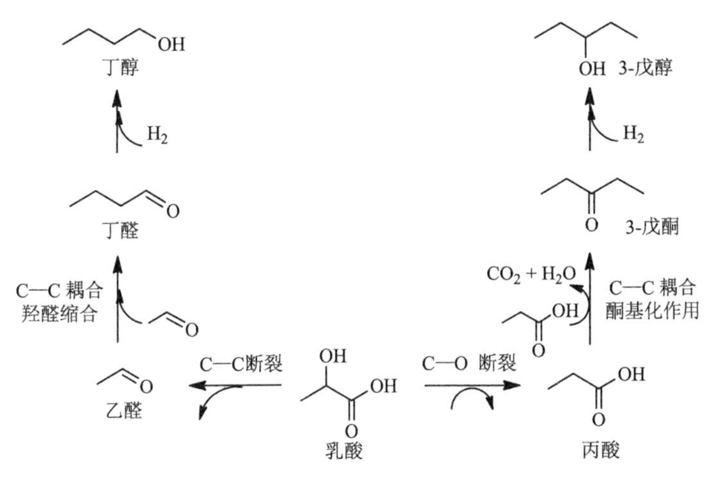

图 4.14　由乳酸制取醇类液体生物燃料

通过缩合反应可制取 2, 3-戊二酮和聚乳酸（PLA），通过部分催化脱氧可制得具有高能量密度的 C_4～C_5 醇类液体燃料等。其中，PLA 是一类新型的可生物降解的高分子材料，无毒、无刺激性，强度高，可加工成型性强，同时具有良好的生物相容性，可被生物吸收分解，最终生成二氧化碳和水，不会污染环境，因而被认为是最有前途的可生物降解的高分子材料。到 2015 年，全球乳酸的市场需求量达 33 万 t/a[54]，并具有持续上升的趋势，刺激了乳酸行业的飞速发展。

3. 乳酸的制备

乳酸的制备方法大致有三种：化学合成法、糖发酵法和化学催化法。尽管乳酸可由石油炼制产品乳腈或丙烯腈经由化学合成法制取，但是绝大部分的乳酸是通过淀粉或木质纤维素类生物质的细菌发酵法生产而来的（约 12 万 t/a）。这是由于乳腈法或丙烯腈法均使用有毒原料——氢氰酸（HCN），且得到的乳酸为外消旋体，而细菌发酵法主要以葡萄糖和蔗糖为原料[55, 56]，环境友好，可以选择性得到某一构型的乳酸，产物选择性高，基于发酵糖的收率为 85%～95%。但发酵法生产过程复杂且精细、生产周期长、不能连续生产，操作成本较高，还会产生大量废盐污染环境。

化学催化法是在水热条件下加入催化剂，使五碳糖或六碳糖催化转化为乳酸。化学催化法制备乳酸可以克服发酵法的缺点，因此具有很好的发展前景。但该法发展较晚，目前还处在实验研究阶段。由木糖催化转化为乳酸，一般遵循“3 + 2”原则，即木糖经逆羟醛缩合反应后 C—C 键发生断裂，生成一分子 C_3 化合物和一分子 C_2 化合物，C_3 化合物再通过转化生成乳酸，因此乳酸的最高质量收率仅 60%，因而以木糖为原料合成乳酸的文献报道并不多。在过渡金属硫酸盐催化剂作用下，乳酸质量收率可达 35%[57]。以 ZrO_2 为催化剂，木糖在 pH 中性的水溶液中 200℃

反应，乳酸最高收率为42%[58]，ZrO_2催化剂表面的Lewis酸碱对（Zr^{4+}离子为Lewis酸位，O^{2-}离子为弱Lewis碱位）在木糖逆羟醛缩合为乳酸的反应中起到非常重要的作用：Zr^{4+}离子作为Lewis酸位，其通过与木糖的羰基相互作用而提高羰基碳的正电荷；同时，Lewis酸位还提高了羰基邻位碳原子上活性羟基的酸性，从而促进C_3—C_4键的断裂，生成甘油醛和乙醇醛（图4.15），其中甘油醛进一步经脱水和烯醇式互变生成乳酸。只有从根本上改变反应“3 + 2”路径，才可能大幅度提高由木糖转化为乳酸的原子经济性。

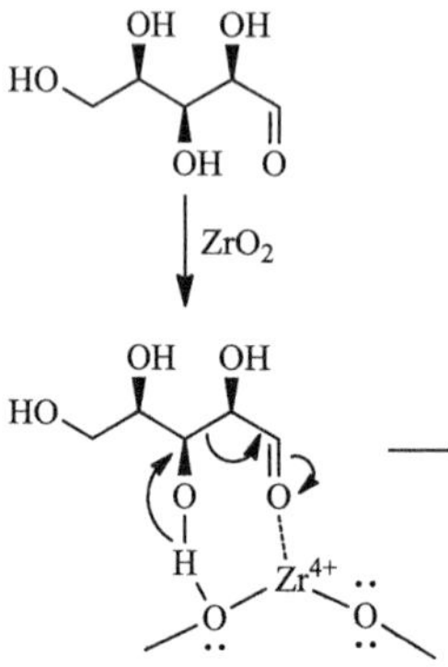

图4.15 ZrO_2催化木糖逆羟醛缩合生成甘油醛和乙醇醛的可能反应机理[58]

最近，何婷等[59, 60]以木糖为原料，通过预添加D-乳酸作为助剂，以碱土金属氧化物为催化剂，将由木糖制取乳酸的碳收率（或碳利用率）提高到91.2%；通过调控碱土金属氧化物的类型，可控制乳酸的对映体选择性。例如，以MgO为催化剂，木糖在160℃反应，D-乳酸的对映体选择性最高，达92.9%；而在CaO催化剂作用下，L-乳酸的对映体选择性较高。高效、高选择性、易分离和循环使用的固体催化剂的发展，将大大助力乳酸行业的快速发展。

4.2 果糖的转化

果糖是葡萄糖的同分异构体，其分子式为$C_6H_{12}O_6$，分子量为180.16，是一种常见的六元酮糖。由自然界中得到的天然存在的果糖是以游离的D-果糖（D-fructose）形式存在，即D系、β异构体、左旋的单糖，全名是β, D-(–)-果糖，又称左旋糖。此外，果糖还可能有α及β吡喃式、α及β呋喃式以及开链的酮式结构五种构型。在天然产物中，果糖常常以呋喃型果糖存在，在结晶状态下，果糖中可能存在β-吡喃型糖（图4.16）。在水溶液中，呋喃型和吡喃型果糖同时存在，在20℃水溶液中大约有20%呋喃型果糖，同时不同构型的果糖具有变旋现象并呈动态平衡，在变旋平衡时的体系是开链式和环式果糖的混合物。

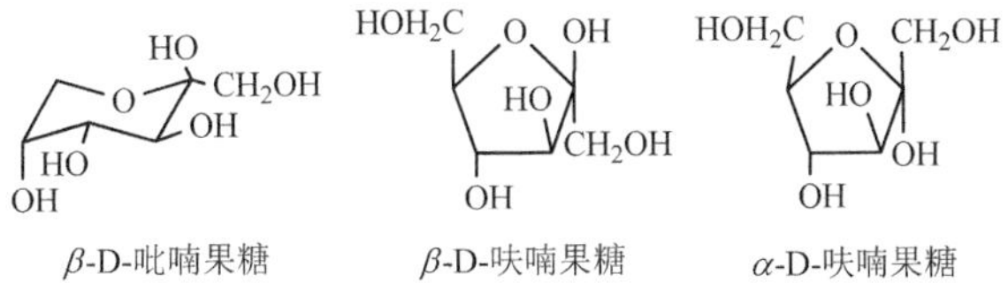
β-D-吡喃果糖
β-D-呋喃果糖
α-D-呋喃果糖

图 4.16　D-果糖在水溶液中的构型

果糖在自然条件下是以似油状的黏稠液的形式存在，不含杂质的果糖（即果糖的结晶）的颜色一般为无色，吸湿性强，熔点通常为 103～105℃，其颜色通常受果糖中的杂质含量和种类的影响而不同，杂质的存在会影响果糖的熔点，杂质较少的果糖的熔点高。果糖在水中具有很大的溶解度，溶于乙醇和乙醚中。果糖还具有良好的吸湿保湿性、渗透溶解性、生物降解性、冷冻性等优良的性质。由于果糖廉价易得，同时具有独特的性质，因此在食品业、医药业、烟草业、化妆品等领域中具有广泛的应用；在生物质炼制中，可作为原料生产 5-羟甲基糠醛、乙酰丙酸、2, 5-呋喃二甲醛、5-乙氧基甲基糠醛、戊内酯、乳酸、烷基果糖苷等多种下游产品（图 4.17）。

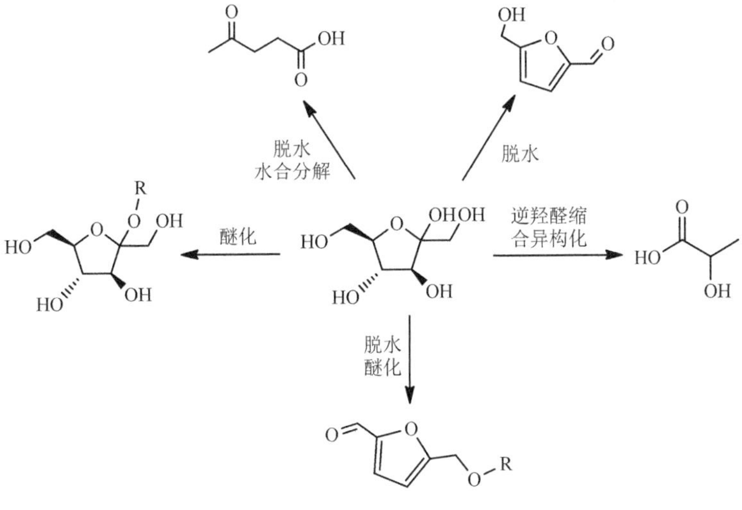
脱水
水合分解
脱水
醚化
逆羟醛缩
合异构化
脱水
醚化

图 4.17　以果糖为原料生产的下游产品

4.2.1　合成 5-羟甲基糠醛

1. 5-羟甲基糠醛的性质

5-羟甲基糠醛（5-hydroxymethylfurfual，HMF），又名 5-羟甲基-2-糠醛、羟甲基糠醛、5-羟甲基呋喃甲醛或 5-羟甲基-2-甲醛，分子式 $C_6H_6O_3$，分子量 126。HMF 为针状结晶、暗黄色液体或粉末，甘菊花味，有吸湿性，易液化，需避光封存；

它不能与强碱、强氧化剂、强还原剂共存。加热时放出干燥刺激性的烟雾，燃烧和分解时释放一氧化碳和二氧化碳。熔点 28～34℃，沸点 114～116℃（1mmHg①），相对密度 1.243（25℃），折光率 1.5627（18℃），闪点为 79℃，紫外最大吸收波长为 284nm。HMF 易溶于水、甲醇、乙醇、丙酮、乙酸乙酯、甲基异丁基甲酮、二甲基甲酰胺等；可溶于乙醚、苯、三氯甲烷等；微溶于四氯化物；难溶于石油醚。

2. 5-羟甲基糠醛的应用

HMF 是一种重要的呋喃衍生物，其分子结构中含有一个醛基和一个羟甲基，反应性强，可通过加氢、氧化脱氢、酯化、卤化、聚合、水解等多种化学反应合成一系列具有很大市场和高附加值的产品。它是生产聚合物的单体，也可以作为原料用来合成药物、药物中间体、抗真菌剂、大环配体以及液体燃料等，因此被誉为连接生物质化工和石油化工的重要桥梁化合物，其合成受到了国内外研究者的广泛关注。以 HMF 为原料合成的下游产品和液体燃料如图 4.18 和图 4.19 所示。

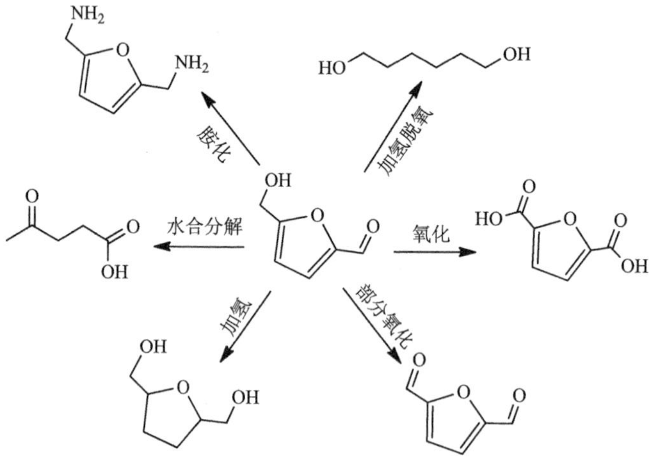

图 4.18 HMF 及其下游产品

3. 5-羟甲基糠醛的制备

HMF 可由果糖脱水制取，水、有机溶剂、水-有机两相溶剂、离子液体以及超临界流体等均可用于 HMF 的合成。酸性催化剂是果糖脱水制取 HMF 的常用催化剂，包括无机酸、无机盐和固体酸等。由于 HMF 高温热不稳定，其在反应条件下极易发生自缩合或与果糖部分脱水产物间发生交叉缩合反应生成可溶性或不溶性的胡敏素；另外，在酸催化作用下，HMF 易发生进一步水合分解而生

① 1mmHg = 1.333 22×10^2Pa

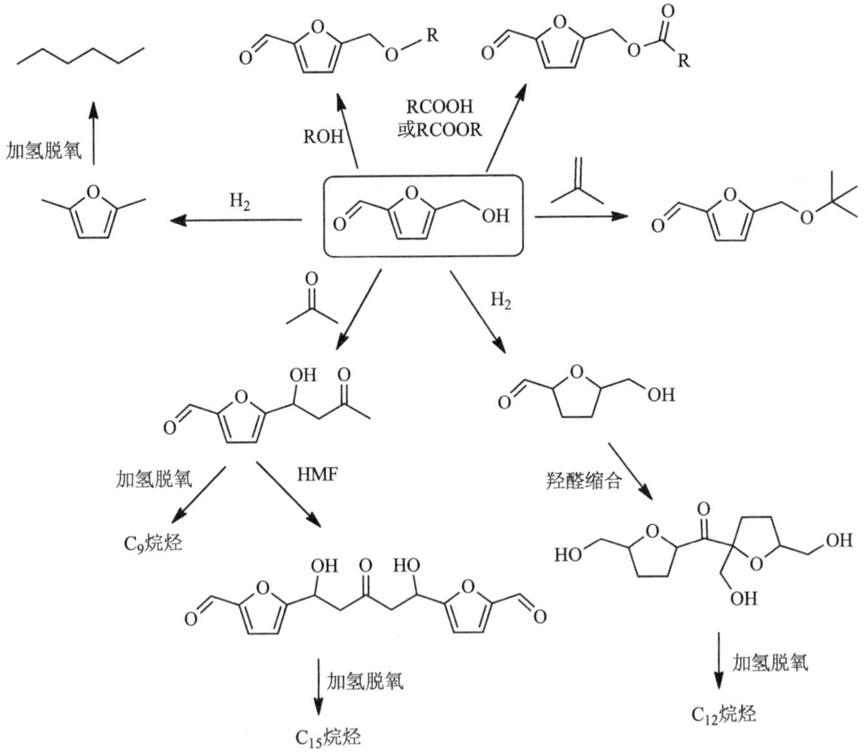

RCOOH
或RCOOR
ROH
加氢脱氧
H_2
H_2
HMF
加氢脱氧
C_9烷烃
羟醛缩合
加氢脱氧
C_{15}烷烃
加氢脱氧
C_{12}烷烃

图 4.19 从 HMF 合成液体燃料的路线[61]

成甲酸和乙酰丙酸（图 4.20）。这些副反应造成由果糖制取 HMF 过程中副产物多，HMF 不易分离提纯，一旦生成胡敏素，将降低原料碳的利用率。如何抑制 HMF 在反应条件下发生聚合和水合分解反应，是 HMF 合成反应面临的巨大挑战之一。

胡敏素
胡敏素
酸催化剂
$-3H_2O$
酸催化剂
$+2H_2O$

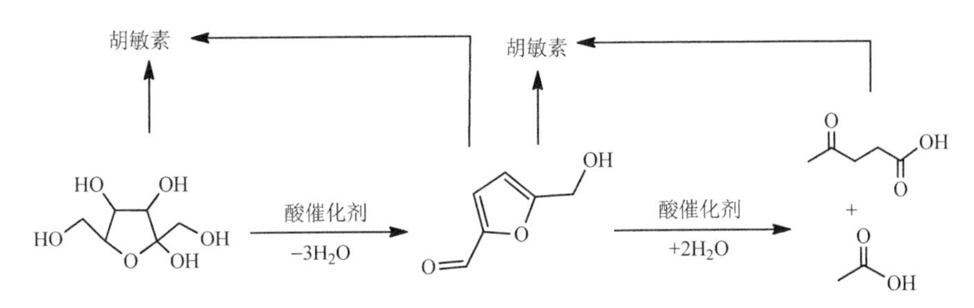

图 4.20 由果糖制取 HMF 可能涉及的副反应

1）无机酸和无机盐为催化剂

可溶性的无机酸（盐酸、硫酸、磷酸等）是最廉价的酸催化剂，常在水溶液中催化果糖脱水，催化活性高，但在反应过程中甲酸、乙酰丙酸、胡敏素等副产

物生成情况非常严重，HMF 选择性低，原料的碳利用率低；草酸、马来酸等有机酸[62]在亚临界水中，使用无机盐（镧系金属盐等）[63]为催化剂可缓解副产物乙酰丙酸的生成，但常需结合价格昂贵的离子液体使用。2006 年，Roman-Leshkov 等[64]首次将 H_2O-MIBK 双相溶剂引入果糖催化脱水体系（图 4.21）：以盐酸作为催化剂，果糖在水相中脱水生成 HMF，HMF 一旦生成，就被有机溶剂连续萃取到有机相中，防止 HMF 进一步转化；向有机相中加入 2-丁醇、二甲亚砜（DMSO）和聚吡咯烷酮（PVP）能够抑制副反应。以 10wt%①的果糖溶液为原料，果糖的转化率达 90%，HMF 的选择性达 80%。四氢呋喃作为有机溶剂对 HMF 萃取效果最好，HMF 选择性高达 85%[65]。尽管如此，由于无机酸的均相催化特征，其作为果糖脱水制备 HMF 的催化剂，催化活性高，但反应后难以与产物分离，催化剂不易循环使用，且液体酸对设备腐蚀性大，废盐废水污染严重。目前常采用固体酸代替液体酸的方法解决上述问题。

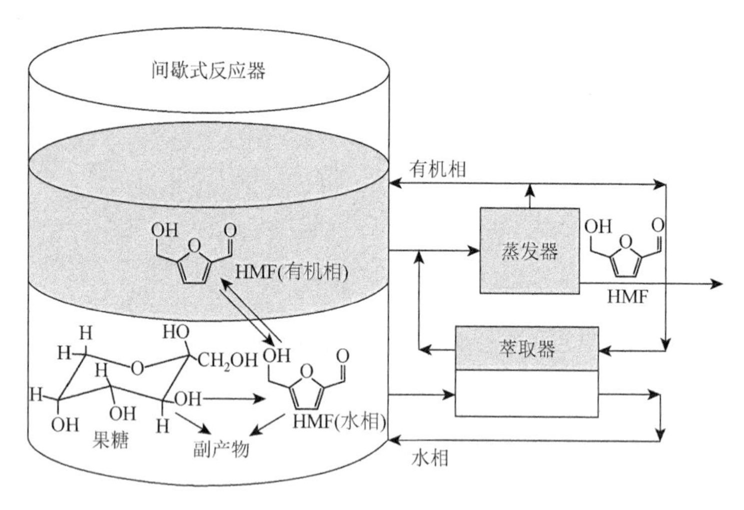

图 4.21 水-有机双相溶剂中果糖脱水制备 HMF[64]

2）固体酸为催化剂

固体酸具有不腐蚀设备、污染小、易分离等优点。用于果糖催化脱水制取 HMF 的固体酸主要包括固体超强酸、杂多酸、离子交换树脂、分子筛、磺酸型固体酸等。

a. 固体超强酸

超强酸是比 100%的 H_2SO_4 还强的酸，其 Hammett 函数 $H_0<-11.93$。用于果糖催化脱水的固体超强酸主要指硫酸改良的金属氧化物（SO_4^{2-}/M_xO_y）和负载酸

① wt%表示质量分数。

的介孔金属氧化物。固体超强酸就其本质来说，是 Brønsted 酸和 Lewis 酸按某种方式复合作用而形成的一种新型酸。

对于 SO_4^{2-}/M_xO_y 型固体超强酸的研究表明，它的超强中心的形成主要源于 SO_4^{2-} 在表面配位吸附使 M—O 键上的电子云强烈偏移，强化 Lewis 酸中心，同时更易使 H_2O 发生解离吸附产生 Brønsted 酸中心。SO_4^{2-}/M_xO_y 型固体超强酸包括 SO_4^{2-}/W_xO_y、SO_4^{2-}/TiO_2、SO_4^{2-}/ZrO_2、SO_4^{2-}/Fe_2O_3 等。SO_4^{2-}/M_xO_y 型固体超强酸虽然酸性强，但是孔径较小，反应物不易接触活性酸中心，在固液反应体系中，催化剂容易因活性组分 SO_4^{2-} 溶脱而失活，催化剂重复使用性差。

用钼酸、钨酸铵代替硫酸处理氧化锆，可合成系列负载酸的介孔金属氧化物催化剂，如 MoO_3/ZrO_2、WO_3/ZrO_2、B_2O_3/ZrO_2 等，其对果糖催化脱水活性较高，在二甲亚砜溶剂中反应，HMF 收率约为 85%。此类固体超强酸的孔径较大，活性组分不易流失，在溶液中热稳定性高，但酸强度相对较弱。

b. 杂多酸

杂多酸（heteropolyacid，HPA）是杂原子（如 P、Si、Fe、Co 等）和多原子（如 Mo、W、V、Nb、Ta 等）按一定的结构通过氧原子配位桥联组成的一类含氧多酸，既具有酸性，又具有氧化还原性，故认为其是一种具备双功能的新型酸催化剂。具有催化活性的杂多酸均具有典型的 Keggin 型结构，以四面体 XO_4 位于杂多酸分子的正中心，由 12 个 MO_6 组成的八面体围绕在四面体的周围而形成。杂多酸的阴离子直径一般为 1.2nm 左右，而杂多酸分子整体的直径在 1～5nm。与其他固体酸相比，杂多酸具有结构稳定、酸性强、毒副作用小等优点，是一种环境友好的绿色催化剂。

c. 离子交换树脂

离子交换树脂（ion exchange resin）是指将功能基的树脂通过交联作用，连接在具有三维网状空间结构的且不溶于酸和碱液的骨架分子上，从而形成具有一定交联度、一定温度下结构稳定（一般小于 60℃）、具有一定的亲水性和韧性的高分子材料[66]。研究发现，Amberlyst-15 和 Dowex 50wx8-10 离子交换树脂对果糖脱水为 HMF 的催化性能较好。Amberlyst-15 在离子液体（$[BMIM]PF_6$）中催化果糖脱水，HMF 收率接近 80%；在离子液体中加入共溶剂如丙酮、二甲亚砜、乙醇、甲醇、乙酸乙酯或超临界 CO_2，脱水反应甚至可以在室温下进行[67]；Amberlyst-15 在二甲亚砜中催化果糖脱水，在 120℃反应 2h，通过减压不断移除反应过程中生成的水可避免 HMF 进一步发生水合分解和缩合反应，HMF 收率可达 92%[68]。但是，由于离子液体和二甲亚砜沸点较高，产物 HMF 很难与其分离，离子液体价格较为昂贵，二甲亚砜在反应过程中还可能会产生含硫副产物而降低产物纯度。另一种商用离子交换树脂 Dowex 50wx8-10 可以在低沸点溶剂丙酮-水混合溶剂

（质量比为 7∶3）中使用，配合微波加热，HMF 的收率达 73.4%，但同时有乙酰丙酸（5.7%）和甲酸（2.0%）等副产物生成[69]。

d. 分子筛催化剂

分子筛（molecular sieves）是多孔材料的一种，具有均匀、规则的孔道结构，其中孔道的大小、数量、形状和孔道在材料中的分布方向是衡量一种多孔材料优劣的重要指标。常用分子筛为结晶态的硅酸盐或硅铝酸盐。由于分子筛比表面积、孔径、酸度可调，且价格低廉、合成简单，可循环使用，被认为是一种新型的绿色催化剂，在现代化工中有非常广阔的应用前景。调节分子筛结构中的 Si/Al 比，可调整该催化剂的活性和选择性。例如，在 Si/Al 比为 11 的 H 型沸石分子筛催化作用下，果糖在 H_2O-MIBK（体积比为 1∶5）双相溶剂体系中 165℃脱水反应 30min，果糖转化率达 76%，HMF 选择性为 91%[70]。

e. 磺酸型固体酸

磺酸型固体酸指的是向分子筛、碳材料、有机聚合物等载体上引入磺酸基而制得的固体酸。由于磺酸基通过化学键合于载体结构中，磺酸基在反应条件下不易发生溶脱，因此这类催化材料的稳定性和重复使用性较好。用作碳源的材料可以是氧化石墨烯（GO），也可以是葡萄糖、纤维素或原生生物质[71]，该类磺酸型固体酸一般在二甲亚砜溶剂中表现出较好的催化活性，HMF 收率高于 90%。最近，Dai 等[72]以磺化聚苯胺（SPAN）为固体酸催化剂，在低沸点的 1, 4-二氧六环-水（体积比为 95∶5）混合溶剂中进行果糖脱水反应，HMF 收率最高可达 71%，SPAN 催化剂可多次重复使用。由于磺酸基与聚苯胺链上的氮原子形成稳定的氢键，SPAN 的 Brønsted 酸强度降低，彻底抑制了 HMF 水合分解为乙酰丙酸的副反应。

f. 多孔性磷酸盐固体酸

一些多孔性磷酸盐固体酸对果糖脱水为 HMF 表现出较好的催化活性。例如，在磷酸氧钒或磷酸铌固体酸催化下，果糖在水溶液中脱水转化，HMF 选择性高于 80%，但果糖转化率较低（25%～50%）[73, 74]；多孔磷酸锆催化剂在亚临界水中催化果糖脱水，在 240℃下反应，果糖转化率为 80%，HMF 选择性最大可达 62%，同时 HMF 水合分解反应得到彻底的抑制[75]。

3）固体碱为催化剂

近年来，有报道将固体碱催化剂用于果糖催化脱水反应中，如在二甲亚砜中，甲醛改性的聚苯胺固体碱催化剂对果糖脱水表现出稳定的催化活性，HMF 单程收率高达 90.4%，催化剂能多次重复使用[76]。由于固体碱催化剂不含酸性位，能够彻底避免产物 HMF 在酸催化作用下发生水合分解，因此 HMF 选择性得到提高，但反应过程中仍有低聚物生成，原料碳有损失，HMF 选择性需进一步提高。

4）溶剂的作用

在果糖脱水反应过程中，有机溶剂二甲亚砜和离子液体除用作溶剂外，其对果糖脱水为 HMF 也具有催化活性。例如，Amarasekara 等[77]认为 DMSO 结构中的亚砜基团起催化作用，并推测了反应机理（图 4.22）。通过分子动力学模拟、衰减全反射红外光谱（ATR-IR）和密度泛函计算（DFT），发现 DMSO 减弱了水对果糖和 HMF 的溶剂化作用，从而保护果糖免于异构化及聚合反应，促进果糖在酸性条件下脱水生成 HMF；DMSO 通过溶剂化作用优先保护 HMF 的羰基，使其难以发生水合分解反应生成甲酸和乙酰丙酸或者发生聚合反应生成胡敏素[78-80]。当 DMSO 溶剂中加入一定量的水时，DMSO 的 S 原子会远离果糖羟基的 O 原子，如果此时体系里有 Brønsted 酸存在，果糖脱水机理将倾向酸催化的果糖脱水机理[80]，且 DMSO 与 Brønsted 酸协同催化果糖脱水（图 4.23）[81]。在此基础上，Guo 等[82]发展了具有类似 DMSO 结构的聚噻吩复合氧化物催化剂（图 4.24），其能够在低沸点的 1, 4-二氧六环溶剂中催化果糖脱水，HMF 单程收率达 72.2%；在水中反应，HMF 收率为 39.7%。他们发现，催化剂结构中的亚砜（—SO）官能团的催化活性优于砜（—SO_2）官能团，且催化剂能够在水中多次循环使用。

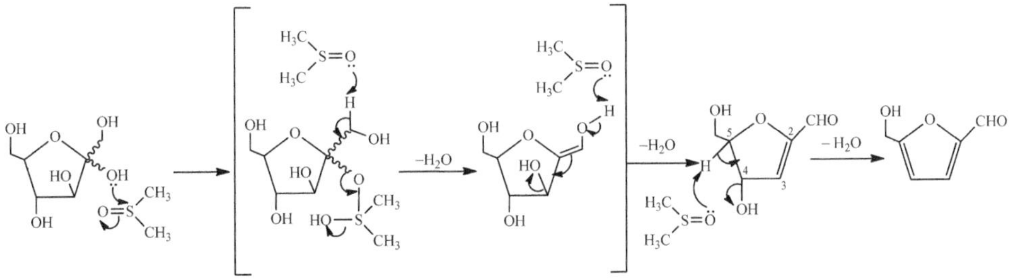

图 4.22　DMSO 催化果糖脱水制备 HMF 的反应机理[77]

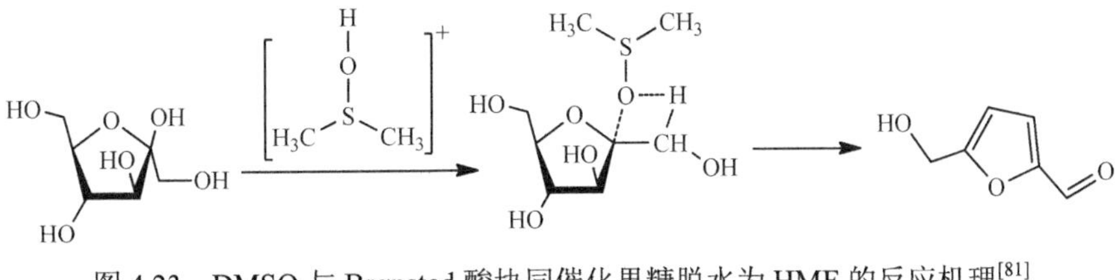

图 4.23　DMSO 与 Brønsted 酸协同催化果糖脱水为 HMF 的反应机理[81]

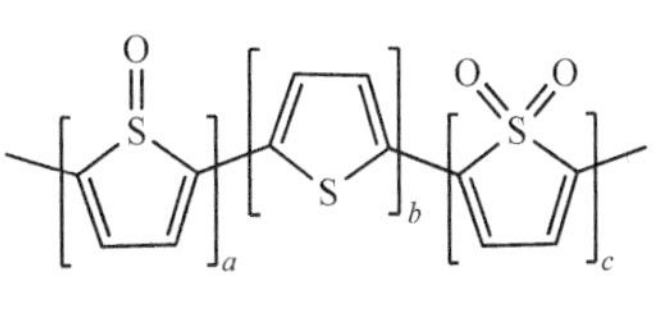

图 4.24　用于果糖脱水的聚噻吩复合氧化物催化剂的结构[83]

离子液体如[HMIM]Cl或[BMIM]Cl等可同时作为果糖脱水反应的溶剂和催化剂，在不加催化剂情况下，HMF 收率高于 64.0%[84, 85]。为降低离子液体的合成成本，Han 课题组[86]将几种廉价易得的可再生材料制得的离子液体应用于果糖脱水反应，其中，以胆碱盐酸盐离子液体和柠檬酸分别作为溶剂和催化剂时，果糖转化率可达 92%，HMF 收率为 75%；进一步加入乙酸乙酯为助溶剂，果糖的转化率及 HMF 收率均达到 90%以上，且溶剂体系可循环利用。研究表明，金属氯化物、固体酸等催化剂均在离子液体中表现出良好的活性[84, 85, 87-90]。尽管如此，仍需使用有机溶剂将产物 HMF 从离子液体中萃取出来，而离子液体本身的生物降解性及对环境的影响也需进一步论证。

从目前研究来看，果糖脱水为 HMF 已获得了较高的产物收率，但其离大规模工业化生产仍有一段距离，这主要由于催化剂仅对低果糖浓度（通常低于 10wt%）的原料转化有效。另外，高沸点溶剂的使用不利于 HMF 分离提纯等。发展高效稳定的固体酸或碱催化剂，使其能够在低沸点溶剂尤其是水-低沸点有机溶剂的混合溶剂中，将高浓度果糖选择性脱水转化为 HMF，这将有利于 HMF 与溶剂的分离和提纯，节约能耗，降低成本。另外，也可以通过将生成的 HMF 原位转化为热稳定性的衍生物（如 5-乙氧基甲基糠醛、氯甲基糠醛等）[91]，以减少 HMF 的分离和提纯步骤，降低生产其下游产品的能耗和成本。

4. 由果糖合成 5-羟甲基糠醛的反应机理

如图 4.25 所示，在 Brønsted 酸作用下，果糖通过环状路径脱水生成 HMF。即果糖 C_2 上的—OH 被质子化后脱去一分子水，然后发生 $C_1 \rightarrow C_2$ 的氢迁移，最后依次脱去两分子水生成 HMF，整个反应过程中底物及中间体保持环状结构。其中，$C_1 \rightarrow C_2$ 氢迁移是速率控制步骤。

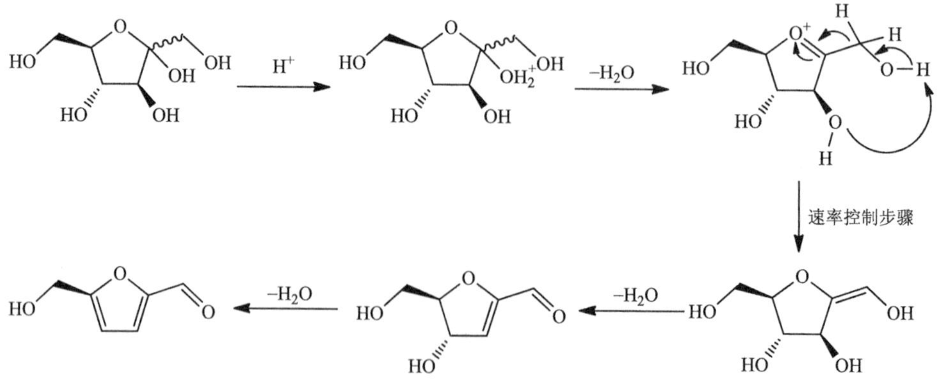

图 4.25　果糖脱水生成 HMF 的反应机理

4.2.2 合成乙酰丙酸

1. 乙酰丙酸的性质

HMF在水溶液中经酸催化可进一步水合分解，生成等摩尔量的乙酰丙酸和甲酸［式（4.1）］。其中，乙酰丙酸（levulinic acid，LA），又名4-氧戊酸、左旋糖酸或4-酮正戊酸，分子式$C_5H_8O_3$，其主要的物化性质参见表4.1。

$$5\text{-羟甲基糠醛} \xrightarrow[+\,2H_2O]{H^+} \text{乙酰丙酸} + \text{甲酸} \quad (4.1)$$

表4.1 乙酰丙酸的物化性质

物化性质	数值	物化性质	数值
分子量	116.12	酸强度pK_a	4.5
熔点/℃	33.5	闪点/℃	138
沸点/℃	245～246	表面张力/(dyn/cm)	39.7
相对密度	1.14	汽化热/(kcal*/g)	0.14
折射率	1.4796	溶解热/(cal/g)	19

* 1kcal = 4184J。

2. 乙酰丙酸的应用

乙酰丙酸是含有一个羰基的低级脂肪酸，其4位羰基上氧原子的吸电子效应，使得乙酰丙酸的解离常数比一般的饱和酸大，酸性更强；其4位羰基上的C═O双键为强极性键，碳原子为正电荷中心，当羰基发生反应时，碳原子的亲电中心起决定作用；羰基结构的存在使得乙酰丙酸异构化得到烯醇式异构体。因此，乙酰丙酸具有良好的反应性能，能通过酯化、卤化、加氢、氧化加氢、缩合等反应制取各种高附加值化学品和乙烯燃料[92]（图4.26）。另外，乙酰丙酸4位的碳原子是一个不对称碳原子，可通过不对称还原获得手性化合物[93, 94]。因此，乙酰丙酸作为一种重要的化工原料，在大宗化学品、食品、医药、农药、油墨、橡胶、塑料、塑料助剂、润滑剂、吸附剂、涂料、电池、电子产品、生物活性材料等多方面具有重要用途[95, 96]，有望成为基于生物质资源的新平台化合物。

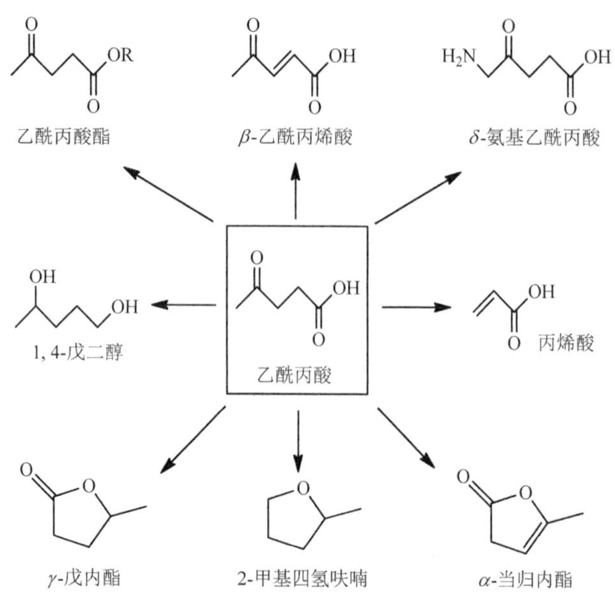

图 4.26　由乙酰丙酸衍生的潜在高附加值化学品

3. 乙酰丙酸的制备

1）以六碳糖为原料

葡萄糖和果糖是用于合成乙酰丙酸的最简单的单糖原料，在水溶液中，HMF 是生成乙酰丙酸的中间体。以葡萄糖为原料，葡萄糖先在碱催化剂或 Lewis 酸催化作用下异构为果糖，果糖再经酸催化脱水生成 HMF，后者再经水合分解生成乙酰丙酸。由于生产乙酰丙酸的同时产生等摩尔量的甲酸，因此乙酰丙酸的理论最高质量收率为 64.5%。然而，由于约 1/3 的原料碳在反应过程中转化为黑色不溶性胡敏素，因此，乙酰丙酸的这一理论收率几乎很难达到。Horvat 等[97]利用 ^{13}C 核磁共振（NMR）对 HMF 水合分解生成乙酰丙酸的机理进行了研究，认为 HMF 经由系列反应生成 2, 5-二羰基-3-己烯醛中间体，脱去甲酸后经由分子重排生成乙酰丙酸（图 4.27）；同时，由于水分子参与反应的反应位点不同，HMF 降解过程伴随生成可溶性或不溶性聚合物，这是造成乙酰丙酸收率不能达到理论收率的根本原因。

固体酸催化剂是合成乙酰丙酸最常使用的催化剂，包括固体超强酸、分子筛、杂多酸等。以果糖为原料，乙酰丙酸常作为 HMF 的伴生产物，摩尔收率为 3%～14%[98]。以葡萄糖为原料，固体酸（SO_4^{2-}/ZrO_2、磺酸氧化石墨烯等）催化合成乙酰丙酸常发生在 180～240℃下，乙酰丙酸的最高收率可达 78%[99, 100]。将 Fe_3O_4 等磁性颗粒引入固体酸中利于催化剂的磁性分离，能有效提高催化剂的回收率，从而提高催化剂的循环利用率。以 Keggin 结构的磷钨酸盐 $Ag_3PW_{12}O_{40}$ 为葡萄糖

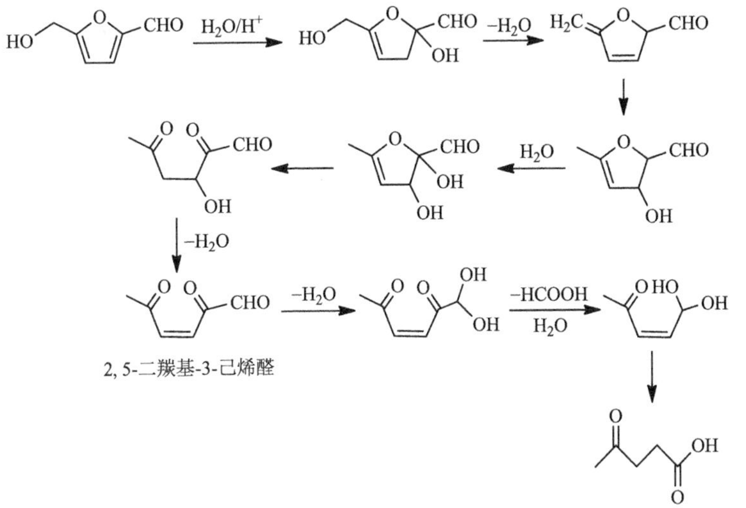

2, 5-二羰基-3-己烯醛

图 4.27　由 HMF 水合分解为乙酰丙酸的机理

水解制备乙酰丙酸的催化剂，乙酰丙酸的收率可高达 81.6%；在 200℃的高温多次反应后，催化剂的 Keggin 结构没有被破坏，但催化剂表面极易因积碳而失活[101]。这种情况也极易发生在沸石分子筛催化剂上，需通过焙烧去除催化剂表面的积碳再进行催化反应，再生后的催化剂上乙酰丙酸收率仍由于催化剂质量损失而有所降低[102]。树脂类催化剂也可用于六碳糖水解制取乙酰丙酸，反应温度通常在 140～200℃，乙酰丙酸收率在 33%～72%，但反应时间较长，不利于工业化生产[103, 104]。此外，使用 Lewis 酸（氯化铬）和 HY 沸石为组合催化剂，葡萄糖在 145℃下反应 146.7min，乙酰丙酸收率可达 60%[105]。研究表明，Lewis 酸过量时将葡萄糖向胡敏素转化，从而不利于乙酰丙酸的生成[106]。采用单糖水解法生产乙酰丙酸，伴随生成的副产品甲酸问题必须得到解决，包括甲酸与乙酰丙酸的分离以及甲酸的后续转化利用。例如，可利用甲酸进行其他生物质基产品的催化转移加氢制取高值精细化学品[107]，但这样的流程尚未得到优化。

2）以糠醇为原料

乙酰丙酸也可由糠醇催化水解法制得，即糠醇在酸性条件下通过水解、开环、重排反应生成乙酰丙酸［式（4.2）］。该法关键在于开环和重排反应，主要副反应为聚合反应，反应介质对反应的影响很大。该法在国外研究较早，其中具有代表性的工艺有：日本大塚化学药品公司、宇部兴产有限公司、法国有机合成公司、美国股特里奇公司的催化水解法等。操作步骤如下：在搅拌下，将糠醇（水、乙醇混合液）加入已加热至 97～100℃的 4%的盐酸溶液中，再搅拌 30min 后过滤加入反应锅中，加热至 80℃，真空蒸馏，得粗品乙酰丙酸液，再加热至 160～170℃，两次真空浓缩得到纯品，收率为 75%[108]。为提高乙酰丙酸收率和促进下游产品生

产，在酸性离子交换树脂催化作用下，糠醇在乙醇中 125℃醇解可直接生成乙酰丙酸乙酯，收率最高可达 87%[109]［式（4.3）］。

糠醇 $\xrightarrow[+H_2O]{H^+}$ 乙酰丙酸 （4.2）

糠醇 $\xrightarrow[+EtOH]{H^+}$ 乙酰丙酸乙酯 （4.3）

乙酰丙酸作为新兴的平台化合物已受到人们的关注，利用它可得到许多具有高附加值的多元化产品，如新型材料、新型能源、新型化工产品等。从目前的研究来看，乙酰丙酸收率仍有较大的提升空间，开发具有高催化活性的固体酸催化剂仍是面临的重要研究课题。同时，大力开发新产品，拓展乙酰丙酸及其衍生物的应用领域十分必要，这也为研究人员提供了一个新的研究平台。作为商品的乙酰丙酸多以晶体的形式存在，且性能稳定，可以直接进行使用，非常方便。有理由相信，随着乙酰丙酸生产成本的进一步下降，以乙酰丙酸为平台化合物的研究将成为研究的新热点，其应用领域将会越来越广泛。

4.2.3 合成 2, 5-呋喃二甲醛

1. 2, 5-呋喃二甲醛的性质

2, 5-呋喃二甲醛（2, 5-diformylfuran，DFF），又名 2, 5-二甲酰基呋喃，常温下为白色或者浅黄色的针状固体，需密封冷藏。DFF 是一种结构高度对称、低极性的疏水化合物，易溶于有机溶剂，其主要物理性质见表 4.2。

表 4.2 2, 5-呋喃二甲醛的物理性质

项目	数值
分子量	124.09
沸点（1Torr*）/℃	276.8
熔点/℃	109～110
折光率	1.585
摩尔折射率	32.05
紫外线最大吸收波长/nm	289

* 1Torr≈133.322Pa。

2. 2, 5-呋喃二甲醛的应用

由于 DFF 结构中含有一个五元杂环和两个醛基，可作为反应中间体发生进一步被氧化、还原、酰化、缩合等反应。因此，DFF 具有非常广泛的用途：作为聚合物的单体；用于合成药物、抗真菌剂、杀虫剂的起始原料和配体；用于有机荧光粉和发光体；也可用作医药品合成的中间体。DFF 通过加氢还原可以得到 2, 5-二甲基呋喃（DMF），其热值是 156.1J/(mol·K)，比乙醇燃料热值高出 40%［乙醇热值是 111.5J/(mol·K)］，可作为高辛烷值的汽油添加剂使用；如图 4.28 所示，DFF 进一步氧化可得到 2, 5-呋喃二甲酸（FDCA），可用作缩合和酯化反应的单体；DFF 具有醛的典型化学性质，能与尿素进行反应合成脲醛树脂，也可用作乳液胶黏剂的交联剂。

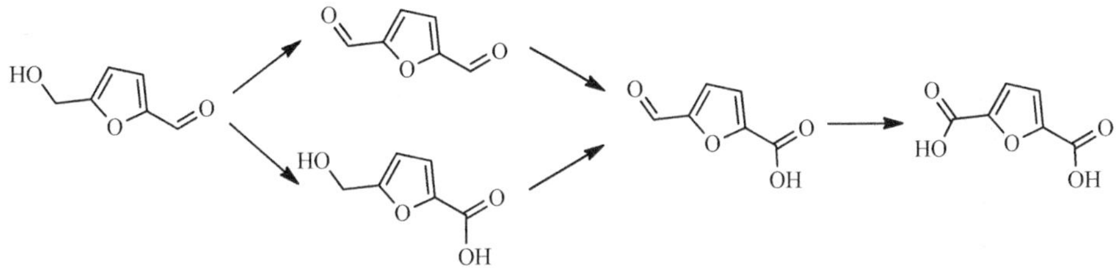

图 4.28 DFF 的氧化路线

3. 2, 5-呋喃二甲醛的制备

1）HMF 氧化法制备 DFF

DFF 是由 HMF 发生部分氧化生成的产物，因此 HMF 氧化法是目前生产 DFF 的主要方法。使用氧气或空气为氧化剂，过渡金属氧化物或配合物为催化剂（主要为 V、Mn、Co、Ru 等），DFF 收率可高达 90%以上。溶剂对 DFF 收率和选择性影响较大，DMSO 相对于水、DMF 和水-MIBK 混合溶剂更利于提高 DFF 的收率和选择性[110]。尽管由 HMF 为起始原料制备 DFF 的合成路线最简单，但 HMF 高温热不稳定，其本身较难分离纯化，在市场上仅以克为单位流通，其价格相当昂贵，使得以 HMF 为原料生产 DFF 的生产成本非常高，很难达到实际应用的目的。

2）果糖“一锅”脱水/氧化法制备 DFF

以廉价易得的葡萄糖或果糖为原料，通过“一锅多步”或“一锅一步”法直接合成 DFF，可避免中间体 HMF 的分离提纯步骤，对于节约资源、降低生产能耗和成本十分必要。直接以葡萄糖为原料合成 DFF，通常要经历三步反应过程[111, 112]：第一步，葡萄糖在 Lewis 酸或碱催化剂作用下异构为果糖；第二步，果糖在 Brønsted 酸催化作用下脱水生成 HMF 中间体；第三步，加入具有氧化作用的催化剂，使

HMF 发生选择性氧化生成 DFF。由于葡萄糖异构为果糖是速率控制步骤，因此果糖的收率决定后续脱水和氧化产物的收率，而直接由果糖合成 DFF 反应快、能耗低，更具商业前景。

直接以果糖为原料，果糖可经由"一锅两步"法或"一锅一步"法合成 DFF。"一锅两步"法（图 4.29），指第一步果糖在 Brønsted 酸催化作用下脱水生成 HMF 中间体，滤除催化剂后，第二步加入具有氧化作用的催化剂使 HMF 发生选择性氧化生成 DFF。脱水催化剂一般使用酸性阳离子交换树脂，氧化催化剂一般使用固体钒基或钌基催化剂[113-115]；为便于催化剂分离，可在催化剂中引入磁性材料，如 Fe_3O_4 等[116-118]。果糖"一锅两步"法合成 DFF，可最大限度地避免果糖发生氧化反应而生成甲酸等副产物；在 DMSO 溶剂中，DFF 收率在 45%～80%，但通常反应时间较长，操作相对复杂。

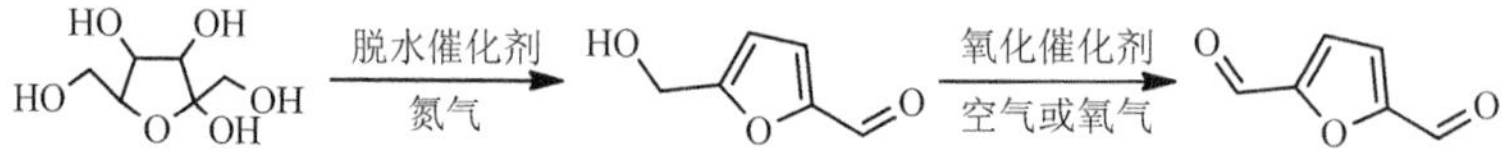

脱水催化剂
氮气
氧化催化剂
空气或氧气

图 4.29　果糖"一锅两步"法合成 DFF

果糖"一锅一步"法合成 DFF（图 4.30），是指果糖在多功能催化剂作用下发生脱水/氧化的串联反应直接合成 DFF，而不需要分离催化剂和中间体 HMF。这种方法反应操作步骤少，反应时间短，能耗低，但关键是找到兼具脱水性和氧化性的多功能催化剂，在适当的溶剂和反应条件下将果糖脱水和 HMF 氧化两个反应耦合起来，并防止原料果糖和产物 DFF 发生深度氧化而生成副产物。在 DMSO 溶剂中，载钒的质子化石墨化氮化碳[V-g-$C_3N_4(H^+)$][119]、Keggin 结构的钼磷杂多酸盐[120]和钼钒磷杂多酸盐[121]等对果糖"一锅一步"合成 DFF 显示出较好的催化性能，DFF 收率在 45%～69%，但 V-g-$C_3N_4(H^+)$催化剂使用后需用 HCl 质子化处理后再生，含钒杂多酸盐会因反应过程中钒溶脱和低聚物沉积堵塞酸性位而失活，而钼磷杂多酸的铯盐则显示出较好的催化活性和循环使用的稳定性。为降低溶剂 DMSO 的用量，可在氯化胆碱（ChCl）和 DMSO 的共溶剂中进行果糖连续脱水/氧化的串联反应，DFF 收率高达 84%[122]。这里，ChCl 可能起到两个作用：①促进 HMF 原位生成；②溶解 O_2 而提高 HMF 氧化速率。

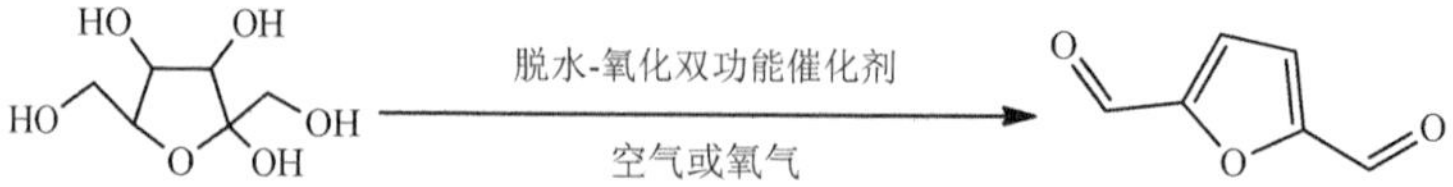

脱水-氧化双功能催化剂
空气或氧气

图 4.30　果糖"一锅一步"法合成 DFF

另外，非金属催化剂氧化石墨烯（GO）也对果糖连续脱水/氧化合成 DFF 显示出较好的催化性能，这可能是由于氧化石墨烯中的羧酸官能团利于活化分子氧，从而促进氧化反应[123]。以氧气为氧化剂，DMSO 为溶剂，果糖在 140℃反应 24h，果糖可全部转化，DFF 收率为 53%，同时 5-甲酰基-2-呋喃甲酸（FFCA）为检测到的主要副产物，其收率为 19.7%。为避免果糖发生氧化反应，可将脱水反应在 N_2 气氛中进行，氧化反应在 O_2 气氛中进行，DFF 收率可提高至 72.5%，但仍有 FFCA 生成（19.6%）。

4.2.4　合成 5-乙氧基甲基糠醛

1. 5-乙氧基甲基糠醛的性质和应用

5-乙氧基甲基糠醛（5-ethoxymethylfurfural，EMF），结构如图 4.31 所示，是 HMF 醚化后的产物。EMF 在室温条件下以油状液体形态存在，其主要物理化学性质见表 4.3。EMF 的能量密度为 8.7kW·h/L，高于乙醇（6.1kW·h/L），与标准汽油（8.8kW·h/L）相当。由于 EMF 能量密度高、毒性低、稳定性强、十六辛烷值高，还具备适宜的流动性质，因此被美国能源部认为是一种潜在的第二代生物燃料。EMF 作为柴油添加剂甚至替代燃料，已通过飞行测试，发动机可安全运行数小时，可明显减少尾气中烟尘、硫氧化物以及氮氧化物的排放，降低对环境的污染，因此被认为是一种非常有潜力的可再生绿色新型燃料。此外，EMF 也具有良好的化学反应活性，可作为反应底物用于合成其他具有工业意义的化学品，如环戊烯酮[124]。

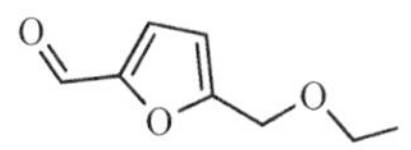

图 4.31　EMF 的结构

表 4.3　5-乙氧基甲基糠醛的物理化学性质参数[125]

指标	数值
分子式	$C_8H_{10}O_3$
分子量	154.16
熔点/℃	9.5～10
沸点/℃	235
折光率 n_D（20℃）	1.509
密度（18.5℃）/(g/cm^3)	1.10

2. 5-乙氧基甲基糠醛的制备

目前，EMF 的合成方法包括 HMF 醚化法、果糖“一锅”脱水/醚化法、葡萄糖“一锅”异构/脱水/醚化法以及卤甲基糠醛（C-halomethyl furfural，CMF）法。

1）HMF 醚化法制备 EMF

以 HMF 为原料合成 EMF 的方法最为简单，涉及乙醇亲核取代及后续 HMF 的二乙基缩醛化的反应机理[126]（图 4.32）。尽管 HMF 价格昂贵，以其为原料制备 EMF 没有价格优势，但相应的催化剂和反应条件研究为 EMF 制备提供了重要的理论依据。

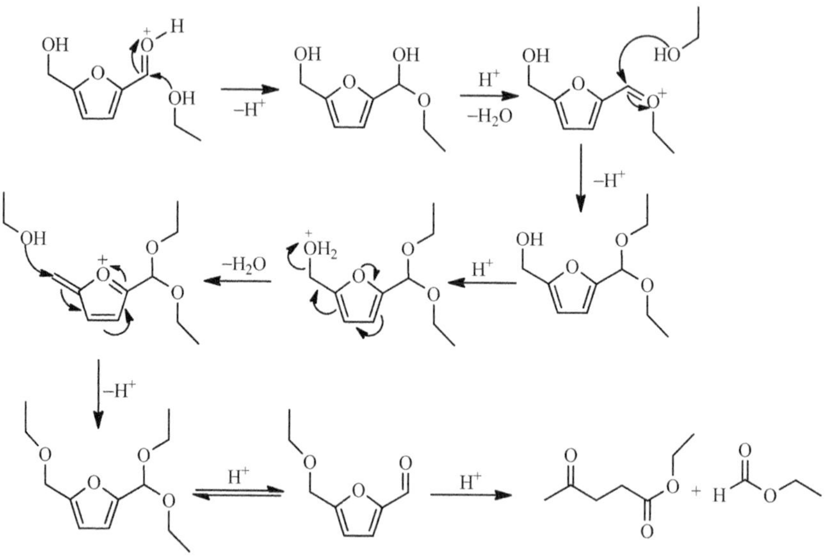

图 4.32 HMF 醚化生成 EMF 的反应机理[126]

由 HMF 与乙醇醚化反应制备 EMF，可使用液体矿物酸/盐、离子交换树脂、分子筛以及有机酸等作为催化剂。矿物酸由于其均相反应特征，反应速率快，但难以分离和循环使用，分离能耗高，废水污染严重。对于均相酸催化 HMF 的醚化反应，酸类型对产物分布影响不大，而反应温度和是否有水存在是影响产物分布的重要参数：醚化反应温度一般在 70～140℃，反应体系中有水存在时，由于化学平衡的限制，HMF 转化率和 EMF 收率低。在 $AlCl_3$ 催化剂作用下，HMF 在无水乙醇溶剂中 100℃反应 5h，EMF 收率最高达 92.9%[127]。

固体酸由于易分离和循环使用，在 HMF 醚化为 EMF 的反应中具有明显的优势。固体酸催化剂中，Lewis 酸位利于 EMF 生成，而高酸强度的 Brønsted 酸位则利于副产物乙酰丙酸酯（EL）生成[128]。对于分子筛催化剂，需要拥有大的比表面积、较强的酸度以及适宜的孔尺寸（以消除内扩散限制）[129]。例如，通过调整介孔硅铝酸盐（Al-TUD-1）的 Si/Al 比来调节酸性，当 Si/Al 比为 21 时，酸强度较大，EMF 收率达 70%，此时 EL 收率为 11%[130]；为抑制强酸位催化发生二次副反应和提高产物选择性，可制备铵离子交换的 ZSM-5 分子筛（BEA 型骨架结构）来屏蔽强酸位[131]。另外，负载型杂多酸（硅钨杂多酸、磷钨杂多酸）、杂多酸盐以及（磁性）磺化多孔材料等均对 HMF 醚化反应显示出很好的催化性能。例如，在 K-10 黏土负载的磷钨杂多酸或铯离子置换的硅钨杂多酸催化剂作用下，EMF 收率可高达 91%[132, 133]；在表面官能团可调的氧化石墨烯催化剂上也可获得相当的 EMF 收率[134]。一般来说，用于 HMF 醚化法制备 EMF 的固体酸催化剂的循环使用性很好。

2）果糖“一锅”脱水/醚化法制备 EMF

鉴于果糖脱水为 HMF 和 HMF 醚化生成 EMF 均为酸催化反应，因此，使用果糖为原料，使其经由“一锅”脱水和醚化的串联反应直接合成 EMF，可以避免中间体 HMF 的分离提纯步骤，降低 EMF 生产能耗，具有明显的成本优势。由于第一步脱水反应产生大量的水，因此，中间体 HMF 的醚化反应速率降低；另外，EMF 易发生水合分解生成副产物 EL。因此，果糖“一锅法”合成 EMF 通常反应时间长，产物是 EMF 和 EL 的混合物，EMF 收率相比于 HMF 醚化法低。由果糖“一锅一步”合成 EMF 及相应副产物的生成路径参见图 4.33。

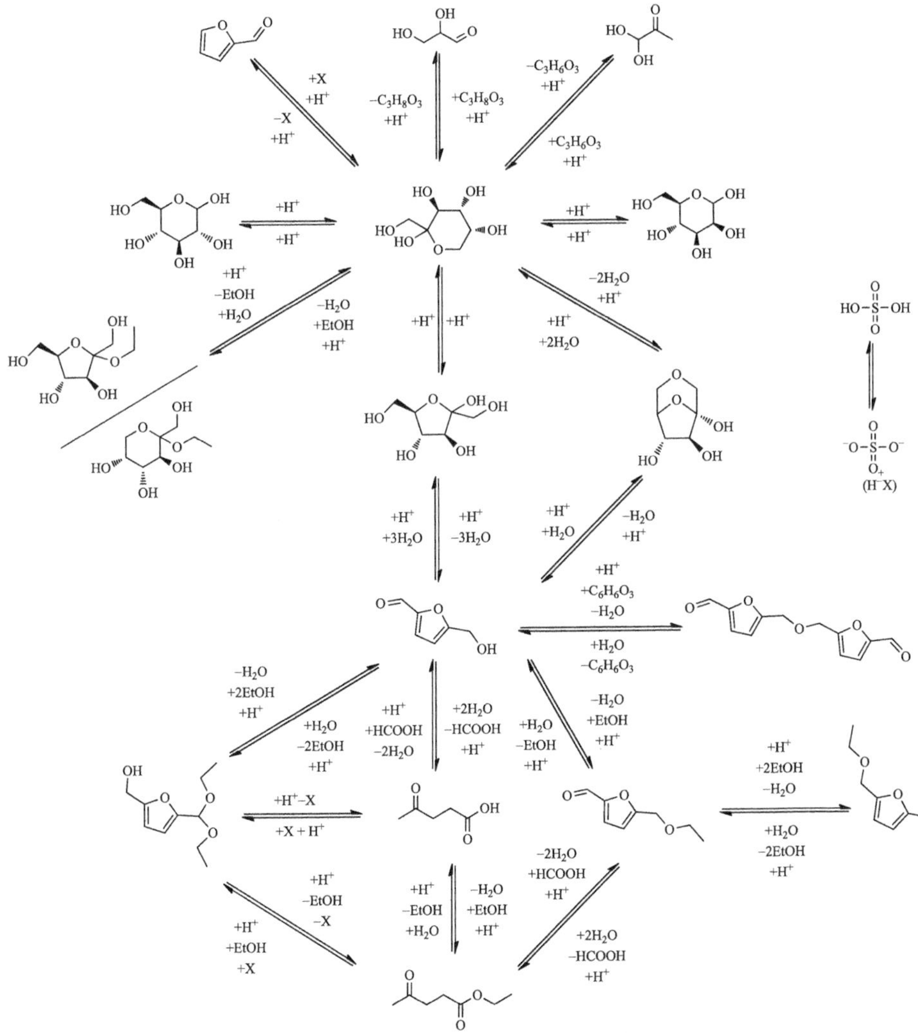

图 4.33　由果糖“一锅一步”合成 EMF 及相应副产物的生成路径

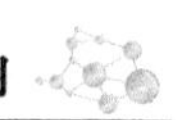

理论上讲，用于 HMF 醚化法制备 EMF 的均相酸和多相酸催化剂均可用于果糖“一锅法”制备 EMF，但由于增加了脱水反应步骤，因此反应温度和酸催化剂用量均有所增加，但固体酸催化剂的循环使用性常因酸性位被水分子或有机物分子占据失活而表现得不够理想。值得注意的是，磺酸或杂多酸功能化的离子液体可同时作为果糖“一锅法”合成 EMF 的溶剂和催化剂（图 4.34），避免了传统酸催化体系反应后的酸催化剂分离步骤，过程经济性更高，但需添加一定量已烷或 DMA 作为共溶剂，EMF 收率最高可达 90.5%[135-138]。然而，产物 EMF 从高沸点的功能化离子液体中的分离提纯方法尚需进一步研究论证。

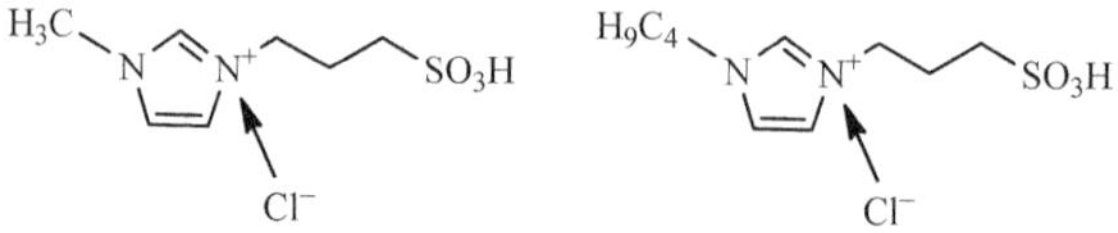

图 4.34 用于果糖“一锅法”合成 EMF 的几种功能化离子液体的结构

3）葡萄糖“一锅”异构/脱水/醚化法制备 EMF

葡萄糖是自然界中最价廉易得的单糖，以其为原料直接合成 EMF 的路线更具发展前景（图 4.35），但目前 EMF 报道收率较低。除 $AlCl_3$ 均相催化剂外，其他适用于果糖“一锅法”制备 EMF 的固体酸催化剂均不利于葡萄糖转化，一方面是由于 Brønsted 酸不利于葡萄糖异构为果糖，另一方面可能由于葡萄糖与乙醇反应形成了稳定的乙基吡喃葡萄糖苷。例如，在 Sn-β 分子筛和 Amberlyst-131 组合催化剂共同作用下，EMF 收率仅 31%[139]。在乙醇-水混合溶剂中，葡萄糖在 $AlCl_3$ 催化作用下、160℃反应，产物为 EMF、HMF 和 EL 的混合物，其中 EMF 收率为 33%，HMF 收率为 24%，EL 收率约 10%[140]。

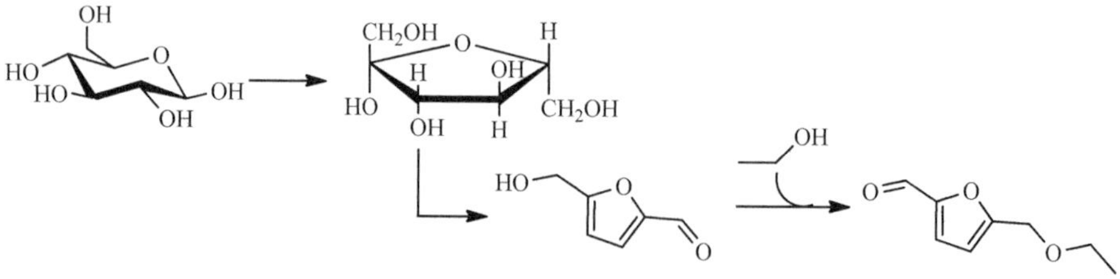

图 4.35 由葡萄糖“一锅一步”合成 EMF

Li 等[141]对由葡萄糖转化为 EMF 的路径进行了详细研究，发现其涉及较为复杂的反应网络（图 4.36）。在酸催化剂作用下，葡萄糖异构为果糖，果糖再脱水为 HMF，后者与乙醇反应发生醚化反应而生成 EMF；果糖也可转化为乙基-D-呋喃果糖苷（EDFF），EDFF 也可参与脱水反应生成 EMF；同时，EDFF 还可部分转化为乙基-D-吡喃葡萄糖苷（EDGP）；葡萄糖本身也可转化为稳定的 EDGP 而不再进一步发生反应；EMF 进一步水合分解会生成 EL 和乙缩醛。为提高葡萄糖“一锅”转化为 EMF 的收率和选择性，仍需发展相关催化剂和溶剂体系，提高葡萄糖异构为果糖的收率。

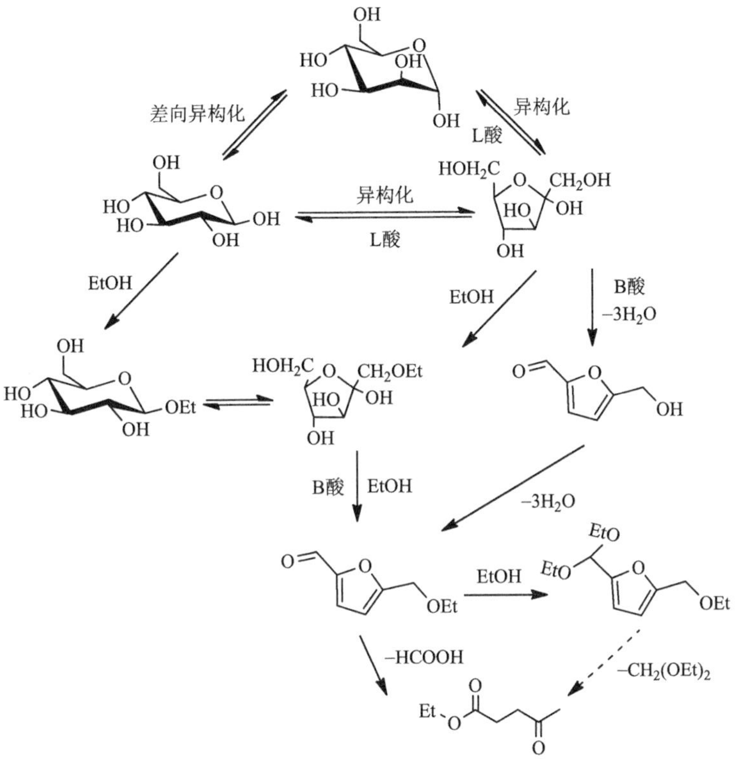

图 4.36　由葡萄糖“一锅法”合成 EMF 的反应路径及涉及的副反应

4）卤甲基糠醛法制备 EMF

卤甲基糠醛（halomethyl furfural，CMF）法制备 EMF 开发已久，该法先由果糖经由 Williamson 反应合成 CMF，CMF 再与乙醇反应生成 EMF（图 4.37）。例如，果糖在水-1, 2-二氯乙烷双相溶剂中、HCl-LiCl 作用下转化为 CMF，分离出 CMF 后，使 CMF 与乙醇反应生成 EMF，EMF 收率高达 95%[142]。尽管 CMF 法可获得高的 EMF 收率，由于反应过程使用高浓度的 HCl，以及对含氯有机物潜在毒性的考虑，此法并无大规模生产的潜力。

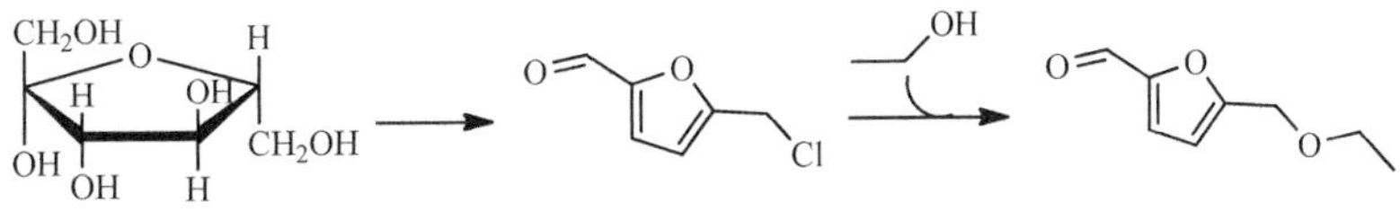

图 4.37　卤甲基糠醛法制备 EMF

4.2.5 合成 γ-戊内酯

1. γ-戊内酯的性质和应用

γ-戊内酯（γ-valerolactone，GVL）是一个非常有潜力的生物质平台分子，具有广阔的应用前景。GVL 沸点高（207～208℃），不易挥发，闪点高（96℃），热值高，稳定性好，低温流动性好，毒性低，可降解，并且易于储存，被广泛用于汽油、柴油和生物燃油等燃料的添加剂，也可用于制备液体燃料。Horvath 等[143]对比了 90%汽油-10%GVL 添加剂和 90%汽油-10%乙醇添加剂的燃料特性，发现这两者的辛烷值相近，而添加 GVL 的汽油具有较低的蒸气压、高的热值和高的能量密度，因此用 GVL 作燃料添加剂能提高汽油的燃烧特性。GVL 还可进一步氢解为 1, 4-戊二醇或 2-甲基四氢呋喃[144]，GVL 和它的氢解产物均可作为单体化合物用于制备需求量较大的工业高分子材料，如己二酸二甲酯、戊烯酸甲酯、甲基戊内酯和戊酸酯等。GVL 经开环和加氢反应可生成疏水性的戊酸，戊酸通过酮基化作用可转化为 5-壬酮，后者可进一步转化为长链烷烃而满足汽油、柴油甚至航油要求[145]；戊酸也可酯化为戊酸烷基酯类生物燃油[146]，通过调变烷基链长度，戊酸酯可用于汽油或柴油发动机燃料。GVL 还可通过脱羧转化为丁烯，丁烯进一步低聚反应可转化为 C_{12} 航空燃料[20, 147]。此外，GVL 在化工和制药行业用作树脂溶剂及相关产品的中间体，还可用作润滑剂、增塑剂、非离子表面活性剂的凝胶剂等。GVL 作为平台化合物制备化学品、高分子材料、燃料的途径如图 4.38 所示。

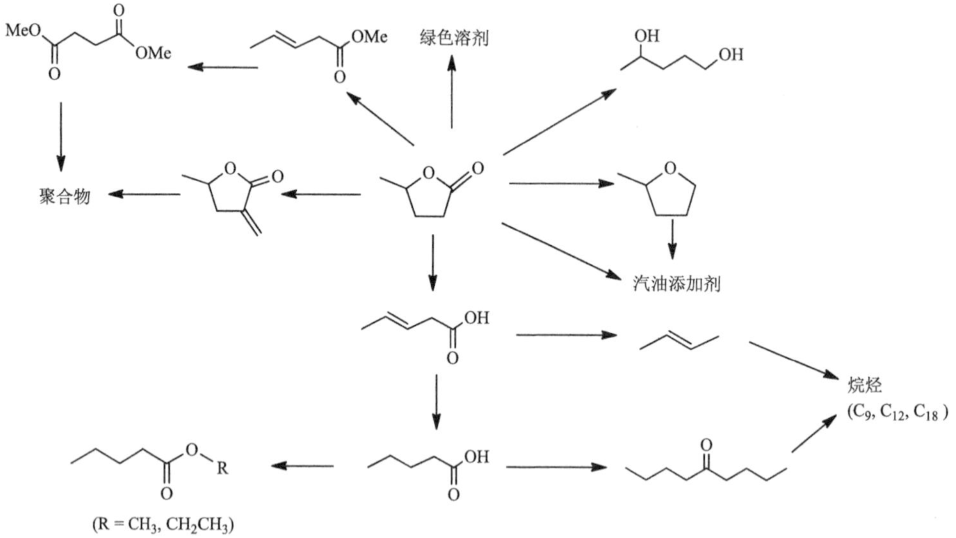

图 4.38 GVL 作为平台化合物制备化学品、高分子材料、燃料的途径[148, 149]

2. γ-戊内酯的制备

GVL 可由生物质降解产物 LA 或乙酰丙酸酯为原料制备，也可由六碳糖“一锅”直接制备。由 LA 或乙酰丙酸酯为原料制备 GVL 是一个加氢环合反应，可能涉及两条反应路径（图 4.39）[150]：①LA 先经过羰基加氢形成中间体 4-羟基戊酸，4-羟基戊酸再经过分子内酯化环合形成 GVL；②LA 先脱去一分子水形成中间体 α-当归内酯，后者再进一步加氢形成 GVL，其中第一种作用机制的研究最为广泛。加氢反应的氢源可以是 H_2，也可以是由生物质衍生的甲酸。另外，按照催化体系来分，又分为均相催化体系和多相催化体系。

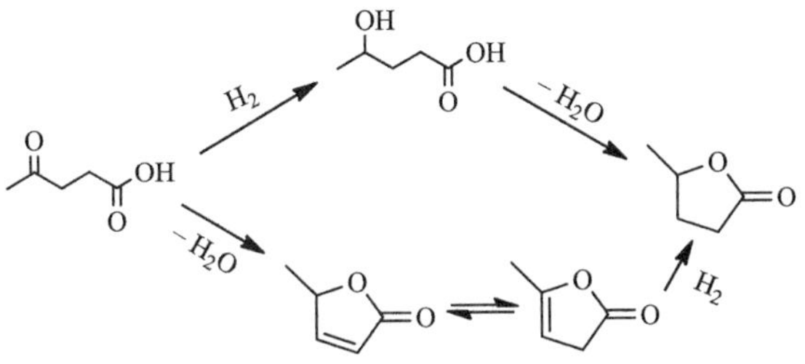

图 4.39　由 LA 制备 GVL 的两条可能的反应路径（以 H_2 为氢源）

1）以 LA 为原料制备 GVL

a. 均相催化体系

a）以 H_2 为氢源

以 LA 为原料，H_2 为氢源，可在均相催化体系中使 LA 加氢为 GVL。钌配合物和铱配合物是典型的均相催化剂，如 $Ru(Acac)_3$ 与配体［三-（3-磺酸苯基）膦）］（TPPTS）结合后形成的 Ru 配合物催化剂，可在 140℃水溶液中（6.9MPa H_2，12h）使 LA 完全转化，GVL 收率大于 95%[151]。为了方便催化剂的回收利用，可在水与二氯甲烷两相体系中反应（4.5MPa H_2，90℃，80min），以水溶性的 $RuCl_3$/TPPTS 为催化剂，GVL 收率达 81%，催化剂通过简单的相分离回收后会部分失活，LA 转化率降低至 55%[152]。铱配合物（$[Ir(COE)_2Cl]_2$）与 PNP 型螯合剂配体结合后形成的 Ir 配合物催化剂，也可将 LA 高效转化为 GVL，当催化剂用量降低至 0.001% 时，GVL 收率达 71%，转化数（turnover number，TON）达 71000，但反应需在无水条件下进行，并需要加入过量的碱[153]。为避免催化剂在酸性水溶液中失活，金属铱催化剂表现出稳定的催化活性（1.01MPa H_2，120℃），GVL 收率为 98%，TON 达 78000[154]；该催化剂是离子型-半三明治型结构，具有水溶特性，反应后可通过简单的萃取实现分离和循环使用，5 次反应后，GVL 收率仍高达 94%。

b）以 FA 为氢源

纤维素酸水解理论上可生成等物质的量的 LA 和 FA，FA 在催化剂的作用下

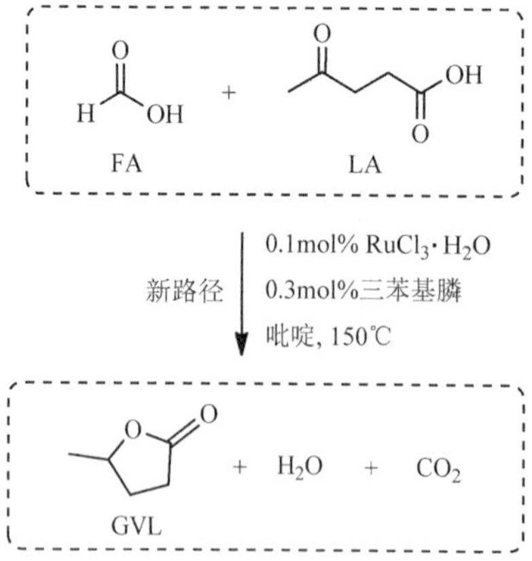

FA + LA

新路径 0.1mol% $RuCl_3 \cdot H_2O$ 0.3mol%三苯基膦 吡啶, 150℃

GVL + H_2O + CO_2

图 4.40 以 FA 为氢源制备 GVL

mol%表示摩尔分数

可分解得到 H_2 和 CO_2，使得 FA 可作为氢源用于由 LA 制备 GVL 中（图 4.40），而不需要补充额外的 H_2[155, 156]。在 $RuCl_3 \cdot 3H_2O$ 催化作用下，以纤维素酸水解获得的 FA 为氢源，将纤维素水解得到的 LA 加氢环合得到 GVL，收率高达 94%，并且无过度还原产物生成[157]。通过调节 Ru 配合物的配体和添加剂，LA 的加氢产物可控制为 GVL、1, 4-戊二醇或 2-甲基四氢呋喃[158]。例如，以 1, 1, 1-三（二苯基膦甲基）乙烷为配体，产物主要为 1, 4-戊二醇（收率 95%）；加入酸性离子液体后，产物变成 2-甲基四氢呋喃（收率 92%）。

尽管均相催化体系催化 LA 加氢环合制取 GVL 的反应条件较温和，催化剂用量少，GVL 收率和选择性高，但由于金属配合物催化剂制备相对烦琐，催化剂回收使用也存在问题，不适合工业化生产。

b. 多相催化体系

a）以 H_2 为氢源

以 LA 为原料，H_2 为氢源，可在气相、液相或超临界 CO_2 中反应制取 GVL。

气相反应条件制取 GVL 是在高温（200℃）下，将 LA 与 H_2 混合气化，在 CuO、Cr_2O_3 催化剂作用下，将 LA 转化为 GVL。这是由 Quaker Oats Company 建立的商品化生产方法，但随反应温度的增加，GVL 会进一步加氢转化为戊酸，因此 GVL 收率降低。负载型贵金属催化剂（Ru/C、Pt/C、Pd/C）在更高温度（265℃）下、0.1～2.5MPa H_2 压力下催化效果良好，尤其是在 Ru/C 催化剂作用下，LA 转化率和 GVL 选择性均达到 100%，连续反应 240h 后，催化剂活性没有明显下降[159]。由于 LA 是由纤维素水解获得的，其中常含有大量的酸和胡敏素等不溶物，在气化条件下易发生二次反应；另外 LA 气化本身耗能高（LA 沸点为 245～246℃），因此气化法制取 GVL 需进一步改进方法。

液相法是在低于 LA 沸点的反应温度下，在溶剂中使 LA 催化加氢环合为 GVL，副产物戊酸的生成被极大地抑制了。GVL 收率受溶剂和催化剂影响较大：早期使用的催化剂主要为金属氧化物，副产物主要为 1, 4-戊二醇、甲基四氢呋喃以及聚酯。例如，以 PtO_2 为催化剂，乙醚为溶剂，LA 在室温条件下与 H_2 反应 48h，GVL 收率达 87%[160]；而以乙醇或乙酸为溶剂，GVL 收率分别为 52%和 48%[161]。以 Raney Ni 为催化剂，GVL 与 H_2（5.0～6.0MPa）在 220℃反应 3h，GVL 收率达 94%；而将催化剂换成 Cu-Cr 氧化物，则得到 GVL、1, 4-戊二醇和甲基四氢呋喃的混合物，产物选择性明显降低[161]。以 Re(Ⅳ)水合氧化物为催化剂，

GVL 收率达 71%，副产物主要是聚酯[162]。近年来，负载型金属催化剂已用于 LA 的液相加氢环合制取 GVL，催化剂的活性与金属类型、载体的织构、金属颗粒的大小、结晶度和分散性、金属与载体间相互作用、氢溢出效应以及助剂改性效果等因素相关[148]。以 1, 4-二氧六环为溶剂，5wt%的 Ru/C 催化效果最好（150℃，5.5MPa H_2），GVL 收率达 80%，优于 Ir、Rh、Pd、Pt、Re、Ni 等金属催化剂的催化活性[163]；以甲醇为溶剂，GVL 收率可提高至 91%（130℃，1.2MPa H_2）[164]，这可能是由于 Ru/C 催化剂上金属颗粒小、分散度高，从而对催化脂肪族羰基化合物的加氢还原反应活性高。Ru/TiO_2 催化剂则由于 Ru 金属（0.1～2.0nm）与载体间的协同催化作用，催化效果更优于 Ru/C 催化剂[165]。但回收后的催化剂活性和选择性均明显降低，需经加氢还原处理后部分恢复[145]。Pt/TiO_2 和 Pt/ZrO_2 催化剂表现出较好的催化加氢活性，在 200℃、4.0MPa H_2 压力下持续反应 100h 后，GVL 收率仍大于 95%[146]，这可能是由于载体对 Pt 纳米金属的稳定作用。

LA 的加氢反应可在超临界 CO_2（ScCO_2）中进行。例如，以 Ru/SiO_2 为催化剂，水为共溶剂，利用 CO_2 控制相分离，可实现 LA 加氢反应和产物 GVL 分离的过程强化[166]。如图 4.41 所示，通过调节 CO_2 压力，ScCO_2 可由液态转化成气态，实现 CO_2 释放，从而使产物 GVL 与 LA 水溶液的混合度降低，GVL 进入 ScCO_2 相而得以分离，GVL 选择性达到 100%。

图 4.41 CO_2 促进 GVL 从 LA-H_2O 混合液中分离[148]

b）以 FA 为氢源

继均相 Ru 配合物成功催化 LA 和 FA 制取 GVL 后，负载型 Ru 基多相催化剂也用于以 FA 为氢源制备 GVL，但催化剂在 FA 存在下的稳定性和寿命需要提高。例如，Deng 等[167]开发了 Ru-P/SiO_2 双功能催化剂，可将 FA 分解成 H_2 和 CO_2，然后将 LA 还原成 GVL，产物收率高达 96%；但催化剂在高 FA 浓度下容易毒化失活，连续使用 3 次后，催化剂对 FA 的催化分解能力不变，但对 LA 的催化加氢性能降低，GVL 收率下降到 43%。为避免催化剂失活，可采用两步法合成 GVL，即大部分 FA 先在 Ru-P/SiO_2 催化剂作用下分解为 H_2（4.5MPa），再以耐酸的 Ru/TiO_2 为催化剂，将 LA 还原为 GVL，产物最终收率可达 88%，且循环使用 8 次之后，两种催化剂仍保持较高的催化活性。相对于负载型 Ru 基催化剂，Au/ZrO_2 表现出优异的催化加氢活性和稳定性，在高 LA 浓度（LA = 50wt%，n_{LA} ∶ n_{FA} = 1 ∶ 1）下，GVL 收率依然高达 99%，无副产物生成[168]。

非贵金属催化剂，如纳米 Cu 基催化剂[169]也显示出一定的催化加氢活性，但稳定性需进一步改善。也有研究向 LA/FA 体系中加入 Na_2SO_4 调节溶液的 pH，使反应液中的 LA 和 FA 以甲酸盐的形式存在，利用盐类化合物催化 FA 产生的 H^- 进行氢转移而将 LA 还原为 GVL，但 GVL 的收率较低，仅为 11%[170]。

2）以乙酰丙酸酯为原料制备 GVL

由 LA 制备 GVL 是建立在将 LA 从纤维素酸水解混合液里分离提纯的基础上发展而来的，然而，由于 LA 沸点较高（245～246℃），易与水形成共沸物，分离过程会增加能耗。为降低耗能，可将 LA 酯化为疏水性的乙酰丙酸酯后再进行分离，从而避免了 LA 的直接分离，也因此发展了以乙酰丙酸酯为原料制取 GVL 的方法[171-173]。

以乙酰丙酸酯为原料制取 GVL，可采用 FA、甲酸酯，甚至醇为氢源（图 4.42）。事实证明，由乙酰丙酸酯为原料制备 GVL 更具有优势。例如，在 Raney Ni 催化作用下，EL 和 FA 在气相条件下反应，GVL 的收率为 81%，远高于以 LA 为底物的 GVL 收率。考虑到 LA 和 FA 均来自于纤维素水解，可同时将其转化为相应的酯，并作为原料合成 GVL。但甲酸酯分解慢，需要补充额外的 H_2 才能加速还原反应。为加速甲酸酯分解，可将 LA 和 FA 转化为相应的丁酯，即乙酰丙酸丁酯和甲酸丁酯，在纳米 Au/ZrO_2 催化剂作用下，以甲酸丁酯作为氢源，可将乙酰丙酸丁酯还原环合为 GVL，并伴有副产物正丁醇生成，后者可进一步回收利用[174, 175]。此外，还可利用 Meerwein-Ponndorf-Verley（MPV）反应[176]，在温和的条件下（室温至 150℃），以醇为氢源，通过催化转移加氢反应使乙酰丙酸酯转化为 GVL。不同类型的醇作为氢源对 MPV 还原效果差别很大，二级醇作为氢源优于一级醇，三级醇由于缺乏 α-H 而不能作为氢源[177]；各醇作为氢源的能力大小顺序为：异丙醇≈2-丁醇＜1-丁醇＜乙醇＜甲醇[178]。由于 MPV 反应是在碱催化下进行的，因此可选用非贵金属 Lewis 酸碱为催化剂，如金属氧化物 ZrO_2、Al_2O_3、金属水合氧化物 $ZrO(OH)_2 \cdot xH_2O$ 以及 Raney Ni 等[179-183]。以 Raney Ni 为催化剂，异丙醇为氢源，通过转移加氢，可在室温下使乙酰丙酸酯类化合物高效转化为 GVL，收率大于 99%，且催化剂可多次循环使用[184]。

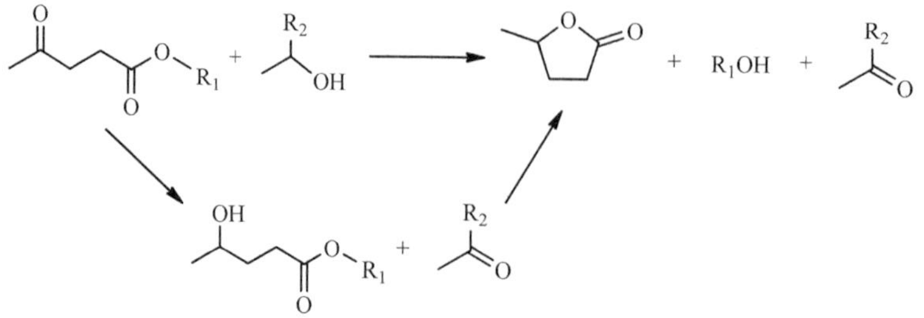

图 4.42　用二级醇为氢源催化乙酰丙酸酯制备 GVL

此外，如图 4.43 所示，乙酰丙酸酯或 LA 还可在手性 Ru 基配合物催化剂作用下转化为手性 GVL。例如，在 25℃的乙醇溶液中，Ru-(acetate)$_2$BINAP（acetate 表示醋酸，BINAP 表示联萘二苯膦）与 HCl 原位生成 Ru-BINAP 络合物，当催化剂用量仅 0.1mol%时（10.0MPa H_2），可将 EL 转化为(*S*)-GVL，收率和立体选择性分别达 96%和 99.5%[185]。在 SEGPHOS 型配体改性的 Ru 基配合物催化剂作用下（60bar H_2，150℃），LA 在甲醇溶剂中主要转化为(*S*)-GVL，产物的化学选择性和立体选择性分别为 100%和 82%[94]。

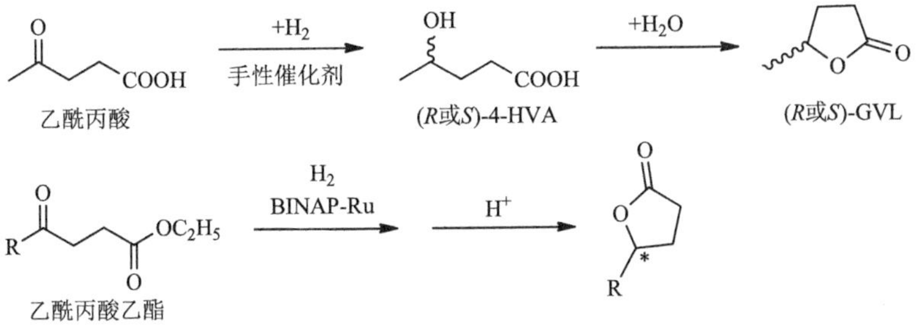

图 4.43　手性催化剂催化转化 LA 或 EL 为手性 GVL

3）以六碳糖为原料制备 GVL

GVL 还可以六碳糖为原料经由“一锅”脱水-加氢环合连续反应制备，可避免 LA 或其酯的分离提纯步骤，目前的报道还不多。该“一锅”反应的反应温度较高，需同时使用脱水催化剂和加氢催化剂，以 H_2 或 FA 为氢源，涉及 LA 或乙酰丙酸酯中间体，但在高温和酸催化剂存在下易生成焦油的前驱体当归内酯，造成 GVL 收率不高。例如，使用三氟乙酸（TFA）为均相脱水催化剂，Ru/C 为加氢催化剂，FA 为氢源，果糖在 180℃反应 16h，GVL 收率最高为 52%，不溶性胡敏素是主要的副产物；以 H_2 为氢源时（94bar H_2），GVL 收率最高为 62%，反应时间缩短至 8h，FA 和胡敏素是主要的副产物[107]。需进一步发展高效的多功能催化剂或组合催化剂，抑制六碳糖经由脱水-加氢环合“一锅”生成 GVL 过程中副反应的发生，提高 GVL 选择性，降低生产能耗。

从总体来看，使用 H_2 为氢源，通常需要贵金属催化剂，反应压力高（＞30bar），加氢反应过程能耗高；转移加氢反应可原位产生 H_2，反应条件更为温和，对反应设备要求低，能耗低；使用醇为乙酰丙酸酯加氢的氢源，可在非贵金属催化剂作用下进行，在成本上更为有利。然而，目前 GVL 的制备和转化技术还不够成熟，还要发展新的 GVL 的合成工艺，提高催化剂的活性和稳定性，降低催化剂合成成本，从而推动 GVL 作为生物质基平台分子制备燃料和高附加值化学品的工业应用。

4.3 葡萄糖的转化

D-葡萄糖是纤维素水解后的产物，也是自然界中最容易获取的单糖。葡萄糖是一种具有甜味的白色晶体，熔点为146℃，易溶于水。天然的葡萄糖具有右旋性，故又称右旋糖。D-葡萄糖在水溶液中也以 α-D-葡萄糖、β-D-葡萄糖和开链结构三者并存（图4.44）。当互变异构达到平衡时，α-D-葡萄糖约占36%，β-D-葡萄糖约占64%，而开链结构含量极少。五元环的葡萄糖不稳定，因此葡萄糖通常以六元环形式即吡喃形式存在。实际上，水溶液中的D-葡萄糖99%以上均为吡喃形式。

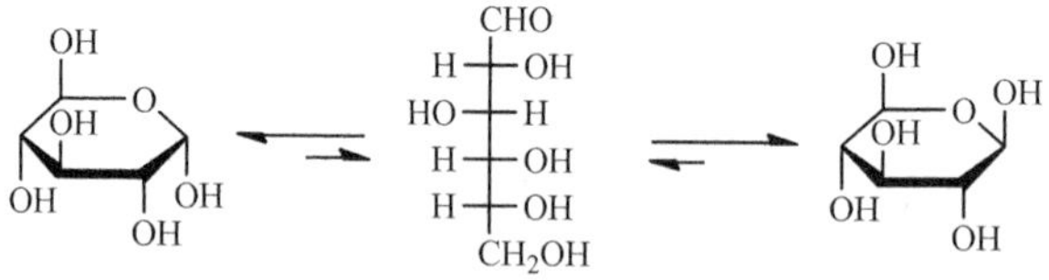

图4.44　葡萄糖在水溶液中的异构现象

4.3.1 合成葡萄糖酸

1. 葡萄糖酸的性质和应用

葡萄糖酸（gluconic acid），又称D-葡萄糖酸，分子式 $C_6H_{12}O_7$，是葡萄糖1位醛基氧化为羧基后的产物，结构如图4.45所示。其主要的物理化学性质参见表4.4。葡萄糖酸在室温下是无色至淡黄色浆状液体，可溶于水，微溶于醇，不溶于乙醚及大多数有机溶剂。葡萄糖酸水溶液呈弱酸性。

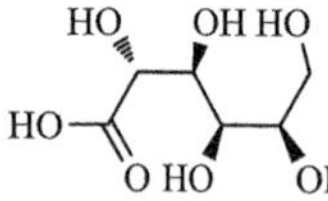

图4.45　葡萄糖酸的结构

表4.4　葡萄糖酸的主要物理化学性质

物化性质	数值
分子量	196.16
熔点/℃	131
沸点（760mmHg）/℃	673.6
闪点/℃	375.1
密度（18.5℃）/(g/cm³)	1.24

葡萄糖的系列氧化产品——葡萄糖酸（盐）和内酯，是化工、食品、医药和轻工等工业的重要中间体，可用于配制清洗剂、皮革矾鞣剂、去藻剂和二次采油的防沉淀剂等，也用于循环冷却水系统的水处理药剂、钢铁表面处理剂和水泥强化剂。葡萄糖酸（盐）在日常生活中可作为食品添加剂、营养增补剂、防止乳石沉淀剂和酸味剂，在饮料果露中可代替蔗糖改善饮料的口感和降低热能，对肠道具有增殖双歧杆菌的作用。

2. 葡萄糖酸的制备

为了获得葡萄糖酸的一系列衍生物，首先必须制取葡萄糖酸。葡萄糖酸是用葡萄糖氧化法制取，方法有生物发酵法、化学催化氧化法和电解氧化法。工业上采用生物发酵法生产葡萄糖酸，但存在酶催化剂分离困难、废水处置费用高、反应条件苛刻的缺点。电解氧化法虽克服了生物发酵法的诸多缺点，但在工业生产中能耗大，条件不易控制，因此工业化生产很少采用该方法。

化学催化氧化法，是以空气或氧气为氧化剂，贵金属为催化剂，使葡萄糖一步氧化制取葡萄糖酸。由于葡萄糖结构中同时含有醛基和一级/二级醇官能团，因此在氧化条件下均可能发生氧化反应，得到的产物分布比较广（图 4.46）；葡萄糖的异构化产物——果糖，也可在反应条件下氧化为 2-酮-D-葡萄糖酸和 D-苏式-2, 5-己二酮糖（5-酮果糖）；葡萄糖还易在反应条件下发生降解/聚合生成胡敏素类副产物；化学多相催化氧化法反应一般在碱性条件下进行（pH = 9～10），对催化剂稳定性要求高。尽管如此，葡萄糖催化氧化法制取葡萄糖酸的反应条件温和（40～80℃），能够抑制葡萄糖异构化反应和胡敏素的生成，具有工艺过程简单、

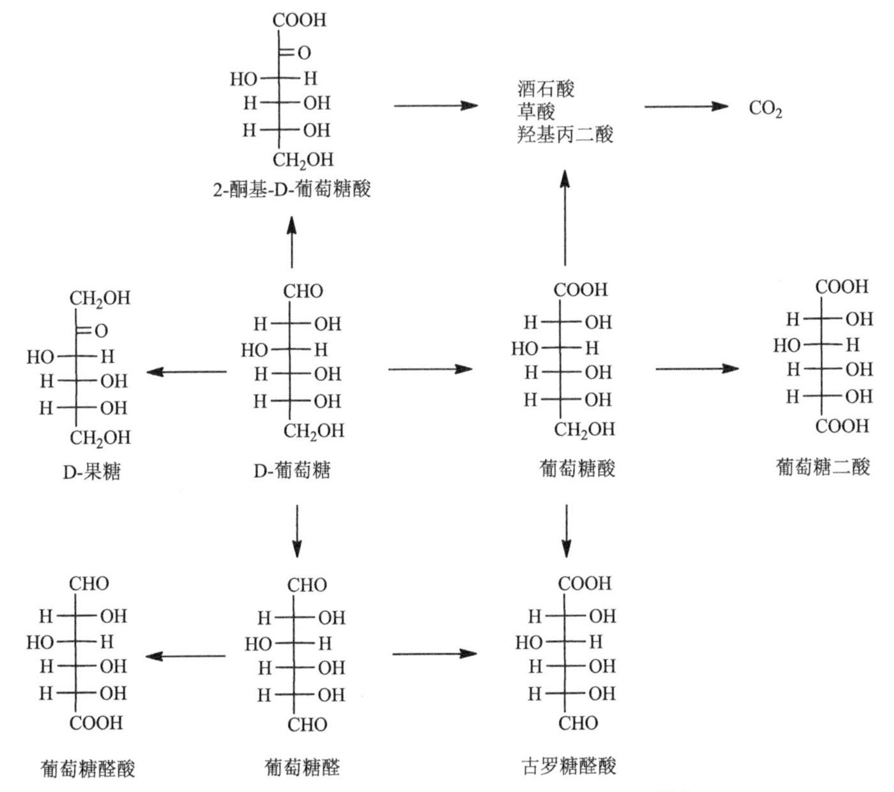

图 4.46 葡萄糖氧化法可能得到的多种产物[186]

原料转化率高和无污染等优点。尤其是多相催化氧化法制取葡萄糖酸，催化剂易循环使用，是替代生物发酵法生产葡萄糖酸的潜在方法。

化学多相催化氧化法制取葡萄糖酸一般使用 Pt、Pd 和 Au 催化体系。Pt 基和 Pd 基催化剂必须在碱性条件下使用，催化剂用量大，副反应多，催化剂易失活，生产成本很高，不适宜工业化应用。向 Pd 催化剂中添加助剂 Bi（如 Pd-Bi/C，Pd-Bi/SiO_2）可提高催化剂活性和选择性，抑制 Pd 表面氧化失活，但助剂 Bi 在反应条件下易发生溶脱，限制工业化生产。使用聚合物和分子筛等为载体，或使用 Te 助剂可提高 Pd 基催化剂活性、选择性和稳定性，当 Te 掺入量小于 1wt%时不发生溶脱，稳定性也得到提高[187]。此外，在碱性条件下使葡萄糖发生催化氧化，产物是葡萄糖酸盐而不是葡萄糖酸，需通过进一步酸化处理得到葡萄糖酸，增加了生产能耗。目前的研究集中于活性、选择性和稳定性更好的 Au 基催化剂，主要包括纳米多孔/胶体 Au 催化剂、负载型 Au 基催化剂和负载型合金催化剂。

1）纳米多孔/胶体 Au 催化剂

非负载型的纳米多孔 Au 催化剂对葡萄糖氧化制取葡萄糖酸十分有效，在温和的反应条件下（室温～50℃），葡萄糖转化率为 80%，产物选择性大于 99%[188, 189]。在角和台阶棱的低配位表面金原子是催化活性中心，但由于其密度低，比 Au 纳米颗粒催化剂活性低。非负载型的纳米多孔 Au 催化剂的活性还受反应温度、pH 以及 Au 颗粒大小的影响：在 pH = 9 时，6nm 左右的纳米多孔 Au 催化剂催化活性较好。

胶体 Au 纳米催化剂或 Au-Pt、Au-Pd 以及 Au-Rh 双金属胶体纳米催化剂均可用于葡萄糖氧化制取葡萄糖酸，葡萄糖酸选择性一般大于 99%[190, 191]。在酸性条件下，胶体 Au 纳米催化剂活性低［转化频率（turnover frequency，TOF）= 51～60h^{-1}］，双金属胶体纳米催化剂活性则由于双金属之间的协同催化作用而表现优越，如 Au-Pt 双金属胶体纳米催化剂的 TOF 为 295h^{-1}，Au-Pd 双金属胶体纳米催化剂的 TOF 为 92h^{-1}。然而，直接使用非负载的胶体催化剂存在反应后分离困难的缺点，不适于商业化生产，但其通常容易化学改性，也容易置入纳米反应器而制成负载型催化剂。

2）负载型 Au 基催化剂

Au/C、Au/Al_2O_3、Au/ZrO_2、Au/TiO_2、Au/CeO_2、Au/SiO_2、Au/SBA-15 等均可用于水溶液中葡萄糖选择性氧化制取葡萄糖酸。载体特性和 Au 颗粒大小对催化剂活性、选择性和稳定性有很大影响[192]。选择合适的载体，可避免 Au 纳米颗粒在载体上的团聚；同时，通过控制催化剂制备条件和选择合适的载体，可调节 Au 纳米颗粒大小。例如，Au/C 催化剂在不控制 pH 条件下（O_2 为氧化剂，50～100℃，1～3bar O_2），葡萄糖全部转化，葡萄糖酸选择性高；在碱性条件下（pH = 9.5，50℃）催化活性更高，TOF 为 $1.5\times10^5h^{-1}$，但由于 Au 纳米颗粒会在反应条件下溶脱，催化剂的长时稳定性不够，反应 4 次后催化活性降低 50%[193]。Au/TiO_2 和 Au/Al_2O_3

催化剂的稳定性较好。以 O_2 为氧化剂，0.45% Au/TiO_2 催化剂在水相中催化葡萄糖选择性氧化制取葡萄糖酸（40～60℃，pH = 9，少于 4h），葡萄糖转化率和选择性均达 100%，且催化剂至少可以循环使用 17 次，无金属颗粒烧结，活性不降低[194]。在 0.3wt% Au/Al_2O_3 催化剂作用下（40℃，pH = 9，9bar O_2），即便在高的葡萄糖浓度时（20wt%），葡萄糖转化率仍可达 100%，葡萄糖酸选择性大于 99%，且催化剂至少可以循环使用 10 次而无明显活性和选择性降低[195]。将 Au/Al_2O_3 用于连续搅拌釜式器反应器（CSTR）（40℃，pH = 9，1bar O_2），发现用沉积沉淀法制得的 Au/Al_2O_3 催化剂反应 70 天后催化活性不降低，13kg（72mol）葡萄糖转化生成 15.7kg（72mol）葡萄糖酸钠，无副产物生成[196, 197]；采用等体积浸渍法制得的 Au/Al_2O_3 催化剂反应 110 天后催化活性和对葡萄糖酸的选择性仍很高[198]。另外，用碱金属氧化物（Na_2O、CaO 等）掺杂处理载体后制得的负载型 Au 催化剂，可以加快葡萄糖选择性氧化速率，但不影响葡萄糖酸的选择性[199]。

Au 纳米颗粒也可通过表面官能团或载体进行改性，从而提高催化活性。例如，表面含有异丙醇氨基的 Au/Al_2O_3/SBA-15 表现出较高的催化活性和稳定性，葡萄糖（18wt%）在 60℃、1bar O_2 条件下反应 1h（pH = 7.5～8.5），转化率为 94%，葡萄糖酸选择性达 98%[200]；以疏水性的阴离子交换树脂为载体，利用其结构中的氨基为 Au 的稳定剂和还原剂，可制得高度分散的负载型 Au 纳米颗粒；催化剂在中性条件下作用，环境更为友好，但催化剂稳定性不好[201]；以纤维素为载体，利用其表面羟基负载 2nm 大小的 Au 纳米颗粒，使葡萄糖在 60℃反应（pH = 9.5），TOF 高达 $11s^{-1}$，但产物为葡萄糖酸钠[202]。

最近的研究主要集中在无碱条件下葡萄糖氧化[203, 204]。尤其是 Hutchings 研究小组，以 1wt% Au/TiO_2（P25）为催化剂，Au 纳米颗粒约 2.5nm，煅烧去除表面 PVP 稳定剂后，催化剂在高温（160℃）和较高压力（3bar O_2）下活性仍很好，葡萄糖转化率高，葡萄糖酸收率 67%，产物中几乎无葡萄糖二酸和乙醇酸[205]，但高温条件下可能会有可溶性胡敏素生成。

3）负载型合金催化剂

Au 基催化剂可在碱性至酸性条件下工作，但在无碱条件下反应较慢，合金催化剂可在无碱条件下工作，反应速率得到提高。合金催化剂通常为核壳结构，如 Ag 核-Au 壳双金属纳米合金、Au 核-富 Pt 壳双金属纳米合金等。由于金属间的协同催化作用，双金属或三金属（如 Au-Pt-Ag）的负载型合金催化剂对葡萄糖选择性氧化为葡萄糖酸显示出优异的催化性能，相比于纯 Au 纳米颗粒催化剂，三金属纳米颗粒催化剂催化活性和稳定性更高。负载型合金催化剂的催化性能受合金组成和合金颗粒大小的影响[206, 207]。还原剂的加入方式也影响催化剂性能，例如，逐滴加入 $NaBH_4$ 还原剂制得的 Au∶Pt（摩尔比 = 7∶3）双金属催化剂的 TOF（$4290h^{-1}$）是纯 Au 催化剂 TOF（$2170h^{-1}$）的 2 倍左右[208]；快速加入 $NaBH_4$ 还原

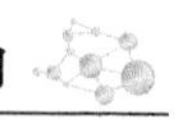

制得的 PVP 稳定的 Ag 核-Au 壳催化剂［Ag∶Au（摩尔比）=1∶4］，合金颗粒为 1.4nm，其催化活性最高［16890mol 葡萄糖/（mol 金属 · h）］[209]。

由于大多数负载型 Au 基催化剂在碱性条件下催化性能更好，因此对反应设备要求更为苛刻。采用固体碱金属氧化物为载体，可不再需要额外控制反应 pH。如负载在 MgO 上的 Au-Pd 合金纳米催化剂，能够在无碱超温和条件下（60℃，1bar O_2），催化葡萄糖氧化为葡萄糖酸，葡萄糖转化率 62%，葡萄糖酸选择性高达 100%，但因 Mg^{2+}易在反应条件下发生溶脱，Au/MgO 反应 3 次后，活性降低 70%[210]。因此，需进一步考虑碱性载体的稳定性，如使用水滑石等为负载型 Au 基催化剂的载体。在考虑工业化生产时，还需对过程进行控制。例如，载体织构和机械性质对促进颗粒间扩散和抑制催化剂易碎性十分重要[211]。

4.3.2 合成山梨醇

1. 山梨醇的性质和应用

山梨醇（sorbitol），别名山梨糖醇，分子式是 $C_6H_{14}O_6$，相对分子质量为 182.17。山梨醇是白色吸湿性粉末或晶状粉末、片状或颗粒，无臭，易溶于水，微溶于乙醇和乙酸。依结晶条件不同，熔点在 88～102℃变化，密度约 1.489g/cm^3。

山梨醇广泛存在于植物界，尤其是海藻、苹果、梨、葡萄等水果中，有清凉的甜味，甜度约为蔗糖的一半，热值与蔗糖相近。食品工业中的山梨糖醇液是含 67%～73% D-山梨糖醇的水溶液。作为重要的精细化学品，山梨醇是合成维生素 C 的主要原料，也广泛用作医药、化妆品、牙膏和食品添加剂、纸张及纤维的增稠剂、合成树脂、表面活性剂和消泡剂等。如图 4.47 所示，作为美国能源部认为的十二种重要的平台分子之一，山梨醇可在较温和的条件下通过水相重整反应可进一步转化为 C_5、C_6 液体烃类燃料，也可通过脱水制取脱水山梨糖醇和异山梨醇、氢解制取二醇类产品等[212]。目前，山梨醇需求量以每年 2%～3%的速度上升，而中国目前是山梨醇的最大生产国。根据 2015 年的年度报告，世界山梨醇的生产量达到了 180 万 t/a，预计到 2020 年，生产量将达到 234 万 t/a[213]。

2. 山梨醇的制备

山梨醇主要由葡萄糖加氢法制得（图 4.48），同时部分葡萄糖可能异构化为果糖，果糖加氢可形成甘露醇。

催化剂是葡萄糖加氢生产山梨醇的关键。自 1942 年日本开始在悬浮催化剂反应器中进行葡萄糖水溶液氢化还原法生产山梨醇以来，针对在催化加氢过程中出现的各种问题，人们不断地对催化剂进行改进，以提高催化剂的活性、选择性、稳

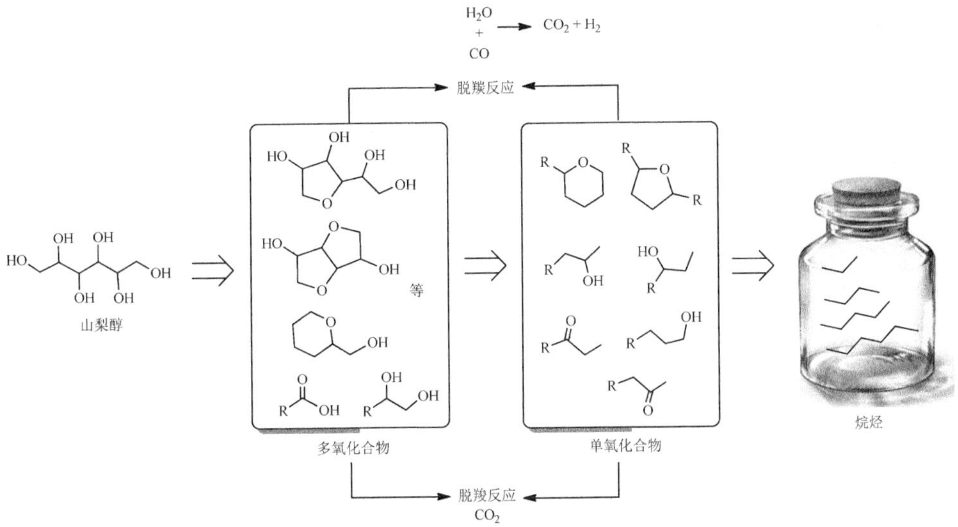

图 4.47 山梨醇及其应用

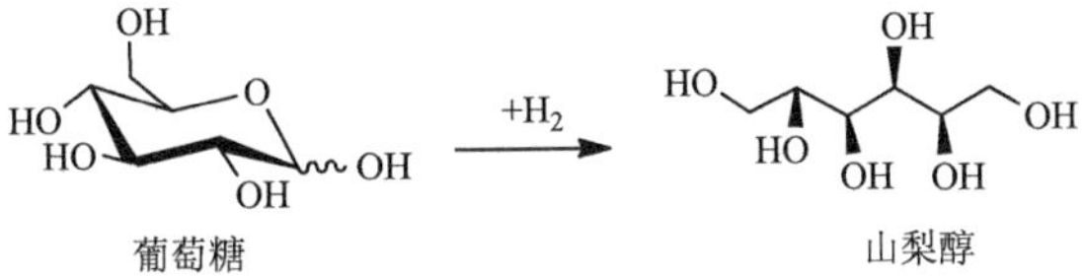

图 4.48 葡萄糖加氢法制备山梨醇

定性等性能。目前，用于葡萄糖加氢的催化剂主要包括 Raney Ni、多元改性 Raney Ni、负载型 Ni 基催化剂、负载型 Pt 基催化剂、负载型 Ru 基催化剂以及非晶态多孔储氢合金[214]。

1）Raney Ni

Raney Ni 是早期用于葡萄糖加氢制取山梨醇的催化剂。Raney Ni 又称为骨架镍，最早是在 1925 年由 M. Raney 用碱侵蚀掉合金中的硅或铝等而留下的镍骨架。工业上广泛使用的葡萄糖加氢催化剂是 Ni-Al 合金，其优点是原料易得，价格较低，但催化剂的活性尤其是稳定性较差，催化剂难以成型、易破碎，镍和铝在加氢反应过程中易流失等，目前发达国家已很少使用这类催化剂。我国山梨醇行业起步较晚，直到 20 世纪 90 年代，山梨醇生产使用的催化剂全部是 Raney Ni 催化剂，采用间歇式反应釜操作，生产技术落后。

2）多元改性 Raney Ni

向 Ni-Al 合金中添加 Cr、Mo、Fe、Co、Ca 等助剂制成的多元改性 Raney Ni，可明显改善加氢催化剂的各项性能，助剂添加的质量分数一般为 1%～5%。目前在工业上得到应用的主要是 Cr、Mo、Fe 改性的 Raney Ni 催化剂。

用 Cr 对 Raney Ni 改性后，催化剂的比表面积增大 30%～35%，当 Cr 的加入量为 1.76wt%时，由于金属间的协同催化作用，改性后催化剂的活性最好[215]。用 Mo 对 Raney Ni 改性，由于钼在 Ni_2Al_3 中的溶解度较小，它主要以 Mo_3Al 或 Mo_3Al_8 形式存在，在碱液处理过程中有 2/3 左右的钼和铝一起溶解于碱液中。钼的加入使催化剂的比表面积增大，催化剂的加氢活性提高，同时加氢时间缩短，葡萄糖的异构化机会减少，葡萄糖加氢为山梨醇反应的选择性得到提高；在葡萄糖的氢化过程中，不仅钼不流失，还能减少金属镍和铝的流失，因此钼作为助剂能明显增强催化剂的稳定性，同时减轻了粗山梨醇的精制处理负担，提高了产品质量，降低了生产成本，但多次反应后催化剂的活性有所下降[216]。钼改性 Raney Ni 催化剂是目前山梨醇工业生产中应用最广泛的催化剂，我国 20 世纪末从意大利引进的连续化管式反应生产线使用的就是该类催化剂。用 Fe 和 Cr 对 Raney Ni 进行联合改性，催化剂的比表面积增加，活性增大，稳定性也明显提高[217]，但该类催化剂在加氢过程中铁的流失严重，经 5 次使用后 2/3 的铁已流失，同时镍和铝的流失量也超过了改性前的流失量，这在一定程度上增加了山梨醇的精制负担。但由于该催化剂具有优异的催化活性，其在葡萄糖加氢工业中得到了一定的应用，如 Degussa 公司的 BLM112W 型催化剂。目前，我国山梨醇行业还没有厂家使用这类催化剂。

尽管多元改性 Raney Ni 的性能与 Raney Ni 相比得到了明显的改善，但作为葡萄糖加氢合成山梨醇的催化剂，其使用的反应压力要求较为苛刻（5～15MPa），对反应设备要求高，增加了设备成本；在较高的反应温度（130～150℃）和 pH（7～9）条件下葡萄糖易发生异构化反应生成果糖、甘露糖和甘露醇，甚至会发生葡萄糖缩聚反应而炭化结焦且堵塞催化剂孔道，降低催化剂的活性和产品中山梨醇的选择性。由于改性 Raney Ni 催化剂价格便宜，因此许多对山梨醇质量要求不严格的场合，目前还是倾向于使用此类催化剂。

3）负载型 Ni 基催化剂

载体性质、Ni 前驱体类型以及催化剂制备方法等均对负载型 Ni 基催化剂的加氢性能有较大影响。一般认为，大孔、高比表面积的载体利于提高催化剂的加氢性能，因此，作为载体，$Al_2O_3>TiO_2>SiO_2>$活性炭[218]。这是因为大孔、高比表面积的载体利于 Ni 金属高度分散，因此颗粒较小（<3nm）的催化剂催化加氢活性和选择性较高；另外，较小的 Ni 颗粒可有效防止反应过程中金属的溶脱[219]。乙二胺镍作为前驱体浸渍法制得的 Ni 催化剂上的 Ni 颗粒较小（平均尺寸为 2～3nm），与商用 Ni/SiO_2 催化剂相比无 Ni 溶脱。多孔性的 MCM-41 和 HZSM-5 分子筛比表面积大，作为载体可使 Ni 金属更好地分散，更利于葡萄糖加氢制备山梨醇。类水滑石（HTs-like）化合物，如 Ni/Cu/Al 类水滑石，可作为催化剂前驱体经高温氢还原后制得 Ni 基催化剂，其对葡萄糖加氢制取山梨醇选择性高（约

93.4%），葡萄糖转化率为 78.4%，但反应过程中金属 Ni 溶脱问题不可忽视。相比于贵金属催化剂，负载型 Ni 基催化剂的制备成本较低，加氢活性好，为延长催化剂寿命，可采用煅烧或洗脱法去除催化剂表面吸附的有机物。例如，可采用丙酮洗脱法使催化剂再生[220]。

4）负载型 Pt 基催化剂

相对于传统的粉末状或颗粒状活性炭载体，负载在活性炭布（ACC）上的 Pt 催化剂（Pt/ACC）对葡萄糖加氢制取山梨醇显示出更好的活性和选择性。例如，在 10wt% Pt/ACC 催化剂作用下，高浓度葡萄糖（40wt%）在 100℃反应（80bar H_2），山梨醇收率大于 99.5%[221]。这是因为 ACC 载体更利于液相中的传质和分离。

5）负载型 Ru 基催化剂

（1）载体的影响。相对于氧化铝、二氧化硅、硅藻土等其他载体，活性炭载 Ru 催化剂由于 Ru 分散度高，晶粒粒度小（小于 2nm），因此具有较好的催化活性和较高的稳定性[222-224]。

（2）Ru 前驱体的影响。不同 Ru 前驱体的影响，以乙酸钌为前驱体优于氯化钌，葡萄糖转化率可提高约 5%[225]。

（3）催化剂制备方法的影响。阴离子沉积法制得的 Ru 基催化剂 Ru 的分散度达 40%，在该催化剂作用下，葡萄糖（10wt%）在 120℃反应（4MPa H_2），山梨醇选择性大于 98%，并且 Ru 在反应过程中不溶脱[217]。在浸渍-甲醛还原法制得的 Ru/MCM-41 催化剂作用下，葡萄糖（10wt%）在 120℃反应（3MPa H_2，2h），葡萄糖转化率和山梨醇选择性分别达 100%和 94.4%[226]。

（4）动力学研究和反应机理。在无传质限制时，低葡萄糖浓度时（<0.3mol/L）葡萄糖加氢制山梨醇为一级反应，高葡萄糖浓度时为零级反应[227]。Ru/MCM-41 催化葡萄糖加氢为山梨醇的反应机理如图 4.49 所示。H_2 首先吸附在催化剂的活性位上被活化，而不是直接与葡萄糖的羰基发生反应；然后葡萄糖在催化剂表面与活化后的氢（H^+）反应（不可逆）生成山梨醇。整个加氢反应由 H_2 在反应介质中的离解和扩散、在固体催化剂表面吸附和活化以及与葡萄糖羰基反应生成山梨醇几个步骤组成[226]。此外，在 1.5wt% Pt/SBA-15 催化剂作用下，D-葡萄糖在水溶液中大部分以 α 或 β 变旋异构体形式存在，而较少以开链的醛糖形式存在。仅开链的醛糖才能通过向吡喃葡萄糖醚氧的氢迁移和 C(1)—O(5)的断裂而形成山梨醇[228]。密度泛函理论（DFT）计算表明这一构象变化始于水分子向异头羟基迁移和向醚氧的氢迁移[229, 230]。

尽管载钌催化剂价格较高，对原料葡萄糖的纯度要求高（否则催化剂易中毒失活），但是其催化活性高，反应条件温和（100～120℃，4～12MPa），葡萄糖羰基加氢选择性高，催化剂稳定性好，不易溶解于水溶液中或受反应物、产物的侵蚀而流失，因此，载钌催化剂作为山梨醇生产的一类高效、节能和无污染的催化

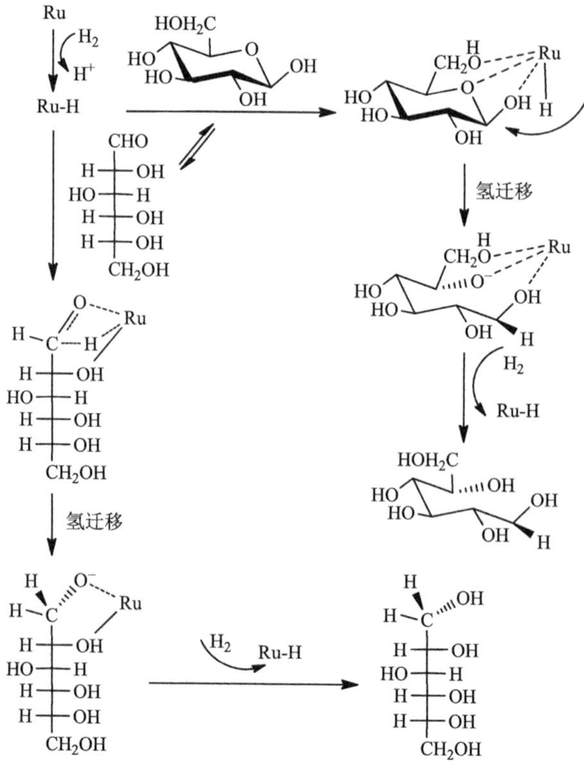

图 4.49 葡萄糖加氢为山梨醇的反应机理[226]

剂而被广泛推广应用。20 世纪末，东港股份有限公司从意大利引进的外循环式反应生产线使用 Ru/C 催化剂。

6）非晶态多孔储氢合金

非晶态多孔储氢合金是近年来发展起来的新型功能材料，其在温和的反应条件下具有高效的吸放氢动态性能，且其本身作为过渡金属化合物，有良好的催化活性和选择性，使得储氢合金成为葡萄糖加氢制取山梨醇的有效催化剂，如非晶态 $LaNi_5$ 合金、Ni-P 合金、NiMoAl 合金、Ru-B 合金等。

相比于 Raney Ni，葡萄糖在非晶态的 Ni-P 骨架合金（Raney Ni-P）作用下转化率更高，在高的葡萄糖浓度下（50wt%），葡萄糖转化率为 55.8%，而在同样的反应条件下，Raney Ni 催化葡萄糖转化率为 17.2%，常用的 Ni-P 催化剂催化葡萄糖转化率仅 1.1%[231]。这可能是因为 P 的加入提高了催化剂的无序度，从而促进 Ni 的加氢活性。另外，Raney Ni-P 催化剂稳定性好，Ni 的溶脱率低于 1.0ppm①。

非晶态 NiMoAl 合金的稳定性更好，在高葡萄糖浓度下（50wt%），能够循环使用 5 次，葡萄糖完全转化，山梨醇选择性达 99%（135℃，4.0MPa H_2，2h）[232]，

① $1ppm = 10^{-6}$。

这可能是由于 Mo 的原子半径（0.139μm）大于 Ni 的原子半径（0.124μm），因而在催化剂制备过程中 Ni 活性物质的扩散速率降低，从而抑制了催化剂晶化；Mo 的加入提高了催化剂的无序度和加氢活性。后续研究引入载体，如分子筛、SiO_2、γ-Al_2O_3、活性炭等，以提高金属的分散度。还可通过引入助剂如 Fe、Zn、La、Ce、Co 等提高非晶态催化剂的无序度。

非晶态 Ru-B 合金在活性上明显高于其他催化剂。采用 KBH_4 还原法制得的超细 Ru-B 多孔合金，对山梨醇选择性高达 100%[233]。在 3.3wt% Cr 促进的 Ru-B 多孔合金作用下，葡萄糖转化率约 98%，这是因为 Cr_2O_3 的形成提高了 Ru-B 合金颗粒的分散度，抑制了活性 Ru 金属聚集。但由于 Cr^{3+} 会接收 Ru 原子的部分电子，因此 Cr 助剂含量不宜高，否则会降低吸氢速率。B 原子的作用是将电子转移至活性 Ru，提高催化剂的比表面积[234]。

综上所述，葡萄糖加氢生产山梨醇所用催化剂的发展趋势是：由 Raney Ni 向改性多元 Raney Ni 发展，由改性多元 Raney Ni 催化剂向负载型贵金属催化剂发展，再由晶态催化剂向非晶态催化剂发展。非晶态多孔储氢合金是一种很有发展潜力的催化剂，不但可替代贵金属催化剂，而且产物收率高、反应快，且对耐压设备要求不是十分苛刻。目前，许多厂家均在开发非晶态储氢合金用于葡萄糖加氢制取山梨醇，如何在催化反应过程中稳定非晶态结构和解决催化剂再生问题是开发这一类催化剂的难点[214]。此外，由于葡萄糖加氢反应通常在 80～120℃下进行，葡萄糖易发生异构化反应，因此产物中可能会混有甘露醇，但由于山梨醇与甘露醇在高效液相色谱法（HPLC）中识别比较困难，目前的研究表明山梨醇的选择性非常高，需进一步加强二者的分离研究。高葡萄糖浓度对于大规模葡萄糖加氢制取山梨醇的应用十分重要，还需加强抑制高浓度底物条件下焦油或胡敏素生成的研究[235]。

4.3.3　合成左旋葡萄糖酮

1. *左旋葡萄糖酮的性质和应用*

左旋葡萄糖酮（levoglucosenone，LGO），全称 1, 6-脱水-3, 4-二脱氧-β-D-吡喃糖烯-2-酮，其经验分子式 $C_6H_6O_3$，分子量为 126.0327，结构式如图 4.50 所示[236]。LGO 主要有 3 个反应中心：碳碳双键、羰基和糖苷键，其中碳碳双键和羰基共轭，双键和羰基均有很高的活性，而分子中的氧桥是受保护的醛基和羧基形成的缩醛结构，这使得 LGO 可以发生多种有机反应，并易于对其改性和进行官能团修饰等；另外，LGO 的独特的刚性二环结构以及这些活泼的反应中心使其在手性合成中有巨大的潜在应用价值，可利用其手性结构避免手性合成中官能团的保护和去保护等复杂操作过程[93, 237]。

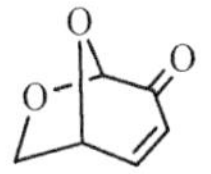

图 4.50　LGO 的化学结构

LGO 可广泛用于合成天然或非天然产物及其中间体，已有人利用 LGO 合成昆虫性信息素、河豚毒素、抑制剂、药物中间体等[238, 239]，尤其是可由其合成药物分子如抗生素(+)-chloriolide[240]。此外，LGO 加氢可制取二氢左旋葡萄糖酮（cyrene），与具有环境毒性的极性非质子有机溶剂 *N*-甲基吡咯烷酮和环丁砜的性质相似[241, 242]。LGO 进一步加氢可制得 1, 6-己二醇（收率大于 70%），后者是生产聚氨酯、涂料的常用化学品。LGO 相关衍生物如图 4.51 所示。

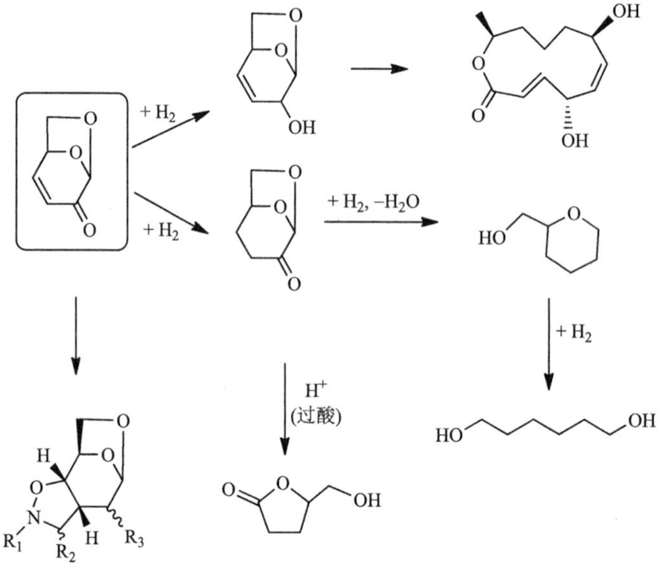

图 4.51　LGO 及其衍生物[243]

2. *左旋葡萄糖酮的制备*

LGO 的制备方法主要有化学合成法、生物质热解法和液相转化法。LGO 的化学合成法已有较多的文献报道[244, 245]，但化学合成法的步骤比较多，原料昂贵，分离和纯化成本较高，很难实现规模化生产。目前，LGO 主要通过热解手段，从纤维素或纤维素类生物质等低成本原料中制取。生物质资源丰富、价格低廉、易于获得，因此相对于化学合成法，通过热解生物质制备 LGO 更加经济、环保。各国学者对生物质催化热解制备 LGO 已进行了初步研究，并取得了一定的成果[246]。

用于生物质热解制备 LGO 的催化剂主要包括无机酸[247-252]、固体酸[253-256]、固体超强酸[257-260]、氯化物[261, 262]、离子液体[263, 264]等。无机酸催化剂存在对原料预处理过程复杂、对设备腐蚀性强、稳定性差、难以回收利用、环境污染严重等问题；固体酸虽可回收再利用，但催化效果不明显，LGO 的收率为 3%～5%；固体超强酸和离子液体催化效果较好，能回收循环利用，但由于其同时促进纤维素水解-脱水反应，因此对 LGO 的选择性不高，还有乙酸、糠醛、左旋葡萄糖（LGA）等多种副产物的生成，LGO 收率不高于 22%。理论计算结果表明，纤维素类原料热解过程中，LGO 并非直接由 LGA 转化而来，而可能通过 1, 4∶3, 6-二去水-α-D-吡喃葡萄糖中间体（图 4.52）转化而来[265, 266]。

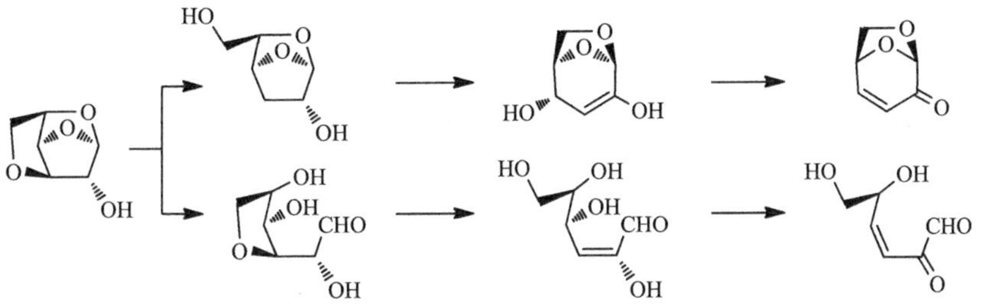

图 4.52 1, 4∶3, 6-二去水-α-D-吡喃葡萄糖作为中间体转化为 LGO 的可能路径[266]

LGO 还可由液相转化法制取。以极性非质子溶剂 THF 为溶剂，H_2SO_4（20mmol/L）为催化剂，纤维素在温和条件（210℃）下，首先解聚为 LGA，后者再脱水为 LGO，收率最高达 51%。如果反应体系中存在少量水（如 3wt%），LGO 将进一步转化为 HMF（收率 30%）[243]。因此，LGO 可能是生成 HMF 的中间体之一[267]。动力学研究结果表明，LGO 可能通过异构化反应转化为 HMF[268]。水溶液中 LGO 异构为 HMF 的反应机理如图 4.53 所示，在 Brønsted 酸催化剂作用下，HMF 主要是由 LGO 转化而成，而非 LGO 的水合物，水在 LGO 异构为 HMF 的反应中起到重要作用，LGO 通过桥酐水合和环重排反应而形成。

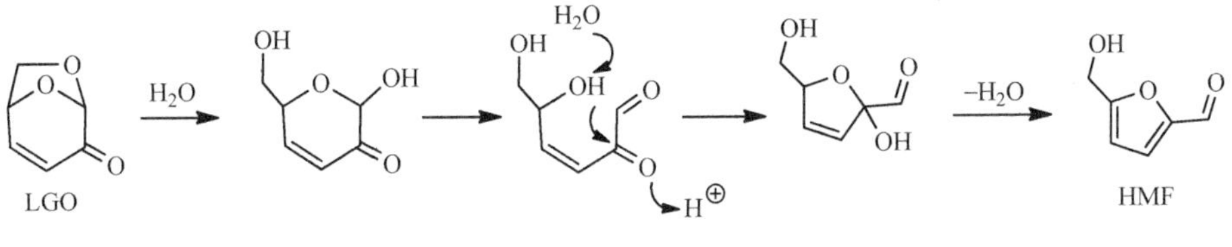

图 4.53 LGO 异构为 HMF 的机理[268]

虽然 LGO 很早就被人们发现，并且其利用价值很高，但由于其产率不高，纯化非常困难，目前 LGO 还没有规模化生产，世界范围内 LGO 的产量极为有限，市售价格极为昂贵，限制了它在有机合成中的应用。因此，用于纤维素类生物质热解制取 LGO 的催化剂仍有很大改进空间，其中，催化剂的制备工艺、性能、成本及应用潜力等因素将是纤维素类生物质催化热解制备 LGO 的研究重点，开发安全高效、绿色环保、可回收利用的催化剂是今后研究的热点和难点问题。

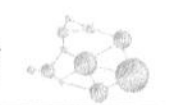

4.3.4 合成果糖

工业上生产果糖采用生物催化法，包括三个反应步骤：①淀粉在糖化酶作用下水解制备葡萄糖；②葡萄糖在固定化异构酶（GI，EC5.3.1.5）作用下转化为果糖含量为42%的果葡糖浆；③果葡糖浆经液相色谱分离得到果糖。其中，葡萄糖异构酶起着关键性作用，固载化异构酶催化异构工艺中果糖产率虽然已经接近动力学平衡，但生物酶催化异构工艺存在成本高、反应时间长、操作复杂、酶的活性寿命短等缺陷。基于对以上问题的考虑，目前科研工作者主要致力于开发低成本、易操作的化学法催化葡萄糖异构为果糖的方法[269]。

以葡萄糖为原料，经过异构化反应制取果糖是一条更加经济可行的生产路线。葡萄糖异构为果糖不但是食品工业中生产高浓度果糖浆的关键步骤，而且是由生物质原料生产诸多化学品和液体燃料的重要中间步骤。按照催化体系划分，葡萄糖异构为果糖的反应包括均相催化法和多相催化法，另外近年来也出现了一些新的催化体系，如离子液体等。

1. 均相催化法

1）无机碱为催化剂

1895 年 Bruyn 等报道了碱性溶液中醛糖与酮糖的相互转化，即 Lobry de Bruyn-Alberda van Ekenstein 重排反应，早期的葡萄糖异构反应集中在无机碱催化剂上，如 NaOH、KOH 等。该异构反应按照经典的烯二醇中间体机理进行，即通过分子内质子迁移形成烯醇化物[270-272]，该分子内质子迁移为反应的速率控制步骤。此外，在强碱催化下，葡萄糖和果糖还易发生降解（通过逆羟醛缩合反应）而生成多种副产物，如乳酸、乙醇酸、甲酸等[273]。另外还有葡萄糖差向异构化产物甘露糖的生成，导致果糖的收率（＜20%）和选择性（＜60%）较低。

葡萄糖至果糖的异构化反应是一个可逆反应。向水溶液中加入硼酸根（$B_4O_7^-$）或铝酸根（AlO_2^-）等阴离子为单糖的配合剂，其与酮糖（果糖）形成的复合物相对于与醛糖（葡萄糖）形成的复合物更稳定（图 4.54），因此可使葡萄糖至果糖的异构化反应向生成果糖的方向进行，从而有效提高果糖的收率[274-277]。例如，同时以 $Na_2B_4O_7$ 和 NaOH（0.5mol/L）为催化剂，果糖收率最高达 90%[278]，但加入配合剂后会增加产物的分离难度，同时底物浓度低，催化剂用量大，经济优势不明显。以 NaH_2PO_4 或 Na_2HPO_4 为催化剂，根据果糖与催化剂及葡萄糖的性质差异，采用以甲基三辛基氯化铵、正辛醇和苯硼酸混合液为萃取剂的分离体系，可成功分离出产物果糖，所获得的催化剂和未反应的葡萄糖可直接用于循环反应，经过多次循环后，果糖的总收率可达 51%。该新型催化分离耦合工艺不仅能高选择性地制备纯度较高的果糖，葡萄糖和催化剂还能循环使用，避免了废液的排放对环境造成影响，符合绿色催化的原则[279]。

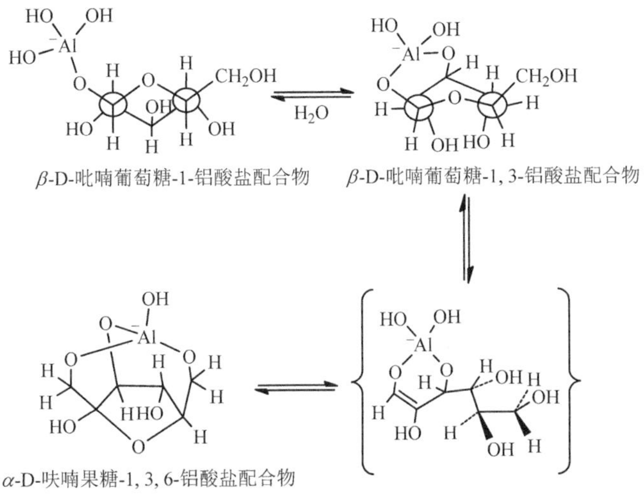

β-D-吡喃葡萄糖-1-铝酸盐配合物　β-D-吡喃葡萄糖-1, 3-铝酸盐配合物

α-D-呋喃果糖-1, 3, 6-铝酸盐配合物

图 4.54　铝酸盐催化葡萄糖异构为果糖的可能反应机理[15]

2）有机碱为催化剂

相比于传统无机碱，有机碱（胺）在水溶液中的 pK_a 值范围宽且可调，在葡萄糖异构化反应条件下不会形成阳离子-己糖配合物，有利于提高果糖的选择性。以哌嗪、乙二胺、三乙胺、哌啶或吡啶为催化剂（pK_a = 8.4～11.3），葡萄糖在 100℃反应 30min，葡萄糖转化率为 43%～62%，果糖收率达 17%～31%，选择性最高达 63%[280]。通过提高溶液 pH（10.7～11.3）和降低葡萄糖浓度（＜0.52mol/L），果糖的热降解和碱催化降解可得到有效减少[281]。尽管有机胺催化剂提高了果糖的选择性，但其具有较高的细胞毒性，因此限制了其催化葡萄糖异构反应在食品和医药方面的应用。

无毒且可生物降解的碱性氨基酸，如精氨酸、赖氨酸和组氨酸等，可作为葡萄糖异构制取果糖的催化剂。尤其是以精氨酸为催化剂时，葡萄糖在 120℃反应 15min，果糖的收率和选择性分别可达 31%和 76%[282]。反应可能经由烯二醇中间体机理，氨基酸催化剂结构中的羧基官能团可能起到 pH 缓冲作用而提高了果糖的选择性。但随反应时间的延长，初级胺和二级胺可能会与还原糖发生美拉德反应，导致副产物增多，反应产物颜色变深，给后续利用过程造成了麻烦。

3）Brønsted 酸为催化剂

1970 年，Harris 和 Feather[283]在酸性水溶液中转化葡萄糖，得到了较低收率的果糖。在水-有机双相溶剂中，以 HCl、H_2SO_4 或 H_3PO_4 为 Brønsted 酸催化剂，常获得的是果糖的进一步脱水产物——HMF[284]。Brønsted 酸催化葡萄糖异构为果糖经由环状中间体机理[285, 286]，如图 4.55 所示，首先葡萄糖 C2—OH 发生质子化，随后氢负离子从生成的中间产物呋喃糖醛的 C2 位转移至 C1 位，而 C2 位的碳正离子紧接着发生再水合反应，最后生成果糖。

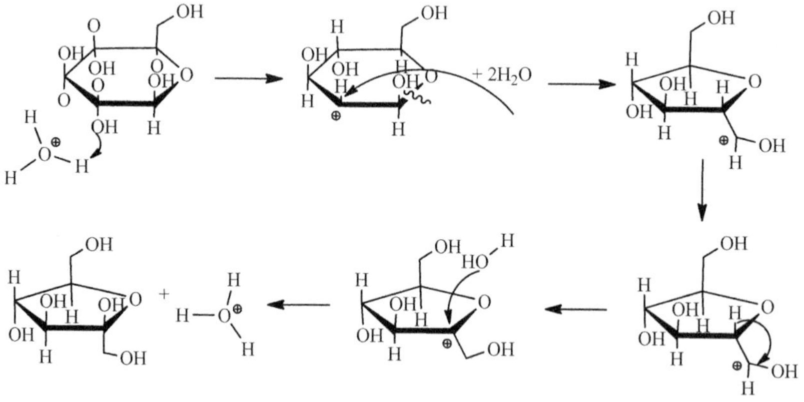

图 4.55 Brønsted 酸催化葡萄糖异构为果糖的反应机理[286]

4）Lewis 酸为催化剂

近年来，Lewis 酸催化剂已广泛用于水溶液中葡萄糖异构化为果糖的研究。相较于 Brønsted 酸碱催化剂，$CrCl_3$、$AlCl_3$、$SnCl_4$ 等金属氯化物作为 Lewis 酸催化剂对葡萄糖催化异构为果糖的收率和选择性通常更高[48, 61, 287-290]。通常认为 Lewis 酸部分水解后形成的物质是催化葡萄糖异构化反应的主要活性物质。

在水溶液中，以 $CrCl_3$ 为催化剂，葡萄糖在 110～140℃下反应，果糖收率最高约 22%，果糖选择性约为 50%[290, 291]。$CrCl_3$ 部分水解后形成的$[Cr(H_2O)_5OH]^{2+}$，是异构化反应的主要催化活性物质，葡萄糖首先通过替换 Cr 中心的两分子水而与 $CrCl_3$ 形成双齿配合物进而引发开环和异构化反应，即葡萄糖 C1—O 和 C2—O 首先与 Cr 中心结合，随后葡萄糖 O1—H 质子脱落并转移至$[Cr(OH)(H_2O)_5]^{2+}$物质的—OH 上[289]。以 $AlCl_3$ 为催化剂，葡萄糖转化率和果糖产率分别为 31.8%和 26.3%，$AlCl_3$ 部分水解产生的$[Al(OH)_2(H_2O)_x]^+$物质是主要的催化活性物质。如图 4.56 所示，在$[Al(OH)_2(H_2O)_x]^+$催化作用下，葡萄糖首先开环为链式结构，链式葡萄糖再通过 C1—O 和 C2—O 与 Al^{3+}中心配位形成$[Al(OH)_2(H_2O)_x]^+$物质，从而促进分子内 1, 2-氢化物迁移并形成果糖。$AlCl_3$ 催化葡萄糖异构化反应的表观活化能是(110±2)kJ/mol[287]。葡萄糖 1, 2-氢化物迁移是葡萄糖异构为果糖反应的速率控制步骤，另外，Lewis 酸对分子内氢化物迁移和碳迁移同时起催化作用。另外，以金属氯化物为催化剂，尤其是引入离子液体作为共溶剂或共催化剂后，葡萄糖可经由果糖中间体高选择性地转化为 HMF[47, 292]，其中，葡萄糖至果糖的异构化反应是速率控制步骤[90, 293]。

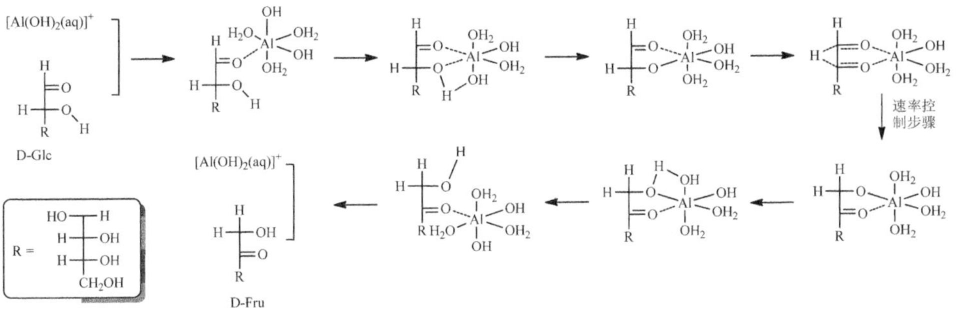

图 4.56　水溶液中 $AlCl_3$ 催化葡萄糖异构为果糖的机理

2. 多相催化法

传统的均相酸碱催化难以实现催化剂和产物的高效分离，且催化剂难以重复使用，因此，离子交换型分子筛、水滑石、金属氧化物等固体酸碱催化剂在葡萄糖化学异构过程中的应用研究得到了广泛的关注。固体催化剂不但易于分离、操作温度范围广，而且酸碱性可调、寿命长、对不纯物耐受力强。

1）固体碱为催化剂

a. 树脂催化剂

Amberlite IRA-400（OH）是一种强碱性阴离子交换树脂（resin），于 1953 年首次用于葡萄糖异构为果糖的反应，果糖收率为 30%[294]，但同时有葡萄糖差向异构化产物甘露糖生成[295]。用 $NaAlO_2$ 改性得到固载在树脂上的铝酸盐催化剂，其氢氧根浓度可调，在极低的反应温度下（2℃），利用氢氧根离子的催化作用和铝酸根对果糖的稳定作用，果糖最高单程收率达 72%[276]，但仍有副产物生成，并且树脂催化剂上吸附的有机物很难去除，使得催化剂无法再生循环使用。

b. 金属氧化物催化剂

金属氧化物固体碱主要包括碱金属和碱土金属氧化物，其碱性中心主要来源于带负电的晶格氧和表面吸附水后产生的羟基。一般认为，催化剂上的碱性位有利于催化葡萄糖异构化反应。ZrO_2（四方单斜的）和 TiO_2（金红石和锐钛矿）是同时含有酸性位和碱性位的金属氧化物催化剂。在水溶液中，直接以 ZrO_2 或 TiO_2 为葡萄糖异构化催化剂（200℃），果糖的收率通常较低（＜15%）[296]。向 ZrO_2 中引入 CaO 可提高催化剂的碱性，当碱性位多于酸性位时，葡萄糖在 160℃反应 15min，果糖的选择性提高到 70%，此时收率为 21%[297]。以微孔的层状钛硅酸盐 ETS-4 为催化剂，葡萄糖在 100℃水溶液中反应，果糖收率和选择性分别可达 39%和 84%[298]。以 ZrC 为催化剂，葡萄糖在 120℃水溶液中反应 20min，果糖收率和选择性分别为 34%和 76%[299]。在水和有机溶剂的混合溶剂中（如水/二甲亚砜/丙二醇，体积比 3∶2∶5），以 $NaAlO_2$ 为催化剂，葡萄糖在 55℃反应 3h，果糖的收率和选择性较高，分别为 49%和 72%[300]。

c. 水滑石催化剂

水滑石（hydrotalcite，HT）是一种层柱状双金属氢氧化物，其组成通式为$[Mg_{1-x}^{2+}Al_x^{3+}(OH^-)_2]A_{x/n}^{n-}\cdot mH_2O$，其中 A^{n-}表示层间可交换的阴离子。水滑石的组成具有可调变性，其典型的化学组成是 $Mg_6Al_2(OH)_{16}CO_3\cdot 4H_2O$，以半径相似的二价或三价阳离子（如 Zn^{2+}、Cu^{2+}、Fe^{3+}）同晶取代 Mg^{2+}和 Al^{3+}，或以其他阴离子取代 CO_3^{2-}，可形成所谓的类水滑石[301]。由于水滑石层面上含有较多的羟基，因此水滑石具有碱性。另外当层间的阴离子为弱酸时，由于其水解，也会呈现出碱性[302]。因此，水滑石能高效地催化葡萄糖异构化制取果糖。

水滑石的碱性主要由层状双金属氧化物的结构决定，通过煅烧（或超声）和再水合处理后的水滑石，发生脱层和垂直的层间断裂而产生丰富的碱性位，利于提高葡萄糖异构为果糖的催化活性[303, 304]。在商业化的 DHT-4A2 水滑石催化剂（400℃煅烧和再水合处理）的作用下，葡萄糖在 90℃反应 20～25min（葡萄糖与催化剂质量比为 2.5～5），果糖选择性高于 90%，但葡萄糖转化率不到 15%[305]。以煅烧和再水合处理的 Mg-Al 水滑石为催化剂，葡萄糖水溶液在 80℃反应 3h，葡萄糖转化率可提高至 50%，果糖收率为 35%，且催化剂可至少循环使用 3 次，Mg 会发生部分溶脱（1%～2%）而使催化剂逐渐失活[304]。此外，水滑石对葡萄糖异构化反应的催化性能还受水滑石的一些结构性质，如初级粒子的分散度、晶粒大小、团聚形貌、碱性中心的易接近程度等因素的影响[306]，因此水滑石合成过程中需控制制备条件，如 pH、老化温度、溶剂等，从而提高其催化性能。以 Mg-Al 水滑石为催化剂时，葡萄糖异构化反应还会伴随二羟基丙酮、甘油醛、羟乙醛和乳酸等副产物的生成[306, 307]。

d. 其他固体碱催化剂

其他固体碱催化剂主要包括介孔分子筛、碱金属阳离子交换分子筛、固体聚合物有机胺等。

M41S 系列的有机-无机杂化介孔分子筛如[CTA]Si-MCM-41、[CTA]Si-MCM-48 和[CTA]Si-MCM-50 等（CTA：cetyltrimethyl-ammonium cation，三甲基铵阳离子），属弱碱性催化剂，可使葡萄糖在 100℃水溶液中反应，葡萄糖转化率为 20%，果糖选择性约为 80%[308]。以由 SiO_4 四面体和 ZrO_6 八面体组成的层状硅酸锆作为催化剂，葡萄糖在 110℃下反应 30min，葡萄糖转化率和果糖最高收率分别为 49%和 27%，但催化剂稳定性较差，三次反应后葡萄糖转化率仅 24%，果糖收率仅 19%[309]。

以碱金属阳离子（如 Na^+、K^+等）交换的传统 A 型、X 型和 Y 型分子筛，以及 CO_3^{2-} 或 OH^-改性的水滑石为催化剂，葡萄糖转化率为 7%～42%，果糖选择性达 60%～86%[310]。但阳离子交换的分子筛中阳离子易溶脱（溶脱率为 12%～30%），而水滑石无溶脱现象。以耐水的碳酸锆为异构化催化剂，葡萄糖在 120℃下反应 20min，葡萄糖转化率为 45%，果糖收率为 34%，连续反应六次后催化剂的催化活性无明显降低[299]。

在固体聚合物有机胺催化剂作用下，葡萄糖在 110～140℃下反应 15～30min，果糖收率约 30%，与溶解的有机胺催化活性相当。值得注意的是，向固体有机碱催化体系中加入约 1wt%的中性盐（如 NaCl），可将果糖收率提高至 41%[311]，这可能是由于盐能够推动有机胺和水之间的酸碱平衡反应，促进有机胺的质子化，产生更多的氢氧根离子[312, 313]，从而提高有机胺调节催化异构化反应的活性。尽管磁性有机碱容易分离，但由于固载有机胺的载体 SiO_2 在反应过程中发生水解（Si—O—Si 键断裂），有机胺会随之溶脱而使催化剂发生不可逆失活，因此催化剂的稳定性有待进一步提高。

固体碱催化剂虽然能解决与产物分离困难的难题，但其水热稳定性差，在循环使用过程中催化活性会发生不同程度降低。其中，水滑石的催化活性可通过煅烧和再水合处理得以恢复，但复杂的再生操作在一定程度上提高了催化剂的使用成本。因此，开发新型高效且水热稳定的固体碱催化剂用于催化葡萄糖异构反应的研究必将受到越来越多的关注。

2）固体酸为催化剂

近年来，将易循环使用的固体酸催化剂用于葡萄糖至果糖的异构化反应已见报道，这些固体酸主要包括金属磷酸盐、金属有机骨架材料（MOF）以及分子筛等。一般认为，固体酸催化剂中的 Lewis 酸位是催化葡萄糖异构为果糖的活性中心。

a. 金属磷酸盐

磷酸锆、磷酸锡等金属磷酸盐，其总酸性和比表面积高，因此对水相中葡萄糖异构为果糖和果糖脱水为 HMF 的反应活性和选择性高，也因此发展了一系列水相中葡萄糖连续异构、脱水甚至再水合分解制取 HMF 和 LA 的多功能催化体系[314]。对于含锆磷酸盐固体酸催化剂而言，其 Brønsted 酸位多于 Lewis 酸位，因此利于将葡萄糖转化为 HMF 和 LA；对于含锡磷酸盐固体酸催化剂而言，其 Lewis 酸位多于 Brønsted 酸位，因此更利于将葡萄糖异构化为果糖而非继续将其转化为 HMF 和 LA。通过调节固体酸催化剂中金属与磷酸盐的比例提高 Lewis 酸性位，催化剂的异构化催化性能将得到有效提高。

b. MOF

MOF 是一种新型的有机-无机杂化材料，由氧、氮等多齿有机配体与无机金属离子以配位作用自组装形成，是一类具有大比表面积的超分子微孔结构的类沸石材料。在 MOF 的制备过程中，金属离子或金属簇能够与溶剂分子或者添加的调节剂配位，经过简单的配位活化处理（如加热、抽真空、溶剂置换等处理），配

位分子被除去，暴露出配位不饱和的金属离子或金属簇。配位不饱和的金属离子或金属簇可能呈现 Lewis 酸性，因此 MOF 材料可直接作为固体 Lewis 酸催化剂催化葡萄糖异构反应。例如，以 MIL-101 为催化剂，葡萄糖在 100℃下反应 24h，果糖的收率为 12.6%。催化剂的异构化性能主要取决于金属离子的 Lewis 酸性：当在配体上引入氨基或乙基等供电子基团时，金属离子的 Lewis 酸性降低，催化活性降低；当在配体上引入硝基或磺酸基等吸电子基团时，金属离子的 Lewis 酸性增强，催化活性增强；当苯环上引入磺酸基时，果糖的收率高达 21.6%[315]。

c. Lewis 酸性的分子筛

分子筛具有大的比表面积和均匀的孔道结构，因此被广泛用于催化葡萄糖异构为果糖的反应。Davis 小组率先将锡掺杂的大孔沸石 Sn-Beta 分子筛用于葡萄糖的异构化研究，并取得了一系列的进展[316-321]。Sn-Beta 是一种 Lewis 固体酸催化剂，在其与 HCl 协同催化下，葡萄糖在 110℃下反应 30min，果糖收率为 33%，选择性高达 75%，并伴随少量的差向异构化产物甘露糖生成，并且催化剂在实验条件下可多次循环使用，催化剂几乎不存在失活现象。HO—Sn—$(OSiH_3)_3$ 是葡萄糖异构化反应的主要活性物质，在异构化过程中，通过与有机物的羰基配位而起催化作用。在与葡萄糖配位前活性中心为开放的四配位形式，与葡萄糖配位后成为封闭的六配位形式。此外，通过密度泛函理论计算认为，活性中心邻近的硅醇基（Si—OH）在异构化氢迁移中起着重要作用，使得氢化物迁移及随后的质子迁移能以更低的活化能一步进行[322]。Sn-Beta 催化葡萄糖异构为果糖的机理如图 4.57 所示。

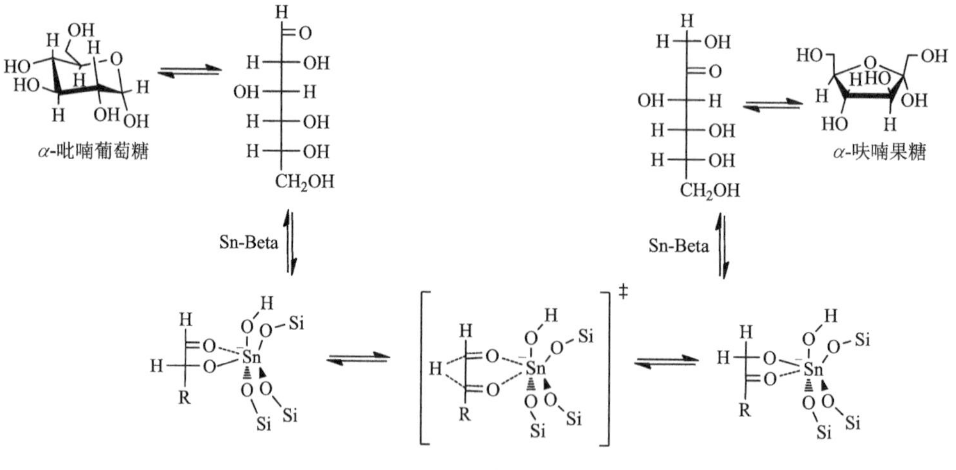

图 4.57　Sn-Beta 催化葡萄糖异构为果糖的机理

溶剂对 Sn-Beta 催化剂的活性有一定影响。以水为溶剂，果糖的收率最高为 43%；以水和 1-丁基-3-甲基咪唑氯盐（[BMIM]Cl）离子液体同时作溶剂时，随着

[BMIM]Cl 含量的增加，葡萄糖的转化率和果糖的收率均明显下降，这可能是由于离子液体的阴离子与 Sn-Beta 的活性中心发生了配位作用而降低了催化剂活性[323]。此外，Ti-Beta 分子筛也能高效地催化葡萄糖异构过程，以 Ti-Beta 为催化剂，葡萄糖水溶液在 100℃下反应 2h，果糖的收率和选择性分别为 11%和 61%[324]。

然而，溶剂并不是影响葡萄糖异构化产物选择性的主要因素。Sn-Beta 分子筛中 Sn 中心的位置不同影响葡萄糖在不同介质中的转化路径，从而影响产物是果糖还是甘露糖。如图 4.58 所示，在水溶液中，骨架内 Sn 和骨架外 SnO_2 可促进葡萄糖异构为果糖，其中疏水性孔道中的骨架内 Sn 中心作为 Lewis 酸位，其催化链式葡萄糖 C2—C1 分子内氢化物迁移；而疏水性大孔中骨架外 SnO_2 通过水合和脱水产生碱性位，其促进葡萄糖 C2 质子迁移产生烯醇化物并进而将其异构化为果糖。在甲醇溶剂中，骨架内 Sn 中心利于葡萄糖通过分子内 C1—C2 碳迁移而发生差向异构生成甘露醇，而骨架外 SnO_2 则仍催化葡萄糖异构为果糖[317]。这也为制备高效高选择性的 Sn-Beta 催化剂提供了理论依据。

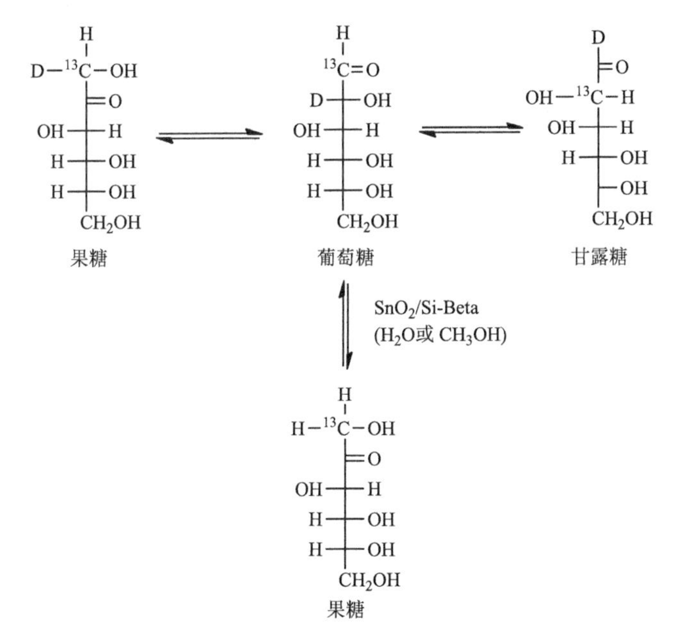

图 4.58 Sn-Beta 分子筛中 Sn 中心的位置对葡萄糖转化路径的影响[317]

由于葡萄糖异构为果糖的反应是可逆反应（$K_{eq}\approx 1$，25℃），且是弱吸热反应（$\Delta H = 3$kJ/mol），果糖的收率较低（90℃时葡萄糖的理论平衡转化率为 55%）[316]。然而，通过两步转化法可提高果糖收率[325]。例如，在分子筛催化作用下，第一步以甲醇为溶剂，葡萄糖异构为果糖并进一步反应生成甲基果糖糖苷，第二步以水为溶剂，甲基果糖糖苷水解释放出果糖。以 Si/Al 比为 6 的 H-USY 为催化剂，葡

萄糖在 120℃下反应 1h，两步法可得到高达 55%的果糖收率。甲醇易与果糖形成糖苷而难与葡萄糖形成糖苷，因此，利用糖苷化反应可以强化葡萄糖的催化异构化反应。在甲醇溶剂中，分子筛的 Brønsted 酸中心和 Lewis 酸中心协同作用，使得该过程在较低的温度下能取得高的果糖收率，若升高反应温度，则经由果糖中间体进一步生成乙酰丙酸甲酯[173, 326]。

3. 新催化体系

离子液体是一类在低温（＜100℃）条件下呈液态且完全由离子组成的盐类。研究发现，离子液体和类离子液体可同时作为溶剂、催化剂或催化剂载体应用于葡萄糖异构制取果糖以及后续果糖脱水转化为 HMF 的研究中。例如，以[EMIM]Cl 离子液体为溶剂，$CrCl_2$ 为催化剂，葡萄糖在 100℃下反应 3h，HMF 收率达 70%[47]。反应过程中[EMIM]Cl 与 $CrCl_2$ 形成离子液体/金属氯化物复合物$[EMIM]CrCl_3$，该复合物的阴离子$[CrCl_3]^-$能高效催化葡萄糖异构生成果糖以及果糖进一步脱水生成 HMF（图 4.59）。在研究以离子液体$[BSO_3HMIM]HSO_4$和金属氯化物为催化剂催化纤维素水解的过程中发现，纤维素在 150℃下反应 5h，$FeCl_3$ 与$[BSO_3HMIM]HSO_4$之间配位形成一种亚稳态的配合物$[FeCl_3(SO_4)_n]^{2n-}$，且$[FeCl_3(SO_4)_n]^{2n-}$在异构化作用中起重要作用，最终脱水产物 HMF 收率可达 37.5%[327]。

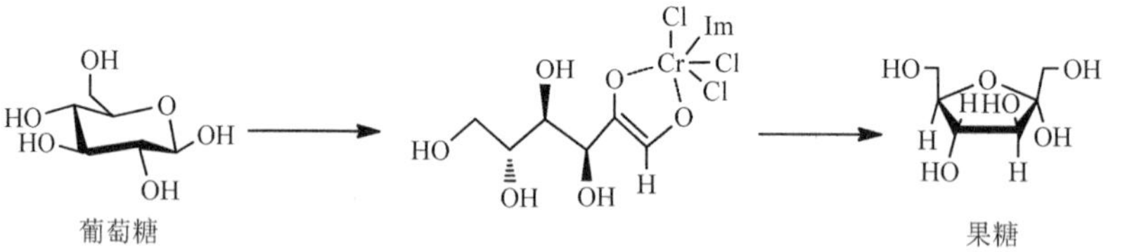

葡萄糖　　果糖

图 4.59　$[EMIM]CrCl_3$ 催化葡萄糖异构为果糖的过程

4. 葡萄糖异构为果糖的反应机理

葡萄糖高效化学异构制取果糖是可再生的生物质资源高值化利用工业和食品工业中的重要过程。用于葡萄糖异构为果糖的催化剂种类繁多，但是按照其催化机理划分，则主要分为碱催化机理、Brønsted 酸催化机理和 Lewis 酸催化机理。碱催化葡萄糖异构化的研究远早于酸催化研究，因此，有关葡萄糖碱催化异构制备果糖的过程机理研究较为深入。Brønsted 酸催化葡萄糖异构化效率较低，因此关于其催化机理的研究相对较少，目前认为主要是经由环状中间体机理。近年来的研究表明，Lewis 酸催化剂不仅能很好地催化葡萄糖异构化为果糖，还能进一步催化果糖脱水为 HMF，因此 Lewis 酸催化葡萄糖异构化的机理研究受到了广泛的关注。

在水溶液中，葡萄糖同时存在环状结构和链状结构，两种结构的葡萄糖可相互转化，然而自然条件下链状葡萄糖含量极低。通常，葡萄糖有效异构化为果糖主要涉及三个步骤（图 4.60）[288]：①葡萄糖开环为链式葡萄糖；②链式葡萄糖异构为链式果糖；③链式果糖闭环为环状果糖。步骤①涉及环式葡萄糖 O1 上的 H 迁移至 O5 位，而步骤③涉及链式果糖 O5 上的 H 迁移至 O2 位。步骤②涉及链式葡萄糖上两个 H 的迁移，一个为 O2 上的 H 迁移至 O1 位，另一个为 C2 上的 H 迁移至 C1 位，而后者被认为是异构化反应的速率控制步骤。在无催化剂的水溶液中，葡萄糖异构化能力很低，主要为葡萄糖 O5 被水中的 H^+质子化后引起开环[328, 329]。

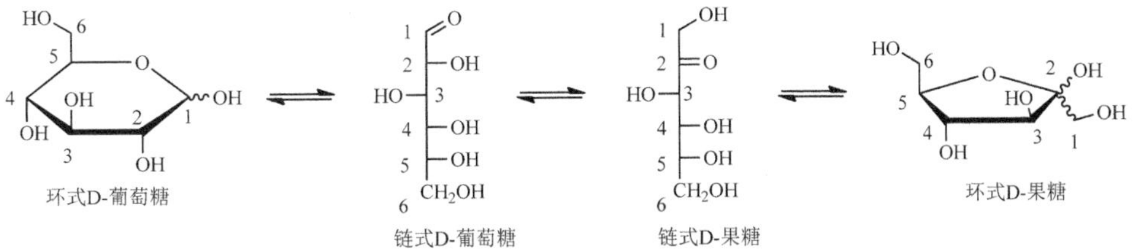

环式D-葡萄糖　⇌　链式D-葡萄糖　⇌　链式D-果糖　⇌　环式D-果糖

图 4.60　葡萄糖异构化为果糖的可能途径

对步骤②来说，O 上的 H 迁移为质子迁移，而 C 上的 H 迁移如图 4.61 所示，既可能是分子间的质子迁移，又可能是分子内的氢化物迁移。研究表明，在碱催化剂或者酶催化下，葡萄糖异构化以分子间的质子迁移为主要路径[280, 321]。在碱性条件下，葡萄糖经过形成烯醇式中间体[330]，在生成果糖的同时，往往还伴随着

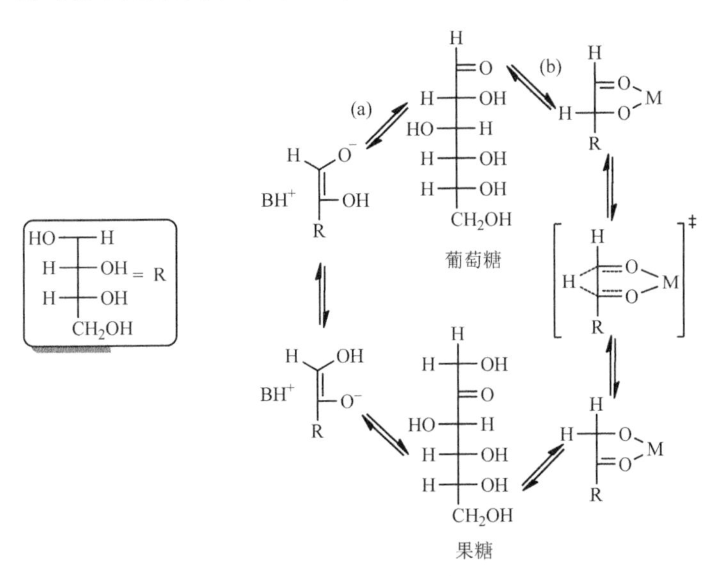

图 4.61　葡萄糖异构化为果糖的机理

（a）分子间质子迁移机理；（b）分子内氢化物迁移机理

差向异构体甘露糖和己糖降解产物的生成。而在 Lewis 酸催化下，分子内的氢化物迁移为异构化的主要路径[288, 289, 331, 332]。因此，在 Lewis 酸催化剂作用下，葡萄糖异构化为果糖的收率和选择性往往更好。

1）碱催化机理

一般认为，碱催化葡萄糖异构制备果糖的反应遵循 Lobry de Bruyn-Alberda van Ekenstein 机理[333]。即葡萄糖首先开环生成链状葡萄糖，链状葡萄糖经过质子迁移生成链状果糖，链状果糖再闭环生成果糖。其中质子迁移过程如图 4.62 所示，链状葡萄糖的 α-羰基碳去质子化形成 1, 2-烯二醇式中间体，质子由 C2 向 C1 转移，同时由 O2 向 O1 转移，形成果糖。无机碱、有机碱和碱性氨基酸等碱性催化剂催化葡萄糖异构为果糖均遵循上述反应机理。

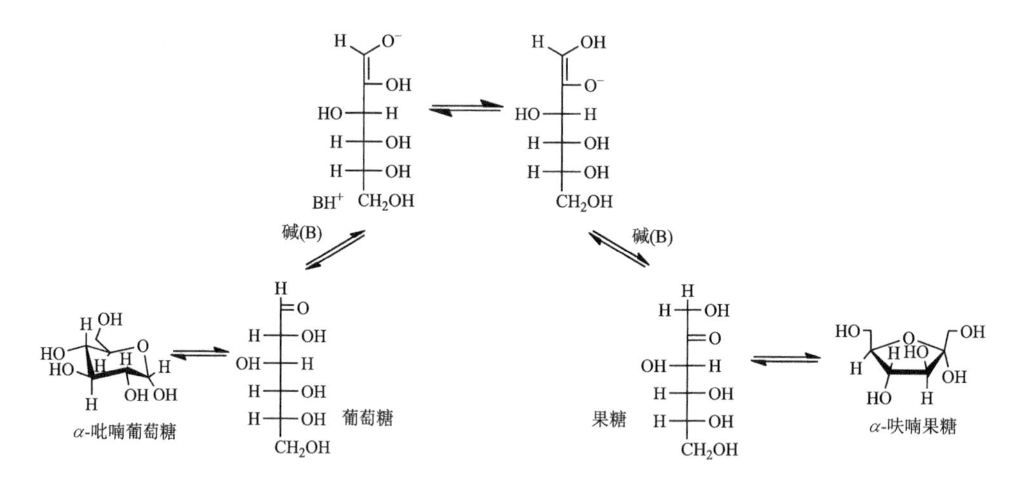

图 4.62 碱催化葡萄糖异构为果糖的反应机理

2）酸催化机理

相对于无催化剂的水溶液，加入 Lewis 酸催化剂后，葡萄糖异构化为果糖的收率和选择性提高。Lewis 酸部分水解形成活性物质来催化葡萄糖的异构化反应。例如，对于 $CrCl_3$ 催化剂，活性物质是 $CrCl_3$ 部分水解形成的$[Cr(OH)(H_2O)_5]^{2+}$；对于 $AlCl_3$ 催化剂，主要的活性物质是$[Al(OH)_2(H_2O)_x]^+$；而对于 Sn-Beta 催化剂，主要的活性物质是 $Sn—(OSiH_3)_3—OH$。

Lewis 酸催化机理既包括 Lewis 酸催化下的链式葡萄糖 C2—C1 的分子内 1, 2-氢化物迁移机理[334-336]，又包括碱调节的葡萄糖 C2 位质子转移的烯醇式机理[337]，并主要通过前者进行（图 4.63）。

此外，如图 4.64 所示，葡萄糖异构化反应过程中还同时存在两个平行反应，即可逆的 C2—C1 氢化物迁移（主反应）和 C1—C2 碳迁移（Bilik 反应），后者是造成葡萄糖差向异构为甘露糖的主要路径[338-340]。尤其是在离子半径约为 1Å 的镧

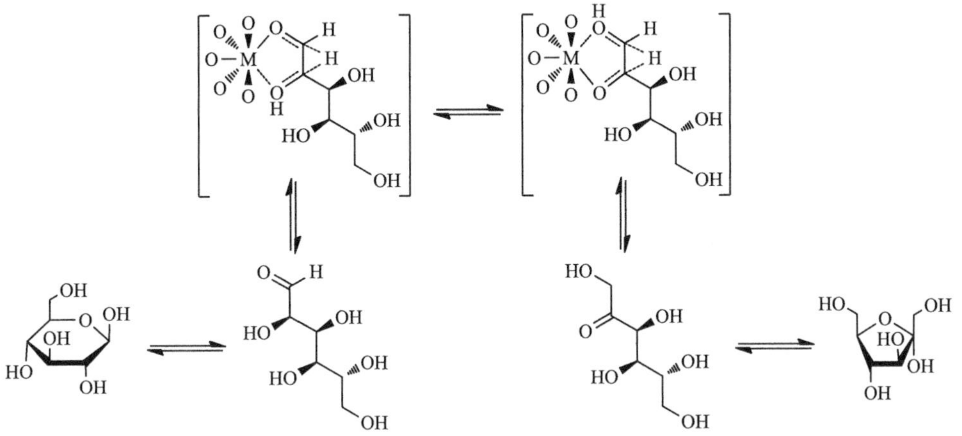

图 4.63 Lewis 酸催化葡萄糖异构为果糖的反应机理

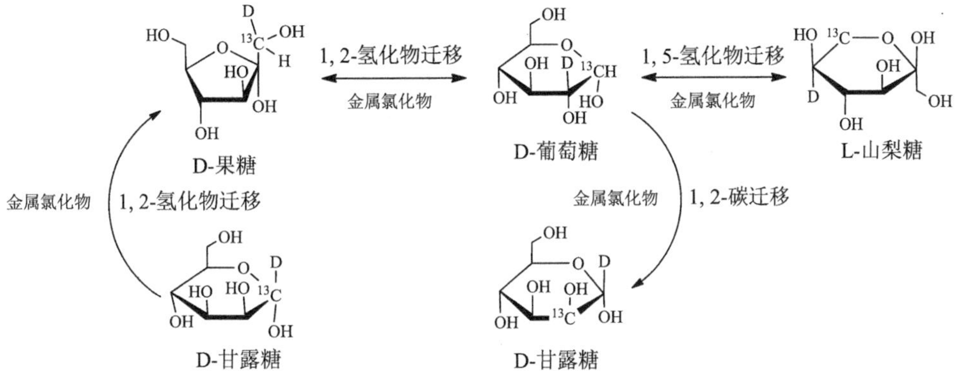

图 4.64 Lewis 酸金属氯化物催化葡萄糖异构和差向异构反应的机理[341]

离子催化下，Bilik 反应更容易发生[341]。此外，金属氯化物，尤其是 $CrCl_3$，还会促进 C5—C1 氢化物迁移而形成山梨糖。Loerbrokes 等[332]采用实验与密度泛函理论计算相结合的方式，对比研究了水溶液中 $CrCl_3$、$AlCl_3$、$CuCl_2$、$FeCl_3$ 及 $MgCl_2$ 等 Lewis 酸催化葡萄糖的异构化反应，认为作为有效的 Lewis 酸催化剂，金属氯化物需要满足这些条件：中等的 Brønsted-Lewis 酸性（$pK_a = 4\sim6$），能够与水或弱的σ供体配位，有能量高的低未占轨道和紧密的过渡态结构，以及有络合葡萄糖的能力。异构化活性受多种因素影响，不单是催化剂的 Lewis 酸性，单核金属中心与葡萄糖配位比双核金属中心与葡萄糖配位在热力学上更有利于异构化反应的进行。

事实上，葡萄糖异构为果糖的反应网络非常复杂。除葡萄糖异构为果糖外，葡萄糖还可差向异构为甘露糖，果糖可逆羟醛缩合为甘油醛和二羟基丙酮，葡萄糖转化为乙醇醛、赤藓糖和山梨糖，糖反应物及其中间体在反应中会不可逆地生成固体胡敏素或其他降解产物。这些复杂的副反应是生物质高值化利用过程中的棘手问题。由于葡萄糖异构为果糖的反应能垒比差向异构为甘露糖反应能垒低17%[342]，因此适当地控制反应动力学，如降低反应温度等，可使葡萄糖异构化反应的主产物是果糖。

另外，鉴于用于葡萄糖至果糖异构化反应的固体催化剂活性还不够稳定，发展水热稳定的固体酸碱催化剂仍有必要，如可在减少催化剂合成时间、避免毒性有机溶剂使用等方面考虑。针对葡萄糖转化利用的连续性，还可设计新型催化剂和催化体系，通过葡萄糖高效异构化和产物后续转化过程的耦合，实现连续串联反应的过程强化。

4.3.5 合成 5-羟甲基糠醛

HMF 是六碳糖脱除三分子水后的产物，由其出发可通过加氢、氧化、酯化、缩合或卤化等反应过程制备液体燃料、聚合材料的单体及精细化学品，因此 HMF 被认为是连接石油化工与生物质化学的重要桥梁化合物，也是生物质转化利用研究的热点平台化合物。葡萄糖是自然界中价廉易得的六碳糖，由其为原料出发制备 HMF，对缓解化石能源危机及应对资源和环境的双重挑战有着重要的意义。

1875 年，Grote 等就报道了水溶液中糖类在无机酸的存在下会脱水生成 HMF。但是，由于 HMF 在水溶液中容易再水合分解为 FA 和 LA，且易发生自聚合反应或与糖分子及其脱水中间体聚合，使得 HMF 的收率和选择性均较低。20 世纪 80 年代以后，研究主要转向以有机溶剂（如 DMSO、DMF 等）为反应介质，来抑制 HMF 的水合分解和聚合，从而提高 HMF 的收率和选择性[343]。尤其是 DMSO，其作为一种非质子极性溶剂，对糖类脱水反应同时起着催化剂和稳定产物 HMF 的作用[79]。在这些研究中，反应底物常为果糖或果聚糖，得到的 HMF 收率高，而以葡萄糖或葡聚糖为反应底物时，HMF 的收率往往很低。

2007 年，Zhao 等[47]首次以 1-乙基-3-甲基咪唑氯盐（[EMIM]Cl）离子液体为葡萄糖脱水转化的反应介质，以 $CrCl_2$ 为催化剂，葡萄糖在 100℃下反应 3h，HMF 收率高达 70%。同时，Dumesic 小组[284]以无机酸为催化剂，采用水/有机双相体系研究了葡萄糖脱水制备 HMF 的反应，开辟了以葡萄糖为原料制备 HMF 的研究路径。从催化体系来分，将葡萄糖脱水转化为 HMF 分为单相催化体系和双相催化体系。

1. 单相催化体系

1）水溶剂

传统的单相体系仅指水溶液，通常在水溶液中葡萄糖脱水得到的 HMF 收率及选择性都较低，尤其是在不添加催化剂的情况下。例如，葡萄糖在 180～220℃水溶液中反应，得到 HMF 收率和选择性较低，分别为 32%和 45%[344]。采用吡啶/H_3PO_4作为催化剂时，HMF 分离收率约 45%[345]。以金属氯化物（如 $AlCl_3$、$InCl_3$等）为 Lewis 酸催化剂，葡萄糖在 120～180℃下反应，HMF 收率可达 40%～60%[346, 347]。以 TiO_2 或 TiO_2-ZrO_2 复合固体酸为催化剂，葡萄糖在加压热水（2.5～34.5MPa，250℃）中反应，得到 HMF 的收率与选择性分别约为 27%和 70%[348, 349]。尽管水是一种理想的绿色溶剂，但葡萄糖在水溶液中脱水生成 HMF 的收率相对较低，且 HMF 在水中溶解度高，稳定性差，难以分离，因此限制了其作为脱水反应溶剂的实际规模化应用。

2）有机溶剂

将极性非质子溶剂，如 DMSO、DMF、己内酰胺（CPL）及 *N*, *N*-二甲基乙酰胺（DMA）等应用于 HMF 的制备中，目前已取得了较好的实验结果。

DMSO 是使用最广泛的极性非质子溶剂之一，在不加任何催化剂的条件下，果糖在 DMSO 溶剂中反应 4h（130℃），HMF 收率可达 72%；以葡萄糖为原料时，在不加任何催化剂的条件下，HMF 收率较低[350]。向 DMSO 溶剂中加入 Lewis 酸为催化剂或以同时具有异构化和脱水功能的固体酸碱为催化剂，葡萄糖可高效脱水转化为 HMF。例如，以 $SnCl_4$ 为催化剂，葡萄糖在 100℃下反应 3h，HMF 的收率为 44%[292]；以含 Brønsted 碱性位的 SO_4^{2-}/ZrO_2-Al_2O_3 固体酸为催化剂，当催化剂中 Al/Zr 摩尔比为 1∶1 时，葡萄糖在 130℃下反应 4h，HMF 的收率为 48%。在 SO_4^{2-}/ZrO_2-Al_2O_3 催化剂中，Brønsted 碱性位主要起催化葡萄糖异构化为果糖的作用，酸性位则主要起催化果糖脱水的作用；即便在反应体系中有水情况下[V(DMSO)∶V(H_2O) = 80∶20]，催化剂的双催化活性依然很高，尤其是当 Al/Zr 摩尔比为 7∶3 时，葡萄糖在 150℃下反应 4h，HMF 收率高达 56%[351]。

以 DMF 为溶剂，加入具有催化葡萄糖异构化功能的水滑石和具有催化果糖脱水功能的 Amberlyst-15 树脂作为组合催化剂，葡萄糖在 80℃下反应 9h，HMF 的收率为 42%[352]；若将异构化和脱水反应分为两步进行，即葡萄糖先在 200℃下反应 2.5h 后再加入 Amberlyst-15，再反应 2h 后，HMF 的收率为 45%，此时 HMF 选择性为 73%。另外，$CrCl_2$、$CrCl_3$ 或 $CrBr_3$ 等 Lewis 酸也作为葡萄糖的脱水催化剂，在含 10wt% LiBr 的 DMA 为溶剂中，葡萄糖在 100℃下反应 4～6h，HMF 收率为 76%～80%[353]。

以葡萄糖为原料，尽管在上述有机溶剂中能得到高收率的 HMF，但这些有机溶剂沸点高，使得 HMF 分离困难或者需要在后处理中二次萃取，能耗高且可能造成进一步的环境污染。因此，寻找适宜的低沸点绿色溶剂以实现由葡萄糖脱水制备 HMF 具有潜在的工业化价值。

3）离子液体为溶剂

自 2007 年[EMIM]Cl 离子液体首次用于葡萄糖脱水制备 HMF 的反应以来，文献大量报道了各种离子液体在葡萄糖脱水研究中的应用，并获得了很高的 HMF 收率。例如，在 1-丁基-3-甲基咪唑氯盐([BMIM]Cl)离子液体中，采用氮杂环卡宾(NHC)/$CrCl_2$ 为催化剂，葡萄糖在 100℃下反应 6h，HMF 的收率为 80%[354]；结合 $CrCl_3$ 催化剂和微波加热促进传热后，HMF 分离收率更是高达 91%[355]。值得注意的是，在离子液体溶剂体系中几乎没有报道乙酰丙酸的生成，说明离子液体能稳定 HMF，抑制其再水合分解，反应后体系颜色多呈褐色，这表明有有机聚合物的生成。此外，由于离子液体制备过程相对复杂，价格昂贵，产物 HMF 难以分离，因此阻碍了离子液体作为溶剂用于由葡萄糖制备 HMF 的规模化应用。

2. 双相催化体系

尽管水是一种理想的绿色溶剂，但 HMF 在水中溶解度高，稳定性差，难以分离，因此限制了其作为脱水反应溶剂的实际应用。采用 DMSO 或离子液体作为反应溶剂，以 Lewis 酸或 Lewis 酸-Brønsted 碱双功能固体酸碱为催化剂，尽管能得到很高的 HMF 收率，但溶剂沸点高使得产物难以分离，阻碍其作为溶剂来制备 HMF 的规模化应用。通过选择合适的低沸点有机溶剂-水双相体系，能将在水相中经由葡萄糖异构化再脱水生成的 HMF 连续萃取至有机相，避免 HMF 在水相中发生副反应，不断推动化学平衡向生成 HMF 的方向移动，从而提高原料的转化率及 HMF 的收率和选择性。在低沸点有机溶剂中，HMF 易于分离与提纯，且 HMF 还可以在有机相中进一步转化为所需的下游产品。

一般认为，在水-有机双相反应体系中，糖类先在水相中脱水生成 HMF，然后 HMF 立即转移至有机相，使得 HMF 在有机相中累积，而水相中 HMF 浓度降低，从而减少 HMF 在水相中发生水合分解、降解和聚合等副反应，提高 HMF 的收率和选择性[356, 357]。常用的有机相溶剂包括丙酮、2-丁醇（2-BuOH）、四氢呋喃（THF）、2-甲基四氢呋喃（MTHF）、甲基异丁基酮（MIBK）、邻仲丁基苯酚（SBP）、二氯甲烷（DCM）以及甲苯等。为了提高 HMF 在有机相中的分配系数，常常需要加入盐，通常为 NaCl 或 LiCl，利用盐析效应从而提高有机相中的 HMF 浓度。

Cope 首次采用双相体系 H_2O/MIBK 来促进葡萄糖脱水转化为 HMF：葡萄糖在 160～180℃下反应，HMF 的分离收率为 21%～25%，反应过程中未添加任何酸催化剂，仅利用反应中生成的酸（如甲酸、乙酰丙酸等）来进行自催化。2006 年，Dumesic 小组在 *Science* 上发表的工作引起了广泛关注：以果糖为原料，HCl、H_2SO_4、H_3PO_4 或离子交换树脂等为催化剂，用 DMSO 和聚乙烯吡咯烷酮（PVP）改性水相，

MIBK 和 2-BuOH 混合溶剂为有机相，在 HCl-H_2O/MIBK 体系中得到 HMF 的收率为 55%[64]。果糖在双相体系中比较容易脱水得到高收率的 HMF，但对于葡萄糖而言，因其脱水反应大多需经过异构化步骤并伴随部分脱水中间体聚合等副反应发生，其在双相体系中得到的 HMF 收率仍然低于果糖。将 HCl-H_2O/MIBK 双相体系用于葡萄糖脱水转化为 HMF，葡萄糖在 170℃下反应 17min，HMF 收率为 24%，此时有 76%的 HMF 分布于有机相中；当有机相为二氯甲烷（DCM）时，140℃下反应 4h，HMF 收率为 30%，此时有 48%的 HMF 分布于有机相中[284]。以 $AlCl_3$ 为催化剂，在 HCl-NaCl-H_2O/SBP 双相体系中，葡萄糖在 170℃下反应 40min，HMF 收率为 62%，但 SBP 沸点高达 227℃，在得到含 HMF 的有机相后，需加入其他溶剂（如水等）来进行萃取分离[358]；在 NaCl-H_2O/THF 双相体系中，结合微波加热，葡萄糖在 160℃下反应 10min，获得了与 HCl-NaCl-H_2O/SBP 双相体系中相当的 HMF 收率（61%），而 THF 沸点很低（85℃），通过旋蒸或分馏等方法就能很容易地对 HMF 进行分离提纯[357]。此外，其他金属盐如 $SnCl_4$、$InCl_3$、$YbCl_3$、$DyCl_3$、$LaCl_3$ 以及 $FeSO_4$ 等也在 NaCl-H_2O/THF、H_2O/MIBK、H_2O/MTHF、H_2O/BuOH 等双相溶剂体系中对葡萄糖脱水转化为 HMF 表现出较好的催化活性，HMF 收率为 40%～60%，但反应温度普遍较高（大于 140℃）[48, 346, 359-361]。以 $CrCl_3$ 为催化剂，采用[BMIM]Cl/H_2O/乙二醇二甲醚（GDE）三元双相体系，GDE 能有效萃取 HMF 且与离子液体部分相溶，降低了体系的黏度，葡萄糖在 110℃下反应 60min，得到 65%的 HMF 收率[362]。

固体酸催化剂也可在双相溶剂中催化葡萄糖脱水转化为 HMF。例如，向 NaCl-H_2O/THF 双相体系中加入 HCl 调节水相 pH 为 1，以 Sn-Beta 或 Ti-Beta 固体酸为催化剂，葡萄糖在 180℃下反应 70～105min，HMF 收率为 53%～57%[363]。在 H_2O/2-BuOH 双相体系中，以磷酸改性的氧化钽为催化剂，葡萄糖在 160℃下反应 140min，HMF 收率为 58%。其中，改性的催化剂同时具有酸性位和碱性位，Brønsted 碱性位促进葡萄糖异构化为果糖，Brønsted 酸性位促进果糖脱水生成 HMF[364]。在 H_2O/MIBK 双相体系中，以 $Ag_3PW_{12}O_{40}$ 杂多酸盐为催化剂，葡萄糖在 130℃下反应 4h，HMF 收率高达 76%。其中，$Ag_3PW_{12}O_{40}$ 杂多酸盐同时具有 Lewis 酸性位和 Brønsted 酸性位，前者促进葡萄糖异构化为果糖，后者促进果糖脱水为 HMF[365]。在丙酮/DMSO 双相体系中，以 nano-POM/nano-ZrO_2/nano-γ-Al_2O_3 为催化剂，葡萄糖在 190℃下反应 4h，HMF 收率为 60%，虽因中间体及胡敏素会堵塞催化剂酸性位使催化剂重复利用时 HMF 收率降低，但第三次重复利用实验仍得到约 40%的 HMF 收率[366]。在 NaCl-H_2O/MIBK 双相体系中，以 Al-MCM-41 为催化剂，葡萄糖在 195℃下反应 30min，HMF 的收率达 63%[367]。

双相体系的重要意义在于其具有规模化生产应用的潜力，通过选择合适的低沸点有机溶剂-水双相体系，能将在水相中经由葡萄糖异构化再脱水生成的 HMF 连

续萃取至有机相，不但避免了 HMF 在水相中的副反应，而且不断推动化学平衡向生成 HMF 的方向移动，提高了原料的转化率及 HMF 的收率和选择性，另外，低沸点有机溶剂易于 HMF 的分离与提纯。HMF 也可以在有机相中进一步转化为所需的下游产品。然而，目前对双相体系中葡萄糖转化为 HMF 的研究中，催化活性物质的存在形式及其与葡萄糖、中间体及 HMF 在真实反应条件下的相互作用仍缺乏详细的信息。对真实或接近真实的反应条件下葡萄糖转化为 HMF 的研究，对构建反应网络，明晰反应机理，以及调控目标反应的选择性，优化由六碳糖制备高附加值化学品的反应路线设计，新催化剂开发和过程改进有着重要的指导意义。

3. 由葡萄糖制备 HMF 的机理

葡萄糖可通过两种反应路径脱水为 HMF（图 4.65）：一种为异构化路径；另一种为非异构化路径。异构化路径是指果糖作为葡萄糖的脱水中间体，即葡萄糖在碱或酸催化剂作用下异构化为果糖，果糖再脱水生成 HMF；非异构化路径是指葡萄糖不经过异构化生成果糖中间体，直接开环后脱水生成 HMF。在异构化路径中，果糖还可经由非环状结构脱水转化机理（即开环脱水反应机理，葡萄糖首先经由呋喃果糖中间体开环为 1, 2-烯二醇，然后脱水为 HMF[28, 29, 368]）或环状结构脱水转化机理（葡萄糖经由环状结构中间体直接脱水为 HMF[369, 370]）转化为 HMF。

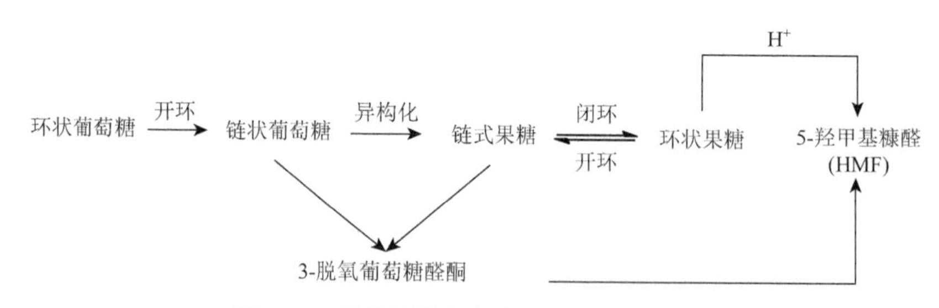

图 4.65　葡萄糖脱水生成 HMF 的可能路径

如图 4.66 所示，非异构化路径通常是链式脱水路径，葡萄糖不经过异构化生成果糖中间体，直接开环后脱水生成 HMF，一般认为需要经过 3-脱氧葡萄糖醛酮（3-DG）中间体。当葡萄糖通过链式脱水路径生成 HMF 时，可以不经过异构化步骤，也可以先异构化生成果糖，果糖再通过 3-DG 中间体脱水生成 HMF，此时异构化步骤中 C2→C1 上的氢迁移一般是分子间的氢迁移，异构化中间体是 1, 2-烯二醇（1, 2-enediol）。Jadhav 等[371]直接采用 3-DG 作为反应底物，在 H_2SO_4/DMA/LiCl 体系下得到收率高达 92%的 HMF；采用 G3MP2 方法对反应路径进行了理论计算研究，发现葡萄糖通过 3-DG 路径生成 HMF 的能垒比其先开环异构为果糖再闭环脱水的路径更低，是更优的反应路径。

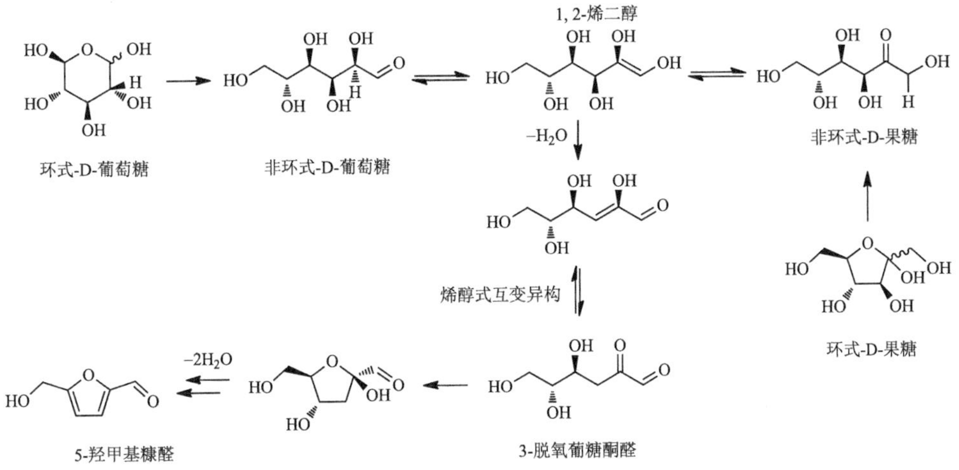

图 4.66　葡萄糖经由 3-脱氧葡糖醛酮中间体脱水生成 HMF 的路径（非异构化路径）

如图 4.67 所示，异构化路径通常由果糖 C2 上的—OH 质子化后脱去一分子水，然后发生 C1→C2 的氢迁移，最后依次脱去两分子水生成 HMF，整个反应过程中底物及中间体保持环状结构。在金属卤化物催化葡萄糖脱水为 HMF 的反应中，一般认为变旋和异构步是必要的[47, 292]。如图 4.68 所示，葡萄糖通过与金属卤化物相互作用导致 *α*-、*β*-吡喃葡萄糖异头物之间发生变旋，吡喃葡萄糖再通过异构化反应转化为呋喃果糖，其中，在 $CrCl_2$ 催化作用下，*α*-、*β*-吡喃葡萄糖异头物之间的变旋平衡时间缩短，因而促进了吡喃葡萄糖向呋喃果糖之间的异构化反应。

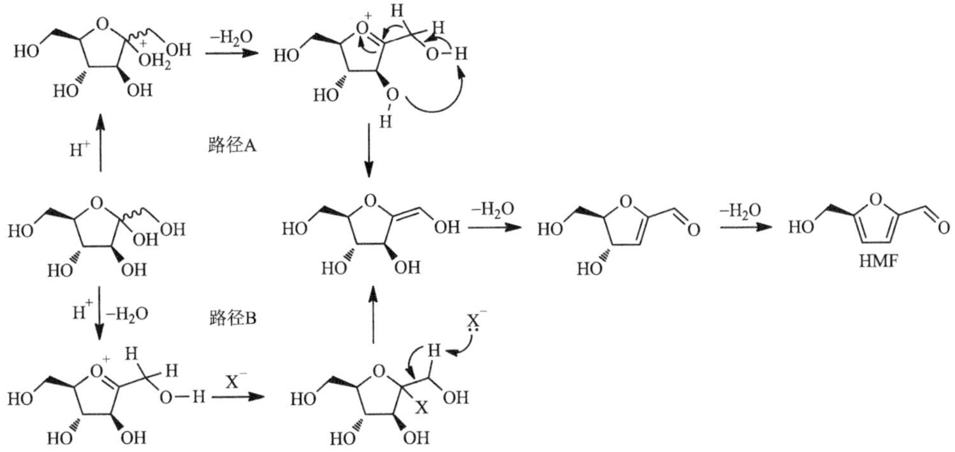

图 4.67　果糖脱水生成 HMF 的机理（异构化路径）

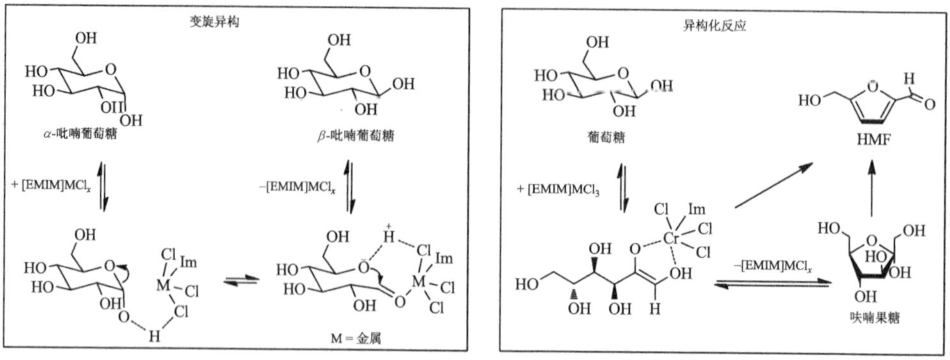

图 4.68　葡萄糖与金属卤化物的可能相互作用导致变旋和异构反应[47]

在不同的反应条件下，葡萄糖脱水生成 HMF 的路径及其机理不尽相同。Noma 等对比研究了水溶液中三氟甲磺酸钪[Sc(OTf)$_3$]、TiO_2 及磷酸根/TiO_2 三种催化剂在催化一位或二位氘代葡萄糖的脱水反应，用 ^{2}H NMR 追踪氘原子，发现 Sc(OTf)$_3$ 催化葡萄糖脱水生成 HMF 是通过异构化路径；但 TiO_2 及磷酸根/TiO_2 催化葡萄糖脱水反应是通过 3-DG 中间体直接脱水生成 HMF[372]。一般来说，葡萄糖脱水反应路径包括异构化、脱水、降解和缩合等多个反应步骤。由于果糖脱水反应温度（120～200℃）通常高于葡萄糖异构化反应温度（90～120℃），因此在异构化脱水路径中，通常会由于高温反应而生成大量的胡敏素、糠醛、甲醛、甲酸、乙酰丙酸等多种副产物，尤其是在高底物浓度下，胡敏素生成更为明显。

4.3.6　合成乳酸

目前，约 90%的乳酸是通过葡萄糖或蔗糖的生物发酵法制得的[373]。然而，生物发酵法通常时空产率低，生物酶催化剂价格较为昂贵，产生大量废盐污染，乳酸的分离成本高。因此，近年来，化学催化法合成乳酸的研究受到了研究者的广泛关注。

由葡萄糖转化为乳酸涉及 C—C 键断裂。研究结果表明，在超临界或亚临界条件下，NaOH 或 KOH 可催化葡萄糖发生 C—C 键断裂生成乳酸盐。例如，在 0.75mol/L NaOH 溶液的催化作用下，葡萄糖在 300℃下反应，乳酸收率可达 23.6%[374]。尽管该碱催化法反应速率较酶催化法快，但碱浓度和反应温度均较高，乳酸选择性低。加入共催化剂可降低碱催化剂的浓度，反应条件也更为温和。例如，使用咪唑和环氧氯丙烷构成的聚合物[IMEP]Cl 为共催化剂，0.05mol/L 的 NaOH 水溶液为催化剂，葡萄糖在 100℃下反应，乳酸收率可达 63%[375]；[IMEP]Cl 催化剂在水溶液中可彻底离解形成阳离子，后者可作为弱 Lewis 酸催化剂与反应中间体的负电性氧原子配位，促进速率控制步骤发生并生成乳酸。以负载 Cu 的氧化镁（Cu-CTAB/MgO）为固体碱催化剂，葡萄糖在 100℃的碱性水溶液中反应 1h，乳酸收率可高达 70%；其中，NaOH 或 MgO 中的碱性位均可促进葡萄糖的 C—C 键断裂生成 C_3 中间体及进一步转化为乳酸[376]。

金属氯化物（如 $SnCl_4$、$SnCl_2$、$AlCl_3$、$CrCl_3$、$CoCl_2$、$MnSO_4$、$ZrOCl_2$ 等）可作为 Lewis 酸用于葡萄糖转化为乳酸酯的催化剂。例如，在甲醇溶剂中，以 $SnCl_4$ 或 $SnCl_2$ 为催化剂时，葡萄糖在 160℃下反应 2.5h，乳酸甲酯收率为 26%～28%，乙酰丙酸甲酯是主要的副产物，反应体系中加入 NaOH 后可有效抑制乙酰丙酸甲酯的生成，乳酸甲酯收率可提高至 51%[377]。将 Sn^{IV} 掺入 β 分子筛可制得 Sn-β，以其为多相催化剂，蔗糖在甲醇溶剂中 160℃下反应 20h，乳酸甲酯收率可达 64%[378]。向甲醇溶剂或 Sn-β 催化剂中添加 K_2CO_3 等碱性盐，乳酸甲酯收率和选择性可进一步得到提高，在优化的反应条件下（0.065mmol/L K_2CO_3，170℃，16h），乳酸甲酯收率可达 75%[379]。

如图 4.69 所示，在 Pb^{II} 催化剂作用下，葡萄糖转化为乳酸包括三步[380]：第一步，葡萄糖异构为果糖；第二步，果糖的 C—C 键断裂生成 C_3 中间体二羟基丙酮（DHA）和甘油醛（GLY）；第三步，两种 C_3 中间体异构化为乳酸。在没有催化剂存在下，葡萄糖和果糖可转化为 HMF；在 Pb^{II} 催化剂作用下，反应路径向生成乳酸方向移动。密度泛函理论计算结果表明，在 Pb^{II}—OH 物质存在下，葡萄糖经由 1, 2-氢化物迁移异构为果糖的活化能由 24.4kcal/mol 降低至 19.5kcal/mol，因此 Pb^{II}—OH 物质是葡萄糖异构为果糖的主要催化活性物质；在无催化剂存在时，果糖脱水为 HMF 的反应路径活化能（29.1kcal/mol）低于果糖逆羟醛缩合为 C_3 中间体的反应路径的活化能（32.8kcal/mol），而在 Pb^{II} 催化剂存在时，果糖发生逆羟醛缩合反应的活化能降低至 22.4kcal/mol，并催化 C_3 中间体异构化为乳酸，使得反应路径向生成乳酸的方向移动。

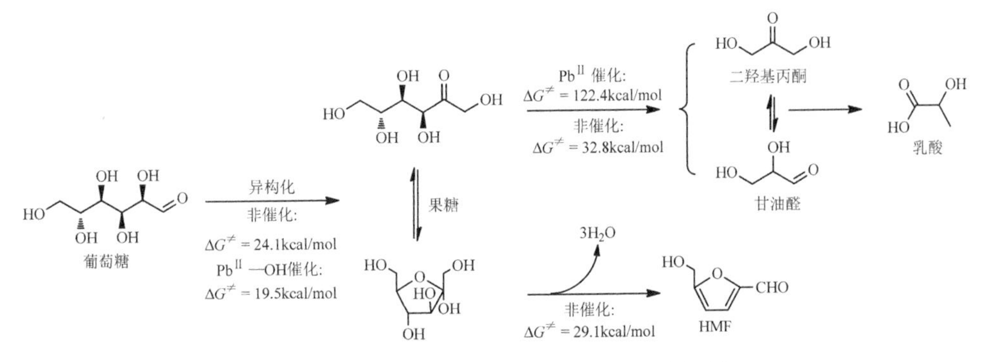

图 4.69　葡萄糖转化为乳酸的可能反应路径[380]

4.4 展望

木质纤维素生物质的主要成分是糖，开展将糖类化合物高效转化为高值精细化学品和高品质液体燃料的原理和技术研究，对丰富生物质催化转化化学、推动纤维素生物质高值化利用具有十分重要的理论意义，对发展低碳经济、应对资源和环境的双重挑战、实施可持续发展战略具有重要的社会意义。目前以五碳糖和六碳糖为原料，已发展出诸多有效的催化转化方法，获得了诸多有价值的结果，但也仍存在一些难题和挑战。例如，相对于原生生物质资源，单糖的来源有限，成本相对较高；单糖作为反应底物的浓度较低，反应网络复杂，副反应多，原料碳利用率低，分离能耗高。今后仍需大量深入的研究，尤其是加强对高底物浓度条件下单糖转化过程的研究，加强胡敏素等副产物的生成机理和抑制方法研究，并通过催化剂设计、溶剂选择和过程强化等方法和技术提高单糖催化转化的效率，为提高生物质碳原子利用率提供必要的理论数据支撑。

参 考 文 献

[1] Wyman C E, Dale B E, Elander R T, et al. Coordinated development of leading biomass pretreatment technologies. Bioresource Technology，2005，96：1959-1966.

[2] Corma A, Iborra S, Velty A. Chemical routes for the transformation of biomass into chemicals. Chemical Reviews，2007，107：2411-2502.

[3] Huber G W，Iborra S，Corma A. Synthesis of transportation fuels from biomass：chemistry，catalysts，and engineering. Chemical Reviews，2006，106：4044-4098.

[4] Werpy T，Petersen G，Aden A，et al. Top Value Added Chemicals from Biomass. Vol. Ⅰ：Results of Screening for Potential Candidates from Sugars and Synthesis Gas. Washington DC：Department of Energy，2004.

[5] Bozell J J，Petersen G R. Technology development for the production of biobased products from biorefinery carbohydrates-the US Department of Energy's "Top 10" revisited. Green Chemistry，2010，12：539-554.

[6] Antonio Melero J，Iglesias J，Garcia A. Biomass as renewable feedstock in standard refinery units. Feasibility，opportunities and challenges. Energy & Environmental Science，2012，5：7393-7420.

[7] James O O, Maity S, Usman L A, et al. Towards the conversion of carbohydrate biomass feedstocks to biofuels via hydroxylmethylfurfural. Energy & Environmental Science，2010，3：1833-1850.

[8] van Putten R J，van der Waal J C，de Jong E，et al. Hydroxymethylfurfural，a versatile platform chemical made from renewable resources. Chemical Reviews，2013，113：1499-1597.

[9] Yu I K M，Tsang D C W. Conversion of biomass to hydroxymethylfurfural：a review of catalytic systems and underlying mechanisms. Bioresource Technology，2017，238：716-732.

[10] Karinen R，Vilonen K，Niemela M. Biorefining：heterogeneously catalyzed reactions of carbohydrates for the production of furfural and hydroxymethylfurfural. ChemSusChem，2011，4：1002-1016.

[11] Rosatella A A，Simeonov S P，Frade R F M，et al. 5-Hydroxymethylfurfural(HMF)as a building block platform：biological properties，synthesis and synthetic applications. Green Chemistry，2011，13：754-793.

[12] Zhou P，Zhang Z. One-pot catalytic conversion of carbohydrates into furfural and 5-hydroxymethylfurfural. Catalysis Science & Technology，2016，6：3694-3712.

[13] Agirrezabal-Telleria I，Gandarias I，Arias P L. Heterogeneous acid-catalysts for the production of furan-derived compounds(furfural and hydroxymethylfurfural)from renewable carbohydrates：a review. Catalysis Today，2014，234：42-58.

[14] Liu B，Zhang Z. One-pot conversion of carbohydrates into furan derivatives via furfural and 5-hydroxylmethylfurfural as intermediates. ChemSusChem，2016，9：2015-2036.

[15] Li H，Yang S，Saravanamurugan S，et al. Glucose isomerization by enzymes and chemo-catalysts：status and current advances. ACS Catalysis，2017，7：3010-3029.

[16] Zhang Z，Huber G W. Catalytic oxidation of carbohydrates into organic acids and furan chemicals. Chemical Society Reviews，2018，47：1351-1390.

[17] Carlos Serrano-Ruiz J，Luque R，Sepulveda-Escribano A. Transformations of biomass-derived platform molecules：from high added-value chemicals to fuels via aqueous-phase processing. Chemical Society Reviews，2011，40：5266-5281.

[18] Choudhary V，Pinar A B，Sandler S I，et al. Xylose isomerization to xylulose and its dehydration to furfural in aqueous media. ACS Catalysis，2011，1：1724-1728.

[19] Huber G W，Chheda J N，Barrett C J，et al. Production of liquid alkanes by aqueous-phase processing of biomass-derived carbohydrates. Science，2005，308：1446-1450.

[20] Alonso D M，Bond J Q，Dumesic J A. Catalytic conversion of biomass to biofuels. Green Chemistry，2010，12：1493-1513.

[21] 朱晨杰，张会岩，肖睿，等. 木质纤维素高值化利用的研究进展. 中国科学：化学，2015，45：454-478.

[22] West R M，Liu Z Y，Peter M，et al. Liquid Alkanes with targeted molecular weights from biomass-derived carbohydrates. ChemSusChem，2008，1：417-424.

[23] Xing R，Subrahmanyam A V，Olcay H，et al. Production of jet and diesel fuel range alkanes from waste hemicellulose-derived aqueous solutions. Green Chemistry，2010，12：1933-1946.

[24] Binder J B，Blank J J，Cefali A V，et al. Synthesis of furfural from xylose and xylan. ChemSusChem，2010，3：1268-1272.

[25] Ahmad T，Kenne L，Olsson K，et al. The formation of 2-furaldehyde and formic acid from pentoses in slightly acidic deuterium oxide studied by ^{1}H NMR spectroscopy. Carbohydrate Research，1995，276：309-320.

[26] Feather M S，Harris D W，Nichols S B. Routes of conversion of d-xylose，hexuronic acids，and l-ascorbic-acid to 2-furaldehyde. The Journal of Organic Chemistry，1972，37：1606-1608.

[27] Bonner W A，Roth M R. The conversion of D-xylose-1-C^{14} into 2-furaldehyde-alpha-C^{14}. Journal of the American Chemical Society，1959，81：5454-5456.

[28] Antal M J，Leesomboon T，Mok W S，et al. Kinetic-studies of the reactions of ketoses and aldoses in water at high-temperature. 3. Mechanism of formation of 2-furaldehyde from D-xylose. Carbohydrate Research，1991，217：71-85.

[29] Qian X H，Nimlos M R，Davis M，et al. *Ab initio* molecular dynamics simulations of beta-D-glucose and beta-D-xylose degradation mechanisms in acidic aqueous solution. Carbohydrate Research，2005，340：2319-2327.

[30] Danon B，Marcotullio G，de Jong W. Mechanistic and kinetic aspects of pentose dehydration towards furfural in aqueous media employing homogeneous catalysis. Green Chemistry，2014，16：39-54.

[31] Moreau C，Durand R，Peyron D，et al. Selective preparation of furfural from xylose over microporous solid acid

catalysts. Industrial Crops and Products，1998，7：95-99.

[32] Dias A S，Pillinger M，Valente A A. Dehydration of xylose into furfural over micro-mesoporous sulfonic acid catalysts. Journal of Catalysis，2005，229：414-423.

[33] Dias A S，Lima S，Brandao P，et al. Liquid-phase dehydration of D-xylose over microporous and mesoporous niobium silicates. Catalysis Letters，2006，108：179-186.

[34] 梁玉，陈志浩，梁宝炎，等. 稻壳碳基固体酸催化剂的制备及在木糖脱水制备糠醛反应中的催化性能. 高等学校化学学报，2016，37：1123-1127.

[35] Dias A S，Lima S，Pillinger M，et al. Acidic cesium salts of 12-tungstophosphoric acid as catalysts for the dehydration of xylose into furfural. Carbohydrate Research，2006，341：2946-2953.

[36] Agirrezabal-Telleria I，Larreategui A，Requies J，et al. Furfural production from xylose using sulfonic ion-exchange resins(Amberlyst)and simultaneous stripping with nitrogen. Bioresource Technology，2011，102：7478-7485.

[37] Zhang Z，Du B，Quan Z-J，et al. Dehydration of biomass to furfural catalyzed by reusable polymer bound sulfonic acid(PEG-OSO_3H)in ionic liquid. Catalysis Science & Technology，2014，4：633-638.

[38] Dias A S，Lima S，Carriazo D，et al. Exfoliated titanate，niobate and titanoniobate nanosheets as solid acid catalysts for the liquid-phase dehydration of D-xylose into furfural. Journal of Catalysis，2006，244：230-237.

[39] Dias A S，Lima S，Pillinger M，et al. Modified versions of sulfated zirconia as catalysts for the conversion of xylose to furfural. Catalysis Letters，2007，114：151-160.

[40] 李相呈，张宇，夏银江，等. 介孔磷酸铌一锅法高效催化木糖制备糠醛. 物理化学学报，2012，28：2349-2354.

[41] Lima S，Pillinger M，Valente A A. Dehydration of D-xylose into furfural catalysed by solid acids derived from the layered zeolite Nu-6(1). Catalysis Communications，2008，9：2144-2148.

[42] Danon B，van der Aa L，de Jong W. Furfural degradation in a dilute acidic and saline solution in the presence of glucose. Carbohydrate Research，2013，375：145-152.

[43] Yang Y，Hu C W，Abu-Omar M M. Synthesis of furfural from xylose，xylan，and biomass using $AlCl_3$ center dot $6H_2O$ in biphasic media via xylose isomerization to xylulose. ChemSusChem，2012，5：405-410.

[44] Aellig C，Scholz D，Dapsens P Y，et al. When catalyst meets reactor：continuous biphasic processing of xylan to furfural over GaUSY/Amberlyst-36. Catalysis Science & Technology，2015，5：142-149.

[45] Weingarten R，Cho J，Conner W C，et al. Kinetics of furfural production by dehydration of xylose in a biphasic reactor with microwave heating. Green Chemistry，2010，12：1423-1429.

[46] Lessard J，Morin J F，Wehrung J F，et al. High yield conversion of residual pentoses into furfural via zeolite catalysis and catalytic hydrogenation of furfural to 2-methylfuran. Topics in Catalysis，2010，53：1231-1234.

[47] Zhao H，Holladay J E，Brown H，et al. Metal chlorides in ionic liquid solvents convert sugars to 5-hydroxymethylfurfural. Science，2007，316：1597-1600.

[48] Enslow K R，Bell A T. $SnCl_4$-catalyzed isomerization/dehydration of xylose and glucose to furanics in water. Catalysis Science & Technology，2015，5：2839-2847.

[49] Peleteiro S，Rivas S，Luis A J，et al. Furfural production using ionic liquids：a review. Bioresource Technology，2016，202：181-191.

[50] Kim Y C，Lee H S. Selective synthesis of furfural from xylose with supercritical carbon dioxide and solid acid catalyst. Journal of Industrial and Engineering Chemistry，2001，7：424-429.

[51] Liu B J，Lu L H，Wang B C，et al. Liquid phase selective hydrogenation of furfural on Raney nickel modified by impregnation of salts of heteropolyacids. Applied Catalysis A：General，1998，171：117-122.

[52] Perez R F，Fraga M A. Hemicellulose-derived chemicals：one-step production of furfuryl alcohol from xylose.

Green Chemistry，2014，16：3942-3950.

[53] He Y C，Jiang C X，Chong G G，et al. Chemical-enzymatic conversion of corncob-derived xylose to furfuralcohol by the tandem catalysis with SO_4^{2-} /SnO_2-kaoline and *E. coli* CCZU-T15 cells in toluene-water media. Bioresource Technology，2017，245：841-849.

[54] John R P，Nampoothiri K M，Pandey A. Fermentative production of lactic acid from biomass：an overview on process developments and future perspectives. Applied Microbiology and Biotechnology，2007，74：524-534.

[55] Okano K，Tanaka T，Ogino C，et al. Biotechnological production of enantiomeric pure lactic acid from renewable resources：recent achievements，perspectives，and limits. Applied Microbiology and Biotechnology，2010，85：413-423.

[56] Wang Y，Tashiro Y，Sonomoto K. Fermentative production of lactic acid from renewable materials：recent achievements，prospects，and limits. Journal of Bioscience and Bioengineering，2015，119：10-18.

[57] Cao X，Peng X，Sun S，et al. Hydrothermal conversion of xylose，glucose，and cellulose under the catalysis of transition metal sulfates. Carbohydrate Polymers，2015，118：44-51.

[58] Yang L，Su J，Carl S，et al. Catalytic conversion of hemicellulosic biomass to lactic acid in pH neutral aqueous phase media. Applied Catalysis B：Environmental，2015，162：149-157.

[59] 何婷. 催化转化玉米秸秆中的半纤维素制备乳酸研究. 成都：四川大学，2017.

[60] He T，Jiang Z，Wu P，et al. Fractionation for further conversion：from raw corn stover to lactic acid. Scientific Reports，2016，6.

[61] 唐金强. $AlCl_3$ 催化葡萄糖异构化及脱水生成 5-羟甲基糠醛机理研究. 成都：四川大学，2016.

[62] Asghari F S，Yoshida H. Acid-catalyzed production of 5-hydroxymethyl furfural from D-fructose in subcritical water. Industrial & Engineering Chemistry Research，2006，45：2163-2173.

[63] Seri K，Inoue Y，Ishida H. Highly efficient catalytic activity of lanthanide (Ⅲ) ions for conversion of saccharides to 5-hydroxymethyl-2-furfural in organic solvents. Chemistry Letters，2000：22-23.

[64] Roman-Leshkov Y，Chheda J N，Dumesic J A. Phase modifiers promote efficient production of hydroxymethylfurfural from fructose. Science，2006，312：1933-1937.

[65] Roman-Leshkov Y，Dumesic J A. Solvent effects on fructose dehydration to 5-hydroxymethylfurfural in biphasic systems saturated with inorganic salts. Topics in Catalysis，2009，52：297-303.

[66] 余开荣，庄军平，王兰英，等. 固体酸催化果糖合成 5-羟甲基糠醛研究进展. 应用化工，2017，46：1792-1800.

[67] Qi X，Watanabe M，Aida T M，et al. Efficient catalytic conversion of fructose into 5-hydroxymethylfurfural in ionic liquids at room temperature. ChemSusChem，2009，2：944-946.

[68] Shimizu K，Uozumi R，Satsuma A. Enhanced production of hydroxymethylfurfural from fructose with solid acid catalysts by simple water removal methods. Catalysis Communications，2009，10：1849-1853.

[69] Qi X，Watanabe M，Aida T M，et al. Catalytic dehydration of fructose into 5-hydroxymethylfurfural by ion-exchange resin in mixed-aqueous system by microwave heating. Green Chemistry，2008，10：799-805.

[70] Moreau C，Durand R，Pourcheron C，et al. Preparation of 5-hydroxymethylfurfural from fructose and precursors over H-form zeolites. Industrial Crops and Products，1994，3：85-90.

[71] Wang J，Xu W，Ren J，et al. Efficient catalytic conversion of fructose into hydroxymethylfurfural by a novel carbon-based solid acid. Green Chemistry，2011，13：2678-2681.

[72] Dai J，Zhu L，Tang D，et al. Sulfonated polyaniline as a solid organocatalyst for dehydration of fructose into 5-hydroxymethylfurfural. Green Chemistry，2017，19：1932-1939.

[73] Carlini C，Giuttari M，Galletti A M R，et al. Selective saccharides dehydration to 5-hydroxymethyl-2-furaldehyde

by heterogeneous niobium catalysts. Applied Catalysis A：General，1999，183：295-302.

[74] Carlini C，Patrono P，Galletti A M R，et al. Heterogeneous catalysts based on vanadyl phosphate for fructose dehydration to 5-hydroxymethyl-2-furaldehyde. Applied Catalysis A：General，2004，275：111-118.

[75] Asghari F S，Yoshida H. Dehydration of fructose to 5-hydroxymethylfurfural in sub-critical water over heterogeneous zirconium phosphate catalysts. Carbohydrate Research，2006，341：2379-2387.

[76] Zhu L，Dai J，Liu M，et al. Formyl-modified polyaniline for the catalytic dehydration of fructose to 5-hydroxymethylfurfural. ChemSusChem，2016，9：2174-2181.

[77] Amarasekara A S，Williams L D，Ebede C C. Mechanism of the dehydration of D-fructose to 5-hydroxymethylfurfural in dimethyl sulfoxide at 150 degrees C：an NMR study. Carbohydrate Research，2008，343：3021-3024.

[78] Mushrif S H，Caratzoulas S，Vlachos D G. Understanding solvent effects in the selective conversion of fructose to 5-hydroxymethyl-furfural：a molecular dynamics investigation. Physical Chemistry Chemical Physics，2012，14：2637-2644.

[79] Tsilomelekis G，Josephson T R，Nikolakis V，et al. Origin of 5-hydroxymethylfurfural stability in water/dimethyl sulfoxide mixtures. ChemSusChem，2014，7：117-126.

[80] Nikolakis V，Mushrif S H，Herbert B，et al. Fructose-water-dimethylsulfoxide interactions by vibrational spectroscopy and molecular dynamics simulations. The Journal of Physical Chemistry B，2012，116：11274-11283.

[81] Ren L K，Zhu L F，Qi T，et al. Performance of dimethyl sulfoxide and bronsted acid catalysts in fructose conversion to 5-hydroxymethylfurfural. ACS Catalysis，2017，7：2199-2212.

[82] Guo X，Tang J，Xiang B，et al. Catalytic dehydration of fructose into 5-hydroxymethylfurfural by a DMSO-like polymeric solid organocatalyst. ChemCatChem，2017，9：3218-3225.

[83] 郭夏微. 聚噻吩复合氧化物催化果糖脱水制备 5-羟甲基糠醛研究. 成都：四川大学，2017.

[84] Moreau C，Finiels A，Vanoye L. Dehydration of fructose and sucrose into 5-hydroxymethylfurfural in the presence of 1-H-3-methyl imidazolium chloride acting both as solvent and catalyst. Journal of Molecular Catalysis A：Chemical，2006，253：165-169.

[85] Cao Q，Guo X，Yao S，et al. Conversion of hexose into 5-hydroxymethylfurfural in imidazolium ionic liquids with and without a catalyst. Carbohydrate Research，2011，346：956-959.

[86] Hu S，Zhang Z，Zhou Y，et al. Conversion of fructose to 5-hydroxymethylfurfural using ionic liquids prepared from renewable materials. Green Chemistry，2008，10：1280-1283.

[87] Ma Z，Hu H，Sun Z，et al. Acidic zeolite L as a highly efficient catalyst for dehydration of fructose to 5-hydroxymethylfurfural in ionic liquid. ChemSusChem，2017，10：1669-1674.

[88] Zhang Z，Song J，Han B. Catalytic Transformation of lignocellulose into chemicals and fuel products in ionic liquids. Chemical Reviews，2017，117：6834-6880.

[89] Chinnappan A，Baskar C，Kim H. Biomass into chemicals：green chemical conversion of carbohydrates into 5-hydroxymethylfurfural in ionic liquids. RSC Advances，2016，6：63991-64002.

[90] Zakrzewska M E，Bogel-Lukasik E，Bogel-Lukasik R. Ionic liquid-mediated formation of 5-hydroxymethylfurfural-a promising biomass-derived building block. Chemical Reviews，2011，111：397-417.

[91] Sheldon R A. Green and sustainable manufacture of chemicals from biomass：state of the art. Green Chemistry，2014，16：950-963.

[92] Xin J，Zhang S，Yan D，et al. Formation of C—C bonds for the production of bio-alkanes under mild conditions. Green Chemistry，2014，16：3589-3595.

[93] Sarotti A M，Spanevello R A，Suarez A G. Highly diastereoselective Diels-Alder reaction using a chiral auxiliary

derived from levoglucosenone. Organic Letters，2006，8：1487-1490.

[94] Tukacs J M，Fridrich B，Dibo G，et al. Direct asymmetric reduction of levulinic acid to gamma-valerolactone：synthesis of a chiral platform molecule. Green Chemistry，2015，17：5189-5195.

[95] 蔡磊，吕秀阳，何龙，等. 新平台化合物乙酰丙酸化学与应用. 化工时刊，2004，18：1-4.

[96] 常春，陈莉莉，杨安礼. 生物质基平台化合物乙酰丙酸的研究进展. 现代化工，2012：39-42.

[97] Horvat J，Klaic B，Metelko B，et al. Mechanism of levulinic acid formation in acid-catalyzed hydrolysis of 2-hydroxymethylfurane and 5-hydroxymethylfurane-2-carbaldehyde. Croatica Chemica Acta，1986，59：429-438.

[98] Zhao Q，Wang L，Zhao S，et al. High selective production of 5-hydroymethylfurfural from fructose by a solid heteropolyacid catalyst. Fuel，2011，90：2289-2293.

[99] Upare P P，Yoon J W，Kim M Y，et al. Chemical conversion of biomass-derived hexose sugars to levulinic acid over sulfonic acid-functionalized graphene oxide catalysts. Green Chemistry，2013，15：2935-2943.

[100] 李小保，宴宇宏，叶菊娣，等. SO_4^{2-} /ZrO_2催化葡萄糖水解制乙酰丙酸研究. 广州化工，2009，36：10-16.

[101] 曾珊珊，林鹿，刘娣，等. 磷钨酸盐催化转化葡萄糖合成乙酰丙酸. 化工学报，2012，63：3875-3881.

[102] 隋小玉，林鹿. ZSM-5 催化葡萄糖清洁转化合成乙酰丙酸. 化学反应工程与工艺，2010，26：74-87.

[103] Potvin J，Sorlien E，Hegner J，et al. Effect of NaCl on the conversion of cellulose to glucose and levulinic acid via solid supported acid catalysis. Tetrahedron Letters，2011，52：5891-5893.

[104] Yang H，Wang L，Jia L，et al. Selective decomposition of cellulose into glucose and levulinic acid over Fe-resin catalyst in NaCl solution under hydrothermal conditions. Industrial & Engineering Chemistry Research，2014，53：6562-6568.

[105] Ya'aini N，Amin N A S，Asmadi M. Optimization of levulinic acid from lignocellulosic biomass using a new hybrid catalyst. Bioresource Technology，2012，116：58-65.

[106] Ramli N A S，Amin N A S. Kinetic study of glucose conversion to levulinic acid over Fe/HY zeolite catalyst. Chemical Engineering Journal，2016，283：150-159.

[107] Heeres H，Handana R，Chunai D，et al. Combined dehydration/(transfer)-hydrogenation of C_6-sugars(D-glucose and D-fructose)to gamma-valerolactone using ruthenium catalysts. Green Chemistry，2009，11：1247-1255.

[108] 徐兆瑜. 生物质开发的平台化合物——乙酰丙酸. 杭州化工，2006，36：11-14.

[109] Lange J P，van de Graaf W D，Haan R J. Conversion of furfuryl alcohol into ethyl levulinate using solid acid catalysts. ChemSusChem，2009，2：437-441.

[110] Carlini C，Patrono P，Galletti A M R，et al. Selective oxidation of 5-hydroxymethyl-2-furaldehyde to furan-2，5-dicarboxaldehyde by catalytic systems based on vanadyl phosphate. Applied Catalysis A：General，2005，289：197-204.

[111] Zhang S，Li W，Zeng X，et al. Production of 2, 5-diformylfuran from biomass-derived glucose via one-pot two-step process. Bioresources，2014，9：4568-4580.

[112] Xiang X，He L，Yang Y，et al. A one-pot two-step approach for the catalytic conversion of glucose into 2, 5-diformylfuran. Catalysis Letters，2011，141：735-741.

[113] Halliday G A，Young R J，Grushin V V. One-pot，two-step，practical catalytic synthesis of 2, 5-diformylfuran from fructose. Organic Letters，2003，5：2003-2005.

[114] Takagaki A，Takahashi M，Nishimura S，et al. One-pot synthesis of 2, 5-diformylfuran from carbohydrate derivatives by sulfonated resin and hydrotalcite-supported ruthenium catalysts. ACS Catalysis，2011，1：1562-1565.

[115] Xu F，Zhang Z. Polyaniline-Grafted $VO(AcAc)_2$：an effective catalyst for the synthesis of 2, 5-diformylfuran from 5-hydroxymethylfurfural and fructose. ChemCatChem，2015，7：1470-1477.

[116] Yang Z Z, Deng J, Pan T, et al. A one-pot approach for conversion of fructose to 2, 5-diformylfuran by combination of Fe_3O_4-SBA-SO_3H and K-OMS-2. Green Chemistry, 2012, 14: 2986-2989.

[117] Zhang Z, Yuan Z, Tang D, et al. Iron oxide encapsulated by ruthenium hydroxyapatite as heterogeneous catalyst for the synthesis of 2, 5-diformylfuran. ChemSusChem, 2014, 7: 3496-3504.

[118] Jeong G Y, Singh A K, Sharma S, et al. One-flow syntheses of diverse heterocyclic furan chemicals directly from fructose via tandem transformation platform. Npg Asia Materials, 2015, 7.

[119] Chen J, Guo Y, Chen J, et al. One-step approach to 2, 5-diformylfuran from fructose by proton-and vanadium-containing graphitic carbon nitride. ChemCatChem, 2014, 6: 3174-3181.

[120] Liu Y, Zhu L, Tang J, et al. One-pot, one-step synthesis of 2, 5-diformylfuran from carbohydrates over mo-containing keggin heteropolyacids. ChemSusChem, 2014, 7: 3541-3547.

[121] Liu R, Chen J, Chen L, et al. One-step approach to 2, 5-diformylfuran from fructose by using a bifunctional and recyclable acidic polyoxometalate catalyst. ChemPlusChem, 2014, 79: 1448-1454.

[122] Ghezali W, Vigier K D O, Kessas R, et al. A choline chloride/DMSO solvent for the direct synthesis of diformylfuran from carbohydrates in the presence of heteropolyacids. Green Chemistry, 2015, 17: 4459-4464.

[123] Lv G, Wang H, Yang Y, et al. Direct synthesis of 2, 5-diformylfuran from fructose with graphene oxide as a bifunctional and metal-free catalyst. Green Chemistry, 2016, 18: 2302-2307.

[124] Bredihhin A, Luiga S, Vares L. Application of 5-ethoxymethylfurfural(EMF)for the production of cyclopentenones. Synthesis-Stuttgart, 2016, 48: 4181-4188.

[125] 陈涛, 彭林才. 新型生物燃料 5-乙氧基甲基糠醛的合成进展. 化学通报, 2018, 81: 45-51.

[126] Balakrishnan M, Sacia E R, Bell A T. Etherification and reductive etherification of 5-(hydroxymethyl)furfural: 5-(alkoxymethyl)furfurals and 2, 5-bis(alkoxymethyl)furans as potential bio-diesel candidates. Green Chemistry, 2012, 14: 1626-1634.

[127] Liu B, Zhang Z, Huang K, et al. Efficient conversion of carbohydrates into 5-ethoxymethylfurfural in ethanol catalyzed by $AlCl_3$. Fuel, 2013, 113: 625-631.

[128] Lanzafame P, Barbera K, Perathoner S, et al. The role of acid sites induced by defects in the etherification of HMF on Silicalite-1 catalysts. Journal of Catalysis, 2015, 330: 558-568.

[129] Lanzafame P, Temi D M, Perathoner S, et al. Etherification of 5-hydroxymethyl-2-furfural(HMF) with ethanol to biodiesel components using mesoporous solid acidic catalysts. Catalysis Today, 2011, 175: 435-441.

[130] Neves P, Antunes M M, Russo P A, et al. Production of biomass-derived furanic ethers and levulinate esters using heterogeneous acid catalysts. Green Chemistry, 2013, 15: 3367-3376.

[131] Barbera K, Lanzafame P, Perathoner S, et al. HMF etherification using NH_4-exchanged zeolites. New Journal of Chemistry, 2016, 40: 4300-4306.

[132] Liu A, Liu B, Wang Y, et al. Efficient one-pot synthesis of 5-ethoxymethylfurfural from fructose catalyzed by heteropolyacid supported on K-10 clay. Fuel, 2014, 117: 68-73.

[133] Ren Y, Liu B, Zhang Z, et al. Silver-exchanged heteropolyacid catalyst(Ag1H2PW): an efficient heterogeneous catalyst for the synthesis of 5-ethoxymethylfurfural from 5-hydroxymethylfurfural and fructose. Journal of Industrial and Engineering Chemistry, 2015, 21: 1127-1131.

[134] Wang H, Deng T, Wang Y, et al. Graphene oxide as a facile acid catalyst for the one-pot conversion of carbohydrates into 5-ethoxymethylfurfural. Green Chemistry, 2013, 15: 2379-2383.

[135] Kraus G A, Guney T. A direct synthesis of 5-alkoxymethylfurfural ethers from fructose via sulfonic acid-functionalized ionic liquids. Green Chemistry, 2012, 14: 1593-1596.

[136] De S, Dutta S, Saha B. One-pot conversions of lignocellulosic and algal biomass into liquid fuels. ChemSusChem, 2012, 5: 1826-1833.

[137] Zhang Z, Wang Y, Fang Z, et al. Synthesis of 5-ethoxymethylfurfural from fructose and inulin catalyzed by a magnetically recoverable acid catalyst. ChemPlusChem, 2014, 79: 233-240.

[138] Bing L, Zhang Z, Deng K. Efficient one-pot synthesis of 5-(ethoxymethyl)furfural from fructose catalyzed by a novel solid catalyst. Industrial & Engineering Chemistry Research, 2012, 51: 15331-15336.

[139] Lew C M, Rajabbeigi N, Tsapatsis M. One-pot synthesis of 5-(ethoxymethyl)furfural from glucose using Sn-BEA and amberlyst catalysts. Industrial & Engineering Chemistry Research, 2012, 51: 5364-5366.

[140] Yang Y, Hu C, Abu-Omar M M. Conversion of glucose into furans in the presence of $AlCl_3$ in an ethanol-water solvent system. Bioresource Technology, 2012, 116: 190-194.

[141] Li H, Saravanamurugan S, Yang S, et al. Direct transformation of carbohydrates to the biofuel 5-ethoxymethylfurfural by solid acid catalysts. Green Chemistry, 2016, 18: 726-734.

[142] Mascal M, Nikitin E B. Direct, high-yield conversion of cellulose into biofuel. Angewandte Chemie International Edition, 2008, 47: 7924-7926.

[143] Horvath I T, Mehdi H, Fabos V, et al. Gamma-valerolactone—a sustainable liquid for energy and carbon-based chemicals. Green Chemistry, 2008, 10: 238-242.

[144] Du X L, Bi Q Y, Liu Y M, et al. Tunable copper-catalyzed chemoselective hydrogenolysis of biomass-derived gamma-valerolactone into 1, 4-pentanediol or 2-methyltetrahydrofuran. Green Chemistry, 2012, 14: 935-939.

[145] Serrano-Ruiz J C, Wang D, Dumesic J A. Catalytic upgrading of levulinic acid to 5-nonanone. Green Chemistry, 2010, 12: 574-577.

[146] Lange J P, Price R, Ayoub P M, et al. Valeric biofuels: a platform of cellulosic transportation fuels. Angewandte Chemie International Edition, 2010, 49: 4479-4483.

[147] Bond J Q, Alonso D M, Wang D, et al. Integrated catalytic conversion of gamma-valerolactone to liquid alkenes for transportation fuels. Science, 2010, 327: 1110-1114.

[148] 杨珍，傅尧，郭庆祥. 生物质平台分子γ-戊内酯的研究进展. 有机化学，2014，35：273-283.

[149] Tang X, Zeng X, Li Z, et al. Production of gamma-valerolactone from lignocellulosic biomass for sustainable fuels and chemicals supply. Renewable & Sustainable Energy Reviews, 2014, 40: 608-620.

[150] Putrakumar B, Nagaraju N, Kumar V P, et al. Hydrogenation of levulinic acid to gamma-valerolactone over copper catalysts supported on gamma-Al_2O_3. Catalysis Today, 2015, 250: 209-217.

[151] Delhomme C, Schaper L A, Zhang-Presse M, et al. Catalytic hydrogenation of levulinic acid in aqueous phase. Journal of Organometallic Chemistry, 2013, 724: 297-299.

[152] Chalid M, Broekhuis A A, Heeres H J. Experimental and kinetic modeling studies on the biphasic hydrogenation of levulinic acid to gamma-valerolactone using a homogeneous water-soluble Ru-(TPPTS)catalyst. Journal of Molecular Catalysis A: Chemical, 2011, 341: 14-21.

[153] Li W, Xie J H, Lin H, et al. Highly efficient hydrogenation of biomass-derived levulinic acid to gamma-valerolactone catalyzed by iridium pincer complexes. Green Chemistry, 2012, 14: 2388-2390.

[154] Deng J, Wang Y, Pan T, et al. Conversion of carbohydrate biomass to-valerolactone by using water-soluble and reusable iridium complexes in acidic aqueous media. ChemSusChem, 2013, 6: 1163-1167.

[155] Mehdi H, Fabos V, Tuba R, et al. Integration of homogeneous and heterogeneous catalytic processes for a multi-step conversion of biomass: from sucrose to levulinic acid, gamma-valerolactone, 1, 4-pentanediol, 2-methyl-tetrahydrofuran, and alkanes. Topics in Catalysis, 2008, 48: 49-54.

[156] Tukacs J M，Kiraly D，Stradi A，et al. Efficient catalytic hydrogenation of levulinic acid：a key step in biomass conversion. Green Chemistry，2012，14：2057-2065.

[157] Deng L，Li J，Lai D M，et al. Catalytic conversion of biomass-derived carbohydrates into gamma-valerolactone without using an external H_2 supply. Angewandte Chemie International Edition，2009，48：6529-6532.

[158] Geilen F M A，Engendahl B，Harwardt A，et al. Selective and flexible transformation of biomass-derived platform chemicals by a multifunctional catalytic system. Angewandte Chemie International Edition，2010，49：5510-5514.

[159] Upare P P，Lee J M，Hwang D W，et al. Selective hydrogenation of levulinic acid to gamma-valerolactone over carbon-supported noble metal catalysts. Journal of Industrial and Engineering Chemistry，2011，17：287-292.

[160] Schuette H A，Thomas R W. Normal valerolactone. iii. Its preparation by the catalytic reduction of levulinic acid with hydrogen in the presence of platinum oxide. Journal of the American Chemical Society，1930，52：3010-3012.

[161] Christian R V，Brown H D，Hixon R M. Derivatives of gamma-valerolactone，1, 4-pentanediol and 1, 4-di-(beta-cyanoethoxy)-pentane. Journal of the American Chemical Society，1947，69：1961-1963.

[162] Broadbent H S，Campbell G C，Bartley W J，et al. Rhenium and its compounds as hydrogenation catalysts. 3. Rhenium heptoxide. Journal of Organic Chemistry，1959，24：1847-1854.

[163] Manzer L E. Catalytic synthesis of alpha-methylene-gamma-valerolactone：a biomass-derived acrylic monomer. Applied Catalysis A：General，2004，272：249-256.

[164] Yan Z P, Lin L, Liu S. Synthesis of gamma-valerolactone by hydrogenation of biomass-derived levulinic acid over Ru/C catalyst. Energy & Fuels，2009，23：3853-3858.

[165] Primo A, Concepcion P, Corma A. Synergy between the metal nanoparticles and the support for the hydrogenation of functionalized carboxylic acids to diols on Ru/TiO_2. Chemical Communications，2011，47：3613-3615.

[166] Bourne R A，Stevens J G，Ke J，et al. Maximising opportunities in supercritical chemistry：the continuous conversion of levulinic acid to gamma-valerolactone in CO_2. Chemical Communications，2007：4632-4634.

[167] Deng L，Zhao Y，Li J，et al. Conversion of levulinic acid and formic acid into gamma-valerolactone over heterogeneous catalysts. ChemSusChem，2010，3：1172-1175.

[168] Du X L，He L，Zhao S，et al. Hydrogen-independent reductive transformation of carbohydrate biomass into gamma-valerolactone and pyrrolidone derivatives with supported gold catalysts. Angewandte Chemie International Edition，2011，50：7815-7819.

[169] Yuan J，Li S S，Yu L，et al. Copper-based catalysts for the efficient conversion of carbohydrate biomass into gamma-valerolactone in the absence of externally added hydrogen. Energy & Environmental Science，2013，6：3308-3313.

[170] Kopetzki D，Antonietti M. Transfer hydrogenation of levulinic acid under hydrothermal conditions catalyzed by sulfate as a temperature-switchable base. Green Chemistry，2010，12：656-660.

[171] Saravanamurugan S，Van Buu O N，Riisager A. Conversion of mono-and disaccharides to ethyl levulinate and ethyl pyranoside with sulfonic acid-functionalized ionic liquids. ChemSusChem，2011，4：723-726.

[172] Al-Shaal M G，Wright W R H，Palkovits R. Exploring the ruthenium catalysed synthesis of gamma-valerolactone in alcohols and utilisation of mild solvent-free reaction conditions. Green Chemistry，2012，14：1260-1263.

[173] Saravanamurugan S, Riisager A. Solid acid catalysed formation of ethyl levulinate and ethyl glucopyranoside from mono-and disaccharides. Catalysis Communications，2012，17：71-75.

[174] Du X L，Bi Q Y，Liu Y M，et al. Conversion of biomass-derived levulinate and formate esters into gamma-valerolactone over supported gold catalysts. ChemSusChem，2011，4：1838-1843.

[175] Li F K, France L J, Cai Z P, et al. Catalytic transfer hydrogenation of butyl levulinate to gamma-valerolactone over

zirconium phosphates with adjustable Lewis and Brønsted acid sites. Applied Catalysis B：Environmental，2017，214：67-77.

[176] Degraauw C F，Peters J A，Vanbekkum H，et al. Meerwein-ponndorf-verley reductions and oppenauer oxidations-an integrated approach. Synthesis-Stuttgart，1994：1007-1017.

[177] Gilkey M J，Xu B. Heterogeneous catalytic transfer hydrogenation as an effective pathway in biomass upgrading. ACS Catalysis，2016，6：1420-1436.

[178] van der Waal J C，Kunkeler P J，Tan K，et al. Zeolite titanium beta—a selective catalyst for the gas-phase Meerwein-Ponndorf-Verley，and Oppenauer reactions. Journal of Catalysis，1998，173：74-83.

[179] Chia M，Dumesic J A. Liquid-phase catalytic transfer hydrogenation and cyclization of levulinic acid and its esters to gamma-valerolactone over metal oxide catalysts. Chemical Communications，2011，47：12233-12235.

[180] Tang X，Chen H，Hu L，et al. Conversion of biomass to gamma-valerolactone by catalytic transfer hydrogenation of ethyl levulinate over metal hydroxides. Applied Catalysis B：Environmental，2014，147：827-834.

[181] Tang X，Hu L，Sun Y，et al. Conversion of biomass-derived ethyl levulinate into gamma-valerolactone via hydrogen transfer from supercritical ethanol over a ZrO_2 catalyst. RSC Advances，2013，3：10277-10284.

[182] Iglesias J，Antonio Melero J，Morales G，et al. Zr-SBA-15 Lewis acid catalyst：activity in meerwein ponndorf verley reduction. Catalysts，2015，5：1911-1927.

[183] Kuwahara Y，Kaburagi W，Osada Y，et al. Catalytic transfer hydrogenation of biomass-derived levulinic acid and its esters to gamma-valerolactone over ZrO_2 catalyst supported on SBA-15 silica. Catalysis Today，2017，281：418-428.

[184] Yang Z，Huang Y B，Guo Q X，et al. RANEY®Ni catalyzed transfer hydrogenation of levulinate esters to gamma-valerolactone at room temperature. Chemical Communications，2013，49：5328-5330.

[185] Ohkuma T，Kitamura M，Noyori R. Enantioselective synthesis of 4-substituted gamma-lactones. Tetrahedron Letters，1990，31：5509-5512.

[186] Hermans S，Devillers M. On the role of ruthenium associated with Pd and/or Bi in carbon-supported catalysts for the partial oxidation of glucose. Applied Catalysis A：General，2002，235：253-264.

[187] Abbadi A，Makkee M，Visscher W，et al. Effect of pH in the Pd-catalyzed oxidation of D-glucose to D-gluconic acid. Journal of Carbohydrate Chemistry，1993，12：573-587.

[188] Yin H，Zhou C，Xu C，et al. Aerobic oxidation of D-glucose on support-free nanoporous gold. Journal of Physical Chemistry C，2008，112：9673-9678.

[189] Basheer C，Swaminathan S，Lee H K，et al. Development and application of a simple capillary-microreactor for oxidation of glucose with a porous gold catalyst. Chemical Communications，2005：409-410.

[190] Comotti M，Della Pina C，Rossi M. Mono-and bimetallic catalysts for glucose oxidation. Journal of Molecular Catalysis A：Chemical，2006，251：89-92.

[191] Mirescu A，Prusse U. Selective glucose oxidation on gold colloids. Catalysis Communications，2006，7：11-17.

[192] Ishida T，Kinoshita N，Okatsu H，et al. Influence of the support and the size of gold clusters on catalytic activity for glucose oxidation. Angewandte Chemie International Edition，2008，47：9265-9268.

[193] Biella S，Prati L，Rossi M. Selective oxidation of D-glucose on gold catalyst. Journal of Catalysis，2002，206：242-247.

[194] Mirescu A，Berndt H，Martin A，et al. Long-term stability of a 0.45% Au/TiO_2 catalyst in the selective oxidation of glucose at optimised reaction conditions. Applied Catalysis A：General，2007，317：204-209.

[195] Pruesse U，Herrmann M，Baatz C，et al. Gold-catalyzed selective glucose oxidation at high glucose concentrations

and oxygen partial pressures. Applied Catalysis A：General，2011，406：89-93.

[196] Thielecke N，Vorlop K D，Pruesse U. Long-term stability of an Au/Al_2O_3 catalyst prepared by incipient wetness in continuous-flow glucose oxidation. Catalysis Today，2007，122：266-269.

[197] Thielecke N，Aytemir M，Pruesse U. Selective oxidation of carbohydrates with gold catalysts：continuous-flow reactor system for glucose oxidation. Catalysis Today，2007，121：115-120.

[198] Baatz C，Pruesse U. Preparation of gold catalysts for glucose oxidation. Catalysis Today，2007，122：325-329.

[199] Baatz C，Pruesse U. Preparation of gold catalysts for glucose oxidation by incipient wetness. Journal of Catalysis，2007，249：34-40.

[200] Odrozek K，Maresz K，Koreniuk A，et al. Amine-stabilized small gold nanoparticles supported on AlSBA-15 as effective catalysts for aerobic glucose oxidation. Applied Catalysis A：General，2014，475：203-210.

[201] Ishida T，Okamoto S，Makiyama R，et al. Aerobic oxidation of glucose and 1-phenylethanol over gold nanoparticles directly deposited on ion-exchange resins. Applied Catalysis A：General，2009，353：243-248.

[202] Ishida T，Watanabe H，Bebeko T，et al. Aerobic oxidation of glucose over gold nanoparticles deposited on cellulose. Applied Catalysis A：General，2010，377：42-46.

[203] Qi P，Chen S，Chen J，et al. Catalysis and reactivation of ordered mesoporous carbon-supported gold nanoparticles for the base-free oxidation of glucose to gluconic acid. ACS Catalysis，2015，5：2659-2670.

[204] Wang Y，van de Vyver S，Sharma K K，et al. Insights into the stability of gold nanoparticles supported on metal oxides for the base-free oxidation of glucose to gluconic acid. Green Chemistry，2014，16：719-726.

[205] Cao Y，Liu X，Iqbal S，et al. Base-free oxidation of glucose to gluconic acid using supported gold catalysts. Catalysis Science & Technology，2016，6：107-117.

[206] Zhang H，Okumura M，Toshima N. Stable dispersions of PVP-protected Au/Pt/Ag trimetallic nanoparticles as highly active colloidal catalysts for aerobic glucose oxidation. Journal of Physical Chemistry C，2011，115：14883-14891.

[207] Benko T，Beck A，Frey K，et al. Bimetallic Ag-Au/SiO_2 catalysts：formation，structure and synergistic activity in glucose oxidation. Applied Catalysis A：General，2014，479：103-111.

[208] Zhang H，Toshima N. Preparation of novel Au/Pt/Ag trimetallic nanoparticles and their high catalytic activity for aerobic glucose oxidation. Applied Catalysis A：General，2011，400：9-13.

[209] Zhang H，Okuni J，Toshima N. One-pot synthesis of Ag-Au bimetallic nanoparticles with Au shell and their high catalytic activity for aerobic glucose oxidation. Journal of Colloid and Interface Science，2011，354：131-138.

[210] Miedziak P J，Alshammari H，Kondrat S A，et al. Base-free glucose oxidation using air with supported gold catalysts. Green Chemistry，2014，16：3132-3141.

[211] Salehi S，Shahrokhi M. Two observer-based nonlinear control approaches for temperature control of a class of continuous stirred tank reactors. Chemical Engineering Science，2008，63：395-403.

[212] Zada B，Chen M，Chen C，et al. Recent advances in catalytic production of sugar alcohols and their applications. Science China：Chemistry，2017，60：853-869.

[213] http://www.Hexaresearch.Com/research-report/sorbitol-market/.

[214] Zhang J，Li J b，Wu S B，et al. Advances in the catalytic production and utilization of sorbitol. Industrial & Engineering Chemistry Research，2013，52：11799-11815.

[215] Gallezot P，Cerino P J，Blanc B，et al. Glucose hydrogenation on promoted Raney-nickel catalysts. Journal of Catalysis，1994，146：93-102.

[216] Hoffer B W，Crezee E，Devred F，et al. The role of the active phase of Raney-type Ni catalysts in the selective

hydrogenation of D-glucose to D-sorbitol. Applied Catalysis A：General，2003，253：437-452.

[217] Hoffer B W，Crezee E，Mooijman P R M，et al. Carbon supported Ru catalysts as promising alternative for Raney-type Ni in the selective hydrogenation of D-glucose. Catalysis Today，2003，79：35-41.

[218] Kusserow B，Schimpf S，Claus P. Hydrogenation of glucose to sorbitol over nickel and ruthenium catalysts. Advanced Synthesis & Catalysis，2003，345：289-299.

[219] Schimpf S，Louis C，Claus P. Ni/SiO_2 catalysts prepared with ethylenediamine nickel precursors：influence of the pretreatment on the catalytic properties in glucose hydrogenation. Applied Catalysis A：General，2007，318：45-53.

[220] Zhang J，Wu S，Liu Y，et al. Hydrogenation of glucose over reduced Ni/Cu/Al hydrotalcite precursors. Catalysis Communications，2013，35：23-26.

[221] Perrard A，Gallezot P，Joly J P，et al. Highly efficient metal catalysts supported on activated carbon cloths：a catalytic application for the hydrogenation of D-glucose to D-sorbitol. Applied Catalysis A：General，2007，331：100-104.

[222] Auer E，Freund A，Pietsch J，et al. Carbons as supports for industrial precious metal catalysts. Applied Catalysis A：General，1998，173：259-271.

[223] Guerrero-Ruiz A，Badenes P，Rodriguez-Ramos I. Study of some factors affecting the Ru and Pt dispersions over high surface area graphite-supported catalysts. Applied Catalysis A：General，1998，173：313-321.

[224] Betancourt P，Rives A，Hubaut R，et al. A study of the ruthenium-alumina system. Applied Catalysis A：General，1998，170：307-314.

[225] Yafeng S，Yuanjin L E I，Shanwen S，et al. Study on the activity of Ru/C catalyst prepared with ruthenium acetate as precursor for hydrogenation of glucose to produce sorbierite. Precious Metals，2009，30：40-44，52.

[226] Zhang J，Lin L，Zhang J，et al. Efficient conversion of D-glucose into D-sorbitol over MCM-41 supported Ru catalyst prepared by a formaldehyde reduction process. Carbohydrate Research，2011，346：1327-1332.

[227] Crezee E，Hoffer B W，Berger R J，et al. Three-phase hydrogenation of D-glucose over a carbon supported ruthenium catalyst-mass transfer and kinetics. Applied Catalysis A：General，2003，251：1-17.

[228] Zhang X，Durndell L J，Isaacs M A，et al. Platinum-catalyzed aqueous-phase hydrogenation of D-glucose to D-sorbitol. ACS Catalysis，2016，6：7409-7417.

[229] Trinh Q T，Chethana B K，Mushrif S H. Adsorption and reactivity of cellulosic aldoses on transition metals. Journal of Physical Chemistry C，2015，119：17137-17145.

[230] Plazinski W，Plazinska A，Drach M. The water-catalyzed mechanism of the ring-opening reaction of glucose. Physical Chemistry Chemical Physics，2015，17：21622-21629.

[231] Li H X，Wang W J，Deng J F. Glucose hydrogenation to sorbitol over a skeletal Ni-P amorphous alloy catalyst(Raney Ni-P). Journal of Catalysis，2000，191：257-260.

[232] Wenqiang D U，Yue W，Lianhai L U. Hydrogenation of glucose to sorbitol over amorphous NiMoAl alloys catalyst. Fine Chemicals，2007，24：1204-1206.

[233] Luo H S，Guo H B，Li H X，et al. A novel-ultrafine Ru-B amorphous alloy catalyst for glucose hydrogenation to sorbitol. Chinese Chemical Letters，2002，13：1221-1224.

[234] Guo H B，Li H X，Xu Y P，et al. Liquid phase glucose hydrogenation over Cr-promoted Ru-B amorphous alloy catalysts. Materials Letters，2002，57：392-398.

[235] Zhang X，Wilson K，Lee A F. Heterogeneously catalyzed hydrothermal processing of C_5～C_6 sugars. Chemical Reviews，2016，116：12328-12368.

[236] Halpern Y，Riffer R，Broido A. Levoglucosenone(1, 6-anhydro-3, 4-dideoxy-delta3-beta-D-pyranosen-2-one)-major

product of acid-catalyzed pyrolysis of cellulose and related carbohydrates. Journal of Organic Chemistry，1973，38：204-209.

[237] Sarotti A M，Spanevello R A，Suarez A G. A novel design of a levoglucosenone derived chiral auxiliary. Tetrahedron Letters，2004，45：8203-8206.

[238] Mueller C，Frau M A G Z，Ballinari D，et al. Design，synthesis，and biological evaluation of levoglucosenone-derived ras activation inhibitors. ChemMedChem，2009，4：524-528.

[239] Urabe D，Nishikawa T，Isobe M. An efficient total synthesis of optically active tetrodotoxin from levoglucosenone. Chemistry：An Asian Journal，2006，1：125-135.

[240] Ostermeier M，Schobert R. Total synthesis of(+)-chloriolide. Journal of Organic Chemistry，2014，79：4038-4042.

[241] de Bruyn M，Fan J，Budarin V L，et al. A new perspective in bio-refining：levoglucosenone and cleaner lignin from waste biorefinery hydrolysis lignin by selective conversion of residual saccharides. Energy & Environmental Science，2016，9：2571-2574.

[242] Sherwood J，de Bruyn M，Constantinou A，et al. Dihydrolevoglucosenone(Cyrene)as a bio-based alternative for dipolar aprotic solvents. Chemical Communications，2014，50：9650-9652.

[243] Cao F，Schwartz T J，McClelland D J，et al. Dehydration of cellulose to levoglucosenone using polar aprotic solvents. Energy & Environmental Science，2015，8：1808-1815.

[244] Shibagaki M，Takahashi K，Kuno H，et al. Synthesis of levoglucosenone. Chemistry Letters，1990：307-310.

[245] 隋先伟，汪志，阮仁祥，等. 左旋葡萄糖酮的研究综述. 现代化工，2010，30：29-36.

[246] 卫新来，隋先伟，俞志敏，等. 生物质催化热解制备左旋葡萄糖酮的研究进展. 化工进展，2014，33：873-877.

[247] Sui X W，Wang Z，Liao B，et al. Preparation of levoglucosenone through sulfuric acid promoted pyrolysis of bagasse at low temperature. Bioresource Technology，2012，103：466-469.

[248] Dobele G，Rossinskaja G，Telysheva G，et al. Cellulose dehydration and depolymerization reactions during pyrolysis in the presence of phosphoric acid. Journal of Analytical and Applied Pyrolysis，1999，49：307-317.

[249] Dobele G，Meier D，Faix O，et al. Volatile products of catalytic flash pyrolysis of celluloses. Journal of Analytical and Applied Pyrolysis，2001，58：453-463.

[250] Dobele G，Dizhbite T，Rossinskaja G，et al. Pre-treatment of biomass with phosphoric acid prior to fast pyrolysis—a promising method for obtaining 1, 6-anhydrosaccharides in high yields. Journal of Analytical and Applied Pyrolysis，2003，68-69：197-211.

[251] Dobele G，Rossinskaja G，Dizhbite T，et al. Application of catalysts for obtaining 1, 6-anhydrosaccharides from cellulose and wood by fast pyrolysis. Journal of Analytical and Applied Pyrolysis，2005，74：401-405.

[252] Sarotti A M，Spanevello R A，Suarez A G. An efficient microwave-assisted green transformation of cellulose into levoglucosenone. Advantages of the use of an experimental design approach. Green Chemistry，2007，9：1137-1140.

[253] Torri C，Lesci I G，Fabbri D. Analytical study on the pyrolytic behaviour of cellulose in the presence of MCM-41 mesoporous materials. Journal of Analytical and Applied Pyrolysis，2009，85：192-196.

[254] Rutkowski P. Pyrolytic behavior of cellulose in presence of montmorillonite K10 as catalyst. Journal of Analytical and Applied Pyrolysis，2012，98：115-122.

[255] Fabbri D，Torri C，Mancini I. Pyrolysis of cellulose catalysed by nanopowder metal oxides：production and characterisation of a chiral hydroxylactone and its role as building block. Green Chemistry，2007，9：1374-1379.

[256] 夏海岸，黄彩燕，肖媛媛，等. 磷酸铁催化热解纤维素制备左旋葡萄糖酮. 广东化工，2013，40：15-16.

[257] Lu Q，Ye X N，Zhang Z B，et al. Catalytic fast pyrolysis of cellulose and biomass to produce levoglucosenone

using magnetic SO_4^{2-} /TiO_2-Fe_3O_4. Bioresource Technology，2014，171：10-15.

[258] 陆强，朱锡锋. 利用固体超强酸催化热解纤维素制备左旋葡萄糖酮. 燃料化学学报，2011，39：425-431.

[259] Wang Z，Lu Q，Zhu X F，et al. Catalytic fast pyrolysis of cellulose to prepare levoglucosenone using sulfated zirconia. ChemSusChem，2011，4：79-84.

[260] Lu Q，Xiong W M，Li W Z，et al. Catalytic pyrolysis of cellulose with sulfated metal oxides：a promising method for obtaining high yield of light furan compounds. Bioresource Technology，2009，100：4871-4876.

[261] Rutkowski P. Catalytic effects of copper(Ⅱ) chloride and aluminum chloride on the pyrolytic behavior of cellulose. Journal of Analytical and Applied Pyrolysis，2012，98：86-97.

[262] Rutkowski P. Chemical composition of bio-oil produced by co-pyrolysis of biopolymer/polypropylene mixtures with K_2CO_3 and $ZnCl_2$ addition. Journal of Analytical and Applied Pyrolysis，2012，95：38-47.

[263] Kudo S，Zhou Z，Yamasaki K，et al. Sulfonate ionic liquid as a stable and active catalyst for levoglucosenone production from saccharides via catalytic pyrolysis. Catalysts，2013，3：757-773.

[264] Kudo S，Zhou Z，Norinaga K，et al. Efficient levoglucosenone production by catalytic pyrolysis of cellulose mixed with ionic liquid. Green Chemistry，2011，13：3306-3311.

[265] Shafizadeh F，Furneaux R H，Stevenson T T，et al. Acid-catalyzed pyrolytic synthesis and decomposition of 1, 4-3, 6-dianhydro-alpha-d-glucopyranose. Carbohydrate Research，1978，61：519-528.

[266] Sarotti A M. Theoretical insight into the pyrolytic deformylation of levoglucosenone and isolevoglucosenone. Carbohydrate Research，2014，390：76-80.

[267] Qi L，Mui Y F，Lo S W，et al. Catalytic conversion of fructose，glucose，and sucrose to 5-(hydroxymethyl)furfural and levulinic and formic acids in gamma-valerolactone as a green solvent. ACS Catalysis，2014，4：1470-1477.

[268] Krishna S H，Walker T W，Dumesic J A，et al. Kinetics of levoglucosenone isomerization. ChemSusChem，2017，10：129-138.

[269] 张雄，徐志祥，李雪辉，等. 葡萄糖化学催化异构制备果糖研究进展. 化工进展，2017，36：4575-4585.

[270] Kooyman C，Vellenga K，Dewilt H G J. Isomerization of D-glucose into D-fructose in aqueous alkaline-solutions. Carbohydrate Research，1977，54：33-44.

[271] Topper Y J，Stetten D. The alkali-catalyzed conversion of glucose into fructose and mannose. Journal of Biological Chemistry，1951，189：191-202.

[272] Sowden J C，Schaffer R. The isomerization of D-glucose by alkali in D_2O at 25-degrees. Journal of the American Chemical Society，1952，74：505-507.

[273] Yang B Y，Montgomery R. Alkaline degradation of glucose：effect of initial concentration of reactants. Carbohydrate Research，1996，280：27-45.

[274] Shaw A J，Tsao G T. Isomerization of D-glucose with sodium aluminate-mechanism of reaction. Carbohydrate Research，1978，60：327-335.

[275] Ekeberg D，Morgenlie S，Stenstrom Y. Base catalysed isomerisation of aldoses of the arabino and lyxo series in the presence of aluminate. Carbohydrate Research，2002，337：779-786.

[276] Rendleman J A，Hodge J E. Complexes of carbohydrates with aluminate ion-aldose-ketose interconversion on anion-exchange resin(aluminate and hydroxide forms). Carbohydrate Research，1979，75：83-99.

[277] Van den Berg R，Peters J A，Van Bekkum H. The structure and (local) stability-constants of borate esters of mono-and di-saccharides as studied by ^{11}B and ^{13}C NMR spectroscopy. Carbohydrate Research，1994，253：1-12.

[278] Mendicino J F. Effect of borate on the alkali-catalyzed isomerization of sugars. Journal of the American Chemical Society，1960，82：4975-4979.

[279] Delidovich I, Palkovits R. Fructose production via extraction-assisted isomerization of glucose catalyzed by phosphates. Green Chemistry, 2016, 18: 5822-5830.

[280] Liu C, Carraher J M, Swedberg J L, et al. Selective base-catalyzed isomerization of glucose to fructose. ACS Catalysis, 2014, 4: 4295-4298.

[281] Carraher J M, Fleitman C N, Tessonnier J P. Kinetic and mechanistic study of glucose isomerization using homogeneous organic bronsted base catalysts in water. ACS Catalysis, 2015, 5: 3162-3173.

[282] Yang Q, Sherbahn M, Runge T. Basic amino acids as green catalysts for isomerization of glucose to fructose in water. ACS Sustainable Chemistry & Engineering, 2016, 4: 3526-3534.

[283] Harris D W, Feather M S. Evidence for a C-2→C-1 intramolecular hydrogen transfer during acid-catalyzed isomerization of D-glucose to D-fructose. Carbohydrate Research, 1973, 30: 359-365.

[284] Chheda J N, Roman-Leshkov Y, Dumesic J A. Production of 5-hydroxymethylfurfural and furfural by dehydration of biomass-derived mono-and poly-saccharides. Green Chemistry, 2007, 9: 342-350.

[285] Qian X, Wei X. Glucose isomerization to fructose from *ab initio* molecular dynamics simulations. Journal of Physical Chemistry B, 2012, 116: 10898-10904.

[286] Qian X. Mechanisms and energetics for bronsted acid-catalyzed glucose condensation, dehydration and isomerization reactions. Topics in Catalysis, 2012, 55: 218-226.

[287] Tang J, Guo X, Zhu L, et al. Mechanistic study of glucose-to-fructose isomerization in water catalyzed by $[Al(OH)_2(aq)]^+$. ACS Catalysis, 2015, 5: 5097-5103.

[288] Choudhary V, Pinar A B, Lobo R F, et al. Comparison of homogeneous and heterogeneous catalysts for glucose-to-fructose isomerization in aqueous media. ChemSusChem, 2013, 6: 2369-2376.

[289] Mushrif S H, Varghese J J, Vlachos D G. Insights into the Cr (III) catalyzed isomerization mechanism of glucose to fructose in the presence of water using *ab initio* molecular dynamics. Physical Chemistry Chemical Physics, 2014, 16: 19564-19572.

[290] Jia S, Liu K, Xu Z, et al. Reaction media dominated product selectivity in the isomerization of glucose by chromium trichloride: from aqueous to non-aqueous systems. Catalysis Today, 2014, 234: 83-90.

[291] Choudhary V, Mushrif S H, Ho C, et al. Insights into the interplay of Lewis and Brønsted acid catalysts in glucose and fructose conversion to 5-(hydroxymethyl)furfural and levulinic acid in aqueous media. Journal of the American Chemical Society, 2013, 135: 3997-4006.

[292] Hu S, Zhang Z, Song J, et al. Efficient conversion of glucose into 5-hydroxymethylfurfural catalyzed by a common Lewis acid $SnCl_4$ in an ionic liquid. Green Chemistry, 2009, 11: 1746-1749.

[293] Stahlberg T, Fu W, Woodley J M, et al. Synthesis of 5-(hydroxymethyl)furfural in ionic liquids: paving the way to renewable chemicals. ChemSusChem, 2011, 4: 451-458.

[294] Rebenfeld L, Pacsu E. Interconversion and degradation of reducing sugars by anion exchange resins. Journal of the American Chemical Society, 1953, 75: 4370-4371.

[295] Sowden J C. The isomerization of D-glucose by a strong base resin. Journal of the American Chemical Society, 1954, 76: 4487-4488.

[296] Watanabe M, Aizawa Y, Iida T, et al. Catalytic glucose and fructose conversions with TiO_2 and ZrO_2 in water at 473 K: relationship between reactivity and acid-base property determined by TPD measurement. Applied Catalysis A: General, 2005, 295: 150-156.

[297] Kitajima H, Higashino Y, Matsuda S, et al. Isomerization of glucose at hydrothermal condition with TiO_2, ZrO_2, CaO-doped ZrO_2 or TiO_2-doped ZrO_2. Catalysis Today, 2016, 274: 67-72.

[298] Lima S，Dias A S，Lin Z，et al. Isomerization of D-glucose to D-fructose over metallosilicate solid bases. Applied Catalysis A：General，2008，339：21-27.

[299] Pham A S，Nishimura S，Ebitani K. Preparation of zirconium carbonate as water-tolerant solid base catalyst for glucose isomerization and one-pot synthesis of levulinic acid with solid acid catalyst. Reaction Kinetics Mechanisms and Catalysis，2014，111：183-197.

[300] Despax S，Estrine B，Hoffmann N，et al. Isomerization of D-glucose into D-fructose with a heterogeneous catalyst in organic solvents. Catalysis Communications，2013，39：35-38.

[301] Chibwe K，Jones W. Intercalation of organic and inorganic anions into layered double hydroxides. Journal of the Chemical Society—Chemical Communications，1989：926-927.

[302] McKenzie A L，Fishel C T，Davis R J. Investigation of the surface-structure and basic properties of calcined hydrotalcites. Journal of Catalysis，1992，138：547-561.

[303] Lee G，Jeong Y，Takagaki A，et al. Sonication assisted rehydration of hydrotalcite catalyst for isomerization of glucose to fructose. Journal of Molecular Catalysis A：Chemical，2014，393：289-295.

[304] Yu S，Kim E，Park S，et al. Isomerization of glucose into fructose over Mg-Al hydrotalcite catalysts. Catalysis Communications，2012，29：63-67.

[305] Lecomte J，Finiels A，Moreau C. Kinetic study of the isomerization of glucose into fructose in the presence of anion-modified hydrotalcites. Starch-Starke，2002，54：75-79.

[306] Delidovich I，Palkovits R. Structure-performance correlations of Mg-Al hydrotalcite catalysts for the isomerization of glucose into fructose. Journal of Catalysis，2015，327：1-9.

[307] Delidovich I，Palkovits R. Catalytic activity and stability of hydrophobic Mg-Al hydrotalcites in the continuous aqueous-phase isomerization of glucose into fructose. Catalysis Science & Technology，2014，4：4322-4329.

[308] Souza R O L，Fabiano D P，Feche C，et al. Glucose-fructose isomerisation promoted by basic hybrid catalysts. Catalysis Today，2012，195：114-119.

[309] Yue C，Magusin P C M M，Mezari B，et al. Hydrothermal synthesis and characterization of a layered zirconium silicate. Microporous and Mesoporous Materials，2013，180：48-55.

[310] Moreau C，Durand R，Roux A，et al. Isomerization of glucose into fructose in the presence of cation-exchanged zeolites and hydrotalcites. Applied Catalysis A：General，2000，193：257-264.

[311] Yang Q，Lan W，Runge T. Salt-promoted glucose aqueous isomerization catalyzed by heterogeneous organic base. ACS Sustainable Chemistry & Engineering，2016，4：4850-4858.

[312] Felippe A C，Bellettini I C，Eising R，et al. Supramolecular complexes formed by the association of poly (ethyleneimine)(PEI)，sodium cholate(NaC)and sodium dodecyl sulfate(SDS). Journal of the Brazilian Chemical Society，2011，22：1539-1548.

[313] Daniele P G，Derobertis A，Destefano C，et al. Salt effects on the protonation of ortho-phosphate between 10℃ and 50℃ in aqueous-solution-a complex-formation model. Journal of Solution Chemistry，1991，20：495-515.

[314] Weingarten R，Kim Y T，Tompsett G A，et al. Conversion of glucose into levulinic acid with solid metal(Ⅳ) phosphate catalysts. Journal of Catalysis，2013，304：123-134.

[315] Akiyama G，Matsuda R，Sato H，et al. Catalytic glucose isomerization by porous coordination polymers with open metal sites. Chemistry：An Asian Journal，2014，9：2772-2777.

[316] Moliner M，Roman-Leshkov Y，Davis M E. Tin-containing zeolites are highly active catalysts for the isomerization of glucose in water. Proceedings of the National Academy of Sciences，2010，107：6164-6168.

[317] Bermejo-Deval R，Gounder R，Davis M E. Framework and extraframework tin sites in zeolite beta react glucose

differently. ACS Catalysis，2012，2：2705-2713.

[318] Bermejo-Deval R，Assary R S，Nikolla E，et al. Metalloenzyme-like catalyzed isomerizations of sugars by Lewis acid zeolites. Proceedings of the National Academy of Sciences，2012，109：9727-9732.

[319] Bermejo-Deval R，Orazov M，Gounder R，et al. Active sites in Sn-Beta for glucose isomerization to fructose and epimerization to mannose. ACS Catalysis，2014，4：2288-2297.

[320] Gounder R，Davis M E. Monosaccharide and disaccharide isomerization over Lewis acid sites in hydrophobic and hydrophilic molecular sieves. Journal of Catalysis，2013，308：176-188.

[321] Roman-Leshkov Y，Moliner M，Labinger J A，et al. Mechanism of glucose isomerization using a solid lewis acid catalyst in water. Angewandte Chemie International Edition，2010，49：8954-8957.

[322] Rai N，Caratzoulas S，Vlachos D G. Role of silanol group in Sn-Beta zeolite for glucose isomerization and epimerization reactions. ACS Catalysis，2013，3：2294-2298.

[323] Liu M，Jia S，Li C，et al. Facile preparation of Sn-Beta zeolites by post-synthesis(isomorphous substitution)method for isomerization of glucose to fructose. Chinese Journal of Catalysis，2014，35：723-732.

[324] Gounder R，Davis M E. Titanium-beta zeolites catalyze the stereospecific isomerization of D-glucose to L-sorbose via intramolecular C5-C1 hydride shift. ACS Catalysis，2013，3：1469-1476.

[325] Saravanamurugan S，Paniagua M，Melero J A，et al. Efficient isomerization of glucose to fructose over zeolites in consecutive reactions in alcohol and aqueous media. Journal of the American Chemical Society，2013，135：5246-5249.

[326] Saravanamurugan S，Riisager A. Zeolite catalyzed transformation of carbohydrates to alkyl levulinates. ChemCatChem，2013，5：1754-1757.

[327] Tao F，Cui Y，Zhuang C，et al. The dissolution and regeneration of cellulose in sawdust from ionic liquids. Journal of Molecular Catalysis，2013，27：420-428.

[328] Silva A M，da Silva E C，da Silva C O. A theoretical study of glucose mutarotation in aqueous solution. Carbohydrate Research，2006，341：1029-1040.

[329] Qian X. Free energy surface for Brønsted acid-catalyzed glucose ring-opening in aqueous solution. Journal of Physical Chemistry B，2013，117：11460-11465.

[330] Richard J P. Acid-base catalysis of the elimination and isomerization-reactions of triose phosphates. Journal of the American Chemical Society，1984，106：4926-4936.

[331] Caratzoulas S，Davis M E，Gorte R J，et al. Challenges of and insights into acid-catalyzed transformations of sugars. Journal of Physical Chemistry C，2014，118：22815-22833.

[332] Loerbroks C，van Rijn J，Ruby M P，et al. Reactivity of metal catalysts in glucose-fructose conversion. Chemistry：A European Journal，2014，20：12298-12309.

[333] Debruijn J M，Kieboom A P G，Vanbekkum H. Alkaline-degradation of monosaccharides . 7. A mechanistic picture. Starch-Starke，1987，39：23-28.

[334] Corma A，Nemeth L T，Renz M，et al. Sn-zeolite beta as a heterogeneous chemoselective catalyst for Baeyer-Villiger oxidations. Nature，2001，412：423-425.

[335] Guo J，Zhu S，Cen Y，et al. Ordered mesoporous Nb-W oxides for the conversion of glucose to fructose，mannose and 5-hydroxymethylfurfural. Applied Catalysis B：Environmental，2017，200：611-619.

[336] Graca I，Iruretagoyena D，Chadwick D. Glucose isomerisation into fructose over magnesium-impregnated NaY zeolite catalysts. Applied Catalysis B：Environmental，2017，206：434-443.

[337] Nagorski R W，Richard J P. Mechanistic imperatives for aldose-ketose isomerization in water：specific，general

base-and metal ion-catalyzed isomerization of glyceraldehyde with proton and hydride transfer. Journal of the American Chemical Society，2001，123：794-802.

[338] Spasova B，Kuesters C，Stengel B，et al. Investigation of process conditions for catalytic conversion of carbohydrates by epimerization using a microstructured reactor. Chemical Engineering and Processing，2016，105：103-109.

[339] Gunther W R，Wang Y，Ji Y，et al. Sn-Beta zeolites with borate salts catalyse the epimerization of carbohydrates via an intramolecular carbon shift. Nature Communications，2012，3.

[340] Lari G M，Groninger O G，Li Q，et al. Catalyst and process design for the continuous manufacture of rare sugar alcohols by epimerization-hydrogenation of aldoses. ChemSusChem，2016，9：3407-3418.

[341] Hannah N，Nikolakis V，Vlachos D G. Mechanistic insights into Lewis acid metal salt-catalyzed glucose chemistry in aqueous solution. ACS Catalysis，2016，6：1497-1504.

[342] Sweeney M D，Xu F. Biomass converting enzymes as industrial biocatalysts for fuels and chemicals：recent developments. Catalysts，2012，2：244-263.

[343] Teong S P，Yi G，Zhang Y. Hydroxymethylfurfural production from bioresources：past，present and future. Green Chemistry，2014，16：2015-2026.

[344] Jing Q，Lue X. Kinetics of non-catalyzed decomposition of glucose in high-temperature liquid water. Chinese Journal of Chemical Engineering，2008，16：890-894.

[345] Mednick M L. Acid-base-catalyzed conversion of aldohexose into 5-(hydroxymethyl)-2-furfural. Journal of Organic Chemistry，1962，27：398-403.

[346] De S，Dutta S，Saha B. Microwave assisted conversion of carbohydrates and biopolymers to 5-hydroxymethylfurfural with aluminium chloride catalyst in water. Green Chemistry，2011，13：2859-2868.

[347] Shen Y，Sun J，Yi Y，et al. 5-Hydroxymethylfurfural and levulinic acid derived from monosaccharides dehydration promoted by $InCl_3$ in aqueous medium. Journal of Molecular Catalysis A：Chemical，2014，394：114-120.

[348] Chareonlimkun A，Champreda V，Shotipruk A，et al. Reactions of C_5 and C_6-sugars，cellulose，and lignocellulose under hot compressed water(HCW)in the presence of heterogeneous acid catalysts. Fuel，2010，89：2873-2880.

[349] Chareonlimkun A，Champreda V，Shotipruk A，et al. Catalytic conversion of sugarcane bagasse，rice husk and corncob in the presence of TiO_2，ZrO_2 and mixed-oxide TiO_2-ZrO_2 under hot compressed water(HCW)condition. Bioresource Technology，2010，101：4179-4186.

[350] Yan H，Yang Y，Tong D，et al. Catalytic conversion of glucose to 5-hydroxymethylfurfural over SO_4^{2-}/ZrO_2 and SO_4^{2-}/ZrO_2-Al_2O_3 solid acid catalysts. Catalysis Communications，2009，10：1558-1563.

[351] Yang Y，Xiang X，Tong D，et al. One-pot synthesis of 5-hydroxymethylfurfural directly from starch over SO_4^{2-}/ZrO_2-Al_2O_3 solid catalyst. Bioresource Technology，2012，116：302-306.

[352] Ohara M，Takagaki A，Nishimura S，et al. Syntheses of 5-hydroxymethylfurfural and levoglucosan by selective dehydration of glucose using solid acid and base catalysts. Applied Catalysis A：General，2010，383：149-155.

[353] Binder J B，Raines R T. Simple chemical transformation of lignocellulosic biomass into furans for fuels and chemicals. Journal of the American Chemical Society，2009，131：1979-1985.

[354] Gen Y，Yugen Z，Ying J Y. Efficient catalytic system for the selective production of 5-hydroxymethylfurfural from glucose and fructose. Angewandte Chemie International Edition，2008，47：9345-9348.

[355] Li C，Zhang Z，Zhao Z K. Direct conversion of glucose and cellulose to 5-hydroxymethylfurfural in ionic liquid under microwave irradiation. Tetrahedron Letters，2009，50：5403-5405.

[356] Saha B，Abu-Omar M M. Advances in 5-hydroxymethylfurfural production from biomass in biphasic solvents.

Green Chemistry，2014，16：24-38.

[357] Yang Y，Hu C W，Abu-Omar M M. Conversion of carbohydrates and lignocellulosic biomass into 5-hydroxymethylfurfural using $AlCl_3$ center dot $6H_2O$ catalyst in a biphasic solvent system. Green Chemistry，2012，14：509-513.

[358] Pagan-Torres Y J，Wang T，Gallo J M R，et al. Production of 5-hydroxymethylfurfural from glucose using a combination of lewis and bronsted acid catalysts in water in a biphasic reactor with an alkylphenol solvent. ACS Catalysis，2012，2：930-934.

[359] Wang T，Pagan-Torres Y J，Combs E J，et al. Water-compatible lewis acid-catalyzed conversion of carbohydrates to 5-hydroxymethylfurfural in a biphasic solvent system. Topics in Catalysis，2012，55：657-662.

[360] Shen Y，Sun J，Yi Y，et al. $InCl_3$-catalyzed conversion of carbohydrates into 5-hydroxymethylfurfural in biphasic system. Bioresource Technology，2014，172：457-460.

[361] Jiang Y，Yang L，Bohn C M，et al. Speciation and kinetic study of iron promoted sugar conversion to 5-hydroxymethylfurfural(HMF) and levulinic acid(LA). Organic Chemistry Frontiers，2015，2：1388-1396.

[362] Zhou J，Xia Z，Huang T，et al. An ionic liquid-organics-water ternary biphasic system enhances the 5-hydroxymethylfurfural yield in catalytic conversion of glucose at high concentrations. Green Chemistry，2015，17：4206-4216.

[363] Nikolla E，Roman-Leshkov Y，Moliner M，et al. "One-Pot" synthesis of 5-(hydroxymethyl)furfural from carbohydrates using tin-beta zeolite. ACS Catalysis，2011，1：408-410.

[364] Yang F，Liu Q，Yue M，et al. Tantalum compounds as heterogeneous catalysts for saccharide dehydration to 5-hydroxymethylfurfural. Chemical Communications，2011，47：4469-4471.

[365] Fan C，Guan H，Zhang H，et al. Conversion of fructose and glucose into 5-hydroxymethylfurfural catalyzed by a solid heteropolyacid salt. Biomass & Bioenergy，2011，35：2659-2665.

[366] Teimouri A，Mazaheri M，Chermahini A N，et al. Catalytic conversion of glucose to 5-hydroxymethylfurfural (HMF) using nano-POM/nano-ZrO_2/nano-gamma-Al_2O_3. Journal of the Taiwan Institute of Chemical Engineers，2015，49：40-50.

[367] Jimenez-Morales I，Moreno-Recio M，Santamaria-Gonzalez J，et al. Production of 5-hydroxymethylfurfural from glucose using aluminium doped MCM-41 silica as acid catalyst. Applied Catalysis B：Environmental，2015，164：70-76.

[368] Moreau C，Durand R，Razigade S，et al. Dehydration of fructose to 5-hydroxymethylfurfural over H-mordenites. Applied Catalysis A：General，1996，145：211-224.

[369] Antal M J，Mok W S L，Richards G N. Kinetic-studies of the reactions of ketoses and aldoses in water at high-temperature. 2, 4-carbon model compounds for the reactions of sugars in water at high-temperature. Carbohydrate Research，1990，199：111-115.

[370] Newth F H. The formation of furan compounds from hexoses. Advances in Carbohydrate Chemistry，1951，6：83-106.

[371] Jadhav H，Pedersen C M，Soiling T，et al. 3-Deoxy-glucosone is an intermediate in the formation of furfurals from D-glucose. ChemSusChem，2011，4：1049-1051.

[372] Noma R，Nakajima K，Kamata K，et al. Formation of 5-(hydroxymethyl)furfural by stepwise dehydration over TiO_2 with water-tolerant Lewis acid sites. Journal of Physical Chemistry C，2015，119：17117-17125.

[373] Dusselier M，van Wouwe P，Dewaele A，et al. Lactic acid as a platform chemical in the biobased economy：the role of chemocatalysis. Energy & Environmental Science，2013，6：1415-1442.

[374] Kishida H，Jin F，Yan X，et al. Formation of lactic acid from glycolaldehyde by alkaline hydrothermal reaction.

Carbohydrate Research，2006，341：2619-2623.

[375] Wang X，Song Y，Huang C，et al. Lactic acid production from glucose over polymer catalysts in aqueous alkaline solution under mild conditions. Green Chemistry，2014，16：4234-4240.

[376] Choudhary H，Nishimura S，Ebitani K. Synthesis of high-value organic acids from sugars promoted by hydrothermally loaded Cu oxide species on magnesia. Applied Catalysis B：Environmental，2015，162：1-10.

[377] Zhou L，Wu L，Li H，et al. A facile and efficient method to improve the selectivity of methyl lactate in the chemocatalytic conversion of glucose catalyzed by homogeneous Lewis acid. Journal of Molecular Catalysis A：Chemical，2014，388：74-80.

[378] Holm M S，Saravanamurugan S，Taarning E. Conversion of sugars to lactic acid derivatives using heterogeneous zeotype catalysts. Science，2010，328：602-605.

[379] Tolborg S，Sadaba I，Osmundsen C M，et al. Tin-containing silicates：alkali salts improve methyl lactate yield from sugars. ChemSusChem，2015，8：613-617.

[380] Wang Y，Deng W，Wang B，et al. Chemical synthesis of lactic acid from cellulose catalysed by lead (Ⅱ) ions in water. Nature Communications，2013，4（2141）.

第5章 纤维素的转化

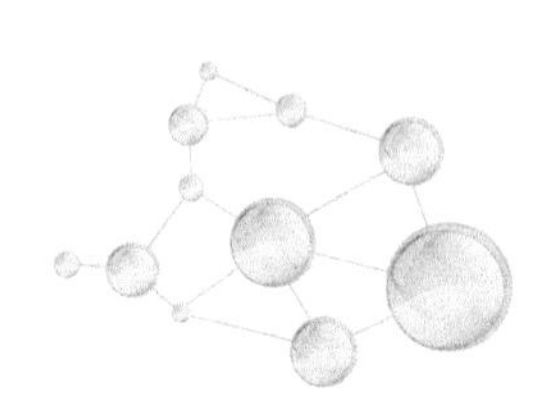

纤维素因其来源广泛，并具有可生物降解性、生物相容性和易衍生化的特点，将成为未来的主要化工原料之一。在纤维素的分子式$(C_6H_{10}O_5)_n$中，n为聚合度，通常用DP（degree of polymerization）表示，代表纤维素分子链中所连接的葡萄糖苷的数目。纤维素的聚合度直接影响纤维素的相对分子质量，由聚合度可计算出纤维素的相对分子质量（相对分子质量＝162×DP）；而纤维素的相对分子质量及其分布进一步影响纤维素材料的物理机械性能（强度、模量、耐折度等）、纤维素溶液的性质（溶解度、黏度、流变性等）以及纤维素材料的降解、老化及各种化学反应。

纤维素在结构上可以分为三层：单分子层，即葡萄糖的高分子聚合物；超分子层，即自组装的纤维素晶体；原纤维素层，即纤维素晶体和无定形纤维素分子等自组装的更大的纤维素结构。纤维素的超分子结构是由结晶区和无定形区交错结合所形成的，结晶区与结晶区之间有无定形区，结晶区与无定形区之间是逐渐过渡的，没有明显的界线。在无定形区，纤维素链分子排列的规则性较差，但不是如液体状态一样完全无秩序，而是有相当的规则性的，一般取向大致与纤维轴平行，不过排列较不整齐、结构较为松弛。所以，无定形区的纤维素相对较容易发生降解。由于纤维素分子链很长，故一个纤维素分子可穿过几个结晶区和无定形区。纤维素链之间易聚集形成高度有序的空间结构，这种有序结构是大量的分子内和分子间的氢键形成的网络，因此纤维素不能熔融，也难溶于普通溶剂。以纤维素Ⅰ为例，其中所形成的氢键网主要包括以下几种：

（1）沿分子链方向（包括角链和中心链），存在键长为0.275nm的O(3)—H⋯O(5′)氢键和键长为0.287nm的O(2′)—H⋯O(6)氢键，这两个分子内氢键分布在纤维素链的两边。

（2）每个葡萄糖残基与相邻分子链形成一个键长为0.279nm的分子间氢键O(6)—H⋯O(3)。

（3）链片之间和晶胞对角线上无氢键存在，纤维素分子链结构的稳定靠范德瓦耳斯力维持。

对于不同的纤维素类型而言，其所包含的氢键也有略微的差别。例如，纤维素II是一种反平行链的结构，角链和中心链的构象不同，形成的氢键网较纤维素Ⅰ复杂。

纤维素Ⅱ中氢键的平均长度（0.272nm）比纤维素Ⅰ（0.280nm）短，堆砌较为紧密。

纤维素由于其聚合度高，以及大量分子内和分子间氢键的存在，导致纤维素转化困难。纤维素转化的难易程度一般可采用可及度来表示。纤维素的可及度即反应试剂抵达纤维素的难易程度，是纤维素化学反应的一个重要因素。在多相反应中，纤维素的可及度主要受纤维素结晶区与无定形区的比率的影响。研究表明，对于高结晶度纤维素的羟基而言，小分子试剂只能抵达其中的 10%～15%。普遍认为，大多数反应试剂只能穿透纤维素的无定形区，而不能进入紧密的结晶区。人们把纤维素的无定形区称为可及区。实际上，纤维素的可及度不仅受纤维素物理结构的真实状态所制约，也取决于试剂分子的化学性质、大小和空间位阻作用。一般认为，小的、简单的以及不含支链分子的试剂，具有穿透纤维素链片间间隙的能力，并引起片间氢键的断裂。如二硫化碳、环氧乙烷、丙烯腈、氯代乙酸和其他简单烷基化合物等，均可在多相介质中与羟基反应，生成高取代的纤维素衍生物。具有庞大的分子但不属于平面非极性结构的试剂，如 3-氯-2-羟丙基二乙胺或对硝基苯卤化物，即使与活化的纤维素反应，也只能抵达其无定形区和结晶区表面，生成取代度较低的衍生物。

虽然纤维素中大量分子间和分子内氢键的存在阻碍了纤维素的降解，但是纤维素中包含一些活泼的基团。纤维素链中每个葡萄糖基环上有三个活泼的羟基：一个伯羟基和两个仲羟基。因此，纤维素可以发生一系列与羟基有关的化学反应，如酯化、醚化、交联、接枝共聚等。通过这些反应，能够生产出许多有价值的纤维素衍生物，包括纤维素酯、纤维素醚，其生产已成为目前国民经济的重要组成部分。同时，纤维素分子可以发生各种降解反应，包括氧化、酸水解、碱水解和生物降解。通过降解反应，原生生物质中的纤维素可以得到改进，从而更适宜用于人类生产利用；纤维素在酸、碱降解中可以被降解为小相对分子质量的寡聚物、纤维二糖、葡萄糖，这些糖类可以进一步转化，得到高附加值的化学品，如果糖、5-羟甲基糠醛（HMF）、乙酰丙酸、乙二醇、乳酸、甲酸（FA）、乙酸（AA）等。在微生物酶作用下，纤维素也会水解得到葡萄糖（图 5.1），葡萄糖通过进一步发酵可生产生物燃料——乙醇，也可生产乳酸等重要平台化合物。

CH_2OH　CH_2OH　$\xrightleftharpoons[-H_3O^+]{+H_3O^+}$　CH_2OH　CH_2OH

OH　O　OH　OH　⊕ O H　OH　OH　OH

$2H_2O \rightleftharpoons H_3O^+ + OH^-$

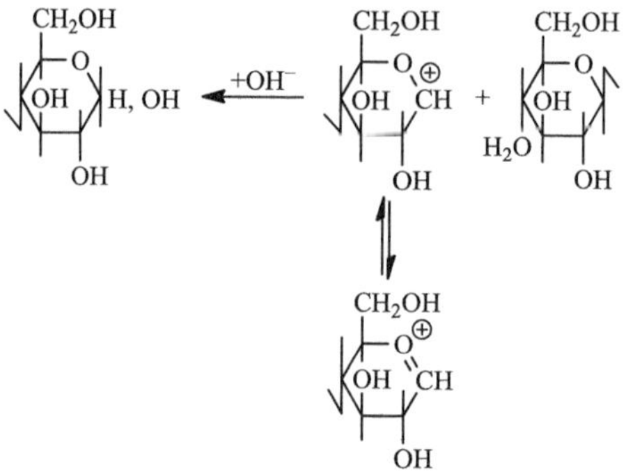

图 5.1　纤维素糖苷键断裂的典型机制

5.1　合成纤维素衍生的寡聚糖

由于纤维素具有较高的结晶性和致密的氢键缔合结构，在外界物理或化学的作用下，纤维素比其他碳水化合物（如淀粉、半纤维素）都要稳定。这些因素导致纤维素在水和大部分有机溶剂中溶解性能差，阻碍了热和力对纤维素结构的破坏。因而，进一步阻碍了纤维素的后续精炼过程制备高附加值化学品。溶剂可以进入纤维素分子链之间与形成氢键的纤维素羟基发生作用，从而破坏其所形成的氢键网络。因此，溶剂对纤维素溶解和脱聚的作用非常重要。纤维素溶剂体系一直是纤维素科学中的重要的研究内容。在纤维素溶解过程中一般先形成一些解聚的中间产物，如可溶性纤维素寡聚糖等，而在较苛刻的反应条件下会转化得到更多的小分子下游产物。将纤维素先溶解转化为寡聚糖可以提高纤维素制备化学品的灵活性以及后续产品的多样性。

纤维素的溶解是天然纤维素进行加工的核心问题。传统的纤维素溶解方法有铜氨法、黏胶法和乙酸法。这些传统的方法在生产过程中会产生二氧化碳、氨等有害物质，造成环境污染，正逐渐被新的方法所取代。新型的无机溶剂体系主要包括碱/尿素或硫脲/水体系，其溶解能力强，工艺流程简单，且所用的尿素、硫脲无毒，可回收循环使用，是一种绿色的、适合工业化的溶剂体系；但其溶解纤维素的条件苛刻，且有副产物纤维素氨基甲酸酯产生。新型的有机溶剂体系种类较多，包括多聚甲醛/二甲亚砜体系、四氧化二氮/二甲甲酰胺体系、二甲基亚砜/四乙基氯化铵体系、氨/硫氰酸铵体系、氯化锂/二甲基乙酸胺体系、胺氧化物体系、离子液体溶解体系等。在这些溶剂体系中，水和离子液体在效率、成本、安全性等方面都具有非常明显的优势。

5.1.1　水解

在纯水中，纤维素可在高温条件下发生水解反应，但是水解速率缓慢。纤维素大分子的糖苷键对酸的稳定性很低，在适当的氢离子浓度、温度下，纤维素易发生酸水解，使相邻的两葡萄糖单体间的糖苷键发生断裂。β-糖苷键在酸中的水解速度比 α-糖苷键小得多，前者约为后者的 1/3。纤维素的酸水解分为均相酸水解和多相酸水解两种。均相酸水解反应通常采用浓 H_2SO_4 溶液或浓 HCl 溶液等强酸为催化剂，水解以均匀的速度进行。在相对温和的条件下，纤维素的糖苷键水解不彻底，导致部分糖苷键断裂，生成聚合度较低的可溶性寡聚物（纤维素的聚合度一般降至 200 以下）。酸水解也可采用弱酸为催化剂，反应在两相中进行，纤维素仍保持它所存在的纤维状结构。反应刚开始时，纤维素中较易可及区首先被水解，水解速度快。然后，再使可及度较低的区域被水解，水解速度较慢，在多数情况下维持恒定值直到反应终止。在最初阶段的水解，10%～12%的纤维素被水解，聚合度很快降到平衡值，平衡值随试样不同而有所差异。多相水解过程主要以一些固体酸为催化剂，比均相水解更为复杂。

在碱性溶液中，即使在温和的条件下，纤维素也能发生剥皮反应。所谓剥皮反应是指在碱的影响下，纤维素具有还原性末端基的葡萄糖会逐个掉下来。而纤维素中 β-糖苷键在碱性介质中较为稳定，但在高温作用下可进行碱性水解，反应十分复杂。首先是末端基开环成醛式，在碱的作用下转变为酮式，引起纤维素从末端基一个接一个地脱掉葡萄糖基，并进行一系列的异构化反应。在水解生成单糖后，通过适当溶剂和催化剂的引入以及过程的控制可进一步制备高附加值的小分子化合物。

此外，水解过程中除了酸、碱催化剂外，一些助剂的添加也可促进纤维素在水中的溶解和脱聚，以获得可溶性寡聚糖。其中，NaCl 作为一种绿色无污染的助剂，可有效促进生物质中纤维素组分的溶解和脱聚。在水中加入一定量的 NaCl，当反应温度在 180℃以上时，纤维素的结构发生松动，Cl^-可以破坏纤维素的分子间氢键，将纤维素中的葡萄糖链逐层剥落（图 5.2）。除了结晶度较高的微晶纤维素以外，大部分生物质（如毛竹、木糖渣、玉米秸秆）中的纤维素经 220℃反应 2h 后，几乎可以完全转化。如图 5.3 所示，氯离子可以与纤维素中的羟基氢形成氢键，从而破坏纤维素原有的分子间和分子内氢键，使得纤维素被更好地溶解。除此之外，NaCl 对于溶解后的纤维素流体有一定的降解作用，并生成相对分子质量较小的寡聚糖[1]。通过对比研究纤维素在氘代试剂中的转化，发现 NaCl 可以促进纤维素转化为小分子酸，增大了反应溶液中 H^+浓度。NaCl 可以增强酸的电离，使反应溶液的 pH 进一步降低，高浓度的 H^+有利于纤维素的水解转化。同时，NaCl 可以促进纤维素对反应溶液中 H^+的吸附，增强纤维素表面的酸性，有利于酸催化转化纤维素。纤维素转化后，寡聚物是主要的液体产物，且 NaCl 的加入大大降低了寡聚物的分子质量，使大部分寡聚物的分子质量集中在 200～400Da；小分子产物主要是 HMF、糠醛和有机酸，且 NaCl 会促进 HMF 分解生成乙酰丙酸和甲酸。向 NaCl-水体系中加入四氢呋喃形成双相溶剂体系后，纤维素的溶解效率更高。四氢呋喃可以同时促进水和 NaCl 分别对纤维素中 O_2—H…O_6 和 O_3—H…O_5 两种分子内氢键的破坏。四氢呋喃还可以与一些小分子产物作用，将其转移至四氢呋喃相，从而使纤维素结构更好地暴露出来与 NaCl 作用[2]。

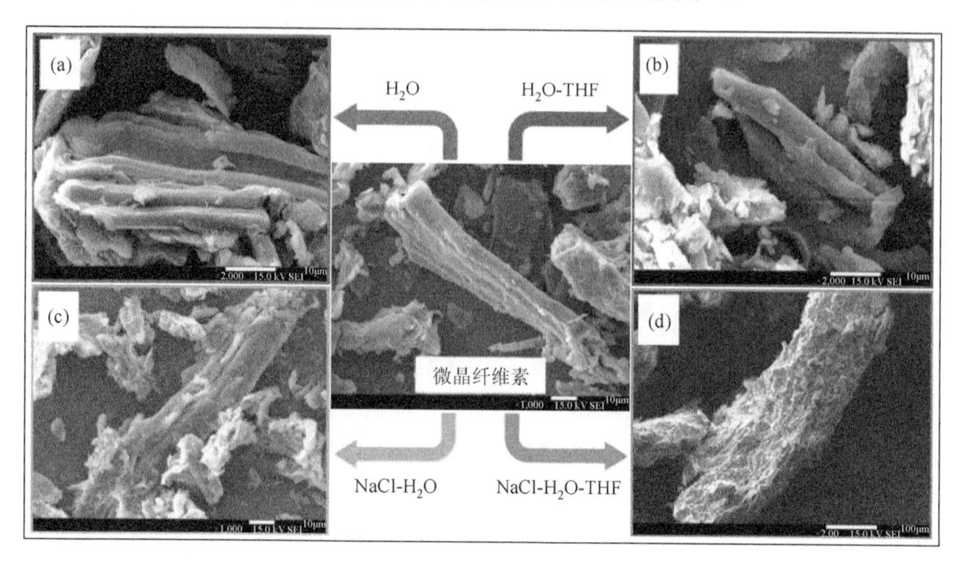

图 5.2 纤维素及其在不同溶剂体系中反应残渣的 SEM 图

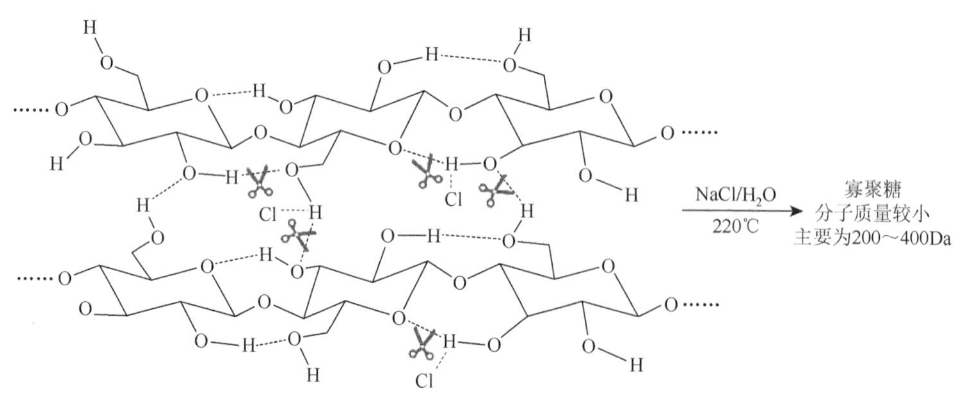

图 5.3 NaCl 促进纤维素转化为寡聚糖过程中氯离子的作用[1]

5.1.2 离子液体

近年来，离子液体溶剂正逐渐成为纤维素溶解领域的研究热点。离子液体是由离子组成的盐，这种盐在室温或低于 100℃时呈液态。由于稳定性良好、饱和蒸气压低、容易分离、可循环利用以及物理、化学性质具有良好的可调性，离子液体被越来越多的用在生物质转化为化学品的研究中。开发溶解性更好、操作更简便、制作周期更短的新型离子液体溶解体系，将会是未来纤维素溶解的一个大方向。在 1934 年，首先发现了 *N*-乙基吡啶氯盐对于纤维素的溶解有一定的作用，但这并没有引起人们的重视。这是因为当时人们不太了解该离子液体的结构和性质，其熔点较高（118℃），且纤维素在该离子液体中的溶解度不够好。2002 年，发现 1-甲基-3-丁基咪唑氯盐离子液体对纤维素的溶解效果较好，在微波加热后的离子液体溶液中溶有 25wt%的纤维素，且这些溶解后的纤维素几乎以寡聚糖的形式存在。之后，1-甲基-3-烯丙基咪唑氯盐和二烷基咪唑乙酸盐被发现有更好的纤维素溶解性能，在低于 100℃下加热后，这两种离子液体中纤维素的溶解度可达到 30wt%。除此之外，这两种离子液体的熔点更低、黏度更小、更易于操作。Zhao 等以烷氧基作为离子液体的阳离子，并用乙酸根作为阴离子，该离子液体不仅对于纤维素的溶解效果较好，还能避免常规离子液体中含有的高浓度卤素阴离子使可溶性纤维素寡聚糖在后续生物精炼过程中酶的失活[3]。

目前人们对于离子液体溶解纤维素生成寡聚糖的机理还没有一个完全清楚的认识。有一些人认为离子液体中具有强氢键形成能力的阴离子是纤维素溶解的关键，如氯离子；而阳离子在整个过程中几乎没有作用。但这个观点很难解释众多离子液体溶解转化纤维素的过程。例如，能较好溶解纤维素的离子液体的阳离子主要是咪唑型和吡啶型离子。又如，使离子液体中的阴离子不变，只改变其阳离子时，纤维素的溶解转化性能将发生改变，甚至不能溶解纤维素。也有一些人认为离子液体的作用是阴阳离子同时与纤维素羟基作用。如图 5.4 所示，阴离子与纤维素羟基氢形成氢键作用，而阳离子咪唑环上的活泼氢可以与纤维素的羟基氧形成另一种氢键。目前纤维素在离子液体体系中溶解转化为寡聚糖的过程中还有很多实验现象不能被合理地解释，其机理还需要深入研究。

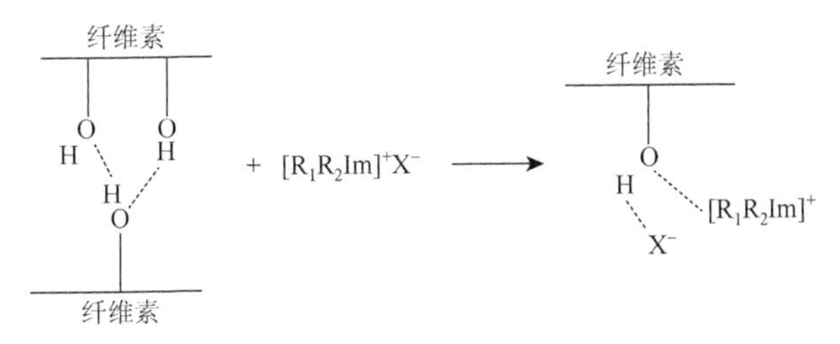

图 5.4 纤维素在离子液体中的溶解机理

$[R_1R_2Im]^+$表示咪唑阳离子

5.2 合成六碳单糖

葡萄糖是纤维素聚合物中的单体结构，将纤维素降解为葡萄糖是纤维素转化

利用过程中最重要的一步，同时高收率、高选择性获得葡萄糖，将提高其后续转化制备各种高附加值化学品的灵活性和可能性（图 5.5）。

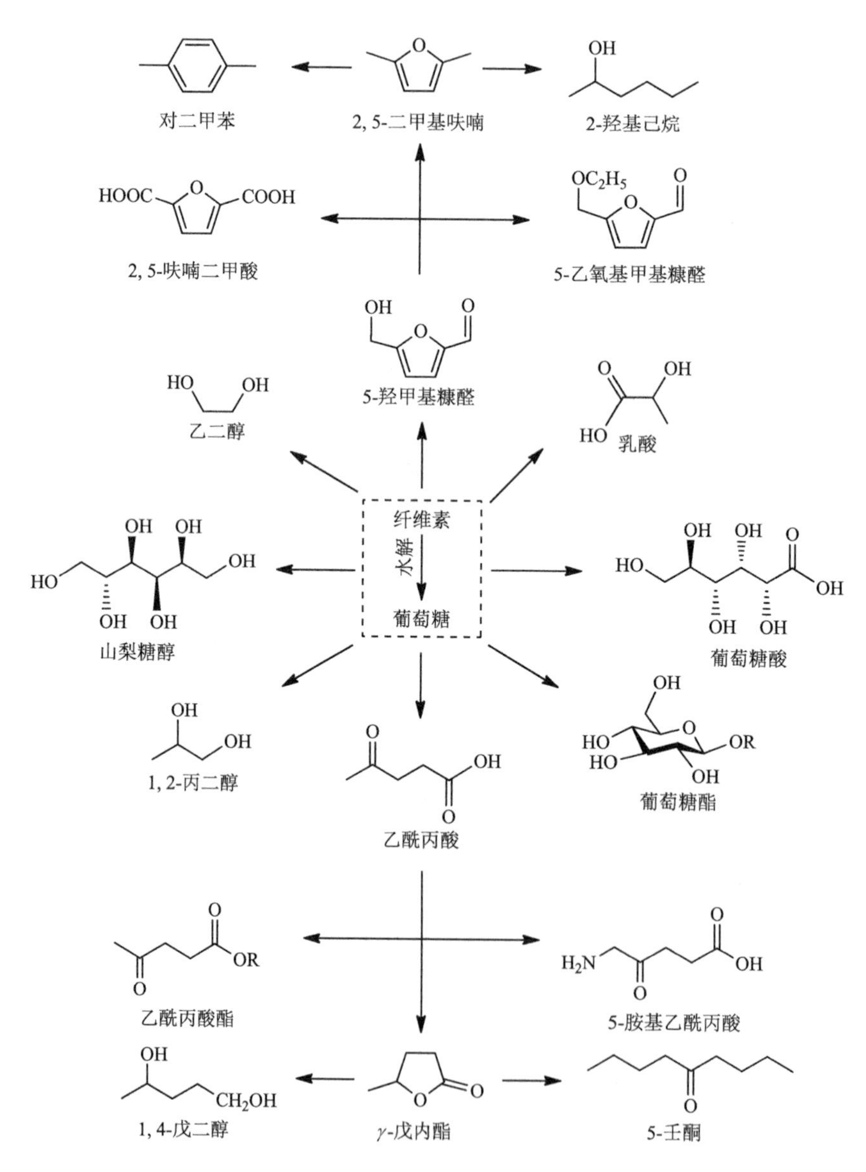

图 5.5　由纤维素水解为葡萄糖制备高附加值化学品的示意图

5.2.1　酶催化

酶催化过程具有高效、反应条件温和等特点，所以酶催化被广泛应用于纤维素降解制备葡萄糖。纤维素酶是一种复杂的酶，如图 5.6 所示，其主要包含三种酶：①内切葡聚糖酶是将纤维素葡萄糖链无序地切开；②纤维二糖水解酶是将纤维素葡萄糖链末端的纤维二糖切下来；③葡糖苷酶是将纤维二糖切为两个葡萄糖。虽然纤维素酶的活性较高，但为了使纤维素酶有更好的重复使用性，常用的方法是将纤维素酶固定到合适的固体材料上。许多有机和无机材料都可以用作纤维素酶固定的材料，如尼龙、聚氨酯泡沫、聚纳米纤维、脂质体甲壳素、壳聚糖微球和海绵等。在这些固定材料中，介孔二氧化硅有较高的比表面积、高的机械强度、优良的孔道结构和可控的表面功能基团，所以被广泛用于纤维素酶的固定。固体载体的孔道结构对于纤维素酶催化活性的发挥极为重要。例如，介孔的硅铝氧化物分子筛 SBA-15 的孔径为 8.9nm 时，最适合被用作纤维素酶的载体。但是，由于 SBA-15 内部特有的平面六边形结构，纤维素酶不容易被吸附到载体的内表面。除此之外，载体表面的各种功能基团对于纤维素酶的固定和活性也有一定的影响。例如，二氧化硅 FDU-12 表面如果有乙烯基这种疏水型基团，纤维素酶的固定效果和催化效果都较好。除了用酶催化纤维素降解为葡萄糖以外，也有针对果糖产物的研究。但在此过程中，不仅需要纤维素酶，还需要使用异构酶将葡萄糖异构化为果糖。

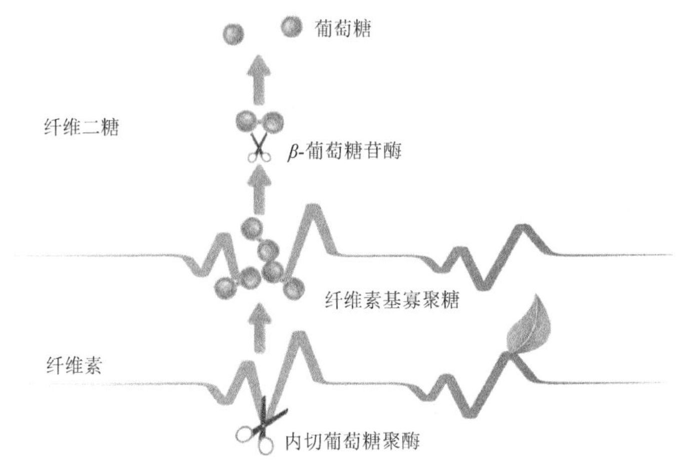

图 5.6 纤维素酶降解纤维素为葡萄糖的示意图[4]

酶催化转化纤维素为葡萄糖已经被全世界广泛应用于工厂和企业，但该过程中仍有一些亟待解决的问题。例如，酶催化过程中的纤维素原料的浓度很低，这直接导致了葡萄糖产物的浓度很低，并生成大量的废水。为了提高葡萄糖产物的浓度，需要使用大量的纤维素酶，这大大增加了葡萄糖产品的成本。另外，由于酶需要在特定的反应条件下发挥作用，如较低的温度和合适的 pH 环境，所以纤维素的降解速率往往较慢。

5.2.2 液体酸催化

液体酸催化是破坏纤维素中紧密的糖苷键的一种有效的方法，这是因为反应体系中的氢离子可以很容易地和纤维素的 β-1, 4-糖苷键接触。如图 5.7 所示，在液体酸催化纤维素降解的过程中，水电离出的氢离子首先进攻糖苷键中的氧原子，质子化的糖苷键断裂后形成碳正离子。然后水电离出的羟基可以迅速转移到碳正离子上，并生成最终的水解产物葡萄糖（表 5.1）。

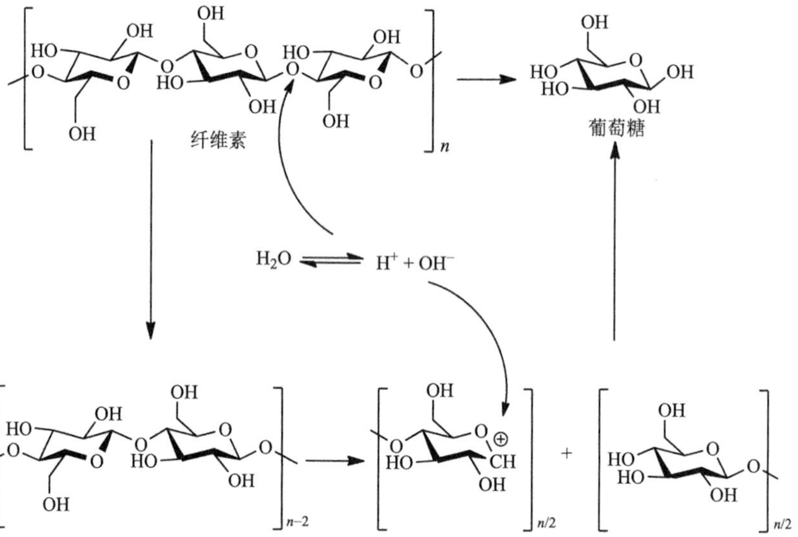

图 5.7 酸催化断裂纤维素中 β-1, 4-糖苷键制备葡萄糖的机理

表 5.1 液体酸催化转化纤维素或原生生物质制备葡萄糖[4]

原料	催化剂	产物	收率/%
玉米芯	硫酸/磷酸	木糖、葡萄糖	90
纤维素	HF-SbF5	葡萄糖	68
纤维素	杂多酸	葡萄糖	75.6
纤维素	10%草酸 + 10%碱	葡萄糖	6.2
小麦秸秆	20%甲酸	葡萄糖	40.0
纤维素	芳基磺酸	葡萄糖	60.0
玉米秆	CO_2-H_2O	葡萄糖	80.0

1. 无机酸

从 20 世纪初期开始，无机酸就被用于纤维素水解制备葡萄糖。无机酸的种类

对于纤维素或原生生物质中的纤维素降解及其降解产物的分布都有较大的影响。其中，最常用的无机酸是硫酸。采用不同浓度的稀硫酸催化水解棕榈油果壳，在120℃下反应 15min 后，产物中的木糖和葡萄糖的浓度分别为 29.4g/L 和 2.34g/L。采用磷酸和硫酸混合溶液催化降解玉米芯中的纤维素，发现将玉米芯在该混合酸溶液中 30℃下缓慢搅拌 16h 后，再加入水，在 80℃下搅拌 4h，葡萄糖和木糖的收率均可达到 90%，且没有检测到明显的进一步分解产物[5]。将纤维素或原生生物质在特定的酸溶液中浸泡预处理可以使部分纤维素降解，并促进后续的水解过程。例如，将纤维素在 85%的磷酸溶液中 50℃下预处理数小时后可以得到大量的纤维素寡聚物。向所得的溶液中加入乙醇可以将纤维素的寡聚物沉淀出来，再将这些寡聚物在稀硫酸中 160℃下反应 2h，可以得到 57.8%收率的葡萄糖。将加热方式改为微波后，在同样的酸溶液中 160℃下只需反应 5min 即可得到 73.3%收率的葡萄糖。对比发现，没有通过预处理的纤维素在高温反应后的葡萄糖收率仅为 13.7%。

2. 有机酸

有机酸相比于无机酸具有强酸性和高催化活性，即使是酸性较弱的有机酸也可以用来催化纤维素水解生成葡萄糖。其中，最常用的有机酸为甲酸，因为甲酸可以“渗透”进入纤维素分子的内部区域，让晶态纤维素部分的紧密结构变得松散，从而使晶态和非晶态区域都能较好地发生水解。例如，用 20%的甲酸水溶液作为反应介质，由有机提取后的麦秆（主要含纤维素）水解可以得到40%收率的葡萄糖。向亚临界水中加入二氧化碳形成碳酸是另一种可以代替传统酸催化剂的反应体系。该体系可以减少对反应设备的腐蚀，也可以降低酸催化剂分离所带来成本高的问题。在纯水中加入高压二氧化碳后，纤维素水解为葡萄糖的收率明显提高。当用混合的硬木和柳枝作为反应原料时，在碳酸溶液中可得到超过 80%收率的葡萄糖。尽管如此，只靠碳酸作为催化剂，固体纤维素的溶解过程仍然较慢。

在有机酸催化过程中，添加无机盐可提高纤维素的降解效率。例如，向有机酸草酸或马来酸中加入无机盐氯化钠或氯化钙后，有机酸对纤维素的催化降解可以在更温和的反应温度下（100～125℃）进行。在有机酸催化体系中，无机盐的作用类似于离子液体，可破坏纤维素中大量的氢键，使有机酸的催化水解过程更容易进行。由于海水中含有大量的无机盐，因此海水可直接被用作纤维素降解过程的反应溶剂，大大提高了反应的绿色性、可持续性和经济性。

3. 杂多酸

可溶性杂多酸是一种超强酸，其催化活性和硫酸类似。相比于传统无机酸，

杂多酸更容易操作，如容易分离移除、可循环使用等。$H_3PW_{12}O_{40}$ 是一种典型的杂多酸，溶于水可完全电离出氢离子，大量的氢离子将有效地破坏纤维素的 β-1, 4-糖苷键。采用 $H_3PW_{12}O_{40}$ 杂多酸在 180℃下催化纤维素转化，可得到 50.5%收率的葡萄糖，且葡萄糖的选择性高达 90%。反应完全后，可以用乙醚将杂多酸从水相中萃取出来，并用于多次催化反应。另外，$H_3PW_{12}O_{40}$ 中的负离子是一种很好的氢键受体，可以帮助破坏纤维素原有的氢键，从而促进纤维素降解。同样的，采用微波加热可以降低反应温度和减少反应时间。将 $H_3PW_{12}O_{40}$ 杂多酸体系在微波中 90℃下反应 3h 后，葡萄糖的收率可以提高到 75.6%。

5.2.3 固体酸催化

近年来，在纤维素降解制备葡萄糖的过程中，固体酸催化的开发与应用受到广泛关注，且越发成熟。相较于液体酸催化剂，固体酸催化剂易于分离、重复使用性好、对仪器设备损坏性更小。

金属氧化物因其表面有大量的 Lewis 酸活性位，是一种较好的固体酸催化剂。金属氧化物通常有较大的比表面积和孔径，有利于反应物进入催化剂内部与催化剂表面的活性位点接触。Domen 等制备了一种层状的过渡金属氧化物 $HNbMoO_6$，该固体酸对于纤维素的小分子单元纤维二糖的催化水解有较好的效果[6]。这是由于金属氧化物 $HNbMoO_6$ 的强酸性和耐水性，且纤维二糖可以很好地进入催化剂层状结构的内部“走廊”（图 5.8）。但该催化剂直接应用于纤维素后，葡萄糖的收率较低，说明还需要增加催化剂表面酸性位点的密度和层状结构的比表面积。此外，Fang 等用纳米级的 Zn-Ca-Fe 氧化物催化转化纤维素，可获得 69.2%选择性的葡萄糖。此固体催化剂中 Fe 的顺磁性有助于将催化剂从液体产物中分离出来。

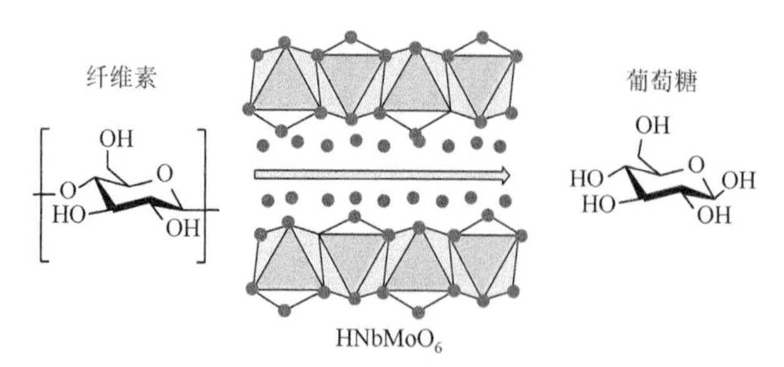

图 5.8 $HNbMoO_6$ 催化纤维素降解为葡萄糖[6]

分子筛是一种微孔的硅铝酸盐矿物质，被广泛用作固体酸催化剂。分子筛特有的孔道结构使其可以容纳各种阳离子，如 H^+、Na^+、K^+、Mg^{2+}等。这些阳离子与分子筛表面结合比较松散，很容易脱离到反应溶液中对反应起催化作用。由于硅铝分子筛中铝原子的数量与 Brønsted 酸性位成正比，所以分子筛的硅铝比越高，其酸性越弱。研究不同结构和不同硅铝比的 H 型分子筛，发现硅铝比越高的分子筛对于纤维素降解为葡萄糖的过程催化活性越高。此结果与催化剂的酸性强弱恰好相反，这可能是由于分子筛中高的硅铝比所带来的强疏水性。同时，具有微孔结构的分子筛对纤维素降解的催化作用较弱，这是因为分子筛的微孔结构使其很难与纤维素大分子接触。向反应体系中进一步引入离子液体作为反应溶剂，可以增加纤维素的溶解性。当使用离子液体作为溶剂时，离子液体中的阳离子可能会与 H 型分子筛的酸性位反应，从而置换出 H^+，进一步催化纤维素水解。除此之外，采用微波加热来替代传统的加热方式，可以提高纤维素水解的速率。例如，纤维素在 HY 分子筛催化下，240W 功率中微波辐射 8min 即可得到收率为 36.9%的葡萄糖，但更高的功率也会导致葡萄糖的进一步转化并生成 HMF。

碳材料的固体酸催化剂对纤维素的水解也有很好的催化性能。同时，碳材料的固体酸催化剂易回收，在大自然中来源丰富。直接以微晶纤维素为原料制备带有大量磺酸基的碳材料催化剂的一般方法为：首先将微晶纤维素在氮气保护下、450℃中热解处理数小时；再将得到的黑色粉末在氮气保护下、15wt%的硫酸溶液中 80℃下煮 10h；将所得到的固体粉末用热水洗净后过滤烘干即可。经过表征发现这种碳材料具有类似于石墨烯的片层结构，而且催化剂表面有磺酸基、羧基和酚羟基（图 5.9），这与传统的固体酸催化剂表面一般只有一种功能团不同。在制备过程中，硫酸水解过程可将碳材料的比表面积从 $2m^2/g$ 提高到 $560m^2/g$。且该催化剂可以大量吸附水，这种亲水的特性可以促进溶液中的纤维素链与碳材料表面的磺酸基作用，从而增强纤维素的水解效果。例如，碳材料表面的酚羟基可以与纤维素糖苷键上的氧原子形成氢键，从而将纤维素吸附到碳材料的表面。对于碳材料固体酸催化剂的制备，磺化过程的调控也对催化剂性能有很大的影响。例如，随着磺化温度由 150℃升高到 250℃，磺化碳的酸性基团的密度会随之增加，但继续升高温度反而会降低其酸性基团的密度。另外，二氧化硅和碳的复合纳米材料，对纤维素降解为寡聚糖或葡萄糖也具有良好的效果。

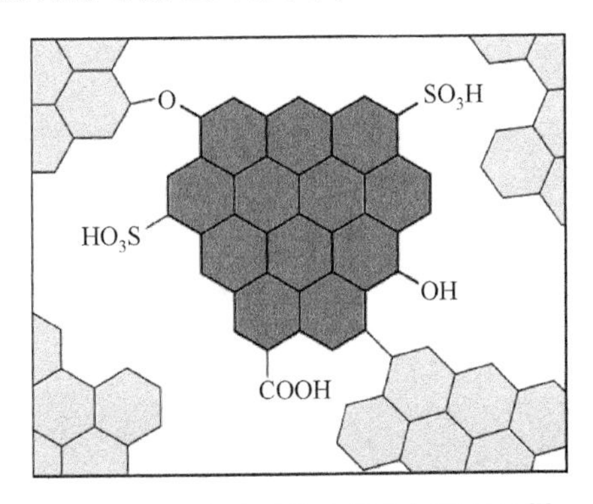

图 5.9 碳材料固体酸催化剂的结构[7]

酸性聚合物因其有 Brønsted 酸性位点，所以对于纤维素水解过程也有较好的催化效果。磺酸基改性的大孔网状烯基苯树脂是一种典型的酸性聚合物，其中最常用的是 Amberlyst 大孔树脂。该树脂廉价，且在各种溶剂中都较稳定，所以被广泛应用于纤维素的水解。Shuai 等制备了一种类似于纤维素酶的固体酸催化剂，该催化剂既有可以与纤维素结合的氯基，又有催化水解的磺酸基（图 5.10）。以氯基改性后的氯甲基化聚苯乙烯树脂作为载体，并用磺胺酸将催化剂表面的部分氯基取代为磺酸基。这种固体酸催化剂不仅可以将纤维二糖在 120℃下完全水解，还可以催化纤维素转化，获得收率为 93%的葡萄糖[8]。除了 Amberlyst 类型的树脂以外，Nafion 型（磺化四氟乙烯的杂聚物）和多孔的配位聚合物也是近年来常使用的固体酸酸性聚合物载体。此外，金属负载型催化剂、高铁酸盐、水滑石等固体催化剂也被用于纤维素水解制备葡萄糖。

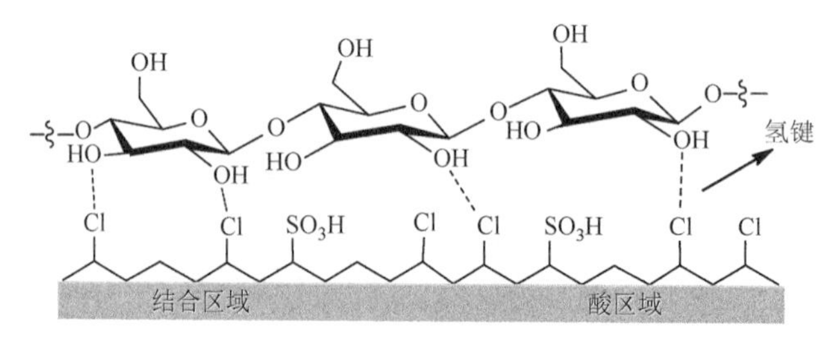

图 5.10 类纤维素酶的固体酸催化剂催化纤维素降解机理[8]

固体催化剂的分离回收十分重要，这不仅可以实现催化剂的重复利用，对分离出的催化剂进行各种表征分析也有助于探究催化反应机理。但在固体生物质的转化中，固体催化剂与固体生物质反应残渣的分离一直是个棘手的问题。即使纤维素可以被完全转化，原生生物质中残留的木质素或生成的胡敏素对固体催化剂的分离也是不利的。带有磁性的固体催化剂的发展可以有效解决催化剂分离的难题。例如，Lai 等用溶胶-凝胶法制备了一种含有磁性的 Fe_3O_4-SBA-SO_3H 固体酸催化剂（图 5.11）。其制备方法为：首先将带有磁性的 Fe_3O_4 纳米颗粒分散到嵌段共聚物 P123 上，再与四乙氧基硅烷（TEOS）共缩合；再加入 3-巯丙基三甲氧基甲硅烷（MPTMS）引入巯基；最后用双氧水将介孔的二氧化硅孔道内的巯基氧化为磺酸基。活性测试发现该催化剂催化水解经离子液体处理后的非晶态纤维素，可以得到 50%收率的葡萄糖；当以纤维素为原料时，葡萄糖的收率降低为 26%。反应后的催化剂可用磁铁分离出来，将回收的固体催化剂洗净烘干后即可再次使用[9]。固体杂多酸也是一种固体酸催化剂，但多种杂多酸都可溶于水，在 5.3.2 小节中有所陈述。当把杂多酸中的 H^+换为原子更大的 Cs^+后，杂多酸 $Cs_xH_{3-x}PW_{12}O_{40}$ 在水中的溶解性大大降低，这有利于杂多酸的分离再利用。Wang 等报道了用 $Cs_{2.2}H_{0.8}PW_{12}O_{40}$ 催化水解纤维素制备葡萄糖，并得到了最高选择性为 84%的葡萄糖；而用 $CsH_2PW_{12}O_{40}$ 作为催化剂时，可以得到最高 27%收率的葡萄糖[10]。

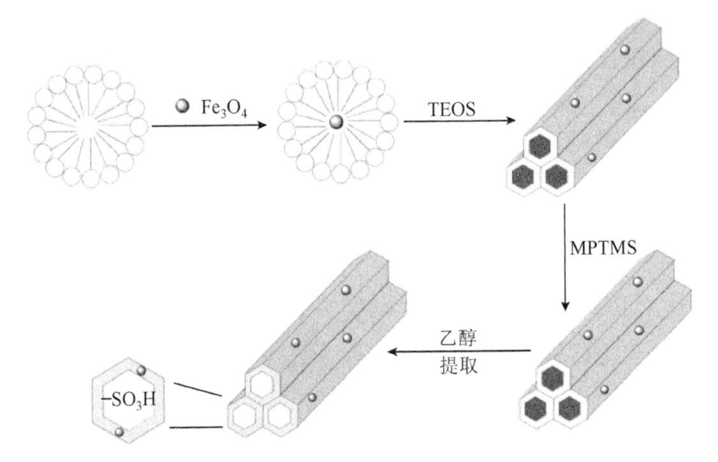

图 5.11 Fe_3O_4-SBA-SO_3H 催化剂的制备以及反应后催化剂的分离[9]

5.3 合成 5-羟甲基糠醛

5-羟甲基糠醛（HMF）是生物质制备高附加值化学品过程中极为重要的平台化合物。由纤维素催化脱水制备 HMF 是一种较为成熟的路径。如图 5.12 所示，

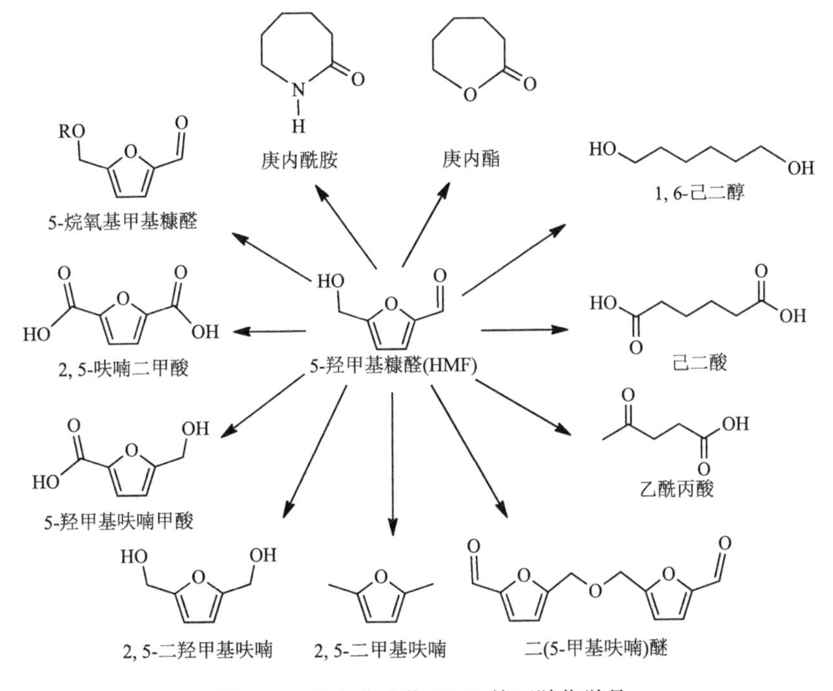

图 5.12 平台化合物 HMF 的下游化学品

通过不同的反应，HMF 可以转化生成多种多样的下游化学品，且这些化学品大多可以由石油炼制而来。例如，通过氧化反应可以得到 2, 5-呋喃二甲酸和 2, 5-二甲酰基呋喃；通过选择性加氢反应可以得到 2, 5-二羟甲基呋喃和 2, 5-二甲基呋喃；通过醇醛缩合再加氢可以得到 7～15 个碳的液体烷烃；通过水解可以得到乙酰丙酸和甲酸。

纤维素转化为 HMF 的过程大体上分为三步：纤维素水解为葡萄糖、葡萄糖异构化为果糖以及果糖脱水为 HMF（图 5.13）。由于纤维素的结构复杂，以及大量的分子间和分子内氢键的存在，纤维素在大部分溶剂中溶解困难，从而导致纤维素很难与催化剂的活性中心接触。因此，与以葡萄糖或果糖为原料不同，在由纤维素转化制备 HMF 的过程中，纤维素的转化速率一般较低，且 HMF 的收率也较低。纤维素水解为单糖的过程一般需要在酸催化条件下进行，此过程中会伴随生成少量的 HMF，但想要将纤维素高选择性地转化为 HMF 仍需要进一步改进现有催化体系或开发更高效的新催化体系。对于反应溶剂来说，最常用的是纯水，因为其环境友好且经济性较好。纤维素在纯水中降解为寡聚糖和葡萄糖的效率较高，但反应生成的 HMF 的收率和选择性都不太理想。虽然升高反应温度和延长反应时间可以得到更高收率的 HMF，但这也会导致各种副反应的发生，如 HMF 的重聚或分解会将 HMF 转化为胡敏素或小分子羧酸。

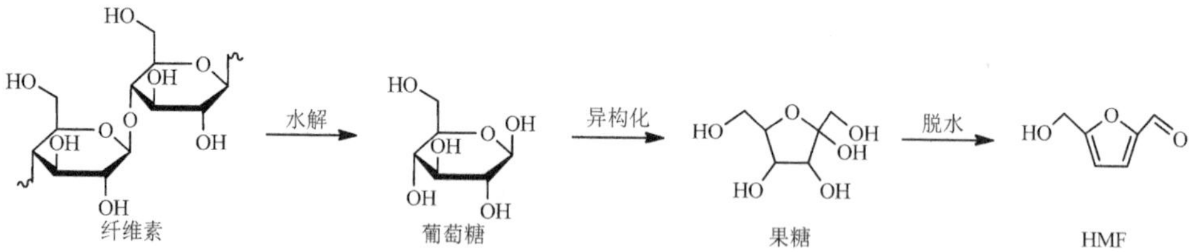

纤维素 —水解→ 葡萄糖 —异构化→ 果糖 —脱水→ HMF

图 5.13 纤维素制备 HMF 的流程图

5.3.1 单相溶剂体系

由于水的强极性等性质，HMF 产物在纯水溶剂中的收率较低，且生成的 HMF 容易进一步发生反应。单相溶剂体系中常用的一般是单相共溶剂，即向水中加入与水互溶的有机溶剂。例如，在水-四氢呋喃单相溶剂中，采用三氯化铁为催化剂催化转化枫木中的纤维素，可获得收率为 51%的 HMF，且 HMF 的降解产物乙酰丙酸收率只有 6%。在该共溶剂体系中，四氢呋喃的使用对于提高 HMF 的收率有较好的作用，且水和四氢呋喃溶剂的比例也对整个反应过程有较大的影响。这可能是因为四氢呋喃和 HMF 分子间可以形成较强的相互作用，从而对 HMF 起到一定的保护作用。也有大量的研究工作采用水/γ-戊内酯混合单相溶剂在酸的催化下将纤维素转化为 HMF，但其产物的收率和选择性较低，HMF 发生了进一步分解，生成乙酰丙酸，这部分研究将在下一节中进行介绍。

5.3.2 双相溶剂体系

为了抑制 HMF 在纯水溶剂中发生副反应，双相溶剂体系的使用是一种较好的解决方法。这些双相体系一般是由水相和有机相组成，其中水相为纤维素降解及分解过程的反应相，有机相为部分产物的萃取相。因此，纤维素反应物及其降解所得的寡聚糖和单体糖类均分布于水相，而 HMF 产物主要分布在有机相。这将有利于抑制水相中 HMF 进一步水解为乙酰丙酸和甲酸。除此之外，由于萃取的进行，水相中 HMF 的浓度逐渐降低，这也使水相中糖类转化为 HMF 的反应平衡改变，进一步提高 HMF 的收率。除此之外，双相反应体系可以较好地分离含有大量均相催化剂的反应相（水相），这将有利于循环使用反应相，使反应过程更绿色化，同时提高经济性。

对于双相体系中的有机溶剂而言，可选择部分溶于水或可溶于水的有机溶剂。其中，部分溶于水的有机溶剂一般选用正丁醇、甲基四氢呋喃和甲基异丁基酮。Atanda 等在水-甲基吡咯烷酮/甲基四氢呋喃的双相混合溶剂中，用磺化的 TiO_2 作催化剂，可催化转化米糠和甘蔗渣中的纤维素，获得收率分别为 65%和 72%的 HMF[11]。除此之外，水-二甲亚砜/甲基异丁基酮的双相溶剂也被用于纤维素制备 HMF。在该溶剂体系中，加入盐酸有利于固体纤维素的溶解和降解过程，而加入铵离子树脂（PB_nNH_3Cl）则有利于寡聚糖和单糖进一步转化为 HMF。因此，纤维素在 160℃下反应 2h 后的转化率为 100%，HMF 的收率为 40%[12]。

可溶于水的溶剂一般选用四氢呋喃和 γ-戊内酯。为了使水和这些有机溶剂形成双相，通常的方法是向水中加入无机盐来降低有机溶剂在水中的溶解度。无机盐的加入同样可以降低纤维素的转化产物在水溶剂中的溶解度，使得产物向有机相转移，从而提高反应的活性。与此同时，这些加入的无机盐本身还可以促进纤维素的转化；无机盐还可以促进一些酸类产物的生成，从而自催化转化纤维素为 HMF。Gorgenyi 等对一些金属氯化盐的使用进行了研究，发现钠离子和钾离子显示出较高的分配系数，因此生成的 HMF 收率较高[13]。这可能是由于较小的水合离子有更好的盐析作用。Shen 等对比了在三氯化铟催化下，纤维素在氯化钠-水单相溶剂、水-四氢呋喃单相溶剂和氯化钠-水/四氢呋喃双相溶剂中的转化。结果发现，HMF 在氯化钠-水溶剂中的收率仅为 3.4%，而其在水-四氢呋喃溶剂中的收率提高到了 22.4%，在氯化钠-水/四氢呋喃双相溶剂中，HMF 的收率进一步提高到了 39.7%[14]。反应体系中的氯化钠可以改变 HMF 在水相和有机相中的分配系数，使得 HMF 更快、更多地转移到有机相，氯化钠在一定程度上还可抑制 HMF 的脱水反应，并提高 HMF 的收率。三氯化铝是一种较好的 Lewis 酸。在三氯化铝-氯化钠-水/四氢呋喃的双相体系中，微晶纤维素在 180℃下可以转化得到 37%收率的 HMF，而转化松木中的纤维素可以得到 42%收率的 HMF[15]。除此之外，用硫酸氢

钠-硫酸锌-水/四氢呋喃双相体系可以将纤维素转化获得收率为 53.2mol%的 HMF。其中，硫酸氢钠具有酸催化作用，有利于纤维素的溶解和转化；而锌离子表现出催化葡萄糖通过 1, 2-氢化物的路径异构化为果糖的作用。同时，这两种无机盐的加入使得溶剂体系形成双相，从而促进 HMF 的相转移。当反应体系为氯化钠-水/γ-戊内酯时，盐酸同样可以催化纤维素在 155℃时生成 HMF。

5.3.3 离子液体

研究发现，在低熔点离子液体中纤维素结晶度降低、溶解性好，有利于其后续的催化转化。以离子液体为溶剂，路易斯酸性金属盐为催化剂，可以有效地将纤维素转化成呋喃类化合物。然而，考虑到金属盐的毒性和环境污染问题，也有大量工作对该反应体系的替代品做了研究。Su 等在离子液体[EMIM]Cl 中，以 $CuCl_2$-$CrCl_2$ 为催化剂，将纤维素在 120℃下反应 8h，可以制得收率高达 57.5mol%的 HMF 产品。且反应过后的 HMF 可以用甲基异丁基酮在 100℃下萃取，所回收的[EMIM]Cl 和催化剂至少可以重复使用三次[16]。Qi 等在离子液体体系中，第一步用强酸性阳离子交换树脂催化纤维素水解为葡萄糖，第二步分离出树脂后以 $CrCl_3$ 为催化剂，使葡萄糖异构脱水生成产率高达 70%的 HMF[17]。Zhang 的研究小组先将纤维素水解为水溶性的低聚葡萄糖链，再以 $CuCl_2$ 为催化剂将产物转化为 HMF。在该过程中，水解寡聚糖产物总收率高达 97%，且 HMF 的产率也高达 89%（图 5.14）[18]。除此之外，以双功能离子液体、金属负载型离子液体作为催化剂，离子液体作为助剂，以及在离子液体中使用不同的氯化物催化剂等研究也将有利于提高由纤维素制备 HMF 的收率。离子液体的使用虽然对于纤维素的转化效率较高，但存在离子液体回收困难、催化剂用量大、反应时间较长等缺点。

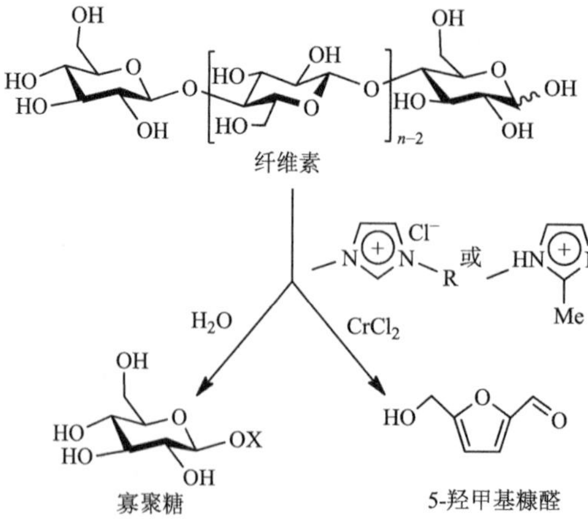

纤维素

H_2O $CrCl_2$

寡聚糖 5-羟甲基糠醛

图 5.14 水-离子液体共溶剂中氯化物催化转化纤维素为寡聚糖和 HMF[18]

5.4 合成乙酰丙酸

乙酰丙酸可直接由生物质水解获得，被美国能源部列为最有应用前景的十二种平台化学品之一。同时，乙酰丙酸也是合成燃料添加剂、香料、溶剂、药物和塑料等物质的中间体。在酸催化作用下，水解生物质中的纤维素组分制备乙酰丙酸是目前制备乙酰丙酸最为经济和可行的手段。该方法简单，条件容易控制，同时相比于传统的糠醇合成乙酰丙酸的方法，纤维素原料来源广泛，成本较低。该水解过程主要通过形成中间产物 HMF 而进行，反应过程包括：①纤维素水解为葡萄糖；②葡萄糖异构化为果糖；③果糖脱水为 HMF；④HMF 水解为等摩尔量的乙酰丙酸和甲酸。反应过程如图 5.15 所示。由纤维素制备乙酰丙酸的过程中，催化剂和反应溶剂是最重要的影响因素。

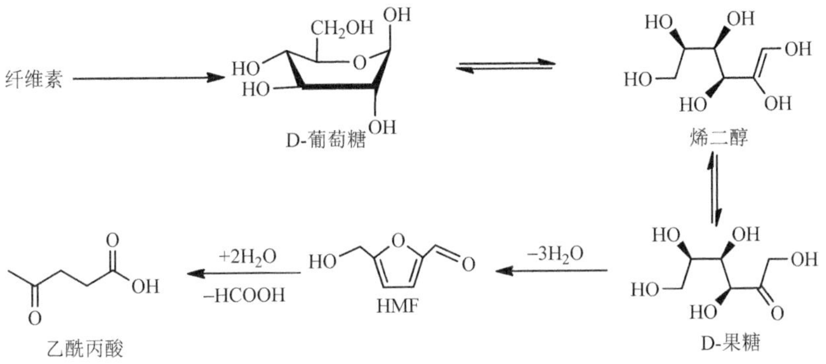

图 5.15　以纤维素为原料合成乙酰丙酸的路径

5.4.1 催化剂

1. 均相催化剂

1）无机强酸

基于无机酸的高催化活性，以纤维素、淀粉以及木质纤维素生物质为原料合成乙酰丙酸的传统方法都是以无机酸为催化剂。在乙酰丙酸的合成路径中最关键的步骤是葡萄糖的开环和重排反应，而在此过程中酸性环境对反应的影响较大。由纤维素制备乙酰丙酸常采用的无机强酸包括 HCl、HNO_3、H_3PO_4、H_2SO_4 等，这些酸价格低廉、容易获得。酸的催化效果取决于所使用的酸的浓度、初级离解常数以及所采用的原料。例如，以纤维素为原料，HCl 为催化剂，180℃反应 20min，可得到质量收率为 44%的乙酰丙酸；而以 H_2SO_4 为催化剂，于 150℃下反应 2h 得到质量收率为 43%的乙酰丙酸。美国 Biofine 公司发展了一种利用纤维素原料制备

乙酰丙酸的连续生产工艺。首先，生物质原料与 2%～5%的硫酸水溶液混合进入第 1 个反应器，在 215℃、3.1MPa 条件下反应 15s，从而将纤维素水解成单糖，再脱水生成 HMF。含有 HMF 的反应液继续进入第 2 个反应器，在 193℃、1.5MPa 下反应 12min，最终乙酰丙酸的产率可达 70%。目前该公司的上述工艺已经建立了一套示范装置，每天可以处理纸浆 1t（干重），产出 0.5t 乙酰丙酸以及副产物甲酸和糠醛。该公司预计 1000～2000t/天的装置建成后，乙酰丙酸的生产成本可以降低到 0.09～0.11 美元/kg。

虽然矿物质酸是生物质制备乙酰丙酸最有效的催化剂，但有些酸会导致副产物的生成而影响乙酰丙酸的收率。同时，反应器的设计、反应条件以及木质纤维素生物质的前处理方法都会影响乙酰丙酸的收率。从实验室到工业化的过程中，这些因素对于乙酰丙酸的收率产生了很大的影响，需要进一步研究。

2）金属盐

均相金属盐是另一种常用的催化剂，金属盐催化剂能有效地避免矿物酸催化剂所面临的部分问题。其中，研究最多的是金属氯化物。以纤维素为原料、$CrCl_3$为催化剂、于 200℃下反应 3h，可得到摩尔收率为 67%的乙酰丙酸。反应后，金属 Cr 大多数都以氧化物的形式存在于固体残渣中，溶液中仅有少量的金属离子存在。因此，Cr 金属离子很容易回收以循环使用。以 $AlCl_3$ 为催化剂，NaCl 为助剂，直接以木糖渣为原料，在 180℃下反应 2h 可得到摩尔收率为 47%的乙酰丙酸。同时原料不同，最佳的反应条件也不一样，原料组成的变化会极大地影响乙酰丙酸的收率。

总体来说，均相催化剂能够有效地催化纤维素转化得到较高收率的乙酰丙酸，但均相催化剂也面临着一些其他的问题，如难以回收、不能循环利用、腐蚀设备以及大量的使用酸会造成环境污染等问题。

2. 多相催化剂

多相固体酸催化剂对催化纤维素转化制备乙酰丙酸具有非常高的选择性，且不会腐蚀设备，同时这些催化剂易于回收与循环利用。到目前为止，最常用的固体催化剂包括$S_2O_8^{2-}/ZrO_2\text{-}SiO_2\text{-}Sm_2O_3$、Amberlyst 70、Amberlite IR-120、LZY-沸石、全氟磺酸 SAC-13、氧化石墨烯、ZSM-5 和 HY 沸石等。这些催化剂转化纤维素制备乙酰丙酸的例子中最值得一提的是 Chen 等以固体超强酸$S_2O_8^{2-}/ZrO_2\text{-}SiO_2\text{-}Sm_2O_3$为催化剂转化稻草为乙酰丙酸，该过程于 150～200℃下反应 10min 得到质量收率为 10%的乙酰丙酸[19]，为后续多相催化剂的研究奠定了很重要的基础。以 ZrO_2 为催化剂，纤维素为原料于 180℃下反应 3h 可得到摩尔收率高达 54%的乙酰丙酸[20]。

对于多相催化剂催化转化制备乙酰丙酸的原料进行了扩展，除了纤维素、生物质外，扩展应用到以废渣为原料。全世界每年都有大量的废渣排放，而废渣中含有大量的制备乙酰丙酸的原料，因此对于多相催化剂转化废渣制备乙酰丙酸的研究是非常有意义的。例如，以北欧纸浆为原料、Amberlyst 70 为催化剂于 180℃下反应 60h，得到摩尔收率为 57%的乙酰丙酸[21]。

与均相催化剂相比，多相催化剂具有明显的优势。但是，多相催化剂也面临着一些问题，如胡敏素的沉积会导致催化剂失活。另外，因为反应发生在催化剂的表面和孔结构里，而这些结构对于乙酰丙酸具有很强的吸附作用，导致乙酰丙酸收率降低。因此需要进一步探究新的催化剂来增加乙酰丙酸的收率。调控催化剂的表面特征、酸性位点的密度、选择性、孔结构以及催化剂的物理化学吸附特征等都有利于进一步提高乙酰丙酸的收率。

5.4.2 溶剂体系

前已述及以纤维素或生物质为原料制备乙酰丙酸的过程中，首先是纤维素脱聚生成单糖，其次是脱水反应。溶剂在纤维素脱聚过程中起着至关重要的作用，同时溶剂还可以促进乙酰丙酸的生成。理想的溶剂应该既适于转化原料，又增加产物收率与选择性，并且没有不利的生态影响。

1. 单相溶剂

以纤维素和原生生物质作为反应底物时，生成乙酰丙酸的单相体系主要是纯水溶剂和由两种完全互溶的溶剂组成的混合溶剂。由于在纯水溶剂中，生成的乙酰丙酸容易进一步发生反应，因此，一般在混合溶剂中较易获得高收率的乙酰丙酸。最常使用的混合溶剂体系是 H_2O 和 γ-戊内酯（GVL）组成的体系。表 5.2 列举了一些单相溶剂体系制备乙酰丙酸的例子。当以磺化氯甲基聚苯乙烯树脂为催化剂催化转化微晶纤维素时，170℃下纤维素可完全转化得到摩尔收率为 65.5%的乙酰丙酸。乙酰丙酸的高收率是由于 GVL 能够溶解纤维素，因而促进了固体酸催化剂与纤维素之间的相互作用。当以 Amberlyst 70 为催化剂，在 160℃条件下质量比为 9∶1 的 GVL 与水的共溶剂中，可获得质量收率为 49.4%的乙酰丙酸，但是在纯水中却只能得到质量收率为 13.6%的乙酰丙酸。当直接以原生生物质玉米秸秆为原料，发现在 H_2O-GVL 双溶剂体系中 160℃条件下反应 16h 得到了质量收率为 38.7%的乙酰丙酸。采用 H_2O-GVL 混合溶剂可以获得比单溶剂更好的催化效果，主要原因有两点：①GVL 促进了纤维素的溶解；②纤维素能够溶胀 Amberlyst 70，因而能够提高通过孔道的扩散效果，从而促进催化剂的催化活性。另外，与全氟己烷类似的氟化溶剂也被用于生物质的催化转化。然而这种溶剂具有较大的毒性和昂贵的价格，限制了它的广泛使用。因此，选择合适的溶剂对于底物的转化、产物的选择性和收率以及其他的环境因素都是非常重要的。

表 5.2 原生生物质在单相溶剂体系中的转化制备乙酰丙酸

底物	催化剂	反应条件	收率/wt%	参考文献
纤维素	$[C_4H_6N_2(CH_2)_3SO_3H]_{3-n}H_nPW_{12}O_{40}$，$n = 1, 2, 3$	140℃，12h，H_2O/MIBK[1/10(*V*/*V*)]	63.1	[22]
纤维素	磺化氯甲基聚苯乙烯树脂	170℃，10h H_2O-GVL（10wt%/90wt%）	47	[23]
纤维素	Amberlyst 70	160℃，16h H_2O-GVL（10wt%/90wt%）	49.4	[24]
玉米秸秆	Amberlyst 70	160℃，16h H_2O-GVL（10wt%/90wt%）	38.8	[25]

2. 双相体系

由于乙酰丙酸在有机相的分配系数较大，向水溶液中加入有机溶剂形成双相体系有利于在乙酰丙酸生成的同时将其转移到有机相，从而进一步促进纤维素及其降解所得单体在水溶液中的进一步转化，同时也抑制了乙酰丙酸产物的进一步分解，有利于最终产物的分离提纯。在上述的 H_2O-GVL 体系中加入适量的 NaCl 即可形成双相体系。当以 HCl（0.1～1.25mol/L）为催化剂时，在 H_2O-GVL 双相体系中以纤维素为原料在 155℃下反应 1.5h，可得到摩尔收率为 72%的乙酰丙酸，同时大多数的乙酰丙酸被萃取到了 GVL 溶剂中。除了 GVL 之外，丙酮与四氢呋喃（THF）也可用作制备乙酰丙酸的溶剂。在丙酮-水双相体系中，以稻草为原料，H_2SO_4 为催化剂在 180℃下反应 5h，得到质量收率最高为 10%的乙酰丙酸[26]。在水与 THF 组成的双相体系中，以毛竹为原料，氨基磺酸为催化剂，在微波辅助加热条件下，也可获得一定量的乙酰丙酸。其他一些由生物质衍生而来的有机溶剂也被用于制备乙酰丙酸，包括 2-异丁基酚、4-正己基酚、4-丁基愈创木酚等。

由于双相溶剂体系的限制，选择一种最合适的溶剂体系是非常困难的。实际上，一些产物会被遗留在水相中而降低 LA 的收率，尤其是分配系数较小的溶剂体系。为了克服分配系数较低的问题，不得不使用大量的溶剂，产物的分离和溶剂的回收将会产生大量的能量消耗。

3. 离子液体

近年来，由于离子液体被广泛用于纤维素转化的溶剂和催化剂，受到了越来越多的关注。例如，在离子液体[EMIM][Cl]中，以混合的 $CrCl_3$ 和 HY 沸石为催化剂，在 61.8℃下反应 14.2min，由纤维素可得到质量收率为 46%的乙酰丙酸。在相同的条件下，能从果壳中得到质量收率为 20%的乙酰丙酸。然而，在不添加离子液体的情况下，乙酰丙酸的收率仅为 15.5%，表明离子液体的引入有助于提离乙酰丙酸的收率。也有一些研究是在微波辅助的条件下进行的，Ren 和 Liu 以含有磺酸官能团的离子液体作为催化剂，在 160℃下反应 30min，得到质量收率为 39.4%的乙酰丙酸[27]。

然而，离子液体也有一些缺陷。第一，虽然通过改变离子液体中的阴阳离子能够调节离子液体的性质，但是由于其本身的毒性、易爆性以及难以生物降解等性质导致其并不是完全的环境友好型溶剂。第二，离子液体的黏度很高，会阻碍液体之间的传质效率，从而导致只有一部分液体能够和生物质接触。第三，离子液体的饱和蒸气压较低，使得离子液体难以通过蒸馏而重复利用，需要通过一些其他的方法去分离反应物以及回收溶剂。第四，水的存在虽然能够改进离子液体的黏度等物理性质，但是也会对离子液体的性质产生影响，如阴离子的碱性。所以，原料的湿度对离子液体的影响也是一个需要考虑的因素。同时，离子液体还面临着对水和氧敏感，以及重复利用前需进一步纯化等问题，而这些都属于尚未解决的问题。第五，离子液体的成本大概是有机溶剂的两三百倍，从而限制了它的广泛使用。总的来说，所有的这些问题一起限制离子液体在工业规模上的使用前景。

从可再生资源中合成乙酰丙酸，既可以通过六碳单糖得到，又可以通过实际的原生生物质与废弃生物质得到。研究发现，虽然单糖能够得到很高的乙酰丙酸收率，但是使用真实的生物质更符合产业化规模可持续性发展的需要。为了实现这一目标，需要改善催化剂和溶剂。热稳定的固体胡敏素副产物会覆盖在催化剂的表面，造成多相催化剂难以再生重复使用，因而大规模使用固体催化剂是非常困难的。现阶段，多相催化剂还只被用于实验室中。因而需要研究出一种便宜的、热稳定的，以及易于重复使用的多相催化剂来解决这些问题。同时探索合适的溶剂体系以期协同催化剂共同解决乙酰丙酸生成过程中所面临的问题。随着乙酰丙酸应用领域的不断扩大，其需求也将不断增加，为了满足乙酰丙酸作为新型平台化合物的需求，必须加强高效、高产率、绿色、低成本的新工艺的开发与产业化，这必将具有广泛的发展前景与巨大的经济价值。

5.5 合成乳酸和乙醇酸等羟基酸

乳酸是一种非常重要的平台化合物，广泛应用于食品、化妆品、制药等领域。近年来，由于聚乳酸塑料的广泛研究与利用，大大促进了乳酸行业的发展。目前全世界乳酸年产量为 30 万～40 万 t，并以 12%～15%的年增长率增长。发酵法是目前制备乳酸的主要方法，世界上约 90%的商业销售乳酸是由发酵制得的。传统的乳酸发酵法即发酵-钙盐法，此法也是目前我国乳酸生产所采取的方法。其发酵工艺一般包括原料的预处理、糖化和发酵过程。这一方法是利用微生物或酶的发

酵作用将单糖、二糖或容易水解的多糖等原料转化为乳酸。发酵过程一般要求在厌氧、碱性条件下进行，一个完整的发酵周期为2～4天，以葡萄糖为底物进行发酵时，乳酸产率可高达90%左右。原生生物质因其结构的复杂性，三大组分化学性质的各异性，不能直接作为生物发酵法制备乳酸的原料。由于生物发酵法其原料的局限性，成本高，同时反应过程中会产生大量的废盐等，因此采用化学催化法制备乳酸正逐渐受到人们的关注。以木质纤维素生物质三大组分中的纤维素为原料制备乳酸由于理论碳原子收率可以达到100%，符合绿色化学理念，因此备受关注。由纤维素或原生生物质制备乳酸需要经历一系列的过程，包括纤维素的分子内 β-1, 4-糖苷键的断裂，导致纤维素脱聚生成单糖，单糖进一步发生 C3—C4 键断裂生成乳酸。Holm[28]于 2010 年提出的纤维素制备乳酸的三步反应过程，并得到了普遍的认可：①纤维素通过质子自递过程降解为寡糖或者单糖，这个过程主要是受到 Brønsted 酸的催化作用；②Lewis 酸位点与低聚葡萄糖或葡萄糖中的 C3 位羟基相互作用进行脱羟基化反应；③Lewis 酸从低聚葡萄糖或葡萄糖上离去，进一步促进乳酸的生成。因此，设计一种合适的催化剂来催化纤维素制备乳酸对直接由纤维素制备乳酸至关重要。

5.5.1 水热条件

水在超临界状态下，电离度增加，可生成更多的 H^+，体现出一定的酸性。这种酸性物质的出现，可促进纤维素的水解。在不加任何催化剂的条件下，在亚/超临界水介质中转化纤维素制备乳酸的过程中，水既是生物质中纤维素水解的催化剂，又是单糖逆羟醛缩合生成三碳糖再生成乳酸的催化剂。但是仅由水电离产生的 H^+浓度非常低，发生水解的纤维素非常有限，导致乳酸的收率也很低。

5.5.2 酸催化剂

在水热体系中，进一步加入催化剂，可提高纤维素的转化率和乳酸的收率。由乳酸的生成路径（图 5.16）可知，乳酸的收率主要取决于第一步的 Brønsted 酸催化纤维素水解和最后一步的 Lewis 酸促进纤维素断键。然而，一般的 Brønsted 酸（如 H_2SO_4、HCl 等），虽然可以有效促进纤维素水解，但是也会导致水解出来的单糖进一步反应生成 HMF、乙酰丙酸等副产物，或者发生深度脱水生成寡聚物和胡敏素等副产物，无法得到乳酸。另外，均相无机强酸也面临分离回收难、腐蚀设备、污染环境等问题。因此目前的研究重心主要集中在非均相催化剂的设计与利用上，并且尝试在低温条件下调控反应进程，抑制寡聚物和其他副产物的生成。钨酸氧化铝和氧化锆是较早且较好的用于纤维素转化制备乳酸的 Lewis 酸催化剂。以钨酸氧化铝和氧化锆为催化剂，在 190℃、5MPa 的氦气气氛中反应 24h，纤维素转化率得到显著提高，其中以钨酸氧化铝为催化剂得到的乳酸的选择性为59%[29]。在此反应过程中，反应温度对纤维素的水解及乳酸的收率和选择性都有较大影响。当反应温度降至 150℃时，几乎没有乳酸生成，且大部分纤维素都没有转化。当以 Sn（Ⅳ）为催化剂时，也发现了类似的现象。以$(C_4H_9)_2Sn(C_{12}H_{23}O_2)_2$为催化剂，190℃下反应 8h，有 24%的纤维素降解，得到了 11%的乳酸收率；而在 150℃下反应 8h，只有＜10%的纤维素发生了转化。当向其中添加等摩尔量的H_2SO_4时，190℃下反应 8h，有 36%的纤维素发生了降解。此过程中，Brønsted 酸对纤维素的水解起了至关重要的作用。因此在高温水热条件下，水的质子自递作用促进纤维素的水解是非常关键的步骤。

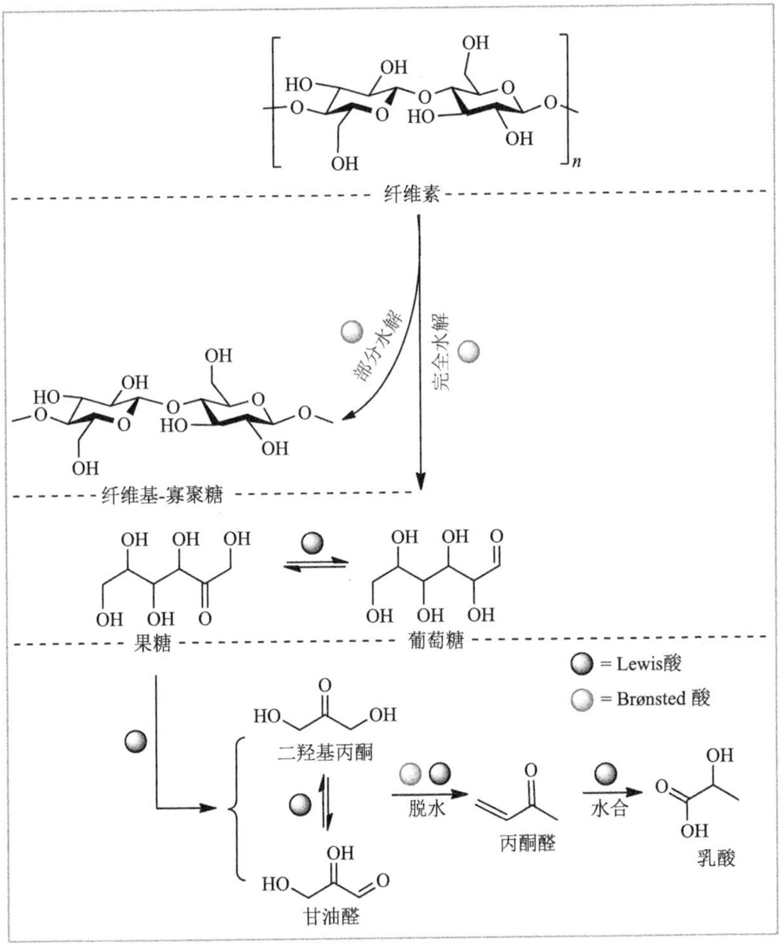

图 5.16　由纤维素转化生成乳酸的路径

两种酸位都具备的催化剂对纤维素制备乳酸具有更好的催化效果。例如，

Nb-AlF_3具有较多的 Brønsted 酸性位点，其 Brønsted 酸/Lewis 酸（B/L）比为 0.42，当其作为催化剂时，在 180℃下反应 2h，有 43%的纤维素降解，获得 17%的乳酸收率。预煮过的催化剂的 Brønsted 酸位（由 24.5μmol/g 降至 1.7μmol/g）和 Lewis 酸位（由 58.2μmol/g 降至 24.8μmol/g）都有所下降，其 B/L 比从 0.42 降至 0.07。当其作为催化剂时，在 180℃下反应 2h，可降解 34%的纤维素，获得 27%的乳酸收率，碳平衡接近 100%。相比于新制的催化剂，预煮过的催化剂 Brønsted 酸位有了明显的下降，其乳酸收率、选择性以及体系的碳平衡都有了明显的提高，但是纤维素转化率有所下降。后来发展的 Nb-MgF_2 和 Nb-CaF_2 等一系列稀土元素氟化物作载体的催化剂催化纤维素转化制备乳酸[30]，同样也证明了 Brønsted 酸和 Lewis 酸对纤维素制备乳酸的协同作用。这一系列的结果进一步证实或揭示了如下两点结论：①Brønsted 酸是纤维素水解的关键因素，但是 Brønsted 酸过多容易导致单糖等小分子深度脱水生成寡聚物，降低乳酸的选择性和产物的碳平衡；②从葡萄糖转化到乳酸主要依靠 Lewis 酸的催化作用，催化剂中合适的 B/L 比是纤维素顺利转化为乳酸的关键。

高温水热条件所带来的副反应往往难以避免，而采用混合溶剂可降低由纤维素制备乳酸的反应温度，尤其是醇溶剂中，低温制备稳定性更好的乳酸酯受到了广泛的关注。例如，以甲醇为溶剂，Sn-β 为催化剂，160℃下反应 44h，可转化 62%的纤维二糖，获得 13%收率的乳酸甲酯。随着催化剂的不断发展与催化原理的不断明确，得到的乳酸酯的收率也越来越高。以镓掺杂锌/H-纳米沸石为催化剂，在甲醇溶剂中催化纤维素转化，可得到 58%收率的乳酸甲酯。催化剂的良好活性是由于镓和锌的协同作用，增加了 Lewis 酸活性位点，同时降低了 Brønsted 酸活性位点，进一步提高了乳酸甲酯的收率。相比之下，对于 Zr-SBA-15 催化剂而言，由于没有显著的 Lewis 酸活性位点，其催化活性远不及镓掺杂锌/H-纳米沸石催化剂，在乙醇溶剂中，最高只得到了 30%收率的乳酸乙酯。因此，具有合适的 Lewis 酸活性位点的催化剂的设计与合成同样也是纤维素制备乳酸酯的关键所在。

5.5.3 碱催化剂

前已述及当以葡萄糖为原料时，碱催化剂对由葡萄糖转化制备乳酸表现出了较好的催化活性。碱催化剂对纤维素或原生生物质体系同样有一定的催化活性。碱催化由纤维素制备乳酸主要包括如下三个反应过程：①纤维素水解生成葡萄糖；②葡萄糖或者由葡萄糖异构化得到的果糖经历逆羟醛缩合反应得到三碳糖；③三碳糖经过烯醇式-酮式异构化、脱水、水合三个过程最后得到产物乳酸。在这个过程中，一般认为葡萄糖或者果糖的逆羟醛缩合没有良好的选择性，既可以发生 C3—C4 键的断裂，又可以发生 C2—C3 键的断裂，生成大量的副产物。反应的速率控制步骤为纤维素的水热水解得到单糖。目前，碱催化条件下纤维素的水解主要还是依靠水在高温条件下的电离，因此所获得的乳酸的收率往往低于以单糖为原料得到的收率。

常用的碱催化剂包括 NaOH、$Ca(OH)_2$、CaO、MgO 等。例如，在碱性水热条件下，以 $Ca(OH)_2$ 为催化剂，300℃下反应 15min，可由玉米芯制备 44%收率的乳酸。以 NaOH、$Ca(OH)_2$ 等为催化剂可催化微晶纤维素，得到 27%收率的乳酸。水溶性 Ca^{2+}可与葡萄糖络合，进而促进其发生逆羟醛缩合反应，生成三碳糖中间体，是得到较高乳酸收率的主要原因。同样，CaO 的催化活性主要是由于 CaO 溶于水会水合生成 $Ca(OH)_2$，这是反应过程中的真正的催化活性物质。在目前由纤维素制备乳酸的碱催化剂中，活性最好的是 NaOH。在 NaOH 溶液中添加少量镍催化剂如 Zn/Ni/C，可进一步提高乳酸的收率。一般认为 NaOH 的催化作用主要表现在以下几个方面：①葡萄糖异构化为果糖；②果糖的逆羟醛缩合反应生成三碳糖中间体，包括二羟基丙酮、甘油醛、丙酮醛等；③丙酮醛分子内的卡尼扎罗（Cannizzaro）反应，进一步生成乳酸。

5.5.4 金属盐

金属盐对纤维素的脱聚转化具有较好的催化效果，而这个步骤是由纤维素制备乳酸的前提条件，因此金属盐也被广泛应用于由纤维素制备乳酸的反应。其中，最为典型的金属盐是 Pb^{2+}。纤维素在 190℃，Pb^{2+}催化作用下反应 4h，可得到 68%收率的乳酸。Pb^{2+}对纤维素制备乳酸的较好的催化活性主要是由于：①Pb^{2+}可以很好地促进纤维素的水解；②还可以直接促进葡萄糖异构化为活性更高的果糖；③对果糖生成乳酸同样具有很好的催化效果。对比其他的过渡金属，发现具有 $6s^2$ 电子的金属离子能够促进异构化过程中的质子迁移，因此普遍都具有较好的催化活性[31, 32]。

同时，以可溶性 Er^{3+}为催化剂，在 240℃下反应 0.5h，有 91%的纤维素可以转化为乳酸，接近乳酸的理论收率。这种催化剂对淀粉和菊粉同样具有良好的催化活性，其乳酸收率分别可以达到 74%和 83%。以负载在高岭土的 Er^{III}（Er-K10）为催化剂，在 240℃下反应 0.5h 后，纤维素的转化率达到 100%，乳酸的收率为 68%，且重复利用三次以后，催化剂活性没有明显的下降[33]。镧系元素的三氟甲基磺酸盐对纤维素直接转化为乳酸也具有较好的催化效果。在 240℃、2MPa 的氮气氛围下，所有的镧系元素都表现出较好的催化效果（乳酸收率＞45wt%），且随着阳离子半径的不断增大，反应活性呈现出先增大后趋于稳定的趋势，这可能是由于镧系收缩所带来的原子半径变化与最外层电子数的共同作用导致镧系元素的非凡催化活性。其中，三氟甲基磺酸铒的效果最好，得到的乳酸最大质量收率为

89.6wt%（基于纤维素质量）[34]。铒离子主要起路易斯酸的作用，在高温作用下铒离子能够与含氧基团作用，促进该反应的化学中间体的形成，最后通过水的质子传递作用生成乳酸。反应过程中生成的甲酸、乙酸等副产物可能是由葡萄糖或乳酸深度氧化断键所形成，乙醇酸可能是葡萄糖或者异构化得到的果糖经过不完整逆羟醛缩合得到的副产物等。

另外，Zn^{II}、Cr^{II}、Al^{III}、Ni^{II}等金属离子也被用作多糖或二糖制备乳酸的催化剂。在300℃的水热条件下，加入可溶性过渡金属离子如（Zn^{2+}、Cr^{3+}、Ni^{2+}、Co^{2+}）可以直接催化麦麸、稻壳、玉米粉、木屑等木质纤维素制备乳酸，其中 Cr^{3+}离子催化玉米粉可以得到最高9.5%的乳酸收率。在超临界状态下，水的电离程度增大，充当Brønsted酸的角色，促进了多糖的水解生成葡萄糖；过渡金属离子作为Lewis酸一方面促进葡萄糖的逆羟醛缩合反应生成三碳糖，另一方面通过亲电进攻三碳糖脱水生成丙酮醛，使其由Lewis酸性又恢复到了金属离子的Lewis碱性，进而与丙酮醛络合促进其分子内的卡尼扎罗反应生成乳酸。

总之，由纤维素制备乳酸是一个比较复杂的过程，要经历水解、逆羟醛缩合、异构化、脱水等过程。在这个过程中，Brønsted酸性位点和Lewis酸性位点具有不同的催化功能。由于可溶性的金属离子通常只具备较弱的Lewis酸性，纤维素的水解主要还是依靠高温下水电离出来的氢离子的作用，而在高温水热条件下，副反应会增多，小分子常常容易发生深度脱水形成寡聚物及胡敏素等。且在高温状态下，反应选择性往往不容易控制，会有各种副产物的产生，如甲酸、糠醛等。因此，设计一种合适的催化剂来催化纤维素制备乳酸是一个巨大的挑战。

5.6　合成γ-戊内酯

γ-戊内酯（GVL）作为一种重要的平台化学品，可被用于生产液体燃料，作为生产聚合物的单体和精细化学品合成的中间体，同时也能作为溶剂和调味剂使用。以GVL为原料能合成各种符合汽油、柴油和航空煤油要求的液体燃料。如图5.17

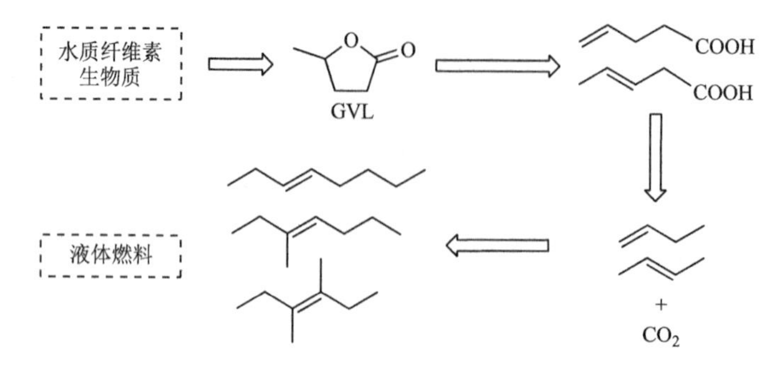

图5.17　以GVL为原料制备液体燃料的路径

所示，GVL 首先转化得到中间体戊烯酸，戊烯酸进一步反应生成丁烯。丁烯可发生聚合得到其二聚体辛烯及其异构体，即可进一步用于交通运输的液体燃料。GVL也可以直接作为汽油和柴油添加剂使用；与汽油混合时，其抗爆性与乙醇相同。以 GVL 为原料还可制备优良的复合材料，包括尼龙类、聚丙烯酸酯类等。同时，GVL 也是一种优良的绿色溶剂；以 GVL 为溶剂可提高高附加值化学品（如 HMF、LA）的收率；同时促进木质素的溶解。

合成 GVL 最常用的方法是直接催化氢化乙酰丙酸（LA）或烷基乙酰丙酸酯（AL）。加氢过程中所采用的氢源包括 H_2、甲酸、醇等。

5.6.1 由乙酰丙酸制备 GVL

目前制备 GVL 的主要原料为乙酰丙酸纯物。普遍认为由乙酰丙酸制备 GVL 所经历的路径主要有两条（图 5.18）。一条路径是乙酰丙酸首先脱水、环化生成当归内酯，当归内酯进一步加氢还原生成 GVL。另外一条路径则是乙酰丙酸分子中 4 位上的羰基在加氢催化剂的催化下首先被还原成羟基，生成 4-羟基戊酸（GVA）；GVA 通过调整分子链的状态，在酸性催化剂的催化下经过分子内酯化脱去一分子水，进而环化生成 GVL。而这条路径被认为是乙酰丙酸加氢制备 GVL 的主要路径。GVL 的生成过程中分子内酯化是快反应，反应速率由第一步还原步骤决定。无论经历哪条路径，GVL 的制备都包括还原和酯化两步；还原步骤需要有金属活性中心存在，而酯化步骤则需要催化剂有酸性位点。因此，GVL 的制备需要设计同时具有金属活性中心和酸性中心的双功能催化剂，且该催化剂应具有耐酸、耐水、不易团聚和烧结等特性。

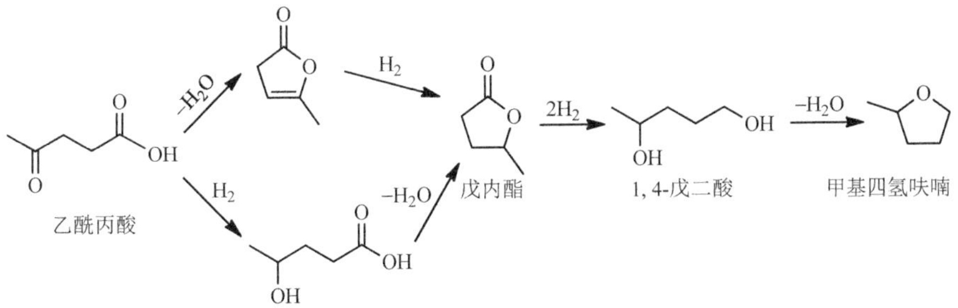

图 5.18 由乙酰丙酸制备 γ-戊内酯的可能的路径

目前生产 GVL 采用的氢源以 H_2 为主，H_2 在金属催化剂的催化作用下还原乙酰丙酸生成 4-羟基戊酸。由此，发展了大量的金属催化剂，其中主要是负载型贵金属催化剂。金属活性中心包括单金属，如 Ru、Rh、Ir、Au 或双金属如 RuRe、RuSn 等。所采用的载体包括活性 C、TiO_2、ZrO_2、Al_2O_3 等。以大量昂贵的 H_2 为原料会增加反应成本，提高对反应设备的要求。

甲酸（FA）安全、无毒，是一种可来源于生物质的极有前景的储氢化合物。在不同的实验条件下，甲酸在水溶液中的分解可按下面两种途径进行。甲酸按途径式（5.1）可分解为 H_2 和 CO_2，而产生的 H_2 可作为氢源参与反应；同时也会按途径式（5.2）产生 CO 和 H_2O，而没有 H_2 产生。大量的研究表明可通过选择适当催化剂来提高甲酸分解产生 H_2 的选择性。

$$HCOOH \longrightarrow CO_2 + H_2 \quad \Delta G = -48.4 kJ/mol \tag{5.1}$$

$$HCOOH \longrightarrow CO + H_2O \quad \Delta G = -28.5 kJ/mol \tag{5.2}$$

目前相关研究表明，在生物质（包括木质素、纤维素、葡萄糖等）的转化过程中都会伴随大量甲酸的生成。而这部分甲酸通常被认为是不期望得到的低附加值产品。以这部分甲酸为氢源，对由生物质直接选择性合成 GVL 和充分、有效利用生物质都具有重大的现实意义。最近，在以甲酸作为原位氢源选择性还原乙酰丙酸合成 GVL 的研究方面已经取得了一些进展。所发展的催化剂主要包括均相催化剂和固体催化剂。其中最具有代表性的均相催化剂为$[(h_6\text{-}C_6Me_6)Ru(bpy)(H_2O)][SO_4]$（bpy = 2, 2′-二吡啶），以此为催化剂可催化甲酸分解产生 H_2，同时还原乙酰丙酸制备 GVL，所得到的 GVL 收率为 25%，同时得到 25%的 1, 4-戊二醇。通过调节配位中心和配体能够抑制 1, 4-戊二醇的生成，从而进一步提高 GVL 的选择性。此外，额外加碱能够提高 GVL 的收率，在 $RuCl_3/PPh_3$/吡啶催化体系中加入等摩尔的乙酰丙酸与甲酸能得到收率高达 90%的 GVL。除了 Ru 催化剂以外，均相的钇络合物也展现出了较高的催化活性，GVL 的收率最高能达到 99%。当温度为 120℃，氢气压力为 1.01MPa 时，催化剂的转化数能达到 78000，这是迄今所报道的最大转化数。除金属催化剂外，Na_2SO_4 等盐类也可催化甲酸氢转移还原乙酰丙酸。该过程中氢转移受溶液 pH 的控制，调整 pH 使甲酸和乙酰丙酸分别以甲酸盐和中性分子的形式存在，有利于氢转移的发生。但相较于贵金属催化剂而言，硫酸盐的转移加氢工艺的效率比较低。

均相催化剂虽然催化效率高，但是仍然面临分离回收等问题。在这方面，固体催化剂更具有优势。例如，最近发展的 Au/ZrO_2、Cu/ZrO_2 催化剂同时实现了高效的甲酸分解和乙酰丙酸加氢还原。Au/ZrO_2 具有很好的耐酸耐水性，但 Cu/ZrO_2 在重复利用时活性组分发生流失，导致活性降低。负载型固体双功能催化剂由于其高催化性能以及易分离、回收以重复利用等特点被认为是非常具有应用前景的催化剂。但是，一般的负载型催化剂由于金属组分的高表面能及在载体上的高分散性，导致其使用过程中活性组分易发生流失和重复利用时发生团聚、烧结等现象，从而大大降低了重复利用率。因此，提高固体催化剂的稳定性和重复利用率对其实现工业化应用至关重要。

5.6.2　由纤维素制备 GVL

目前关于由生物质制备 GVL 的研究中，主要以果糖、葡萄糖为原料。由 5.4 节可知，由纤维素或原生生物质在酸性催化剂存在下可直接制备乙酰丙酸。由此，以纤维素或原生生物质为原料可直接制备 GVL。如图 5.19 所示，首先在酸催化剂的作用下，碳水化合物或者木质纤维素生物质在水或醇存在下酸解或醇解分别获得乙酰丙酸或乙酰丙酸酯，乙酰丙酸或乙酰丙酸酯经过一系列的加氢、脱水等反应即可获得 GVL。

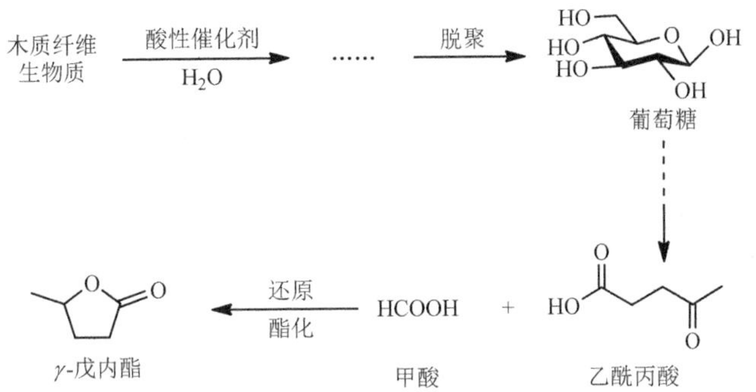

木质纤维生物质 —酸性催化剂, H_2O→ ...... —脱聚→ 葡萄糖
γ-戊内酯 ←还原, 酯化— HCOOH（甲酸） + 乙酰丙酸

图 5.19　由生物质直接制备 γ-戊内酯的路径

因此，人们更加倾向于一锅法由纤维素或者生物质直接制备 GVL。与以乙酰丙酸或乙酰丙酸酯为原料相比，一锅法对于 GVL 的大规模制备具有更好的经济性与可持续性。但是，直接以纤维素或原生生物质为原料制备 GVL 更具有挑战性。直接用生物质衍生的乙酰丙酸或乙酰丙酸酯为原料合成 GVL 时，酸类产物以及其他副产物的生成容易导致金属基催化剂发生钝化，从而降低催化剂的活性和可重复利用性。由纤维素直接制备 GVL，有两个关键的问题需要解决。第一，乙酰丙酸需要通过一种简单有效的方法直接水解纤维素或者原生生物质而获得。第二，在酸性溶液中乙酰丙酸应该能被高活性、稳定的催化剂快速还原，生成 GVL 而不需要进行分离、蒸馏或 pH 的调节。为了提高 GVL 的收率，一锅两步法是目前由生物质通过均相催化剂或者多相催化剂合成 GVL 的主要方法。因此，开发一种高效的酸性-金属双功能催化剂对于一步转化生物质到 GVL 是非常重要的。

1. 无机酸结合固体金属催化剂

在由纤维素制备乙酰丙酸的过程中，一般需要酸性催化剂，常用的酸性催化剂包括传统的无机强酸或固体酸。因此，将酸性催化剂与多相金属催化剂结合起来是一种有效的方法。例如，首先以 H_2SO_4 为催化剂水解纤维素可得到收率为 43%

的乙酰丙酸。然后，除去不溶的胡敏素之后，滤液中的乙酰丙酸在钌催化剂（0.01mol%）的催化作用下，120℃、1.01MPa H_2 条件下反应 4h，可得到收率为 34%的 GVL。同样以纤维素为原料，首先在 0.5mol/L H_2SO_4，170℃下反应 1h 可得到收率为 34%的乙酰丙酸，相应的甲酸的收率比乙酰丙酸的收率略高。中和掉反应液中剩余的硫酸，并除去不溶的固体物质之后，在 180℃下以 Au/ZrO_2 为催化剂进一步将乙酰丙酸还原，可得到收率为 33%的 GVL。

此策略中，在第二步采用固体催化剂，具有易于分离与循环使用的优点，但是多相催化剂面临着最致命的问题之一是一些酸催化剂（如 H_2SO_4）或副产物（胡敏素）常常会使催化剂中毒。例如，研究发现引入 0.5mol/L 的 H_2SO_4 到原料溶液中，Ru/C 催化剂的反应活性会减少一个数量级。一个有效避免金属催化剂被 H_2SO_4 钝化的方法是使用有机溶剂把乙酰丙酸从水解液中萃取出来。例如，在以玉米秸秆为原料合成 GVL 的过程中，就是采用烷基酚为溶剂选择性地把乙酰丙酸从酸性水溶液中萃取出来。在此方法中，首先用 0.5mol/L 的 H_2SO_4 溶液为催化剂由纤维素制备乙酰丙酸，然后以异丁基酚为有机溶剂萃取乙酰丙酸，约 80%的乙酰丙酸可被萃取到有机相，而绝大部分 H_2SO_4 仍然留在水相中。最后，以 RuSn 为催化剂加氢还原乙酰丙酸可生成 GVL。生物质衍生的有机溶剂 2-甲基四氢呋喃也可作为萃取剂从生物质的 H_2SO_4 水解液中萃取出乙酰丙酸，得到的乙酰丙酸在镍催化作用下进行连续的加氢反应，萃取所得到的乙酰丙酸转化率超过 99%，同时 GVL 的收率高达 96%。与使用异丁基酚相比，2-甲基四氢呋喃由于其价格低廉与可持续性等特点，是更优的溶剂。另外，GVL 既是反应的产物，又可以作为乙酰丙酸的萃取剂。例如，在 H_2O-GVL 体系中加入 NaCl-HCl 可将纤维素转化为乙酰丙酸，同时生成的乙酰丙酸可被萃取到 GVL 相。该双相体系可得到高收率的乙酰丙酸与甲酸，以 GVL 负载在碳上的 Ru-Sn 为催化剂，可催化 GVL 相中的乙酰丙酸，最终生成 GVL。当以纯水为溶剂时，得到较低的乙酰丙酸收率，同时观察到未转化的纤维素（白色固体）和降解副产物（黑色固体）。然而在 H_2O-GVL 双相体系中，没有发现纤维素固体和黑色的固体降解产物，表明 GVL 能够有效地将纤维素转化为可溶性产物。由于胡敏素可以溶解于 GVL 中，所以该体系不需要任何的中和或纯化步骤。除此之外，产物即是溶剂，也消除了从溶剂中分离产物的步骤。

虽然用有机溶剂萃取乙酰丙酸解决了 H_2SO_4 所造成的金属催化剂的钝化问题，但是也增加了整个过程的操作步骤。例如，溶剂的回收以及产物的纯化，而这些过程必然会增加生产成本。最近发现以一些其他的矿物质酸如 HCl 为催化剂转化碳水化合物为乙酰丙酸不会对金属催化剂的活性产生影响。将芦竹在 180℃、0.4mol/L HCl 溶液中反应 1h 得到收率为 59.1%的乙酰丙酸（基于纤维素的量）。然后产物液经过滤、中和，生物质衍生的乙酰丙酸通过 Ru/C 与氧化铌或者磷酸铌共催化直接加氢得到 GVL。该方法在 3MPa H_2、70℃下反应 5h 得到收率为 83.0%的 GVL（基于第一步所产生的乙酰丙酸）。另外，结合均相的三氟乙酸和 Ru/C 催化剂也可以直接从碳水化合物合成 GVL 而不需要对乙酰丙酸进行萃取。三氟乙酸可以催化纤维素生成乙酰丙酸却不会使催化剂中毒。通过条件优化，结合三氟乙酸和 Ru/C，在 180℃下反应 16h 可以得到收率为 52%的 GVL。但是，反应完后仍然有 11%的乙酰丙酸残留在反应液里。

2. 固体酸结合固体金属催化剂

在一锅两步法的过程中，采用固体酸催化剂代替均相无机酸催化剂能够避免在第二步中还原乙酰丙酸为 GVL 的金属催化剂的钝化。首先，以纤维素为原料，商业的 5%Ru/C 结合铝掺杂的介孔磷酸氧铌（Al-$NbOPO_4$）为固体酸催化剂，在 180℃下反应 24h 转化纤维素制备乙酰丙酸溶液。其次，以 Ru/C 为催化剂在 5MPa H_2 下反应 12h 进一步将乙酰丙酸还原为 GVL（收率为 57%），该过程不需要对乙酰丙酸进行分离。大量的酸性位点以及共存的 Brønsted 酸与 Lewis 酸（B/L = 1.2∶1）被认为是耐水的 Al-$NbOPO_4$ 促进乙酰丙酸形成的主要原因。同样的，以甘蔗渣为原料时，首先每克甘蔗渣在 2%酸性膨润土存在下，473.2K 反应 60min，得到 159.17mg 的乙酰丙酸。然后，在 393.2～473.2K 下，反应 120～360min，以 1%Pt/TiO_2 与酸性膨润土作为共催化剂催化还原乙酰丙酸到 GVL。其中，乙酰丙酸的转化率为 100%，GVL 的选择性为 95%。在上述 H_2O-GVL-NaCl-HCl 体系中，进一步引入 Amberlyst 15 作为多相催化剂转化纤维素得到乙酰丙酸，可进一步提高 GVL 的收率。同时，Amberlyst 70 在 GVL 生成过程中效果也非常好。这可能是由于 GVL 能够溶解纤维素，从而增加寡聚糖与酸性位点接触的可能性。另外，GVL 可溶胀 Amberlyst 70，从而增加催化剂的催化活性。

3. 一锅一步法

一锅两步法制备 GVL 的关键问题是：必须平衡相关的每一步反应的速率，因为糖脱水会形成糖醇，如山梨醇等；而一锅一步法可减少 GVL 的合成步骤。相比于一锅两步法，一锅一步法转化碳水化合物或生物质可将生成的乙酰丙酸同时转化为 GVL（图 5.20），因而避免了乙酰丙酸的进一步分离和转化，从而提高 GVL 的收率。例如，结合强 Brønsted 酸 $HPW_{12}O_{40}$（HAP）与加氢催化剂 Ru/TiO_2，一锅转化各种碳水化合物制备 GVL 的过程中，与纯水以及其他的 H_2O-有机（甲醇、乙醇、1, 2-二氧六环）混合溶液相比，HPA 在 GVL/H_2O 中展现出了最高的催化活性。在相对较温和的条件下（130～150℃，4MPa H_2），HPA-Ru/TiO_2 复合催化剂在 GVL/H_2O（80∶20，体积比）溶剂中能够得到较高的 GVL 收率。例如，以菊粉和纤维素为原料，可分别得到收率为 70.5%、40.5%的 GVL。在有机相中能够得到质量分数超过 96%的 GVL，水相含有 HPA-Ru/TiO_2，而水和 GVL 能够进行重复利用。

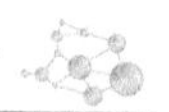

图 5.20　酸水解纤维素产生的甲酸与乙酰丙酸制备 GVL

总之，直接由纤维素或原生生物质制备 GVL 虽然在生产成本上更具有优势，但是对制备过程中各反应步骤所需要的催化剂和溶剂有较为严格的要求。同时，研究每一步的动力学，控制其中每一步反应，对于 GVL 的制备也是非常关键的。目前所得的 GVL 收率和选择性还有待进一步提高，主要原因是：①以生物质为原料制备的乙酰丙酸和甲酸分离困难，且反应液多为酸性水溶液，若直接以此为原料，易导致传统负载型催化剂活性组分的流失。同时，负载型催化剂在反应后易发生团聚、烧结等，导致催化剂重复利用率降低。②由于生物质组分的复杂性，导致所得液体产物中除了乙酰丙酸和甲酸以外，还伴随着大量的寡聚物和小分子副产物，可能会进一步影响由乙酰丙酸和甲酸生成 GVL 的反应，使过程变得更加复杂，从而影响产物 GVL 的收率和选择性。因此，直接以生物质为原料制备 GVL 要求催化剂在更加复杂的反应体系中对由乙酰丙酸和甲酸生成 GVL 的反应具有更高的活性、选择性和稳定性。

5.7　合成山梨醇

山梨醇及其同分异构体甘露醇是生物燃油化工链中非常重要的前驱体（图 5.21）。由纤维素制备山梨醇的过程一般涉及两个步骤：纤维素在酸催化下水解为糖，生成的糖在金属催化剂催化下加氢生成山梨醇。由于葡萄糖可异构化生成甘露糖，

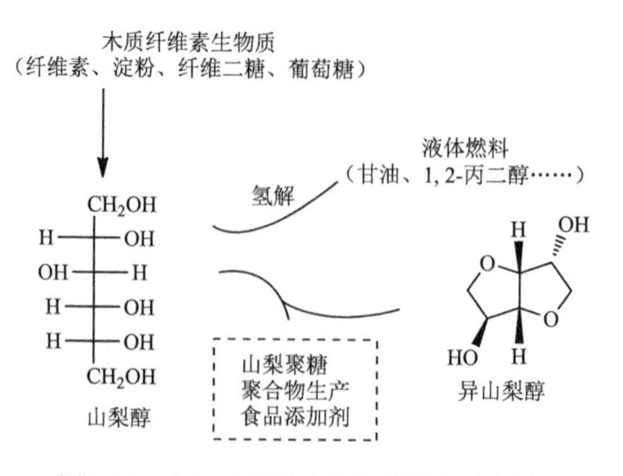

图 5.21　山梨醇的制备及其利用的示意图

在葡萄糖加氢还原制备山梨醇的过程中甘露糖也会加氢还原成甘露醇。由纤维素一步转化制备山梨醇，需要酸性催化剂催化纤维素水解为单糖，同时也需要金属催化剂加氢还原所得到的单糖生成醇，而其中纤维素水解为糖是决速步骤。一般将催化体系分为可溶性酸/金属催化剂体系和原位生成 H^+/金属催化剂体系。

5.7.1 可溶性酸/金属催化剂体系

近年来，由纤维素制备山梨醇主要采用可溶性无机酸（如硫酸、盐酸和磷酸）结合负载型 Ru 催化剂。Ru 负载在各种不同形态、含有不同功能团的载体上，可催化葡萄糖加氢反应生成醇，同时固体金属催化剂对纤维素结晶度的降低也有一定的作用。Yan 等在聚乙烯吡咯烷酮中将催化剂中的 Ru 盐还原为 Ru 纳米颗粒，并以负载型 Ru 为催化剂、在 pH 为 3.0 的盐酸溶液中，可由球磨纤维素获得 63%收率的山梨醇和甘露醇（反应温度 190℃，反应时间 24h）。在此催化过程中，盐酸的作用是催化球磨纤维素水解生成可溶性寡聚糖，而载体表面的酸性位有助于将这些寡聚糖进一步降解为葡萄糖，载体内部的纳米 Ru 可迅速催化吸附在载体孔道里的葡萄糖分子发生加氢反应，这不仅阻止了生成的葡萄糖分子的扩散，还降低了 Ru 的用量，并抑制了葡萄糖加氢的副反应（如氢解）的发生[35]。

杂多酸作为酸性催化剂，也可以和金属催化剂结合催化纤维素水解制备山梨醇。虽然杂多酸的成本比无机酸高，但反应过程中所需的杂多酸用量较少。例如，结合 $H_4SiW_{12}O_{40}$ 杂多酸和 Ru/C 催化剂，将球磨纤维素在 190℃下反应 20min，可得到 92%收率的己糖醇。Xie 等结合离子液体和杂多酸制备了一种新型载体 $[BMIM]_3PW_{12}O_{40}$，而 Ru/$[BMIM]_3PW_{12}O_{40}$ 催化剂不仅有 Ru 物质展现出的加氢功能，还具有 Lewis 酸和 Brønsted 酸带来的催化水解功能。在该催化剂作用下，微晶纤维素在 5MPa 氢气环境下、160℃反应 24h 后，纤维素的转化率为 63.7%，且山梨醇的选择性为 70.3%。这种催化剂由于 Brønsted 酸与 Ru 具有一定的协同作用，因此其活性明显高于将$[BMIM]_3PW_{12}O_{40}$与 Ru/C 催化剂直接混合后的催化活性[36]。

5.7.2 原位生成 H^+/金属催化剂体系

体系中加入无机酸或杂多酸作为酸性催化剂催化纤维素水解的过程中，由于传统的无机酸和杂多酸的酸性很强，容易腐蚀设备，且这些酸的回收利用较困难。因此，一些污染较小的体系，如用双功能的非均相催化剂在水溶液中原位生成 H^+，则更具有吸引力。

无机材料可以作为金属负载的酸性载体，如二氧化硅、三氧化二铝、H 沸石、Nafion、Amberlyst、微孔碳等。H_2 在金属 Ru 或 Pt 上分解，然后酸性载体表面溢

出的 H^+提供了水解功能。所以催化剂的水解和氢解活性均依赖于酸性的功能基团和金属活性中心。例如，Ru/C 是一种广泛使用的葡萄糖加氢催化剂。在 245℃的纯水中，纤维素在 6MPa 的氢气环境中、Ru/C 催化下反应 30min 后，纤维素的转化率为 85.5%，且生成的己糖醇收率为 39.3%，其中山梨醇的选择性为 34.6%。除此之外，由于在该反应条件下葡萄糖也非常活泼，因此有小分子的丙二醇和乙二醇生成。当纤维素水解生成葡萄糖后，如果葡萄糖的加氢速率快于纤维素的水解速率，那么己糖醇是反应的主要产物；反之，乙二醇和丙二醇将是反应的主要产物。这些酸在反应温度超过 200℃时会原位生成，而当反应体系降回室温后这些 H^+将消失，说明了这是一个绿色的、有工业应用前景的体系。但纤维素的溶解问题仍然限制了纤维素与非均相催化剂上活性中心的接触。采用无机酸与纤维素浸泡预处理或固体酸与纤维素混在一起球磨预处理，或是加入不同的功能团改造固体催化剂，这些方法均可不同程度地增强催化活性中心与反应底物的接触。

Kobayashi 等发现在水溶液中加入 20mmol 的 2-丙醇后，Ru 基催化剂可以引发 2-丙醇释放氢，以此作为纤维素加氢过程的氢源。其中，Ru 物种是转移氢化的活性中心[37]。纤维素在该体系中 190℃下反应后，可以得到 37%收率的山梨醇和 9%收率的甘露醇[37]。此外，Ru 物种还可以使甲酸分解成氢气，从而提供纤维素到己糖醇过程中所需的氢源。在此过程中，主要涉及三个反应步骤：纤维素的水解、小分子醇或酸的分解以及葡萄糖的加氢。

虽然双功能的贵金属负载型催化剂对于纤维素制备山梨醇的效果较好，但贵金属价格昂贵，从而阻碍了此催化剂的大规模应用和生产。镍基催化剂因其价格低廉，也被负载于 Al_2O_3、TiO_2、SiO_2、ZnO、ZrO_2、MgO 等载体上用于纤维素制备山梨醇的研究。载体的性质、镍金属的负载形态、镍（111）晶面都被证实对催化活性及产物分布有很大影响。Van de Vyver 等用 Ni/ZSM-5 为催化剂，由纤维素转化制备己糖醇的选择性高达 91.2%，这主要归功于镍的（111）晶面的作用[38]。Ding 等用磷化镍催化剂（16%Ni_2P/AC）在 6MPa 氢气气氛中、225℃下将纤维素转化，获得收率 48%的山梨醇。该催化剂中过量的磷离子的酸性和镍所显示出的良好加氢性能对高收率获得山梨醇有较大帮助[39]。Ni_2P 从晶态转变为非晶态也大大提高了山梨醇的选择性，得到的山梨醇与甘露醇的比例高达 13.8。镍基催化剂主要的缺点是容易烧结。增大镍的负载量（如在碳载体上增加到 70%）可以抑制镍的烧结，这是因为氧化镍物质和更大的镍晶体颗粒可以覆盖催化剂表面。除了镍金属以外，钴、铁、钼等过渡金属也具有一定的催化加氢功能。

双金属的使用可以改善镍的性能。例如，加入贵金属 Ru、Pd、Pt、Rh 或 Ir 改性 Ni/HZSM-5 催化剂，可以使催化剂的表面以及镍颗粒的化学性质改变，使其催化氢解纤维素并获得小分子醇（如乙二醇）的活性降低。再如，当采用 Pt，Ni/ZSM-5 催化纤维素加氢可获得 76.9%收率的己糖醇，该催化剂即使重复使用四次后，己糖醇的收率仍可达到 55%，这归功于 PtNi 合金颗粒的形成使催化剂活性中心更稳定。又如，向 Pt/Al_2O_3 催化剂中掺杂 Sn 后，即使在纤维素转化率相等的情况下，己糖醇的选择性比使用未掺杂 Sn 的催化剂高了一倍，达到了 82.7%。

总的来说，提高纤维素制备山梨醇产物的选择性对于简化其后续的生物精炼过程非常重要，但这也是一个困难和挑战。广泛认为用较高压力的氢气，且催化剂用适度的酸性和高负载量的金属可以有效地抑制葡萄糖中间产物氢解生成乙二醇的路径。除此之外，如何限制葡萄糖异构并加氢生成甘露醇还有待进一步研究。

5.8 合成二元醇

乙二醇和 1, 2-丙二醇是酯化或醚化过程制备不饱和聚酯树脂的重要单体，尤其是乙二醇的石油工业产量更是超过每年 20t。因此，从可持续的纤维素原料制备乙二醇具有更高的经济价值。与纤维素制备己糖醇类似，纤维素制备乙二醇首先也需要断裂纤维素中的 β-1, 4-糖苷键。但是，制备乙二醇的过程需要更高的反应温度来断裂纤维素单糖的 C—C 键和 C—O 键。催化剂对这些化学键的断裂起着关键性的作用，其中主要以金属催化剂为主。对于金属催化剂的选择，除了传统的贵金属以外，镍、钨和铜对纤维素转化为乙二醇也有较好的效果，其转换率较高，与贵金属催化性能接近，并且和贵金属催化剂相比其成本更低。

目前由纤维素获得高收率 1, 2-烷烃二醇的过程大部分都使用了含钨的催化剂，包括钨的金属态、碳化物、氮化物、氧化物或磷化物。钨物质所表现出来的高活性主要是由于钨可以同时促进纤维素的水解以及 C—C 键的断裂（图 5.22）。添加少量镍，并结合使用如活性炭、SBA-15 等含有功能团的载体，对于二醇产物的选择性有较大帮助。

其中最具有代表性的催化剂是 W_2C/AC（AC 代表活性炭），该催化剂可催化纤维素一锅氢解转化生成 27%的乙二醇。向该催化剂中负载 2wt%的镍后，纤维素在 6MPa 的氢气气氛中、245℃下反应 0.5h 后，乙二醇的收率提高到 61%，且这种 Ni-W_2C/AC 催化剂对于乙二醇产物的选择性高于使用 Pt/Al_2O_3 和 Ru/C 催化剂。加入的镍对于乙二醇生成的促进作用主要是来源于镍与载体紧密的相互作用，以及电子从镍物质向钨物质的转移，这对于钨的还原和氢气的活化吸附有协同的作用，从而加速了糖的 C—C 键和 C—O 键的选择性断裂。除此之外，W_2C 物质可以在低温制备 Ni-W_2C/AC 的过程中形成，钨和镍物质在浸渍液中可以很好地分散，这也使镍可以很好地分散在最终的 W_2C/AC 上，并提高催化性能。而反应生成的乙二

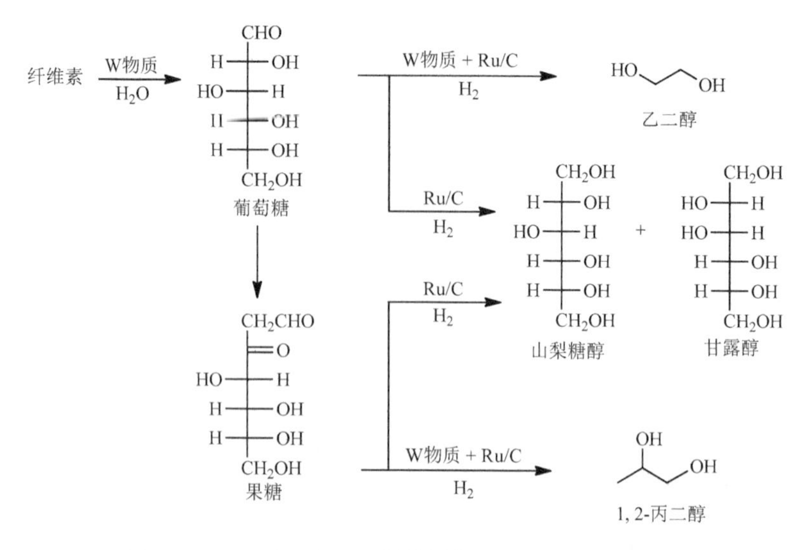

图 5.22　钨基催化剂一步催化转化纤维素为二元醇产物

醇与 Ni-W_2C/AC 催化剂表面的相互作用很弱，这也有利于乙二醇快速地离开催化剂表面并稀释到反应溶剂中，从而减小发生副反应的可能性。有趣的是，将 Ni-W_2C/AC 催化剂应用于原生生物质原料的反应中，该催化剂的催化性能有所变化，且不同生物质种类的差异较大。例如，当使用玉米秸秆为原料时，木质素的存在会阻碍纤维素转化为乙二醇。当玉米秸秆用 NaOH、H_2O_2 和氨水预处理将部分木质素移除后，二元醇的收率会提高到 48%[40]。

由于 W_2C 在水热条件下容易氧化，因此可以利用温度控制钨催化剂的形态，如 H_2WO_4 和 WO_3。H_2WO_4 和 WO_3 溶于热水中，并在氢气的存在下可转变为钨青铜（H_xWO_3），且 H_xWO_3 在冷水中容易沉淀，易于分离。H_xWO_3 是一种非常活泼的均相催化剂，可以促进水解和选择性断裂纤维素的 C—C 键并生成乙醇醛，然后经过加氢制备二元醇。而不同形态的钨催化剂与贵金属催化剂共同使用，可催化纤维素获得二元醇。例如，H_2WO_4-Ru/AC 可催化纤维素获得 54.4%收率的乙二醇，该催化体系重复使用 20 次后仍然有较好的催化活性。WO_3-Ru/C 催化剂可催化转化 20%的纤维素生成乙二醇和 1, 2-丙二醇，该催化剂将乙二醇的选择性提高到了 51.5%。将活性炭与 WO_3 物理混合后，1, 2-丙二醇的选择性也达到了 31.9%，这可能是由于活性炭表面的碱性促进了葡萄糖异构化为果糖，果糖前驱体的增加导致了 1, 2-丙二醇的增加。

双金属也是一种常见的催化剂，包括 Pd-W、Pt-W、Ru-W 和 Ir-W 等。其中钨是纤维素 C—C 键断裂的关键组分，而另一种过渡金属的作用主要是催化不饱和中间体的加氢反应。与 Ni-W_2C/AC 相比，H_2WO_4-Ru 对于乙二醇产物的活性往往更低，这是由于乙二醇在 Ru 上会发生甲烷化反应。因此，调节双金属中钨和过渡金属的比例对于产物的选择性尤为重要。Raney Ni 与 H_2WO_4 结合的双功能催化剂既有 Raney Ni 的加氢活性，又阻止了乙二醇的进一步转化。该催化剂的使用可以催化纤维素转化，获得收率为 65%的乙二醇，且该催化剂重复使用 17 次以上都还保持较好的催化活性[41]。

参 考 文 献

[1] Jiang Z，Yi J，Li J，et al. Promoting effect of sodium chloride on the solubilization and depolymerization of cellulose from raw biomass materials in water. ChemSusChem，2015，8（11）：1901-1907.

[2] Jiang Z，Zhao P，Li J，et al. Effect of tetrahydrofuran on the solubilisation and depolymerisation of cellulose in a biphasic system. ChemSusChem，2018，11（2）：397-405.

[3] Zhao H，Baker G A，Song Z，et al. Designing enzyme-compatible ionic liquids that can dissolve carbohydrates. Green Chemistry，2008，10（6）：696-705.

[4] Wang J，Xi J，Wang Y. Recent advances in the catalytic production of glucose from lignocellulosic biomass. Green Chemistry，2015，17（2）：737-751.

[5] Harmer M A，Fan A，Liauw A，et al. A new route to high yield sugars from biomass：phosphoric-sulfuric acid. Chemical Communications，2009，43：6610-6612.

[6] Takagaki A，Tagusagawa C，Domen K. Glucose production from saccharides using layered transition metal oxide and exfoliated nanosheets as a water-tolerant solid acid catalyst. Chemical Communications，2008，42（42）：5363-5365.

[7] Hara M. Biomass conversion by a solid acid catalyst. Energy & Environmental Science，2010，3（5）：601-607.

[8] Shuai L，Pan X. Hydrolysis of cellulose by cellulase-mimetic solid catalyst. Energy & Environmental Science，2012，5（5）：6889-6894.

[9] Lai D，Deng L，Guo Q，et al. Hydrolysis of biomass by magnetic solid acid. Energy & Environmental Science，2011，4（9）：3552-3557.

[10] Tian J，Fang C，Cheng M，et al. Hydrolysis of cellulose over $Cs_xH_{3-x}PW_{12}O_{40}$（$x = 1$～3）heteropoly acid catalysts. Chemical Engineering & Technology，2011，34（3）：482-486.

[11] Atanda L，Konarova M，Ma Q，et al. High yield conversion of cellulosic biomass into 5-hydroxymethylfurfural and a study of the reaction kinetics of cellulose to HMF conversion in a biphasic system. Catalysis Science & Technology，2016，6（16）：6257-6266.

[12] Cao X，Teong S P，Wu D，et al. An enzyme mimic ammonium polymer as a single catalyst for glucose dehydration to 5-hydroxymethylfurfural. Green Chemistry，2015，17（4）：2348-2352.

[13] Gorgenyi M，Dewulf J，van Langenhove H，et al. Aqueous salting-out effect of inorganic cations and anions on non-electrolytes. Chemosphere，2006，65（5）：802-810.

[14] Shen Y，Sun J，Yi Y，et al. $InCl_3$-catalyzed conversion of carbohydrates into 5-hydroxymethylfurfural in biphasic system. Bioresource Technology，2014，172：457-460.

[15] Yang Y，Hu C，Abu-Omar M M. Synthesis of furfural from xylose，xylan，and biomass using $AlCl_3 \cdot 6H_2O$ in biphasic media via xylose isomerization to xylulose. ChemSusChem，2012，5（2）：405-410.

[16] Su Y，Brown H M，Huang X，et al. Single-step conversion of cellulose to 5-hydroxymethylfurfural（HMF），a versatile platform chemical. Applied Catalysis A：General，2009，361（1-2）：117-122.

[17] Qi X，Watanabe M，Aida T M，et al. Catalytic conversion of cellulose into 5-hydroxymethylfurfural in high yields

via a two-step process. Cellulose，2011，18（5）：1327-1333.

[18] Zhang Y, Du H, Qian X, et al. Ionic liquid-water mixtures: enhanced K_w for efficient cellulosic biomass conversion. Energy & Fuels，2010，24（4）：2410-2417.

[19] Chen H Z，Jin S Y. Production of levulinic acid from steam exploded rice straw via solid superacid，$S_2O_8^{2-}/ZrO_2-SiO_2-Sm_2O_3$. Bioresource Technology，2011，102（3）：3568-3570.

[20] Son P A，Kohki E K，Nishimura S. Synthesis of levulinic acid from fructose using Amberlyst-15 as a solid acid catalyst. Reaction Kinetics Mechanisms & Catalysis，2012，106（1）：185-192.

[21] Pasquale G V P，Romanelli G，Baronetti G. Catalytic upgrading of levulinic acid to ethyl levulinate using reusable silica-included Wells-Dawson heteropolyacid as catalyst. Catalysis Communications，2012，18：115-120.

[22] Sun Z C M，Li H，Shi T，et al. One-pot depolymerization of cellulose into glucose and levulinic acid by heteropolyacid ionic liquid catalysis. RSC Advances，2012，2（24）：9058-9065.

[23] Zuo Y Z，Fu Y. Catalytic conversion of cellulose into levulinic acid by a sulfonated chloromethyl polystyrene solid acid catalyst. ChemCatChem，2014，6（3）：753-757.

[24] Alonso D M G，Mellmer M A，Wettstein S G，et al. Direct conversion of cellulose to levulinic acid and gamma-valerolactone using solid acid catalysts. Catalysis Science & Technology，2013，3（4）：927-931.

[25] Rackemann D W D. The conversion of lignocellulosics to levulinic acid. Biofuels Bioproducts & Biorefining，2011，5（2）：198-214.

[26] Mimitsuka T S H，Hatsu M，Yamada K. Metabolic engineering of corynebacterium glutamicum for cadaverine fermentation. Bioscience Biotechnology and Biochemistry，2007，71（9）：2130-2135.

[27] Ren H Z，Liu L. Selective conversion of cellulose to levulinic acid via microwave-assisted synthesis in ionic liquids. Bioresource Technology，2013，129：616-619.

[28] Holm M S，Saravanamurugan S，Taarning E. Conversion of sugars to lactic acid derivatives using heterogeneous zeotype catalysts. Science，2010，328（5978）：602-605.

[29] Chambon F，Rataboul F，Pinel C，et al. Cellulose hydrothermal conversion promoted by heterogeneous Brønsted and Lewis acids：remarkable efficiency of solid Lewis acids to produce lactic acid. Applied Catalysis B：Environmental，2011，105（1-2）：171-181.

[30] Verziu M，Serano M，Jurca B，et al. Catalytic features of Nb-based nanoscopic inorganic fluorides for an efficient one-pot conversion of cellulose to lactic acid. Catalysis Today，2018，306：102-110.

[31] Akibobetts G，Barran P E，Puskar L，et al. Stable $[Pb(ROH)_n]^{2+}$complexes in the gas phase：□softening the base to match the lewis acid. Journal of the American Chemical Society，2002，124（31）：9257-9264.

[32] Park S，Lee M，Pyo S J，et al. Carbohydrate chips for studying high-throughput carbohydrate-protein interactions. Journal of the American Chemical Society，2004，126（34）：4812-4819.

[33] Wang F F, Liu J, Li H, et al. Conversion of cellulose to lactic acid catalyzed by erbium-exchanged montmorillonite K10. Green Chemistry，2015，17（4）：2455-2463.

[34] Wang F F，Liu C L，Dong W S. Highly efficient production of lactic acid from cellulose using lanthanide triflate catalysts. Green Chemistry，2013，15（8）：2091-2095.

[35] Yan N，Zhao C，Luo C，et al. One-step conversion of cellobiose to C6-alcohols using a ruthenium nanocluster catalyst. Journal of the American Chemical Society，2006，128（27）：8714-8715.

[36] Xie X，Han J，Wang H，et al. Selective conversion of microcrystalline cellulose into hexitols over a $Ru/[Bmim]_3PW_{12}O_{40}$ catalyst under mild conditions. Catalysis Today，2014，233：70-76.

[37] Kobayashi H，Matsuhashi H，Komanoya T，et al.Transfer hydrogenation of cellulose to sugar alcohols over

supported ruthenium catalysts. Chemical Communications，2011，47（8）：2366-2368.

[38] Van de Vyver S，Geboers J，Dusselier M，et al. Selective bifunctional catalytic conversion of cellulose over reshaped Ni particles at the tip of carbon nanofibers. ChemSusChem，2010，3（6）：698-701.

[39] Ding L N，Wang A Q，Zheng M Y，et al. Selective transformation of cellulose into sorbitol by using a bifunctional nickel phosphide catalyst. ChemSusChem，2010，3（7）：818-821.

[40] Pang J，Zheng M，Wang A，et al. Catalytic hydrogenation of corn stalk to ethylene glycol and 1，2-propylene glycol. Industrial & Engineering Chemistry Research，2011，50（11）：6601-6608.

[41] Tai Z，Zhang J，Wang A，et al. Catalytic conversion of cellulose to ethylene glycol over a low-cost binary catalyst of raney Ni and tungstic acid. ChemSusChem，2013，6（4）：652-658.

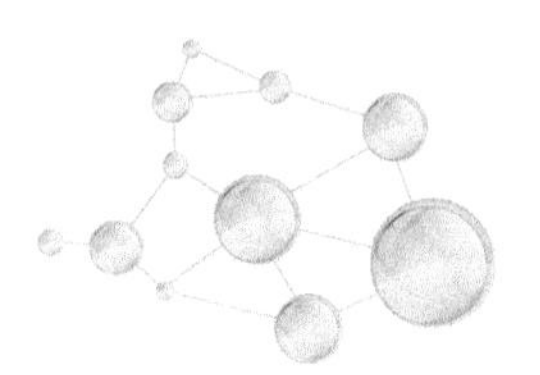

第6章 半纤维素的转化

植物细胞壁中的纤维素和木质素是由多糖混合物紧密地相互贯穿在一起的，此多糖混合物被称为半纤维素。半纤维素结合在纤维素微纤维的表面，通过相互连接的方式，构成了细胞之间相互连接的坚硬的网络。半纤维素是由几种不同类型的单糖构成的异质多聚体，聚糖链上通常带有短侧链和乙酰基。构成半纤维素的糖基主要有D-木糖、D-葡萄糖、D-甘露糖、L-阿拉伯糖、D-半乳糖及少量L-岩藻糖、L-鼠李糖等（图6.1）。在构成半纤维素时，一般是由2～4种结构单元构成不均一的聚糖，而不是由一种结构单元构成均一的聚糖。半纤维素的分子链较短且通常带有支链，平均聚合度约为200，其典型的结构单元分子式为[$C_5H_8O_4$]、[$C_6H_{10}O_5$]。半纤维素主要分为三类，即聚木糖类、聚葡萄甘露糖类和聚半乳糖葡萄甘露糖类（表6.1）。

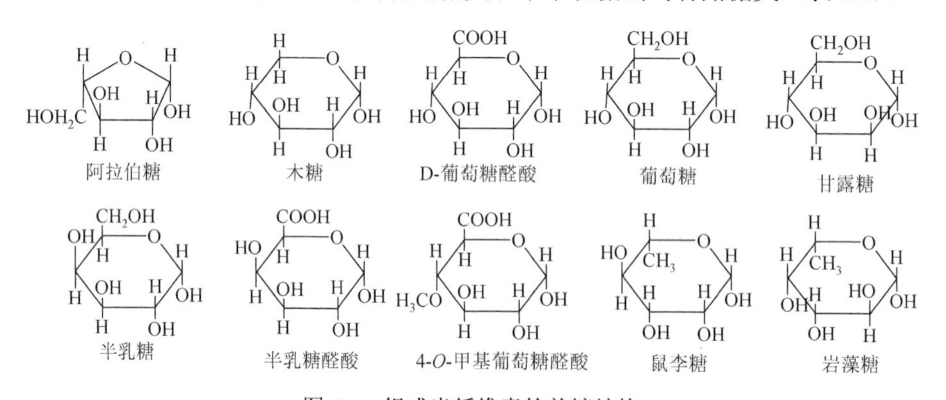

图6.1　组成半纤维素的单糖结构

表6.1　不同生物质原料中半纤维素的组成（%）

原料	木糖	阿拉伯糖	甘露糖	半乳糖	鼠李糖	半乳糖醛酸
松木	5.3～10.6	2.0～4.2	5.6～13.3	1.9～3.8	—	1.2～1.9
云杉木	5.3～10.2	1.0～1.2	9.4～15.0	1.9～4.3	0.3	1.2～2.4
山杨	18～27.3	0.7～4.0	0.9～2.4	0.6～1.5	0.5	4.3
桦木	18.5～24.9	0.3～0.5	1.8～3.2	0.7～1.3	0.6	3.7～3.9
洋槐	16.7～18.4	0.4～0.5	1.1～2.2	0.8	—	2.7～3.8

续表

原料	木糖	阿拉伯糖	甘露糖	半乳糖	鼠李糖	半乳糖醛酸
桉树	14～19.1	0.6～1	1～2.0	1～1.9	0.3～1	3～3.6
枫树	18.1～19.4	0.8～1	1.3～3.3	1.0	—	3.6～3.9
橡木	21.7	1.0	2.3	1.9	—	3.5
杨树	17.7～21.2	0.9～1.4	3.3～3.5	1.1	—	0.5～3.9
杏仁壳	34.3	2.5	1.9	0.6	—	—
玉米芯	28～35.5	3.2～5.0	—	1～1.2	1	1.9～3.8
玉米纤维	21.6	11.4	—	4.4	—	—
玉米秆	25.7	4.1	<3.0	<2.5	—	—
稻壳	17.7	1.9	—	—	—	1.62
稻秆	14.8～23	2.7～4.5	1.8	0.4	—	—
甘蔗渣	20.5～25.6	2.3～6.3	0.5～0.6	1.6	—	—
小麦秆	19.2～21.0	2.4～3.8	0～0.8	1.7～2.4	—	—

1. 半纤维素与木质素之间的连接[1, 2]

研究半纤维素与植物细胞壁中其他组分之间的连接方式，对半纤维素的选择性分离和转化制备高收率和高选择性的化学品至关重要。半纤维素与木质素之间存在化学键或其他方式的连接。在谷类秸秆细胞壁中，对羟基苯基丙烷型和愈创木基丙烷型木质素主要通过阿拉伯糖基的 C5 位进行酯化反应，连接在聚木糖上(图 6.2)。据估测，在大麦秆中，每 121 个五碳糖就连接 1 个愈创木基丙烷型木质素；每 243 个五碳糖则连接 1 个对羟基苯基丙烷型木质素。阿魏酸容易形成酯键

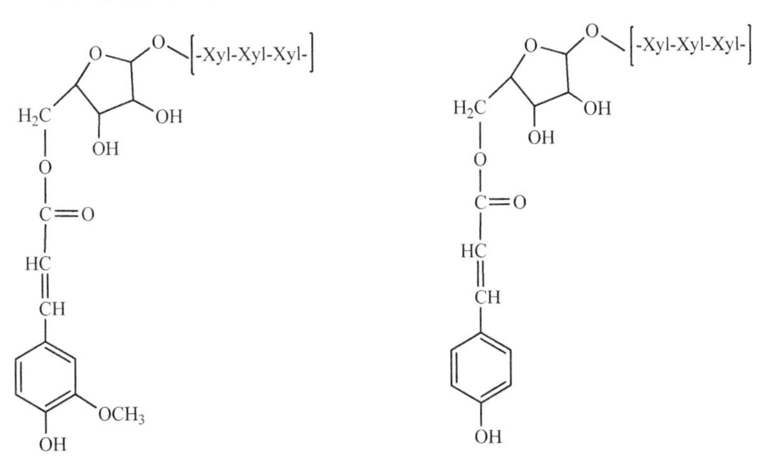

图 6.2　木质素与半纤维素阿拉伯糖基的 C5 位酯化作用连接

（Xyl 代表木糖）

和醚键，因而容易参与细胞大分子的桥联反应，不容易降解。阿魏酸以酯键与半纤维素连接，又以醚键与木质素连接。而大多数对香豆酸主要在木质素侧链的 γ-位产生酯化作用（图 6.3）。只有小部分对香豆酸与聚阿拉伯糖基-4-*O*-甲基-D-葡萄糖醛酸基木糖的阿拉伯糖发生酯化作用，而与木质素/半纤维素之间没有交联作用。在小麦秆细胞壁中发现大部分这些苯甲基醚键。木质素大分子侧链的 α-位可与半纤维素通过苯甲基醚键连接（图 6.4）。同时，通过 ^{13}CNMR 证明，在小麦秆细胞壁中，存在木质素-葡萄糖醛酸或 4-*O*-甲基葡萄糖醛酸连接的酯键（图 6.5）。

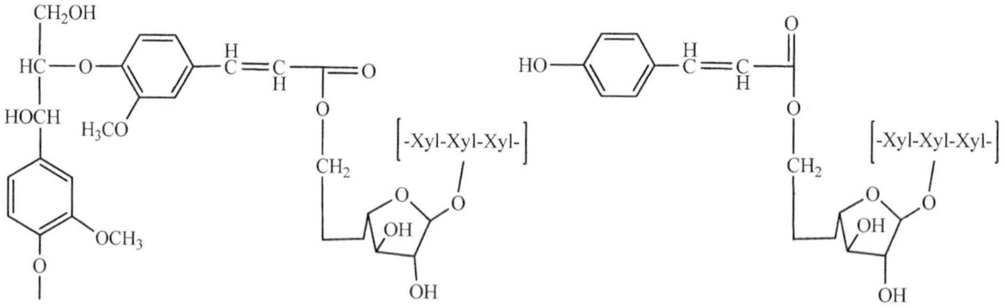

图 6.3　阿魏酸/香豆酸与半纤维素阿拉伯糖基的 C5 位的连接

（Xyl 代表木糖）

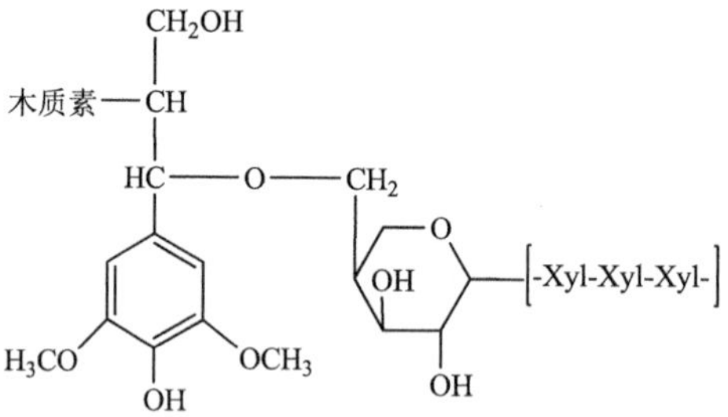

图 6.4　木质素与半纤维素之间的苯甲基醚键连接

（Xyl 代表木糖）

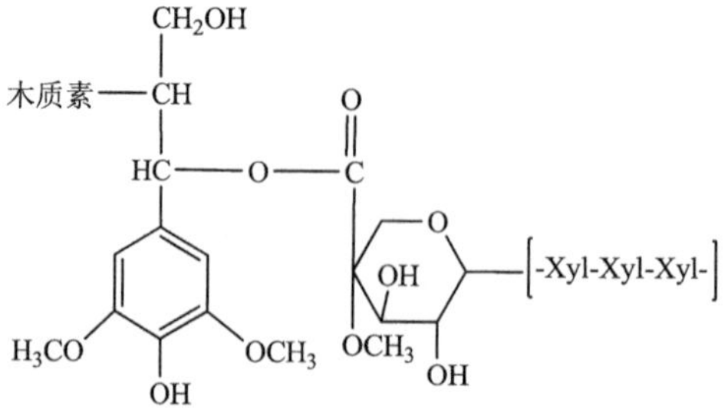

图 6.5　木质素与半纤维素之间的苯甲基酯键连接

（Xyl 代表木糖）

2. 半纤维素与纤维素之间的连接

目前普遍认为植物细胞壁中半纤维素和纤维素之间没有共价键的连接。但半纤维素与纤维素微细纤维之间的氢键连接和范德瓦耳斯力作用，使两者紧密结合。例如，双子叶植物细胞初生壁中的聚木糖葡萄糖的长度大于相邻两个微细纤维的间距。所以，聚木糖葡萄糖可以包覆在微细纤维表面，并交叉连接很多个微细纤维，形成刚性的微细纤维素——聚木糖葡萄糖网络结构。除聚木糖葡萄糖以外，其他类型的半纤维素如聚木糖、聚阿拉伯糖、聚甘露糖也可以与纤维素形成氢键连接，具有与双子叶植物细胞初生壁中聚木糖葡萄糖相同的作用。

6.1 合成半纤维素衍生的寡聚糖

虽然半纤维素的分子结构主要是线状的，但大多数带有各种短支链，而分子结构中支链的多少对半纤维素的溶解性有很大的影响。例如，用相同溶剂在同样条件下获得的同一类半纤维素中，支链越多的溶解度一般越大。这是因为半纤维素主要是无定形的，支链越多，结构越疏松，溶剂分子易进入其中产生润胀和溶解。由于组成半纤维素的糖基种类繁多，既有吡喃式又有呋喃式，既有 β 苷键又有 α 苷键，构型既有 D 型又有 L 型，并且糖基之间的连接方式也是多种多样的，因此半纤维素的反应是比较复杂的。但是，相比于纤维素，半纤维素中多糖链的结构是异常松散的，并没有形成与纤维素相似的致密的晶态结构，因此很容易遭到化学试剂的进攻或热作用的破坏。在较低的温度下，半纤维素首先发生糖苷键的断裂生成寡聚物，寡聚物会在催化剂和相对高的温度下进一步降解成单糖，并进一步转化为羧酸（甲酸、乙酸、乳酸等）、呋喃类化合物（糠醛）。

半纤维素在溶剂中的溶解可获得半纤维素衍生的寡聚糖。相比于半纤维素，其溶解产生的寡聚糖具有更低的聚合度和更好的溶解性能，因此可用于转化制备高附加值化学品的原料。在半纤维素溶解的过程中，溶剂不仅可以影响半纤维素的溶解和分离效率，同时还会影响所得的寡聚糖的相对分子质量和分子结构。常用的溶剂主要包括有机溶剂、水溶剂、离子液体和超临界流体。

6.1.1 有机溶剂

在一些传统的工艺如造纸、生物乙醇等的生产过程中，需要经过预处理除去生物质中的半纤维素组分。例如，在由生物质制备生物乙醇的过程中，发酵之前需要除去半纤维素，以使纤维素酶能更好地与纤维素发生作用。在预处理过程中，半纤维素从生物质上脱离下来，得到部分小分子化合物和寡聚物。在目前采用的分离半纤维素的方法中，有机溶剂法因溶剂易于回收、污染较小而受到了广泛的

关注。常用的有机溶剂包括二甲亚砜、醇、1, 4-二氧六环等。用二甲基亚砜作为溶剂提取半纤维素时，乙酰基可被保留下来。例如，用二甲亚砜抽提银桦中纤维素时，可以得到戊糖与己糖的混合物，随后用水抽提，则得到含有一定量的乙酰基和糖醛酸基的聚木糖。

有机溶剂法所得的半纤维素富含寡聚木糖，但是其收率较低。同时，由于有机溶剂对生物质中木质素组分具有溶解作用，导致所得的液体产物中含有部分木质素和其他细胞壁组分的降解产物。为了提高半纤维素的转化率，可采用多种溶剂混合提取，如水-乙酸、甲酸-乙酸-水、甲醇-水、乙醇-水等。同时引入少量的酸（无机酸、有机酸、Lewis 酸）或者碱作为催化剂。例如，在甲酸-乙酸-水（体积比 30∶60∶10）混合溶剂体系中，小麦秆中半纤维素的转化率可提高到 76.5%。相比之下，有机酸分离的半纤维素主要呈现出线性结构，且部分被乙酰化，而酸性的醇溶液所得的半纤维素支链较多。用碱预处理甘蔗渣后，用 1, 4-二氧六环进行抽提，所得的半纤维素寡聚糖的相对分子质量与酸性醇溶液提取的半纤维素的相对分子质量相近。同时，用碱处理的方法，可以脱除聚木糖类半纤维素中的乙酰基和糖醛酸基，从而使聚木糖发生结晶化。与碱提取所得的半纤维素寡聚糖相比，酸性有机溶剂会使半纤维素大量降解，所得的寡聚糖相对分子质量较低。

6.1.2 水溶剂

在半纤维素溶解脱聚获得寡聚物的过程中，半纤维素和纤维素以及木质素组分之间的连接键（包括醚键、酯键和氢键）发生断裂，同时部分半纤维素分子内的连接键（主要为 1, 4-糖苷键）也会发生断裂。相比于有机溶剂，水解过程对分子间和分子内连接键的断裂更加有效。水解过程一般在水热条件下进行，同时需要催化剂来提高半纤维素的转化率（表 6.2）。在此过程中，水和催化剂的作用至关重要。一般认为水分子可以直接断裂组分之间的连接键，而催化剂的作用主要

表 6.2 典型的溶剂中提取半纤维素获得寡聚糖

原料	溶剂	反应条件	结果
玉米秸秆	H_2O	150～240℃	72%转化率
云杉木	H_2O	170℃，15～20min	100%转化率
甘蔗渣	H_2O	170℃，30min	65.5%转化率
挪威云杉	H_2O	微波加热，H_2SO_4，170℃	84%～100%糖产物
玉米秸秆	H_2O	195℃，甲酸	89%转化率
竹叶	H_2O	2% NaOH，2h，75℃	67.8%转化率
甜高粱秆	60%乙醇	2.5% KOH，75℃，3h	76.3%转化率

为断裂萃取下来的半纤维素的分子内连接键。而催化剂对半纤维素分子内连接键的破坏可以进一步促进水对半纤维素与其他两种组分间连接键的破坏。但也有研究认为水分子不仅对分子间连接键有破坏作用，也可破坏半纤维素分子内的连接键，使半纤维素从生物质上剥落下来，并脱聚获得小分子产物，而催化剂仅仅是起到催化水分子的作用，提高反应的速率和目标产物的选择性。所采用的反应条件和催化剂不同，得到的寡聚物的相对分子质量分布以及单体产物的收率和选择性也会发生相应的变化。所采用的催化剂主要有酸（无机酸和有机酸）、碱催化剂。碱催化被认为对半纤维素的溶解没有选择性，因为碱也可以同时脱除木质素。因此，酸催化下的水热预处理和水蒸气预处理是比较常用的方法。

1. 水热预处理

水热预处理由于以环境友好的水为溶剂，并且不额外添加催化剂，因而被广泛应用于半纤维素的预处理获得寡糖产物。水热预处理主要包括高温液态水（liquid hot water）和水蒸气预处理（steam-explosion）两种方式。

水蒸气预处理（又名蒸汽爆破法）是木质纤维素原料预处理较常用的方法，也是目前国内外研究较多的有效预处理方法之一。蒸汽爆破是应用蒸汽弹射原理实现的爆炸过程对生物质进行预处理的一种技术。其技术本质为：将渗进植物组织内部的蒸汽分子瞬时释放完毕，使蒸汽内能转化为机械能并作用于生物质组织细胞层间，从而用较少的能量将原料按目的分解。由于其既避免了化学处理的二次污染问题，又解决了目前生物处理效率低的问题，是生物质转化领域最有前景的预处理技术。蒸汽爆破处理技术被广泛应用于生物质中半纤维素的脱除。同时，在爆破过程中引入不同的试剂预浸生物质对汽爆的影响较明显。例如，加盐酸利于半纤维素的脱除，以及提高纤维素的酶解效率；加入一定量的氨水，半纤维素的回收率增加，对纤维素的酶解也有一定促进作用。但是，添加亚硫酸钠等碱性化合物既不利于半纤维素的溶出，又不利于纤维素的酶解。

传统的高温液态水处理相对于水蒸气预处理所需要的温度更低，但是反应时间更长。传统的高温液态水预处理的温度一般为150～230℃，反应时间取决于反应温度，从数秒到几小时不等。同时，固体生物质原料的用量，常被标记为液固比（liquid-to-solid ratio，LSR）也会影响预处理效率。一般所采用的液固比为2～100（质量比）。高的固液比需要进行连续操作。高温液态水预处理的机理认为是由于水电离产生的水合氢离子和由半纤维素产生的乙酸的氢离子的水合作用，后者具有更大的贡献。通过水热处理，在不添加任何催化剂的情况下可回收45%～69%的低聚木糖（木寡糖）。在此过程中，纤维素和木质素几乎不被转化，得到含有纤维素和木质素的固体残渣。若在预处理之前，采用 H_2SO_4 或 SO_2 先浸渍生物质，可促进半纤维素的转化，同时提高单糖的收率。例如，加入 1% H_2SO_4 溶液，

由橄榄树中的半纤维素可获得 30%的戊糖。当以小麦秸秆为原料时，加入 0.9% H_2SO_4 溶液可提高总糖收率至 85%。引入催化剂，尤其是含有相对较少乙酰基的软木可大大降低预处理的温度，并缩短处理的时间。因而，可以进一步提高半纤维素寡聚糖的回收率。

2. 酸水解

酸催化水解可分为浓酸/低温和稀酸/高温两种方式。尽管盐酸、硝酸、三氟乙酸也被用于溶解半纤维素，但是硫酸的使用更为普遍。同时，在稀酸预处理过程中，磷酸和弱的有机酸作为催化剂也有大量的相关报道。在浓酸催化水解半纤维素的过程中，会伴随着部分纤维素的转化。浓酸水解的优点在于反应所需要的温度相对温和，这样可以降低预处理的成本，所得到的降解产物以寡聚物为主。使用浓酸所面临的最大问题是酸的回收问题，过多的酸会导致环境的污染，同时浓酸还会造成设备的腐蚀。

相对于浓酸预处理，稀酸预处理具有更明显的优势，主要表现在稀酸预处理过程中纤维素的转化相对少，同时所得的纤维素更容易被纤维素酶进攻，有利于进一步制备生物乙醇。同时，与浓酸预处理相比，稀酸所需要的酸的量相对较低，可以减少对设备的腐蚀和环境的污染。与浓酸预处理不同的是，稀酸预处理一般需要经过两步才能实现，这两个步骤的不同之处在于其温度，通常第二步要求的温度相对第一步更高（230～240℃）。但是，高温条件下会造成纤维素水解，这对下一步纤维素的利用是不利的。稀酸处理后可回收大部分的糖产物（从 70%到大于 95%不等）。无论是浓酸还是稀酸预处理，反应完成后都要求中和掉剩余的酸，因此会产生大量的废物。近年来，发现往其中加入 CO_2 对半纤维素的去除是非常有利的，因为 CO_2 可以形成碳酸，但是详细的作用机理还有待进一步研究。

一般认为，酸水解的机理和上述热水预处理机理类似，只不过酸水解的 H^+ 主要来源于所加入的酸催化剂。由于半纤维素是以碳水化合物为基础的聚合物，在稀酸条件下能够使其水解成低相对分子质量的糖类。低相对分子质量的糖类容易在酸催化下进一步反应生成小分子产物，如 C_5 糖、糠醛、乙酰丙酸、乙酸等。

固体酸由于拥有 Brønsted 酸或者 Lewis 酸也被用于半纤维素的预处理。所采用的固体酸主要包括 $Nb_2O_5{\cdot}nH_2O$、沸石、Nafion NR50、Amberlyst-15、磺化活性炭等。而其中磺化活性炭的效果较好，几乎可以溶解全部的半纤维素组分，糖的回收率达 100%。在固体酸催化下，木质素的溶解率非常低。但是，纤维素组分也会发生部分的转化。

3. 碱水解

与酸处理不同的是，碱处理会溶解部分木质素，但是对半纤维素的溶解效果非常好，而对纤维素的溶解能力则较弱。因此，此方法也被广泛应用于半纤维素的预处理。在碱预处理过程中所采用的催化剂主要包括碱/碱土金属（Na^+、K^+、Ca^{2+}）和氨。例如，以 Na_2CO_3 为催化剂，可从甘蔗渣中提取 82%的半纤维素，产物主要包含木寡糖和极少量的呋喃化合物。在氨水溶液中（170℃），可获得 40%～60%的木寡糖。在 0～10%的 NaOH 溶液中，可萃取出 80.1%的半纤维聚糖。这些预处理过程中，纤维素的溶解率一般小于 10%。但是，有大量的木质素被溶解，木质素的溶解率可高达 60%～85%。碱预处理的反应机理认为碱可以溶胀生物质，同时断裂碳水化合物与木质素组分之间的醚键和酯键，以及半纤维素组分内分子之间的连接键。碱催化剂的回收及所造成的环境问题也是值得考虑的。

6.1.3　离子液体

一些离子液体，如 1-丁基-3-甲基咪唑氯化铵（[BMIM][Cl]）和 1-烯丙基-3-甲基咪唑氯化铵([AMIM][Cl])，也被用于半纤维素的溶解制备寡聚物。离子液体对半纤维素具有较好的溶解能力，这主要归因于其中的 Cl^-，认为 Cl^-可以作为强的质子接受体与碳水化合物中的—OH 发生作用，从而削弱半纤维素分子内以及与其他组分间的连接。但是，Cl^-盐高的熔点和黏度会增加处理过程的成本。因此，低熔点、低黏度的离子液体更具有吸引力，碳酸根阴离子离子液体就是其中的一种。与传统的 Cl^-离子液体相比，碳酸根阴离子离子液体黏度更低，同时具有更强的氢键接受能力，但是其稳定性相对要差一些。

6.1.4　超临界流体

温度、压力高于其临界状态的流体称为超临界流体，是介于气体和液体之间的流体，兼有气体与液体的双重性质和优点。超临界流体由于其对生物质较好的溶解性能，也被广泛用于半纤维素的转化，制备半纤维素寡聚物。在这方面的研究中，主要以超临界水和超临界 CO_2 为主。形成超临界水所需要的温度和压力相对较高，而水的电离常数也会随着温度的升高而增加。例如，在 220℃时，水溶液的 pH 为 5.5，呈弱酸性。因此，半纤维素可以被完全分离出来，并且随着反应温度的升高和时间的延长，溶解的半纤维素也会增多。同时，水解得到的半纤维素寡聚物也会进一步反应生成糠醛等产物。而采用超临界 CO_2 可有效降低预处理的温度和缩短处理时间。更重要的是，超临界 CO_2 可抑制产物的进一步降解，从而提高寡聚物的收率。

6.2　合成五碳单糖

与纯的木聚糖不同，生物质中的半纤维素和纤维素组分相连接，交联的半纤

维和纤维素同时也和木质素连接在一起，形成了一个非常稳定的结构。这种稳定的交联结构使半纤维素脱聚制备单糖比以纯木聚糖为原料更难。由半纤维素合成五碳单糖常用的原料主要有：蔗糖渣、麦秆、稻草、棉籽、棉秆、太阳花秆、玉米秸秆、烟草茎、桉树、白杨树等。破坏半纤维素组分制备五碳单糖的方法有很多，包括生物法和化学法。生物法以酶解为主，化学法包括水热处理、酸水解、金属盐处理、碱水解和微波水解处理等方法。在处理过程中，半纤维素单糖之间的糖苷键发生断裂，生成五碳单糖，如木糖、阿拉伯糖等（图 6.6）。

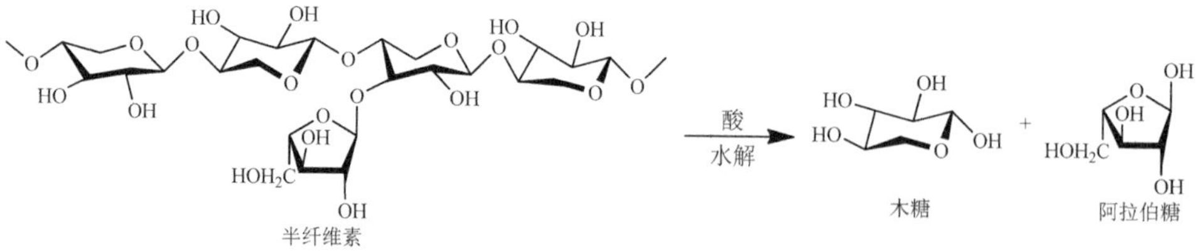

图 6.6　由半纤维素制备单糖化合物

6.2.1　酶解法

采用酶解法可由生物质制备单糖化合物。例如，木聚糖酶是一类可以将木聚糖降解成木糖或者低聚木糖的酶的总称。木聚糖酶主要存在于真菌、陆地植物组织、海洋藻类等。最重要的木糖降解酶是 β-1, 4-木聚糖内切酶，它可以把不溶解的生物质中的木聚糖骨架水解成短的可以溶解的木糖寡聚物，并减少抑制木糖降解酶活性物质的生成。水解的初产物主要是 β-D-吡喃木糖基寡聚物，然而在后期，单糖、二糖或者 β-D-吡喃木糖基寡聚物都可能生成。许多木聚糖酶不会完全断裂木糖单元之间的糖苷键，但在木聚糖骨架被完全降解之前，所有的侧链连接会发生断裂。例如，将玉米芯先用 2%的 NaOH 进行处理，然后用固定化酶酶解 24h，55℃条件下木糖的收率为 84%。现阶段主要的半纤维素酶的研究都集中在水解木聚糖，而对水解甘露糖酶的研究则相对较少。

6.2.2　水热处理法

水热处理法主要包括自催化法以及蒸汽爆破法。在这个过程中，不加入任何的化学催化剂，因此这类方法也十分的经济环保。通过自催化法可以得到比较高的半纤维素转化率，为 55%～84%，同时副产物较少。自催化法对纤维素和木质素的影响不大，可以回收绝大部分的纤维素和木质素固体残渣。由于自催化反应体系的 pH 比较温和，也就大大降低了对设备的腐蚀。另外，也避免了酸循环利用和废液处理的问题。因此，与其他的水解方法相比，自催化法成本低，对环境污染小。自催化法的主要缺点在于溶解的半纤维素中单糖的收率低，产物中仍然含有大量的寡聚物。

蒸汽处理通常都可以得到很高的半纤维素收率（主要是多糖）以及少量的木质素。研究报道在没有加催化剂条件下糖的回收率在 45%～69%，但是与自催化法类似，其产物仍然以寡聚物为主，单糖产物的收率相对较低。

6.2.3　酸水解法

无机酸或者有机酸对生物质中半纤维素的水解都具有较好的催化作用。酸催化剂可促进半纤维素寡聚物的进一步降解，提高单糖产物的收率。常用的酸主要包括硫酸[3-5]、盐酸[6]、磷酸、乙酸、草酸[7, 8]、三氟乙酸[9]以及马来酸[10]等，还可以使用混合酸。不同酸的 pK_a 值如表 6.3 所示。酸催化剂的加入有利于促进半纤维素单体之间醚键的断裂。酸水解的机理和高压热水处理机理类似。包括如下几步：①醚键中 O 原子的质子化；②C—O 键断裂，醚键一端生成 C^+离子，另一端形成羟基；③C^+和水发生反应；④形成的 H_2O^+ 释放出 H^+，生成羟基。这个过程不断地反复进行，直到溶液中所有的醚键都发生断裂释放出木糖单体。由于半纤维素中含有相当量的乙酰基，可形成乙酸分子。生成的乙酸可进一步电离产生 H^+，从而进一步促进半纤维素的水解生成木糖。

表 6.3　25℃下不同酸的 pK_a 值

酸	pK_a
三氟乙酸	0.23
草酸	1.23
马来酸	1.9
磷酸	1.96
甲酸	3.7
乙酸	4.8

1. 无机酸催化水解

在无机酸催化剂中，硫酸的应用最为普遍。稀硫酸作为催化剂可以促进半纤维素中的糖侧链的选择性溶解，如阿拉伯糖胶中的鼠李糖、来自阿拉伯木聚糖的阿拉伯糖以及来自阿拉伯糖半乳聚糖的半乳糖。硫酸催化蔗糖渣水解可得到的木糖的最大收率为 70%～88%。尽管原料蔗糖渣中纤维素占了 40wt%，在 0.035mol/L 的硫酸溶液中，160℃反应，只有 5%的纤维素发生溶解，以及 1.4wt%的木糖进一步降解。所得的固体残渣主要由纤维素和木质素组成，表明稀硫酸具有水解蔗糖渣制备单糖的潜力。在 90℃条件下，硫酸水解小麦秸秆的主要产物也是木糖和阿

拉伯糖。由于阿拉伯糖基木聚糖侧链上含有阿拉伯糖基团，反应初始阶段阿拉伯糖的释放速率比木糖更快。当利用硫酸作为催化剂水解玉米秸秆制备木糖时，160℃、pH 为 1.62 的条件下，反应 20min，最高可以得到 31%的木糖。同时，产物中葡萄糖的收率只有 3.9%，表明木聚糖的水解具有较高的选择性。硫酸也被用于催化木材制备木糖，如巨桉树、山杨树、纸桦木以及白杨树。相比于蔗糖渣，处理木材所用的温度通常更高，可能是由于木材中纤维素组分的含量更高，尤其是白杨树中的纤维素含量大约是 44%。在不同的反应条件下，木糖的收率是 70%～87%。当原材料为硬木时，水解产物中木糖的存在形式主要是单体、寡聚物以及糖醛酸二聚体。例如，190℃条件下，0.8wt%硫酸作为催化剂催化红橡木中的半纤维素水解，可以得到 75%的木糖，而寡聚物和木糖-糖醛酸二聚体的收率分别只有 8%和 4%。用硫酸催化水解纸桦皮，在低温条件下，乙酰基的水解和木聚糖的水解同时进行，但乙酰基的移除速率比木糖更快。

蒸汽稀酸法也常被用来转化生物质中的半纤维素制备单糖产物。例如，云杉木屑在 5g/L 的硫酸催化下发生水解，首先，将蒸汽通入木屑和稀释的硫酸混合物中，三者的混合物被加热到设定的温度，并保温 7min。然后，对容器进行减压。对不同温度下溶解的甘露糖和葡萄糖浓度进行测定，发现甘露糖的收率是最高的（基于甘聚糖的收率大约是 82g/g）。随着温度的升高，在 234℃时，甘露糖的收率从 82g/g 降低到 0.1g/g。主要原因在于，高温条件下甘露糖脱水生成了 5-羟甲基糠醛。当温度继续增加到可以溶解纤维素生成葡萄糖时，甘露糖的溶解选择性发生显著降低。

以硫酸为催化剂水解生物质中的半纤维素制备单糖的过程中，需要采用高压条件，设备成本较高。反应完后中和产物中剩余的硫酸会产生较多的固体废弃物，如石膏等。与硫酸、盐酸相比，磷酸具有相对较低的腐蚀性。硝酸在 200℃左右会生成气态氮氧化合物，因此高温条件下应尽量避免使用硝酸。另外，酸水解的选择性也和酸的类型有关。例如，硝酸可以促进五碳糖的降解生成糠醛。不管采用什么种类的无机酸，都不可避免地造成部分纤维素的转化。

2. 有机酸催化水解

与无机酸相比，有机酸的酸性更温和，对半纤维素转化的选择性更好。并且，大部分的有机酸可由原生生物质转化获得。半纤维素转化制备单糖化合物所采用的有机酸主要包括甲酸、乙酸、三氟乙酸、草酸、马来酸、H_2CO_3 等。甲酸和乙酸虽然是最早应用于半纤维素催化转化制备单糖的有机酸催化剂，但是甲酸、乙酸的用量相对较高。三氟乙酸对半纤维素转化也具有较好的催化活性。例如，小麦秸秆中的半纤维素能够有效地被浓度较低的三氟乙酸溶解。以 1mol/L 三氟乙酸为催化剂，在 100℃下反应 23h，可以水解小麦秸秆中的半纤维素，得到 23%的木糖。在该条件下，木糖的降解率也是最低的，但是大约有 10%的木质素是以水溶木质素的形式存在于水解液中的。反应采用三氟乙酸作为催化剂的优势在于它容易通过蒸发来分离，因而可以避免中和形成盐的过程。有机二元酸对半纤维素转化具有较好的催化活性和选择性。在有机二元酸催化过程中，纤维素和木质素的转化率都很低。常用的有机二元酸主要有草酸和马来酸。例如，以草酸为催化剂，可选择性转化阿拉伯木聚糖中的阿拉伯糖。另外，在 H_2O-2-甲基四氢呋喃（2-MTHF）双相体系中，相对温和的条件下（80～140℃），草酸表现出了对半纤维素转化较好的催化活性和选择性，可获得收率较高的可溶性糖，而其他副产物如糠醛等的收率则较低。当温度高于 160℃时，部分晶态纤维素也会被催化脱聚。在这个过程中，木质素也会被溶解，主要以寡聚物的形式存在于有机相中，向其中加入大量的水则可使木质素发生沉淀，过滤分离可回收 85%的木质素。这个过程被命名为“organocat process”。反应后，移除固态的纤维素和木质素寡聚物，所得的 H_2O-2-MTHF 溶剂可重复利用 4 次，每次可处理 400g/L 的生物质。而马来酸在水解半纤维素方面比硫酸的选择性更高，因为它不会催化木糖的水解。

3. 酸水解法的影响因素

在酸催化水解半纤维素的过程中，一些反应参数如酸的强度和浓度、反应温度、反应时间、生物质类型等都对半纤维素的转化、单糖的收率与选择性有较大的影响（表 6.4）。例如，酸的强度会影响溶解的纤维素和半纤维素的比例。在强酸的作用下，木质素的溶解和糖的降解都会显著增加。

表 6.4　由半纤维素水解制备木糖[11]

生物质	酸	反应条件	收率/wt%
小麦秸秆	三氟甲酸	99℃，420min	80
小麦秸秆	三氟甲酸	99℃，1380min	70
小麦秸秆	HCl	99℃，120min	73
小麦秸秆	H_2SO_4	90℃，720min	97
稻秆	H_2SO_4	121℃，27min	77
玉米秸秆	H_2SO_4	140℃，50min	81
玉米秸秆	H_2SO_4	180℃，0.67min	80
甘蔗渣	H_2SO_4	160℃，15min	88
甘蔗渣	H_2SO_4	140℃，20min	83
甘蔗渣	H_2SO_4	120℃，60min	80
桉树	H_2SO_4	140℃，10min	21
杨树	H_2SO_4	180℃，1min	80

1）反应温度

反应温度不仅可以影响水解速率，还会影响产物的选择性。例如，90℃条件下，以 2wt%硫酸为催化剂，小麦秸秆中的半纤维素几乎完全被转化；30℃条件下，几乎不发生反应；而当温度升高到 140～190℃时，几乎全部的半纤维素可以被转化为糖。但随着温度的进一步增加，酸的解离增加，导致生成的单糖进一步发生降解。还有一些其他的报道称在相对更低的温度下，水稻秸秆作为原材料也可以得到最大的木糖收率。与秸秆相比，木材水解通常会采用更高的温度。微波加热条件下，在最优的水解温度条件（140℃）下，可以得到 91%收率的糖。当反应温度从 140℃增加到 160℃时，由于木糖的降解，糠醛的量明显增加。

2）酸浓度

普遍认为酸浓度的增加会导致酸水解速率的增加，而低的酸浓度会导致处理过程中半纤维素水解效率低，反应的经济性不好。例如，采用两种不同浓度的酸在 99℃下水解小麦秸秆做对比实验，发现以 0.1mol/L 三氟甲酸作为催化剂，反应 3h 后，产物中只有少量的木糖；而采用 5mol/L 三氟甲酸作为催化剂，70℃反应 24h，木糖的收率大大提高。但是，过高的酸浓度又会导致纤维素组分的转化，降低反应的选择性。酸浓度的增加对木质素降解产物的形成影响不大，并且酸浓度的增加会使木质素变得更加不易溶解。产生这一结果的原因主要是在高浓度的酸中，缩聚的木质素会使木质素结构更紧密。另外，酸浓度也和生物质材料的中和能力以及处理温度有关。

同时，酸浓度的增加会促进单糖进一步降解为糠醛、乙酸等小分子产物；尤其是在高温条件下，酸浓度越高，得到的木糖浓度越低。采用硫酸作为催化剂，可以观测到木糖降解与酸的浓度呈线性关系。例如，以 1.5mol/L H_2SO_4 为催化剂，在 100℃下水解阿拉伯糖胶，半乳糖骨架侧链上的鼠李糖的选择性会降低。总的来说，酸浓度对半纤维素水解产物选择性的影响主要体现在以下几个方面：①通过在反应初始阶段形成寡聚物来影响产物的分布，寡聚物再进一步转化成单糖；②当稀酸作为催化剂时更容易移除侧链基团。因此，酸浓度的选择应该不仅能够得到足够高的水解选择性，而且要提高效率。

3）固体酸催化剂

在选择性转化生物质中的半纤维素制备单糖的过程中，采用的固体酸催化剂主要包括 HZSM-5、0.5～0.74nm 孔径的 HUSY 沸石、层状黏土（layered clays）、Al-MCM-41、Al-SBA-15 等[12, 13]。以 1wt% H_2SO_4 为催化剂，在 170℃反应 1h，获得的木糖和阿拉伯糖的总收率为 50%，同时有 10%的糠醛生成。当以 HUSY（Si/Al＝15）为催化剂时，170℃下反应 3h，木糖和阿拉伯糖的总收率最大只有 41%，而糠醛的最大收率为 12%。这可能是由于以 H_2SO_4 为催化剂时可释放

12mmol H^+，而 HUSY 在相同的条件下只能释放出 0.165mmol H^+。纳米尺寸的 SO_4^{2-}/Fe_2O_3 固体酸催化剂同时具有 Lewis 酸和 Brønsted 酸中心，该催化剂对小麦秸秆中的半纤维素的水解展现出了非常好的催化活性和选择性，而原料中绝大部分的纤维素和木质素都没有发生变化，纤维素的转化率只有 2.5%。产物主要以木糖和阿拉伯糖为主，其收率为 63.5%。该催化剂稳定性较好，重复利用 6 次后活性依然没有明显降低。以竹子为原料，固体磺化生物质焦炭为催化剂，在微波加热的条件下，可获得 76.5%的木糖。磺化酸性树脂（Amberlyst 70 和 Amberlyst 35）对半纤维素的转化也具有较高的活性，但是在反应过程中会发生磺酸基团的流失。磺化硅（sulphonated silicas）的活性相对较差，但是其稳定性较好。沸石类催化剂[H-faujasite（HY）、HZSM-5 和 H-ferrierite]的活性和稳定性都处于中等水平。

固体酸催化剂由于其与固体生物质原料之间的传质、传热相比于均相酸催化剂更难，因而其催化活性一般比传统的无机酸催化剂低。对固体酸催化剂进行表面改性，引入酸性基团，可大大提高催化剂的活性。但是，固体酸催化剂功能团在水溶液中的稳定性和重复利用率仍有待进一步提高。当然，酸性太强的固体酸催化剂也会造成部分纤维素的转化，从而降低所得的单糖产物的选择性。

6.2.4 金属盐处理

无机金属盐（如 $AlCl_3$、$FeCl_3$、$SnCl_4$ 等）也被用于催化半纤维素的转化。例如，稀 $FeCl_3$ 水溶液可以取代 HCl 水解半纤维素，反应温度为 100～120℃。该反应过程中，Fe^{3+}离子并不直接和半纤维素发生作用，而是通过水解产生铁氧化物和 HCl，从而催化半纤维素水解。在最佳反应条件下，可实现半纤维素的完全转化，获得接近 100%收率的木糖和阿拉伯糖。金属盐，尤其是金属卤化物，对半纤维素脱聚的催化效果非常好，但是也会促进所生成的单糖的进一步转化，从而生成糠醛、乳酸、乙酰丙酸、乙酸等小分子产物。例如，当以 $AlCl_3$ 为催化剂，催化转化玉米秸秆或毛竹中的半纤维素时，所得的产物中单糖的收率很低，主要以糠醛、乳酸和乙酰丙酸为主[14]。

6.2.5 碱水解法

碱催化剂对生物质中半纤维素的转化也具有催化活性。常用的碱催化剂可分为：以碱/碱土金属为基础的试剂（主要是钠、钾、钙）和氨。与酸法以及水热法相反，碱法通常对木质素的溶解效果比较好，而对纤维素以及半纤维素的溶解比较差。但是有两个例外，湿法氧化（wet air oxidation）以及氨处理法。

湿法氧化是一种在高温高压的条件下，用氧气作为氧化剂，在液相中将反应物氧化的过程。湿法氧化最开始被用来处理木质纤维素，是氧气、水在高温高压下促进木质素氧化分解成CO_2、H_2O和羧酸。与碱性试剂相结合（尤其是Na_2CO_3），采用湿法氧化可催化转化蔗糖渣中的半纤维素组分，得到收率高达82%的木糖。氨处理法以液态氨为催化剂，在高温（通常大约在170℃）条件下，可以溶解40%～60%的半纤维素，但是产物主要是以寡聚物的形式存在。在氨处理过程中，纤维素组分不受影响（＜10%），但是木质素的脱除率比较高（60%～85%）。液态氨的反应机理和石灰以及氢氧化钠的催化机理相类似，主要是膨胀以及断裂木质素碳水混合物之间的酯键以及醚键。限制氨处理法广泛应用的主要因素在于氨的回收、氨在使用过程中的安全问题，以及木质素的溶解问题。

6.2.6 微波水解处理

微波水解法近年来引起了广泛的关注，主要是因为其具有能耗低、加热均匀、成本低、效率高等一系列的优点。微波加热的原理是外电场的变化引起极性分子的变化，使得分子之间发生相互作用以及热运动，这种类似摩擦的作用将微波的场能转化成介质的热能。微波加热采用的是从里到外的加热方式，与传统的加热方式不同，消除了热传导。将微波法应用到处理生物质原材料中，是利用微波加热的原理使得原料的结构发生断裂而达到快速降解的目的。例如，以高钼酸作为催化剂，用微波处理的方式来促进木聚糖降解为木糖，发现在很短的时间内木糖的收率就会达到最高值，继续加热，木糖会向来苏糖转变，而传统的加热方式基本需要3h才能使得木糖的收率达到70%。结合酸水解法和微波加热法，不仅得到的木糖收率高，水解产物少，还能够大大降低副产物的生成量。

6.3 合成糠醛

糠醛作为美国能源部认定的最具竞争力的生物质基平台化合物之一，是目前唯一的完全利用农林废弃物提炼获得的重要化工原料。糠醛被广泛地应用于树脂、医药、农药、石油和化工等领域中。此外，以糠醛（或其衍生物）以及其他生物质平台化合物为原料，通过碳碳耦联和加氢脱氧反应，合成航空燃油烷烃的研究工作也取得了显著进展。因而，糠醛是可再生资源和可再生能源重要的连接纽带，糠醛的制备对发展低成本绿色生产工艺具有重要意义。我国糠醛工业起源于1943年，伴随着经济全球化和世界范围内的技术分工与产业转移，我国已经成为糠醛生产和出口大国，占世界糠醛总产量的70%左右。

原生生物质中的半纤维素可直接转化制备糠醛，所采用的生物质主要包括：玉米芯、甘蔗渣、稻壳、燕麦壳以及一些别的原料，如造纸废液、毛竹、麻纤维、坚果壳、棉籽、硬木、软木等。一般作为制备糠醛的原料都含有大量的戊糖。直接以木聚糖或生物质为原料，制备糠醛比由木糖制备糠醛更具有挑战性，因为木聚糖或半纤维素一般以固态形式存在，不溶于一般的溶剂，传质、传热比木糖更难。一般认为详细的反应机理如下（图 6.7）。

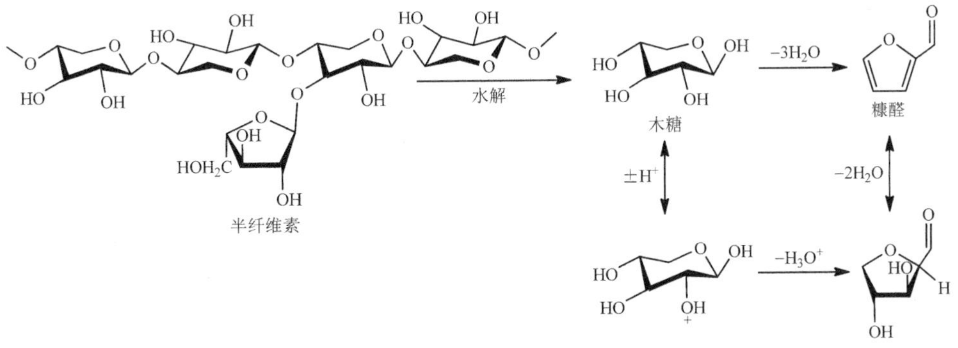

图 6.7　由半纤维素制备糠醛的可能机理[15]

（1）质子在溶液中扩散进入湿的木质纤维素基质层。

（2）单糖之间醚键氧发生质子化。

（3）醚键发生断裂。

（4）碳正离子中间体的形成。

（5）碳正离子和水的溶剂化作用。

（6）重新生成质子，并伴随着形成糖单体、寡聚物或聚合物。

（7）如所生成的反应产物的尺寸大小允许，产物会从生物质基质层扩散到溶液中，当然如果所得到的寡聚物的分子太大，则不能扩散到溶液中。

（8）水解产物将发生第二步的脱水反应，最终生成糠醛。

与第一步酸水解相比，第二步脱水过程速率更缓慢。一般认为第一步半纤维素水解的速率是第二步脱水过程速率的 50 倍。因此，脱水过程是半纤维素制备糠醛的速率决定步骤。但是，在反应过程中糠醛会和木糖发生作用生成固体胡敏素而覆盖在固体生物质原料上面，从而抑制原料半纤维素的进一步转化。同时，糠醛自身发生反应也会生成胡敏素。

在糠醛生产过程中，影响糠醛收率的主要因素包括催化剂类型、原料和温度等。制备糠醛的温度一般为 200～250℃，在这样的条件下糠醛的收率一般都低于 70%。催化剂主要以酸性催化剂为主，包括无机酸、有机酸、具有 Lewis 酸性的金属盐以及固体酸[16, 17]。

6.3.1 均相催化体系

1. 无机酸

在均相催化剂中，无机酸是目前糠醛生产最为常用的催化剂，其中研究最多、应用最广的是硫酸和盐酸。美国 Quaker Oats 公司在 20 世纪 20 年代，以硫酸为催化剂，首先实现了由玉米芯制备糠醛的工业化生产。直到今天，硫酸依然是糠醛工业化生产的首选催化剂。目前工业上一般都采用一步法由生物质原料制备糠醛，即将高压水蒸气水解植物纤维和酸催化脱水生成糠醛两步合并。常用的工艺条件为：温度 135～175℃，固液比值 0.3～0.6，压力 0.3～0.8MPa，稀硫酸催化剂用量为 4.0～8.0%，反应时间 2～6h。反应完后，将所得到的糠醛通过蒸汽移出反应体系，可抑制糠醛的进一步反应。在一步法生产糠醛的过程中除半纤维素之外，原料中其他组分基本没有发生转化。采用高温快速一步法不仅可降低反应能耗，还可抑制不稳定中间体发生二次反应，进而提高糠醛的收率和原料的利用率。例如，在稀硫酸的催化作用下，橄榄核在 240℃下反应 2min 即可获得 65%收率的糠醛。

除硫酸外，盐酸具有自身沸点低、催化能力强、水解反应速率快、所需操作压力低等优点，因此也被广泛用于催化半纤维素转化制备糠醛。例如，以 HCl 为催化剂，在 140℃下反应 1h，可由木聚糖获得 25%摩尔收率的糠醛。以玉米秸秆为原料，以 HCl 为催化剂，所获得的糠醛收率为 22%。Huber 和 Xing[18]采用连续的双相反应器在 H_2O/THF 共溶剂中，以 HCl 为催化剂，由硬木树获得的半纤维素液可制备糠醛，同时伴随少量的甲酸、乙酸副产物生成。在最佳反应条件下，糠醛的回收率可达到 99%。其中，糠醛、甲酸和乙酸的纯度＞99%。三种产物最终的回收率分别为 97%、56%、88%。对比盐酸、硫酸、硝酸、甲酸、乙酸和磷酸催化木糖、木聚糖和稻草制备糠醛的反应活性，发现以盐酸为催化剂时糠醛的收率最高。由此，推测盐酸的高活性不仅与其 Brønsted 酸（B 酸）酸性有关，同时可能还与阴离子 Cl^-具有一定的关系。通过在酸性溶液中添加卤化物发现氯离子和碘离子可以稳定反应中的过渡态结构，抑制副反应的发生。另外，卤化物的加入还可以加快反应速率，实现较高的木糖转化率，因此提高了糠醛的收率。

2. 有机酸

最受关注的制备糠醛的有机酸是乙酸。因为在制备糠醛的过程中，半纤维素原料分子中的酰基在高温高压条件下发生断裂，通过水解生成乙酸，进而催化半纤维原料水解生成戊糖，戊糖经酸脱水转化最终生成糠醛。这种方法也称为乙酸自催化法，无须额外添加催化剂，无须考虑催化剂的回收、重复使用等问题，在降低生产成本的同时又提高了副产物的综合利用率。乙酸法制备工艺非常适合于连续化生产方式，流程简单。例如，以工业级木糖水溶液为原料，在最佳反应温度 180℃，乙酸浓度和木糖浓度比值接近于 1 时，糠醛产率达到最高值 81%。但是，用乙酸作催化剂，一方面，在酸性条件下会发生羟醛缩合等副反应；另一方面，乙酸的沸点较低而且稳定性差，加热到高温时容易发生分解，并参与到反应中去，生成大量的副产物。

除此之外，马来酸也用于催化半纤维素转化制备糠醛。以马来酸为催化剂，不同的生物质（玉米秸秆、稻草、杨木）为原料，可选择性转化原料中的半纤维素组分，生成木糖；进一步升高温度到 180～210℃，所得到的木糖发生脱水，最终可获得收率 67%的糠醛。碳酸也具有一定的催化活性。以碳酸为催化剂，可催化小麦秸秆中半纤维素转化制备糠醛。首先以高压 CO_2 和 H_2O 为溶剂，从小麦秸秆中萃取 81%的半纤维素组分，得到水溶性的半纤维液体，其中包含单体五碳糖和木寡糖。此反应液进一步在水-THF-MIBK 和高压 CO_2 体系中反应，生成的糠醛收率和选择性分别为 56.6mol%和 62.3%。在此反应过程中，随着温度的升高，反应体系中的 MIBK 在水中的溶解度降低，形成双相体系。MIBK 可作为萃取剂将生成的糠醛萃取进入有机相，从而进一步提高糠醛的收率和选择性。

3. 金属盐

除了液体酸催化剂外，制备糠醛还可选用具有 Lewis 酸（L 酸）酸性的金属盐催化剂。L 酸金属盐催化戊糖类化合物转化制备糠醛的反应机理为：木糖在 L 酸催化下异构化生成木酮糖和来苏糖，再由金属盐在水相中解离出的 B 酸催化木酮糖和来苏糖脱水生成糠醛，如图 6.8 所示。常见的 L 酸主要包括金属卤化物（主要是金属氯化物）和镧系金属三氟甲磺酸盐。表 6.5 中列出了各种 L 酸催化碳水化合物制备糠醛的结果。

常用的均相金属氯化盐包括 $CrCl_2$、$ZnCl_2$、$FeCl_3$、$AlCl_3$、$SnCl_2$、$SnCl_4$ 等。比较 $AlCl_3$、$CeCl_3$、$FeCl_2$、$FeCl_3$、$CrCl_2$、$CrCl_3$、$SnCl_2$、$SnCl_4$ 等金属氯化物和 $In(OTf)_3$、$Sc(OTf)_3$、$Sn(OTf)_2$、$Yb(OTf)_3$ 等金属三氟甲磺酸盐催化转化半纤维素制备糠醛的催化活性，发现金属氯化物中的二价和三价 Cr 盐对该反应的总体催化效果最好，收率为 36%；而 $SnCl_4$ 催化制备糠醛的选择性最高，达到 65%；在金属三氟甲磺酸盐中，$In(OTf)_3$ 对该反应的催化效果最好，但仍低于 $SnCl_4$ 的催化选择性。由此，认为具有 L 酸酸性的金属盐催化剂，尤其是氯化物金属盐催化剂，在木糖制备糠醛的反应中具有很好的活性。其作用主要表现在它不仅可以加速木糖异构化进程，其中的 Cl^- 还可以促进脱水反应的效率，缩短反应时间。

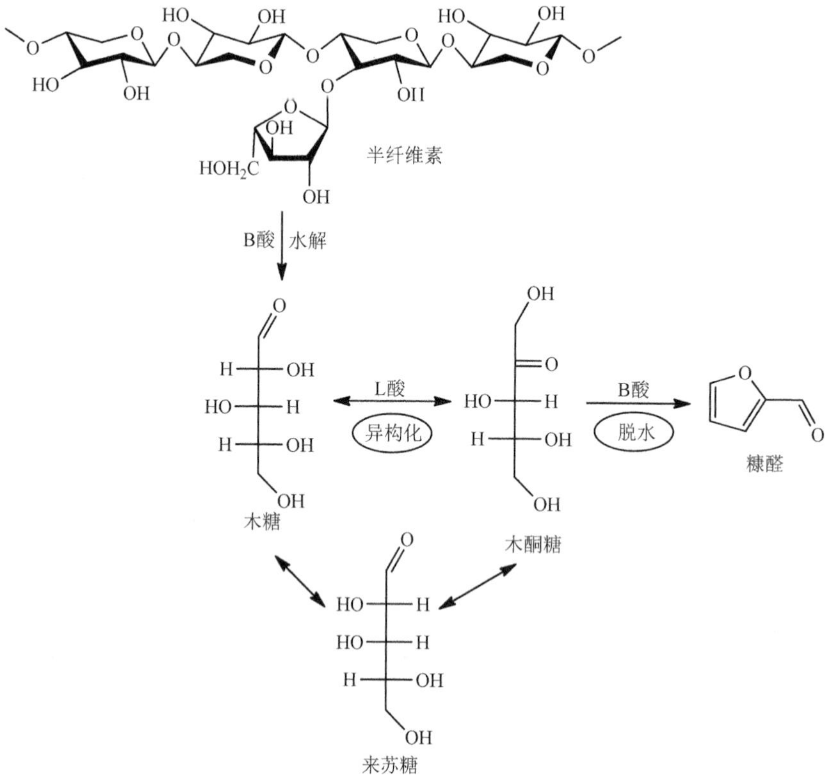

图 6.8　金属盐催化半纤维素制备糠醛

表 6.5　金属盐催化半纤维素制备糠醛

原料	催化剂	溶剂	反应条件	收率/mol%
木聚糖	$AlCl_3 \cdot H_2O$	[BMIM]Cl	170℃，10s	84.8
木聚糖	$CrCl_3 \cdot H_2O$	[C_4MIM]Cl	200℃，2min	63.0
玉米秸秆	$CrCl_3 \cdot H_2O$	[C_4MIM]Cl	200℃，3min	23.0
稻草	$CrCl_3 \cdot H_2O$	[C_4MIM]Cl	200℃，3min	25.0
松木木屑	$CrCl_3 \cdot H_2O$	[C_4MIM]Cl	200℃，3min	31.0
松木木屑	$AlCl_3 \cdot H_2O$	[BMIM]Cl	200℃，3min	33.6
玉米秸秆	$AlCl_3 \cdot H_2O$	H_2O	140℃，1h	16.3

但是由于糠醛在水相中稳定性差，如果不能及时地将糠醛从反应体系中移除，容易与自身或反应中间产物及原料发生缩聚副反应，从而导致收率下降。为了解决这一问题，引入水-有机双相体系。水-有机双相体系中有机溶剂可以作为萃取剂，将生成的糠醛萃取到有机相中，从而有利于提高糠醛的收率。例如，在水和

2-MTHF 双相体系中，$FeCl_3\cdot6H_2O$ 在该体系中的催化活性最高，糠醛收率为 31%。反应体系中加入 NaCl 可以提高糠醛在有机相中的分配比，有效抑制糠醛副反应的发生，收率由 31%提高到 71%。进一步优化有机溶剂 2-MTHF 和水的体积比，当 2-MTHF 和水的体积比为 2∶5 时，糠醛的收率可提高到 78.1%，比在水溶液中增加了 28.8%。这主要是由于双相体系可不断萃取水溶液中生成的糠醛到有机相中，从而避免了糠醛在水溶液中副反应的发生，从而对生成的糠醛起到保护作用，提高了糠醛的收率。当用 LiCl 来代替 NaCl 用于双相反应体系中时，LiCl 的加入不仅提高了糠醛在有机相中的分配比，抑制羟醛缩合副反应的发生，还提高了反应速率和转化率。在水和丁醇双相体积比为 1∶1 时，木糖转化率为 95%，糠醛选择性为 88%。同样的，在双相体系中，直接以玉米秸秆、柳枝稷和木屑为原料，以 $AlCl_3\cdot6H_2O$ 为催化剂，获得的糠醛收率均高于 50%。向水中引入 DMSO 或 GVL 有机溶剂同样可促进糠醛收率的提高。例如，在 GVL/H_2O 共溶剂条件下于 160℃反应，可溶解毛竹中 93.6%的半纤维素和 80.2%木质素，并获得高纯度的纤维素（83.3%）。进一步向此体系中加入 NaCl 和 THF 形成一个 NaCl-THF/GVL/H_2O 双相体系，通过加热到 200℃可获得 81.6%收率的糠醛（图 6.9）[19]。

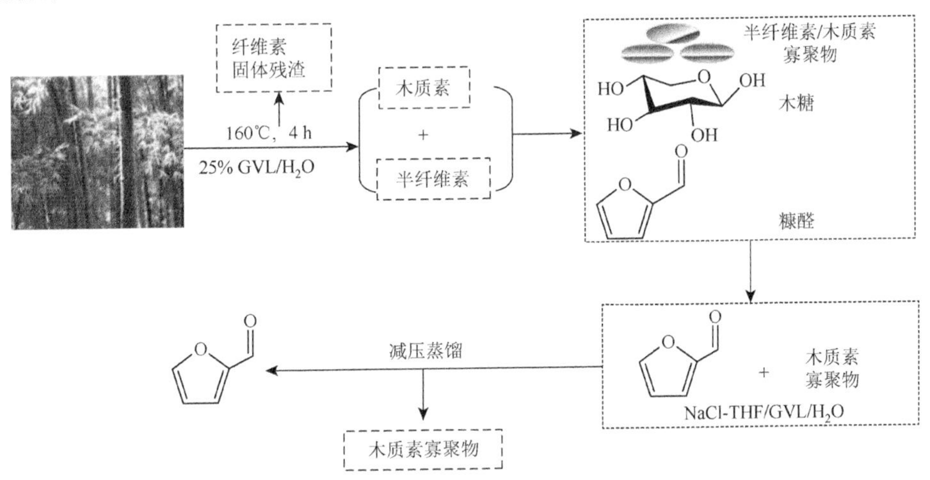

图 6.9 两步法选择性转化毛竹中的半纤维素制备糠醛[19]

与无机酸相比，无机金属盐对半纤维素的转化具有好的催化效果和对设备更低的腐蚀性。但是，它们仍然面临着均相催化剂的回收利用难的问题。并且，在相对高的温度下，无机金属盐对纤维素的转化依然具有催化效果，导致糠醛的选择性降低。

4. 离子液体

为了解决水解法反应条件苛刻的问题，引入离子液体为反应介质，可在较温

和的反应条件下由半纤维素制备糠醛。离子液体中糠醛的收率一般高于水溶液中的反应结果，原因主要在于在温和的反应条件下糠醛能在离子液体中稳定存在，同时可有效抑制副反应的发生。例如，当以 $CrCl_3$ 为催化剂，在离子液体共存时，可由木聚糖获得 63%的糠醛。离子液体体系的酸碱性随着 $CrCl_3$ 催化剂用量的增加而增强，由此可加快反应进程。以 $AlCl_3$ 为催化剂，在离子液体[BMIM]Cl 中进行木糖脱水反应，在 170℃反应条件下，糠醛收率可提升到 84.8%。但在催化玉米秸秆、稻草和松木屑制备糠醛时，发现得到的糠醛收率并不理想，结果分别为 19.1%、31.4%和 33.6%。尽管离子液体的引入可有效提高糠醛的收率，然而离子液体目前仍存在生产成本高的问题，而且其毒性及对生态的影响尚不清楚，这在很大程度上降低了短期内实现应用的可能性。

6.3.2 固体催化剂

尽管 L 酸在离子液体中具有很好的催化活性，但由于其自身易水解，且催化效率低以及残留大量的过渡金属盐难以分离，对经济和环保都很不利。因而，人们尝试将均相金属盐催化剂固载化或直接制备固体酸催化剂以克服传统均相催化剂无法回收利用的缺点，同时降低催化剂及其所生产化学品的成本。目前，固载化 $ZnCl_2$、$AlCl_3$ 催化剂已用于聚合、烷基化、异构化反应中，并表现出较好的催化活性，这将为固载化 L 酸金属盐催化制备糠醛研究提供很好的借鉴。用于木糖催化制备糠醛的固体酸催化剂主要有分子筛、酸性树脂、磷酸盐、炭质固体酸和过渡金属氧化物等，见表 6.6。

表 6.6　典型的固体酸催化剂催化半纤维素制备糠醛

原料	催化剂	条件	收率/%
软木	WO_3/SiO_2	水/甲苯，170℃，8h	61
软木	Ga_2O_3/SiO_2	水/甲苯，170℃，8h	55
软木	SAPO-44	水/甲苯，170℃，8h	63
甘蔗渣	SAPO-44	水/甲苯，170℃，8h	92
稻壳	SAPO-44	水/甲苯，170℃，8h	92
麦秆	SAPO-44	水/甲苯，170℃，8h	86
工业污水	ZSM-5	水/甲苯，190℃，3h	67

分子筛具有均匀的孔道结构、高的比表面积以及特有的酸碱性和热稳定性，被广泛应用于糠醛的制备。例如，以 H 型丝光沸石（H-mordenite）为酸催化剂，可高选择性地获得糠醛，糠醛的收率为 90%。分子筛的种类和结构对催化剂的活性有较大的影响。当颗粒状 H 型丝光沸石催化剂中的 Si/Al 比为 10 时，催化效果

最佳。在木糖转化率为 98%时，糖醛的选择性可达到 76.5%。以胶束模板法制备的介孔材料在生物质催化转化反应中也表现出很好的催化活性。例如，在甲苯/水双相体系中，利用磺酸基改性介孔材料 SBA-15 为催化剂，可高效催化木糖转化制备糠醛。其中，木糖转化率达到 92%，糠醛选择性为 74%。减小纳米晶体材料的粒径尺寸，其介孔孔道会被缩短，糠醛从介孔材料的孔道中释放出的速率加快，可显著降低副产物的生成，从而进一步提高木糖的转化率和糠醛的收率。以介孔分子筛 MCM-41 为催化剂，在水和正丁醇双相体系中，在 170℃下反应 3h，得到产物糠醛的收率仅为 44%。而向水相中添加 NaCl 等无机盐可增强有机相正丁醇的萃取能力，从而提高糠醛的收率。然而在考察催化剂稳定性时，MCM-41 分子筛催化剂使用前后的 X 射线衍射（XRD）表征结果显示，随着反应次数的增加，MCM-41 分子筛在（$2\theta = 1.9°$和 $3.8°$）小角度的衍射峰强度依次减弱甚至消失，表明分子筛骨架坍塌导致催化剂的活性和选择性降低。但是，将分子筛 MCM-41 固载铌酸后，在催化剂稳定性提高的同时其催化木糖脱水效果更佳。其原因在于铌酸具有强酸性和抗水性，在酸性催化中具有很好的活性。当铌酸负载量为 16%（质量分数）时，糠醛收率最高为 60%。同样，负载杂多酸的 MCM-41 分子筛也可以提高木糖脱水反应的活性，提高糠醛的产率。

在由半纤维素制备糠醛所采用的固体催化剂中，合成的 SAPO-44 分子筛的活性最为突出。SAPO-44 是由铝源、硅源、磷源、模板剂和水均匀混合，通过老化、晶化（200℃，176h）以及在 550℃下焙烧 6h 制备得到的。在双相体系中，SAPO-44 分子筛可以高效催化不同原料来源的半纤维素，糠醛的收率均在 83%～96%。由于 SAPO-44 是亲水性分子筛，更倾向于停留在水层中，而反应产物糠醛则被快速萃取到有机层中，从而达到抑制副反应发生的效果，提高了糠醛的选择性。SAPO-44 分子筛的稳定性也很好，在重复使用 8 次后，仍未有失活现象发生，通过扫描电子显微镜（SEM）和广角 XRD 的分析表明催化剂使用前后的形貌、结构无明显改变。

酸性树脂由于其使用方便、环境友好和对设备腐蚀性小等特点被用于木糖脱水制备糠醛的研究。以 Nafion117 树脂为催化剂，得到糠醛的收率为 50%～60%，催化剂在重复使用 15 次后未出现失活或中毒现象。以 Amberlyste70 树脂为催化剂，同样可以高效催化木糖脱水制备糠醛。在氮气气氛下，175℃反应 6h，木糖转化率为 80%，糠醛收率为 65%。

由于 B 酸和 L 酸都对木糖制备糠醛有影响，结合酸性树脂催化剂与分子筛催化剂，可利用分子筛中的 L 酸催化木糖异构化为木酮糖，再由酸性树脂中的 B 酸催化木酮糖脱水最终得到糠醛。而水相中的介孔磷酸锆对催化木糖脱水制备糠醛也具有较好的效果。一般高比表面积、大孔容、孔径分布均一，且 L 酸和 B 酸酸性位多的磷酸锆介孔材料，其催化效果最佳，最高糠醛收率为 52%。

另外，碳质固体酸材料在木糖催化制备糠醛反应中也表现出一定的催化活性，如 P-C-SO_3H 和 C-SO_3H。酸性树脂碳复合材料 P-C-SO_3H，由于其磺酸根可以均匀地分散丁碳复合材料表面，促进了原料与酸根接触，具有更好的活性。

固体酸催化剂对选择性转化生物质中的半纤维素组分具有非常好的催化效果，并且容易分离回收，可重复利用。在这些固体催化剂的催化下，纤维素和木质素组分的转化都相对较少，反应后主要以固体形式存在。相对于均相反应，非均相催化反应的优势在于催化剂可回收、重复利用，从而降低生产成本。但是，在水溶液中采用固体酸催化剂仍然具有较大的挑战性，因为在高温条件下固体催化剂在水溶液中易发生降解或活性组分的流失，从而导致催化剂失活。并且，固体酸催化剂使用量大、造价成本高等仍是其大规模工业化应用所需要解决的问题。同时，由原生生物质半纤维素制备糠醛，糠醛的分离回收也是非常重要的。目前，常采用蒸馏的方法从反应产物中分离得到糠醛。但是，此过程能耗较高。而超临界流体可以快速分离产物，从而抑制副反应的发生，因而被广泛用于糠醛的分离提纯，其中最为有效的是超临界 CO_2。例如，由稻壳制备糠醛的过程中，伴随着超临界 CO_2 对糠醛的萃取，通过调节反应条件，在最佳条件下经两步过程可将糠醛的收率提高到理论收率的 90%。因此，发展清洁、高效的分离体系对由生物质中半纤维素制备糠醛的工业应用也是非常有意义的。

6.4 合成乳酸和乙醇酸等羟基酸

目前发酵法所采用的原料主要是生物质中的纤维素组分，而木质纤维原料中仍含有可观的五碳糖，没有被充分利用。虽然发酵法已经发展得相当成熟，但是采用发酵法制备乳酸的过程中仍存在发酵条件苛刻及效率低等缺点。因此，发酵法所制备的乳酸已经远远不能满足市场的需求（图 6.10），开发化学催化法由半纤维素制备乳酸具有非常重要的意义。

碱催化剂、Sn-Beta、ZrO_2 等都可用于催化木糖转化为乳酸[20, 21]。这些研究结果均表明由木糖可以制备乳酸，而木糖是半纤维素的主要组成部分，理论上可由半纤维素转化获得乳酸。但是这些催化剂应用到固体木聚糖或半纤维素原料时，催化活性却十分低。因此，直接由半纤维素制备乳酸的例子非常少。比较成功的一个例子是采用两步法在水/乙醇-草酸体系中，选择性转化玉米秸秆中的半纤维素组分，获得了 79.5%的乳酸（图 6.11）。在该体系中，草酸可有效催化半纤维素转化，同时破坏半纤维素和木质素之间的连接，使得木质素和半纤维素都更易从生物质上剥离。在 140℃下，玉米秸秆中的半纤维素和木质素在含有 0.050mol/L 草

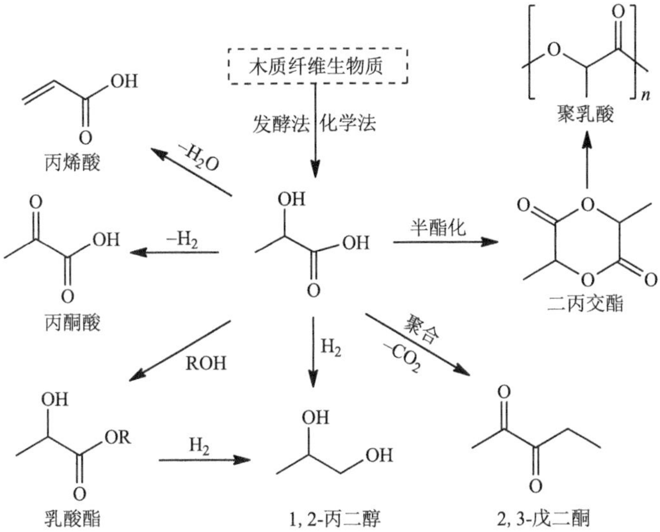

木质纤维生物质
发酵法
化学法
丙烯酸
$-H_2O$
丙酮酸
$-H_2$
半酯化
二丙交酯
聚乳酸
ROH
H_2
聚合
$-CO_2$
乳酸酯
1, 2-丙二醇
2, 3-戊二酮

图 6.10 乳酸的结构和应用

酸的 50%（体积分数）的乙醇水溶液中可分别转化 88.0%和 89.2%，并溶于反应液中，而纤维素仅有 7.8%被转化，绝大部分纤维素留在反应残渣中。通过一系列分离操作，可分离出固体纤维素（纯度约 70%）、固体木质素寡聚物（回收率为 83%）、水溶液中的半纤维素衍生物。半纤维素衍生物水溶液中主要含有木糖（收率为 43.3wt%）、乳酸（收率为 39.5wt%），以及少量的源于半纤维素的寡聚物、甲酸、乙酸等。在该体系中加入固体催化剂 MgO，220℃反应，可得到高达 79.5wt%收率的乳酸。MgO 不仅增加乳酸的收率，还可以抑制乳酸在高温下的分解，主要是由于 MgO 可与半纤维素衍生物水溶液中的乳酸相互协作，使得该半纤维素原料高效转化为乳酸[22]。

纤维素
木质素
草酸
乙醇/水
木糖
乳酸
除去乙醇
MgO
乳酸

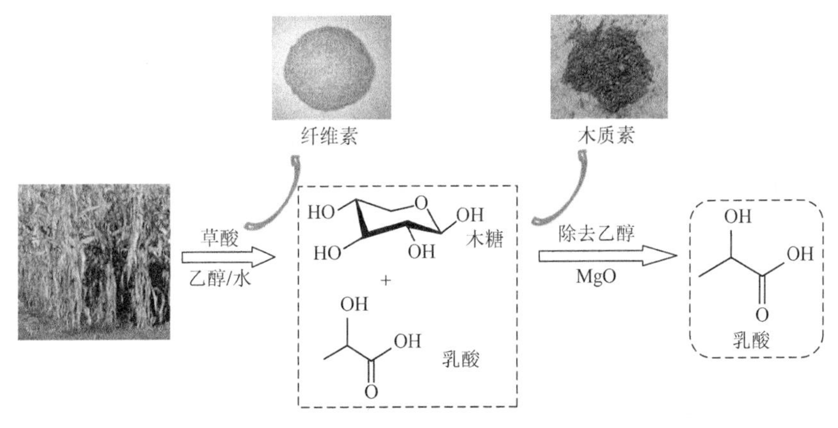

图 6.11 选择性转化玉米秸秆中的半纤维素制备乳酸[22]

6.5 合成 γ-戊内酯

γ-戊内酯是一种制备高品质燃油较为直接、应用价值较高的平台化合物。由原生生物质中的半纤维素制备 γ-戊内酯过程更加复杂，因此直接以原生生物质为原料制备 γ-戊内酯具有很大的挑战。一般认为由半纤维素转化制备 γ-戊内酯需经历以下过程：首先，生物质中的半纤维素组分水解脱聚获得含有糠醛、乙酰丙酸以及其他副产物的混合物，此混合物在催化剂、溶剂等作用下，糠醛进一步还原生成糠醇，糠醇进一步反应生成乙酰丙酸，从而提高乙酰丙酸的收率和选择性。最后，将获得的乙酰丙酸和甲酸溶液在加氢催化剂作用下依次发生加氢、脱水反应，最终生成 γ-戊内酯。在这个过程中，同时会有大量的甲酸生成。因此，可以直接利用产物中的甲酸为氢源，在无额外氢源的条件下由原生生物质获得 γ-戊内酯。

一个典型的例子是采用三步法选择性地转化毛竹中的半纤维素获得 γ-戊内酯（图 6.12）。通过选择性地转化毛竹中的半纤维素，纤维素和木质素的转化完全被抑制，可获得较高收率的 γ-戊内酯。首先，以水为溶剂，$AlCl_3$ 为催化剂，在 140℃下反应 0.5h 后，毛竹中半纤维素的转化率可达 84.5%，纤维素和木质素降解较少，分别只有 10.7%和 11.1%，半纤维素转化的选择性可达 66.0%。在液体产物中可检测到的主要组分为小分子化合物，如木糖、糠醛和乙酸。进一步在反应液中加入 SiO_2、THF 溶剂，液体产物总收率可达 93.2%，其中糠醛和乙酰丙酸收率分别为 33.1%和 35.1%。以此液体混合物为原料，在 Pt/C 催化下，可分解甲酸产生氢气原位还原乙酰丙酸，获得较高收率的 γ-戊内酯（20wt%，基于毛竹质量计算，选择性 90.5%）。在这个过程中，Pt/C 催化剂的作用非常重要，包括催化甲酸分解产生氢气，还原糠醇获得乙酰丙酸，同时加氢还原乙酰丙酸最终获得 γ-戊内酯。其活性主要是由于铂物质与活性炭中的羧基和内酯基有相互作用，Pt（220）晶面在转化乙酰丙酸和甲酸制备 γ-戊内酯中表现出较高的活性（TON = 1229.4）。在该体

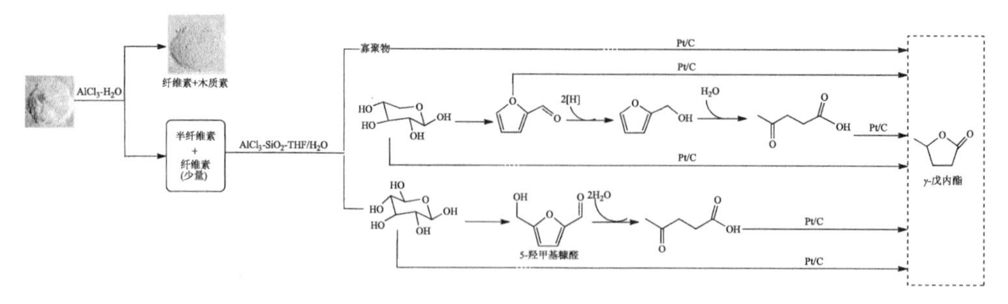

图 6.12　三步法由毛竹中的半纤维素组分制备 γ-戊内酯[19]

系中不同种类反应的交叉影响是非常显著的，这也说明了从各个反应中选择性产生 γ-戊内酯具有协同作用。类似的，首先以半纤维素为原料，ZSM-5 为催化剂，可获得 82.4%的糠醛。进一步以糠醛为原料，异丙醇为溶剂，在 Au/ZrO_2 催化剂的催化作用下，可获得 61.5%的 γ-戊内酯（基于半纤维素）。Au/ZrO_2 的催化作用主要归因于 Au 和 ZrO_2 之间的强相互作用，以及 ZSM-5 的中强酸性与活性金属 Au 和酸性位点之间的协同作用。

由上可知，以半纤维素为原料制备 γ-戊内酯的前几个步骤都是为了得到更多的乙酰丙酸，因为乙酰丙酸是目前制备 γ-戊内酯最为可行的原料。而由五碳糖制备乙酰丙酸的收率和选择性还相对较低。由第 5 章内容可知，乙酰丙酸更容易由六碳糖（葡萄糖）转化生成 HMF，HMF 进一步水解即可得到收率和选择性较高的乙酰丙酸和甲酸。同时，以半纤维素为原料时，如何控制多步反应的平衡，抑制副产物的生成，以及如何排除前步反应的催化剂等对后续反应的影响都是非常复杂的问题。因此，由半纤维素制备 γ-戊内酯的工作还有待进一步提高。

6.6　合成木糖醇

采用化学法由原生生物质如玉米芯、甘蔗渣、桦木等生物质中的半纤维素组分可制备木糖醇。该过程涉及多步反应，包括酸水解半纤维素为木糖、木糖提纯、木糖经过加氢还原生成木糖醇（图 6.13）。该过程的主要挑战是加氢还原反应需要高压氢气和相对较高的反应温度，而由半纤维素制备木糖已有较成熟的方法。

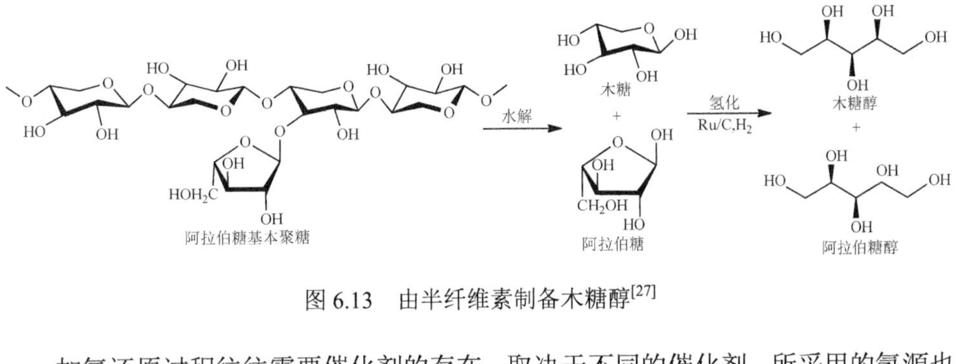

图 6.13　由半纤维素制备木糖醇[27]

加氢还原过程往往需要催化剂的存在。取决于不同的催化剂，所采用的氢源也有所不同，主要包括两种：高压 H_2 和醇类，醇作氢源时以异丙醇研究最为普遍。目前报道所采用的催化剂主要有酸、过渡金属、双功能催化剂。而其中负载型贵金属催化剂效果较好。例如，以 Ru/C 为催化剂，采用一锅法催化转化半纤维素，经过氢转移反应，在相对温和的条件下（140℃，3h）可获得木糖醇，其收率＞80%。此过程中，采用异丙醇替代传统的高压 H_2 为氢源，降低了反应的成本，提高了能量利用率。同时，该催化体系对催化原生生物质甘蔗渣制备木糖醇、山梨醇和甘露醇也具有非常好的效果。以 Ru/CNT（碳纳米管）为催化剂，在水溶液中不需要额外添加酸，可转化玉米芯中的半纤维素获得木糖醇。反应 45min 后，木糖醇的收率为 46.3%，延长反应时间到 1h，木糖醇的收率增加到 60%，2h 后木糖醇的收率进一步增加到 80%。同时，研究发现玉米芯中的纤维素组分随着反应时间的增加也会发生转化生成山梨醇。这种负载型贵金属通常具有较好的稳定性，可重复利用[23, 24]。

由于酸水解半纤维素生成木糖醇要求催化剂具有酸性位，为了提高酸水解效率，可将酸性催化剂和具有加氢催化活性的催化剂结合起来[25, 26]。例如，当以 Ir-ReO_x/SiO_2 为催化剂，采用酸调节反应条件时，可催化半纤维素（木聚糖）获得正戊烷、戊醇和木糖醇。在双相溶剂体系中（正十二烷-水），结合 Ir-ReO_x/SiO_2 和 HZSM-5 + H_2SO_4 可获得正戊烷；结合 Ir-ReO_x/SiO_2 和 H_2SO_4 可获得正戊醇。在水溶剂中，413K 下反应 12h 产物为木糖醇。所制备的正戊烷、正戊醇和木糖醇的最高收率分别为 70%、32%和 79%。添加适当量的 H_2SO_4 对提高木糖醇的收率至关重要。所加入的 H_2SO_4 不仅可以中和木聚糖表面的碱性残基使溶液呈酸性，同时可以增加表面的水合氢离子，进而提高催化剂 Ir-ReO_x/SiO_2 对 C—O 的加氢活性。反应完后通过焙烧可除去沉积在催化剂 Ir-ReO_x/SiO_2 和 HZSM-5 表面的未反应完的木聚糖及副产物胡敏素，此沉积物会抑制催化剂 Ir-ReO_x/SiO_2 对 C—O 的加氢活性。另外，结合杂多酸或生物质衍生的有机酸与 Ru/C 催化剂也可用于催化半纤维素制备木糖醇。同时，酸的类型、浓度、反应温度和反应时间都会影响木聚糖的转化。结合硅钨酸、磷钨酸或乳酸对半纤维素水解为木糖也具有较好的催化效果。在此条件下，氢气或异丙醇都可以作为氢源，整个反应过程可在相对温和的温度和压力下（140℃、20bar）、在水溶液中进行。在乳酸或磷钨酸结合 Ru/C 的催化作用下，以氢气为还原剂反应 3h，可获得 70%的木糖醇。当以异丙醇为还原剂时，在磷钨酸和 Ru/C 作用下可获得 82%的木糖醇。然而，当采用乳酸时，木糖醇的收率只有约 20%。

6.7 合成二元醇

乙二醇是最简单的二元醇。由于相对分子质量低，性质活泼，乙二醇可发生酯化、醚化、醇化、氧化、缩醛、脱水等反应。乙二醇主要用于制备聚酯涤纶、聚酯树脂、吸湿剂、增塑剂、表面活性剂、合成纤维、化妆品等，还可用于配制发动机的抗冻剂。传统的乙二醇合成方法主要包括：①氯乙醇法：以氯乙醇为原料在碱性介质中水解而得，该反应在 100℃下进行；②环氧乙烷水合法：以环氧乙烷为原料，一般采用少量无机酸为催化剂，为目前工业规模生产乙二醇较成熟的生产方法。这些传统的制备方法原子利用率低且副产物多，生产成本高。

由第 5 章可知利用生物质原料中的纤维素组分可获得收率较高的乙二醇。目前，由生物质制备乙二醇的研究中主要以纯微晶纤维素为原料。直接以原生生物质为原料，同时转化其中的纤维素和半纤维素组分，制备多元醇具有更高的经济价值，既可实现生物质中的纤维素和半纤维素的同时转化，以制备二元醇，充分利用生物质原料，又可提高二元醇的收率和选择性。由生物质制备的二元醇产物中以乙二醇为主，同时还包括部分 1, 2-丙二醇、1, 2-丁二醇等。在水热处理过程中，生物质中的半纤维素首先水解生成木糖，然后木糖发生逆羟醛缩合反应，导致 C2—C3 键发生断裂，生成 C_2 的乙醇醛和 C_3 的甘油醛中间体，乙醇醛进一步发生加氢还原反应生成乙二醇，而 C_3 的甘油醛经历一系列的脱水和加氢还原步骤可生成 1, 2-丙二醇（图 6.14）。

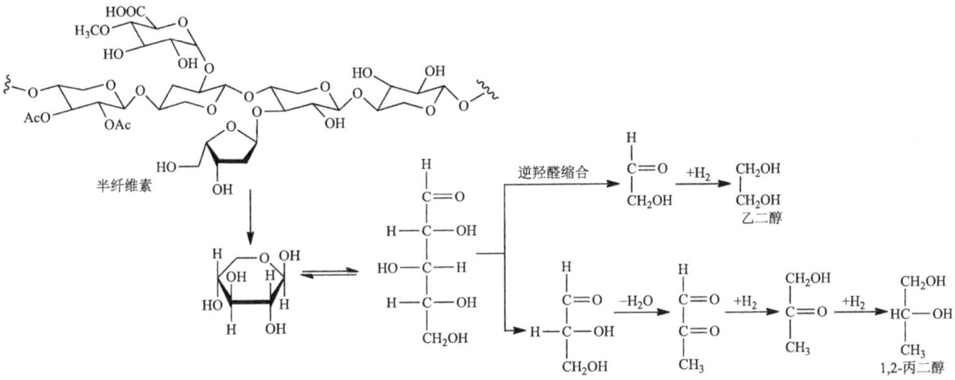

图 6.14　由半纤维素制备二元醇[28]

中国科学院大连化学物理研究所的张涛院士课题组近年来发展了一系列的催化剂催化生物质中的半纤维素和纤维素组分，获得高收率的二元醇[28-30]。在此过程中，催化剂对二元醇的收率和选择性影响非常大（表 6.7）。在所研究的活性炭负载的单金属催化剂中，活性较好的催化剂是 Pt/AC（活性炭），其催化桦木转化所获得的二元醇的收率最高，为 22.9%。30%W_2C/AC 的活性比 Pt/AC 稍低一些，二元醇的收率为 21.1%。当 W_2C/AC 负载相应的贵金属时，其催化活性有非常明显的提高。以 Pd-W_2C/AC 为催化剂，总二元醇的收率提高到 47.4%。而 4%Ni-30%W_2C/AC 则表现出了最好的活性，以桦木为原料可获得 70.6%总收率的二元醇，其中乙二醇、1, 2-丙二醇、1, 2-丁二醇的收率分别为 51.4%、14.2%和 5.0%。除了催化剂以外，以不同的生物质为原料也会影响二元醇的收率和选择性。例如，当以未经任何预处理的玉米秸秆为原料，4%Ni-30%W_2C/AC 为催化剂时，二元醇的总收率为 20.9%，而以山毛榉或松木为原料，在相同的反应条件下，所获得的二元醇的总收率分别为 57.8%和 43.5%。

表 6.7 由原生生物质制备二元醇[28-30]

原料	催化剂	二元醇收率/%			
		乙二醇	1, 2-丙二醇	1, 2-丁二醇	总二元醇
玉米秸秆	4%Ni-30%W_2C/AC	7.8	10.8	2.3	20.9
桦木	4%Ni/AC	9.4	6.1	2.0	17.5
桦木	4%Ni-30%W_2C/AC	51.4	14.2	5.0	70.6
桦木	30%W_2C/AC	13.3	5.7	2.1	21.1
杨木	4%Ni-30%W_2C/AC	48.6	12.8	3.7	75.1
椴木	4%Ni-30%W_2C/AC	49.2	11.8	4.7	71.0
水曲柳	4%Ni-30%W_2C/AC	52.7	11.9	5.1	75.6
山毛榉	4%Ni-30%W_2C/AC	35.2	11.4	4.1	57.8
柞木	4%Ni-30%W_2C/AC	36.4	13.7	5.3	61.9
甘蔗渣	4%Ni-30%W_2C/AC	32.9	15.3	5.6	59.6
松木	4%Ni-30%W_2C/AC	28.4	8.0	7.1	43.5
桉树	4%Ni-30%W_2C/AC	16.3	11.5	2.8	30.6
桦木	Pd-W_2C/AC	35.8	8.6	3.0	47.4
桦木	Pt-W_2C/AC	25.1	7.5	3.0	35.6
桦木	Ir-W_2C/AC	11.8	11.0	2.4	25.2
桦木	Ru-W_2C/AC	少量	少量	少量	少量
桦木	Pd/AC	7.7	8.1	2.7	18.5
桦木	Pt/AC	8.1	11.7	2.8	22.6
桦木	Ir/AC	8.4	11.4	3.1	22.9
桦木	Ru/AC	2.9	4.6	3.4	10.9

参 考 文 献

[1] 李中正. 植物纤维资源化学. 北京：中国轻工业出版社，2012.

[2] 蒋挺大. 木质素. 2 版. 北京：化学工业出版社，2009.

[3] Kim K H，Tucker M P，Nguyen Q A. Effects of operating parameters on countercurrent extraction of hemicellulosic sugars from pretreated softwood. Applied Biochemistry & Biotechnology，2002，98-100（1-9）：147-159.

[4] Grethlein H E，Converse A O. Common aspects of acid prehydrolysis and steam explosion for pretreating wood. Bioresource Technology，1991，36（1）：77-82.

[5] Gamez S，Gonzalezcabriales J J，Ramirez J A，et al. Study of the hydrolysis of sugar cane bagasse using phosphoric acid. Journal of Food Engineering，2006，74（1）：78-88.

[6] Lee Y Y，Iyer P，Torget R W，et al. Dilute-acid hydrolysis of lignocellulosic biomass. Recent Progress in

Bioconversion of Lignocellulosics，1999，65：93-115.

[7] Shibanuma K，Takamine K，Maseda S，et al. Partial acid hydrolysis of corn fiber for the production of L-arabinose. Journal of Applied Glycoscience，1999，46（3）：249-256.

[8] Jacobsen S E，Wyman C E. Cellulose and hemicellulose hydrolysis models for application to current and novel pretreatment processes. Applied Biochemistry and Biotechnology，2000，84（1-9）：81-96.

[9] Marzialetti T，Olarte M B V，Sievers C，et al. Dilute acid hydrolysis of loblolly pine：a comprehensive approach. Industrial & Engineering Chemistry Research，2008，47（19）：7131-7140.

[10] Mosier N S，Ladisch C M，Ladisch M R. Characterization of acid catalytic domains for cellulose hydrolysis and glucose degradation. Biotechnology & Bioengineering，2002，79（6）：610-618.

[11] Dutta S，De S，Saha B，et al. Advances in conversion of hemicellulosic biomass to furfural and upgrading to biofuels. Catalysis Science & Technology，2012，2（10）：2025-2036.

[12] Sahu R，Dhepe P L. A one-pot method for the selective conversion of hemicellulose from crop waste into C_5 sugars and furfural by using solid acid catalysts. ChemSusChem，2012，5（4）：751-761.

[13] Cara P，Pagliaro M，Elmekawy A，et al. Hemicellulose hydrolysis catalysed by solid acids. Catalysis Science & Technology，2013，3（8）：2057-2061.

[14] Luo Y，Hu L，Tong D，et al. Selective dissociation and conversion of hemicellulose in *Phyllostachys heterocycla* cv. var. *pubescens* to value-added monomers *via* solvent-thermal methods promoted by $AlCl_3$. RSC Advances，2014，4（46）：24194-24206.

[15] Binder J B，Blank J J，Cefali A V，et al. Synthesis of furfural from xylose and xylan. ChemSusChem，2010，3（11）：1268-1272.

[16] Lange J，Heide E，van Buijtenen J，et al. Furfural—a promising platform for lignocellulosic biofuels. ChemSusChem，2012，5（1）：150-166.

[17] Gürbüz E I，Gallo J M R，Alonso D M，et al. Conversion of hemicellulose into furfural using solid acid catalysts in γ-valerolactone. Angewandte Chemie International Edition，2013，52（4）：1270-1274.

[18] Xing R，Qi W，Huber G W. Production of furfural and carboxylic acids from waste aqueous hemicellulose solutions from the pulp and paper and cellulosic ethanol industries. Energy & Environmental Science，2011，4（6）：2193-2205.

[19] Luo Y，Yi J，Tong D，et al. Production of γ-valerolactone via selective catalytic conversion of hemicellulose in pubescens without addition of external hydrogen. Green Chemistry，2016，18（3）：848-857.

[20] Yang L，Su J，Carl S，et al. Catalytic conversion of hemicellulosic biomass to lactic acid in pH neutral aqueous phase media. Applied Catalysis B：Environmental，2015，162：149-157.

[21] Pa□ivi Ma□ki-Arvela I L，Simakova T S，Dmitry Y M. Production of lactic acid/lactates from biomass and their catalytic transformations to commodities. Chemical Reviews，2014，114（3）：1909-1971.

[22] He T，Jiang Z，Wu P，et al. Fractionation for further conversion：from raw corn stover to lactic acid. Scientific Reports，2016，6：38623.

[23] Guha S K，Kobayashi H，Hara K，et al. Hydrogenolysis of sugar beet fiber by supported metal catalyst. Catalysis Communications，2011，12（11）：980-983.

[24] Tathod A P，Dhepe P L. Towards efficient synthesis of sugar alcohols from mono-and poly-saccharides：role of metals，supports & promoters. Green Chemistry，2014，16（12）：4944-4954.

[25] Liu S，Okuyama Y，Tamura M，et al. Selective transformation of hemicellulose（xylan）into *n*-pentane，pentanols or xylitol over a rhenium-modified iridium catalyst combined with acids. Green Chemistry，2016，18（1）：165-175.

[26] Yi G，Zhang Y. One-pot selective conversion of hemicellulose（xylan）to xylitol under mild conditions. ChemSusChem，2012，5（8）：1383-1387.

[27] Dietrich K，Hernandez-Mejia C，Verschuren P，et al. One-pot selective conversion of hemicellulose to xylitol. Organic Process Research & Development，2017，21（2）：165-170.

[28] Li C，Zheng M，Wang A，et al. One-pot catalytic hydrocracking of raw woody biomass into chemicals over supported carbide catalysts：simultaneous conversion of cellulose，hemicellulose and lignin. Energy & Environmental Science，2012，5（4）：6383-6390.

[29] Pang J，Zheng M，Wang A，et al. Catalytic hydrogenation of corn stalk to ethylene glycol and 1，2-propylene glycol. Industrial & Engineering Chemistry Research，2011，50（11）：6601-6608.

[30] Zhou L，Pang J，Wang A，et al. Catalytic conversion of Jerusalem artichoke stalk to ethylene glycol over a combined catalyst of WO_3 and Raney Ni. Chinese Journal of Catalysis，2013，34（11）：2041-2046.

第 7 章 木质素的转化

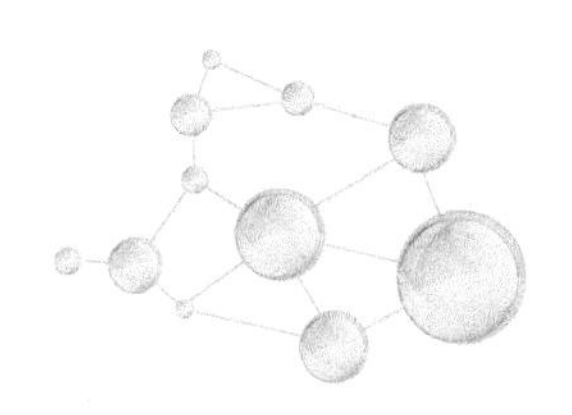

木质素在自然界的存在非常丰富，仅次于纤维素，木质素占到生物质干重的25%～35%。一般认为，木质素在植物中的作用是充当填充在胞间层和微细纤维之间的“黏合剂”、“填充剂”和“加固剂”。木质素的结构十分复杂，没有严格的固定结构，主要是由苯基丙烷类结构单元通过碳碳键和醚键连接而成的三维高分子化合物，含有多种活性官能团。木质素的三种基本结构单元分别为愈创木基苯丙烷结构单元（guaiacyl lignin，G 木质素）、紫丁香基苯丙烷结构单元（syringyl lignin，S 木质素）、对羟基苯丙烷结构单元（hydroxy-phenyl lignin，H 木质素）。各种苯丙烷结构单元之间的连接方式可以大致归为两大类：C—O—C 键，包括 β-O-4、α-O-4、4-O-5 等；C—C 键，包括 β-β'、β-1、β-5、α-1、5-5′等（表 7.1）。C—O 键中 β-O-4 为木质素中的主要连接方式，占总连接方式的 45%～60%。此外，还有 10%～15%的醚键以 4-O-5 和 α-O-4 两种形式存在。除此之外，木质素中存在着多种官能团（如酚羟基脂肪羟基、羧基、甲氧基、多糖残基等），而这些官能团的存在对木质素的物理和化学性质产生了重要的影响。植物种类不同，三种单体的结合方式和数量都不一样。来源不同的木质素在组成上也有着明显的差异，在交联度、相对分子质量分布、溶解性、官能团的种类和数量等方面都各有不同（图 7.1）。

表 7.1 不同生物质原料中的木质素侧链和官能团结构[1]

侧链连接	100 个 C_9 中含有的个数		官能团	100 个 C_9 中含有的个数	
	软木	硬木		软木	硬木
β-O-4	43～50	50～65	甲氧基	92～96	132～146
β-5	9～12	4～6	酚羟基	20～28	9～20
α-O-4	6～8	4～8	苄基羟基	16	
β-β'	2～4	3～7	脂肪羟基	120	
5-5′	10～25	4～10	羰基	20	3～17
4-O-5	4	6～7	羧基		11～13
β-1	3～7	5～7			
其他	16	7～8			

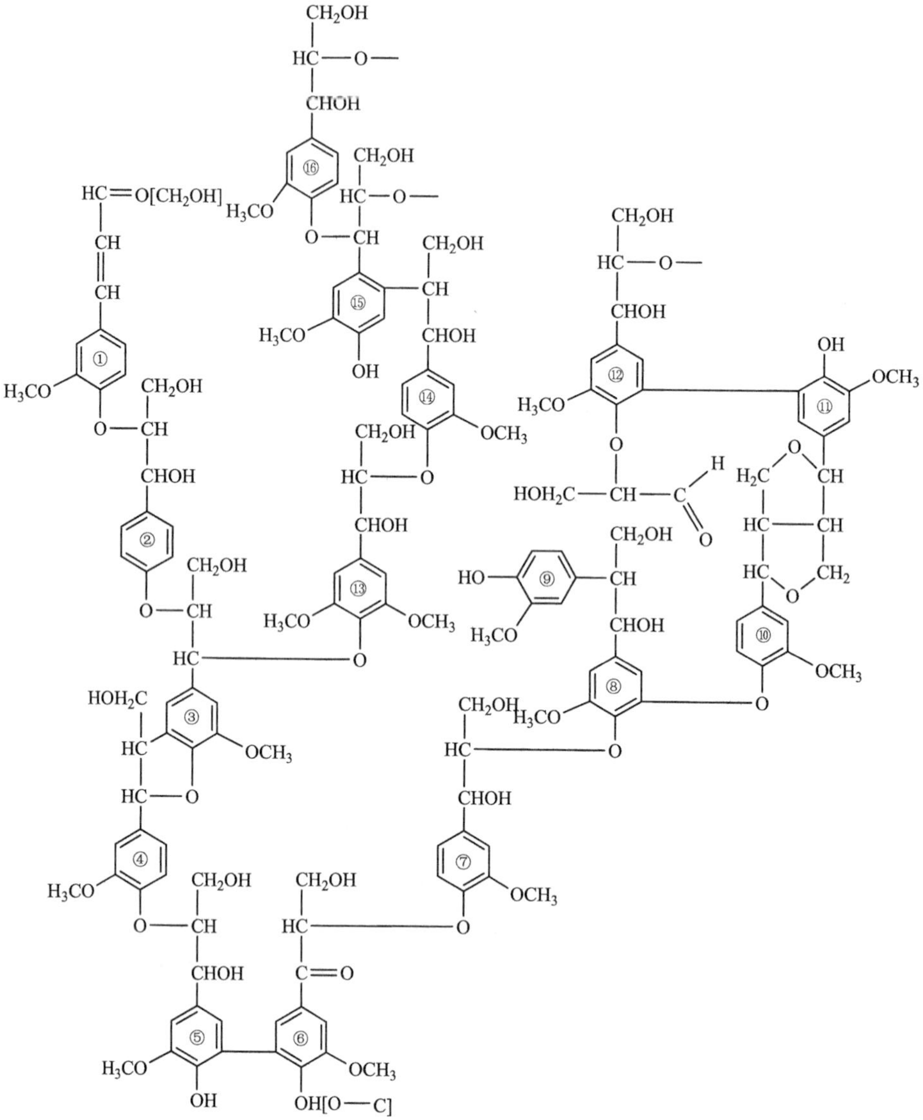

图 7.1　云杉木质素的结构模型

在木质纤维素的生物合成过程中，木质素单体有一个糖苷化的过程，形成松柏醇葡萄糖苷、香豆醇葡萄糖苷和芥子醇葡萄糖苷，这些单体糖苷在细胞壁木质素合成位点上聚合成木质素大分子，因此木质素大分子上会结合糖类。许多研究表明，木质素与半纤维素之间有化学结合，如图 7.2 所示。1957 年，Bjorkman 用水-二氧六环溶剂处理木粉制取磨木木质素后，剩下的残渣中得到了木质素和糖类的复合体，他将这种复合体称为木质素-糖类复合体（lignin-carbohy-drate complexes，

LCC）。在制取的磨木木质素中，发现含有 2%～5%的糖类，说明磨木木质素中还存在着少量的 LCC。现在，LCC 已可在电子显微镜中观察到。植物体内的糖种类较多，可与木质素结合的糖类也较多。研究结果表明，木质素与糖类的连接方式，大体可分为糖苷键连接、醚键连接、缩醛键连接及酯键连接等。

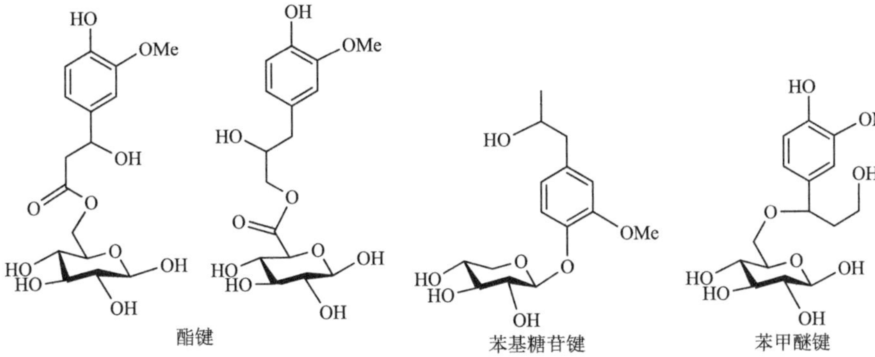

酯键　苯基糖苷键　苯甲醚键

图 7.2　木质素与糖类的连接方式

（1）苯丙烷侧链形成的糖苷键。糖苷键既能位于苯丙烷侧链的 β-碳原子上，又能在 γ-碳原子上，但以 γ-糖苷键为主。

（2）醚键。葡萄糖的 C6—OH 与木质素结构单元侧链碳原子构成醚键结合，主要形成 α-醚键，这种苯甲醚型的醚键对酸敏感，在很弱的酸或二氧六环-水溶液中加热到 180℃，就会断裂。现在认为 LCC 中主要就是这种醚键连接。

（3）缩醛键。木质素结构单元侧链上碳原子的醛基与糖的两个游离羟基之间形成缩醛键，也可能是糖的一个羟基与 γ-碳原子醛基形成半缩醛键。这种缩醛键是比较稳定的，在 180℃的二氧六环-水溶液中加热 1h，不被水解。

（4）酯键。葡萄糖醛酸的羧基加成到亚甲基醌上形成了酯键。当然，糖醛酸的羧基与木质素结构单元侧链上的任何一个羟基都可以形成酯键，主要是形成 α-苯甲酯键。酯键对酸是比较稳定的，但对碱不稳定。

相比于碳水化合物，木质素是获得高品位液体燃料更好的原料，因为木质素具有更高的 C、H 含量和更低的 O 含量。Vispute 和 Huber 针对生物质燃料的品质提出了有效氢碳比（H/C_{eff}）的概念，表示通过脱氧脱水方式产生的生物油的品质的高低，如式（7.1）所示。显然，木质素具有比半纤维素和纤维素高的 H/C_{eff}。因此木质素是获得高品位液体燃料的最具有潜力的原料。对木质素进行高值化利用不仅可以从唯一的含芳烃结构的天然生物质资源出发，通过加氢脱氧（hydrodeoxygenation，DHO）或氧化制取生物燃料，以及热裂解制取生物油，还可以解决造纸行业因污染严重所产生的可持续发展问题。木质素除可作为燃料或在制浆生产过程中生产高木质素含量的浆料利用外，还可作为造纸工业和水解工

业的一种副产品进行加工利用，可利用其降解产物制备低相对分子质量的化学品或将其转化为有一定用途的高聚物。

$$H/C_{eff} = \frac{H摩尔数 - (2 \times O摩尔数)}{C摩尔数} \tag{7.1}$$

20 世纪 60 年代以后，随着木质素化学分解方法研究的进展，光谱、色谱等分析技术在木质素化学研究中得到广泛的应用。其中的很多方法已成为现在常规的研究手段，如紫外（UV）、傅里叶红外（FTIR）、氢-核磁共振（H-NMR）、碳-核磁共振（C-NMR）、电子自旋共振（ESR）波谱仪、气相色谱-质谱联用仪电子显微镜等，对木质素结构研究发挥了重要作用。尤其是 NMR 技术，现已成为木质素化学不可缺少的研究手段，它能提供木质素结构中几乎全部碳原子类型的信号。近年来 NMR 技术进步主要表现在：①^{13}C-NMR 由定性各碳原子类型发展到可定量分析；②多维 NMR 的应用，通过 ^{1}H-^{13}C 二维固体 NMR 可观察到碳原子和质子的相关信息，得到木质素与碳水化合物之间的连接信息；③^{31}P-NMR 可测定木质素结构的羧基、醇羟基和酚羟基，^{19}F-NMR 可定量木质素中的醛、酮、醌基等；④用固体 NMR 分辨木质素各碳原子类型。随着科技的发展，越来越多的表征技术开始应用于木质素催化解聚研究。例如，裂解气相色谱质谱（Py-GC/MS）技术就是利用这一原理来研究木质素结构信息的，实际上 Py-GC/MS 先将木质素热降解成小分子片段，通过 GC 进行分离，然后根据质谱检测降解产物的信息。Py-GC/MS 可以只引起木质素侧链的部分降解，保留芳香环上的取代基（羟基和甲氧基），从而获得木质素结构单元 H 木质素、S 木质素和 G 木质素的量。另外，基质辅助激光解吸附质谱（MALDI-MS）是近年来诞生的一项新的研究技术，在蛋白质组学的研究中已经得到广泛的应用，其在木质素研究中可以用来分析木质素高聚物的相对分子质量、木质素结构单元间的连接键、木质素的氧化反应产物等信息。这些表征技术的应用，可提供对木质素化学键的演变规律，对其解聚机理有更加确切和清晰的认识，为木质素的催化解聚的研究和应用奠定了基础。

7.1 合成木质素衍生的寡聚物

由于木质素高分子结构的复杂性和坚固性、致密的网状芳环结构和复杂的化学键合方式，以及木质素与糖类化合物之间的紧密连接，木质素在常见溶剂中溶解性不好，甚至不溶，导致解聚难度加大。另外，木质素的多数解聚产物含有醛基、碳碳双键等不饱和官能团，容易发生重聚反应，生成大分子的次级产物，大大降低了解聚效率。木质素的解聚方法主要包括生物法和化学法。生物法是利用生物酶作为催化剂实现木质素的解聚，此方法对环境友好、产物选择性高，但解聚速度慢、耗时长、催化剂成本高且易失活，因而很难适应木质素的大规模工业应用。相对而言，化学法因其解聚速度快、催化剂价格便宜、对环境要求相对较低而受到青睐。木质素的脱聚转化要求首先断裂木质素和碳水化合物间的连接键（一般认为包括氢键、醚键、酯键等），同时断裂木质素内部的分子内连接（C—C、C—O）。分子间连接键的断裂可使木质素从生物质基质上脱离下来，分子内连接键的断裂可使木质素发生脱聚。木质素分子内部的 C—C、C—O 键的断裂可获得一些寡聚体产物。

木质素的存在一般认为会阻碍纤维素酶对纤维素组分的进攻，在如造纸、生物乙醇等工业生产中，要求预先脱除生物质中的木质素组分。这个过程在工业上一般称为“预处理”。在预处理过程中，原生生物质中的木质素组分在相对温和的条件下，可脱聚得到大量的木质素寡聚物。其所得寡聚物的相对分子质量取决于所采用的处理方法和条件，从几百到几千甚至几万不等。预处理脱除木质素的方法非常多，包括物理法和化学法，而化学法受到了广泛的关注。所采用的溶剂主要包括水、有机溶剂和离子液体。在预处理过程中，为了提高木质素的脱除率，并同时降低所得产物的相对分子质量，通常会引入一些催化剂。催化剂的存在可选择性地断裂木质素单元之间的连接键，从而提高木质素的转化率，获得小相对分子质量的寡聚物，抑制木质素大分子缩合及焦炭的生成。普通的催化剂有液体酸，如 H_2SO_4、HCl、H_3PO_4、甲酸、乙酸等，这些液体酸的催化活性较高，但大量使用会导致设备严重被腐蚀，且废酸的分离和中和成本高。同时，碱催化剂（KOH、NaOH 等）在木质素降解过程中表现出较好的效果。近年来，一些固体催化剂也被用于催化木质素脱聚反应，如全氟磺酸、大孔树脂、磺酸化的无定形碳、介孔二氧化硅、H 形沸石（HZSM-5）和杂多酸，以及一些金属氧化物（如 γ-Al_2O_3）。酸性金属盐，如金属氯化物（$FeCl_3$、$CuCl_2$ 和 $AlCl_3$），也具有一定的催化活性。

7.1.1　水溶剂

由于亚/超临界水溶剂黏稠度低、扩散能力强，与烷烃和芳香化合物混合良好，且易与有机相分离，这大大减少了后处理步骤，因此水作为最环保、经济的绿色溶剂深受关注。且亚/超临界水的这些性质受温度和压力的影响，不同的温度和压力下，水具有不同的密度、黏度等性质，而这些性质将直接影响木质素的水解。一般认为超临界水的密度对木质素转化及产物分布有明显的影响，且水的密度与 C—O 和 C—C 的水解速率成正比。但是，在无任何催化剂存在的情况下，水解木质素的速率和转化率依然很低。而升高温度虽然会在一定程度上促进木质素水解脱聚，但是同时也会增加解聚产物的重聚反应。因此，单纯依靠水解手段来实现木质素解聚的可行性低，并且水热降解得到的液体产物种类较多，不易分离提纯，后续利用困难，因此存在一定的局限性。

引入酸性催化剂可促进木质素的水热降解反应。质子酸，包括常用的无机酸（H_2SO_4、HCl、H_3PO_4 等）和有机酸（甲酸、乙酸等）都可有效地促进木质素中醚键的断裂，实现解聚。例如，碱木质素在以磷酸为催化剂，260℃条件下可发生脱聚反应，获得 46%的液体寡聚物和 10%左右的单酚类化合物。但是，由于无机酸酸性较强，在预处理中对木质素转化的选择性较低，会导致半纤维素和部分纤维素的同时转化，生成更加复杂的寡聚物混合物，不利于进一步转化。因此，在水热预处理木质素的过程中，主要还是以有机酸应用居多。甲酸对有机溶解木质素的水解反应有很好的催化效果，在 300℃亚临界水条件下，可以得到 30%的木质素寡聚物，同时甲酸的加入还能稳定芳香基团，抑制重聚反应。

一些均相碱溶液，如 NaOH、KOH、Na_2CO_3 对木质素的转化有明显的促进作用。在木质素脱聚过程中，加入不同浓度的 NaOH，当 NaOH 浓度增加到 4%，液体寡聚物的产率从 7%（无 NaOH）提高到 30%。NaOH 对木质素水解的催化作用显著，在一定范围内，催化剂碱性越强，原料的转化率越高，芳香族化合物的选择性也越高。同时，强碱还能抑制苯环加氢反应的发生。在 NaOH 催化木质素水解过程中，添加少量的硼酸和苯酚，也可有效抑制木质素的重聚反应。其他碱催化剂如氨水溶液，在低温下可有效溶解稻秆中的木质素。碱溶液对木质素的有效溶解认为是碱可有效地破坏木质素内部及木质素与其他组分间的酯键。相比于酸催化木质素水解，碱溶液对木质素的溶解和脱聚更具有选择性。在碱催化木质素脱聚的过程中，半纤维素和纤维素的转化率一般较低。

同时，Lewis 酸催化剂、金属卤化物，尤其是金属氯化物，也被用于催化生物质中木质素的溶解。因为 Cl^-具有强的接受羟基能力，因此 Cl^-能与生物质纤维素组分的羟基形成新的氢键。同时，缺电子的阳离子可以进攻纤维素羟基的 O 原子，进一步削弱木质素与纤维素之间的氢键作用。在木质素的萃取过程中，金属卤化物主要破坏木质素的 β-O-4 连接，一般认为 β-O-4 连接键的破坏和金属卤化物水解产生的酸性有关。

虽然均相催化剂催化木质素脱聚效率高，但是很难实现催化剂与产物的分离，且废物排放容易污染环境，而固体酸/碱催化剂则可以克服这些缺点。对于固体酸催化剂的研究主要以分子筛为主，如弱酸性的 SBA-15 以及强酸性的 HZSM-5。HZSM-5 分子筛对木质素的脱聚具有较好的催化效果，在 220℃条件下可以得到大量的寡聚物产物，同时还含有 15.4%的单酚类化合物。但是，由于其酸性相对较强，在高温下会促进结焦和积碳的生成。比较其他种类的固体酸催化剂时发现，中度酸性的 SiO_2-Al_2O_3 催化剂对木质素水解也有不错的效果，在 250℃条件下可得到 30%左右的芳香族单体化合物收率。MgO 固体碱催化剂对木质素的水解反应有不错的催化效果，在醇与水的混合溶剂中，可得到 11.2%的单酚类化合物收率，产物与催化剂易于实现分离，更适合工业化应用。

7.1.2　有机溶剂

相比于水热预处理，有机溶剂或由水-有机溶剂组成的混合溶剂对木质素具有更好的溶解能力。一般认为共溶剂，尤其是水-有机溶剂形成的共溶剂体系，具有比单溶剂更好的溶解木质素的能力。共溶剂体系一般由两种不同性质的溶剂组成，一种是强极性的电子接受溶剂，一般含有羟基；另一种溶剂是电子给予体，往往具有中等极性。共溶剂中所采用的有机溶剂包括醇类（甲醇、乙醇、异丙醇、乙二醇等）、丙酮、二甲亚砜、1, 4-二氧六环、四氢呋喃、γ-戊内酯等。

其中，与其他有机溶剂相比，醇类溶剂具有明显的优势：①醇的沸点低，操作简单，相对毒性小，易于后续分离和回收利用；②木质素或低相对分子质量的木质素产物可以较好地溶解在醇-水介质中，避免再聚合；③醇可促进木质素降解为可回收的液体燃料；④醇，尤其是乙醇，可由生物质中的纤维素经生物发酵制得，因此可再生。因此，醇-水共溶剂溶解木质素受到了广泛的关注。在不添加任何催化剂，反应温度为220℃下，乙醇溶剂可萃取毛竹中45.3wt%的木质素。乙醇溶解木质素所得到的木质素寡聚物的分子质量相对较低，约1000Da，表明乙醇溶剂不仅破坏了木质素组分和别的组分之间的连接键，同时也有效破坏了木质素分子内部的连接键，尤其是 β-O-4 连接键[2]。当乙醇-水混合溶液中解聚棉秆木质素时，发现所得的产物主要以杂环和酚型结构为主，且反应条件（时间、温度及乙醇浓度）对液体产物均有较大影响。一般认为50%～65%的醇水混合溶液溶解木质素的效果最好，可以使生物质有效液化，获得的生物油产物以酚型化合物及其衍生物为主，其次为醛、长链酮及醇和有机酸等化合物。采用水-乙醇共溶剂萃取木质素时一般认为由于萃取过程中 γ-羟甲基的断裂会降低脂肪醇羟基的含量，而在 $C_{\alpha,\beta}$ 位会形成甲醛和羟基，羧基、羟基的含量会增加。另外，2-异丙醇、甘油等与水形成的共溶剂也被应用于生物质中木质素的溶解。当2-异丙醇与水溶液的体积比为1∶1时，转化木质素所获得的液体寡聚物最大收率为39.7%。

有机溶剂在酸催化剂的协同下，可有效提高木质素的降解率。所采用的催化剂包括无机酸（硫酸、盐酸、磷酸、硝酸和三氟乙酸）和有机酸（甲酸、乙酸、草酸等）。例如，以 H_2SO_4 为催化剂，在水-乙醇共溶剂体系中可溶解大麻中75wt%的木质素。同时，在 H_2SO_4 催化过程中，脂肪醇羟基容易被氧化，形成酯化的肉桂酸。Dumesic 课题组以生物质制备的 GVL 和水的共溶剂为溶剂体系，研究了其对玉米秸秆中木质素的溶解性能[3]。结果表明，以 H_2SO_4 为催化剂，玉米秸秆中75.4wt%的木质素被溶解，分离得到的木质素仍然保留了大部分天然木质素的结构。一般认为，木质素中的酯键在酸性条件下很容易发生水解，但是溶解在 GVL 溶剂中的木质素仍然保留了大部分的酯键。同时，共溶剂中所使用的 GVL 的量对木质素的溶解影响很大，80% GVL 的水溶液溶解木质素的效果最好。在水-乙酸共溶剂体系中，以 HCl 为催化剂，温和条件下几乎可萃取出全部的木质素。但是，这个过程所使用的液体酸量很大，将造成设备的腐蚀和环境污染问题。并且，酸催化过程对木质素转化的选择性较低，在此条件下半纤维素也会发生溶解和脱聚。

在水-乙醇共溶剂中，也采用三氟化（OTf）盐催化木质素的降解，因为三氟化盐比氯化盐具有更高的催化活性。例如，$Ga(OTf)_3$ 和 $Sc(OTf)_3$ 被认为是好的 Lewis 酸性催化剂，可溶解小麦秸秆中 85wt%的木质素。与以 H_2SO_4 为催化剂相比，Lewis 酸性催化剂具有显著不同的催化机理，主要表现在 Lewis 酸性催化剂对断裂木质素 β-O-4 连接键非常困难，而酸催化剂像剪刀，可同时断裂 β-醚键和 α-醚键连接，这也是在酸性有机溶剂中木质素溶解的主要原因。

另外一种广泛应用的共溶剂是水-THF，水-THF 共溶剂对木质素的溶解效果非常好[4, 5]。在 H_2O-THF 共溶剂中，140℃下反应 1h 可萃取木糖渣中约 90%的木质素，而所得的木质素主要以寡聚物形式存在。在此共溶剂中，水作为亲核试剂，主要和木糖渣中分子间的连接键相互作用，断裂分子间的连接键，而 THF 可以进入生物质基质中溶解并保护脱聚下来的木质素。所得的液体木质素具有较低的相对分子质量，其重均相对分子质量（M_w）约为 700g/mol。在水-THF 共溶剂中进一步加入 Na_2CO_3，可有效降低木质素的转化温度。在 140℃下反应 2h，木质素的转化率就可以达到 94.6wt%。对所得到的液态木质素进行二维核磁共振谱（2D HSQC）分析发现，加入 Na_2CO_3 后明显增强了芳香区域 C—H 的信号，这进一步证明了 Na_2CO_3 对木质素溶解的促进作用。同时，木质素 β-O-4 连接的 C—O 键和侧链的 C_α—C_β 被破坏，得到芳香醛化合物。同时，Na_2CO_3 可以抑制侧链 C_α-氧化产物的生成，阻止 C_α—OH 氧化生成对羟基肉桂酸。木糖渣中的 G 木质素和 H 木质素单元间可能是由 β-O-4 键连接在一起，然而 S 木质素单元可能由 α-O-4 连接。木质素中 S 木质素和 G 木质素单元中的—OCH_3 容易被 Na_2CO_3 破坏，从而促进木质素的溶解和进一步降解。由水和甲基四氢呋喃（MeTHF）组成的双相共溶剂体系，以草酸为催化剂时，在温和的条件下可萃取出大部分的木质素。MeTHF 相可将断裂下来的木质素不断地萃取到有机相中，从而促进木质素的溶解，同时也表明碱催化剂的加入有利于促进木质素和碳水化合物间醚键的断裂。

有机溶剂萃取过程可有效分离出生物质中的木质素组分，得到比天然木质素相对分子质量更低的寡聚物，如表 7.2 所示。除去反应溶剂体系中的有机溶剂，即可回收得到较纯的木质素。以此有机溶解木质素或直接以液体木质素寡聚物为原料，进一步加工可获得高附加值的单酚化合物。采用的预处理方法不同，所得到的木质素寡聚物的相对分子质量和聚合度也有很大的区别，其相对分子质量一般为几百到几千甚至几万不等，而聚合度一般为几十到几百。同时，在预处理过程中，木质素的部分结构也会发生变化。在萃取过程中，脱聚下来的木质素寡聚物会发生重聚反应，生成新的 C—C 键，从而使得到的木质素降解更为困难。因此，如何抑制木质素溶解过程中的重聚是木质素溶解非常关键，也是具有挑战性的问题。

表 7.2　有机溶剂预处理木质素获得木质素衍生寡聚物

原料	溶剂	处理条件	脱木质素率/%
洋麻	H_2O	$Ca(OH)_2$，50℃，1.5h，20%过氧乙酸 75℃，2h	59.25
毛竹	乙醇	蒸汽爆破，碱乙醇后处理	60.1
芒属	50%乙醇	190℃，80min	75
棉木	50%乙醇	0.2mol/L 乙酸，170℃，240min	96
麦秆	50%乙醇	0.02～2 当量 H_2SO_4，83～196℃，10～180min	96
芦苇	40%乙醇	25% NaOH，170℃，60min	61
糠醛渣	50%乙醇	140℃，1h	42.7
小黑麦秸秆	92%乙醇	0.64 当量 H_2SO_4，148℃	91
麦秆	丙酮-水	20℃过夜	56
桦木	88%甲酸	微波加热 101℃	89.77
棕榈油果壳残渣	H_2O	NaOH，121℃，80min	68.8
稻秆	H_2O	液氨，130℃，20min	69.8
毛竹	乙醇	220℃，2h	45.3
麦秆	苯酚	H_2SO_4，100℃，30min	70
大麻栏	H_2O-甲醇	H_2SO_4，165℃，20min	75
大麻栏	H_2O-乙醇	H_2SO_4，180℃，1h	60.5
麦秆	H_2O-乙醇	Lewis 酸，160℃，2h	61～86
麦秆	H_2O-甘油	200℃，3h	65
木糖渣	H_2O-THF	200℃，1h	89.8

7.1.3　离子液体

离子液体，作为新一代的绿色溶剂，对生物质中木质素组分也具有较好的溶解能力。例如，离子液体 1-乙基-3-咪唑氯化铵可以同时脱聚生物质中的木质素和纤维素，生成酚类化合物、醇和糖类产品。1-*H*-3-甲基咪唑氯化铵能够在相对温和的条件下（110～150℃）提高木质素中 β-*O*-4 连接键的酸解。在离子液体混合物体系（如 1-乙基-3-甲基咪唑阳离子、烷基苯磺酸盐以及二甲基磺酸盐阴离子）中，可萃取甘蔗渣中 93%的木质素。另外，还有一些离子液体共混溶剂逐渐被用于生物质降解反应，如离子液体与二甲亚砜混合溶剂等。离子液体在木质素脱聚方面的主要优点是它们既可以起溶剂的作用，还可起酸性催化剂的作用。

酸性离子液体对木质素脱聚的机理和传统的酸催化剂的作用机理相似。首先醚键发生质子化作用，接下来水分子（或者溶液中的其他亲核试剂）进攻醚键，导致醚键发生断裂。离子液体相比于传统的酸催化剂，可一次性处理更多的生物质原料（如每千克离子液体可处理 500g 木质素）。但是，大部分溶解下来的木质素脱聚程度很低，生成的木质素相对分子质量相对较大。为了提高木质素的脱聚程度，可采用离子液体和金属卤化物共同作用。例如，在离子液体 1-乙基-3-甲基咪唑磷酸二乙酯中加入 $CoCl_2·6H_2O$，可有效促进木质素的溶解和脱聚。在离子液体 1-乙基-3-甲基咪唑三氟甲基磺酸酯中加入 $Mn(NO_3)_2$，在 100℃下反应 24h，可从 11g 生物质原料中得到 66.3%的木质素寡聚物。

探明离子液体的阴离子和阳离子分别对于木质素溶解过程中的作用，对于开发对木质素有较好溶解能力的离子液体是非常重要的。一般认为离子液体与木质素之间的作用和离子、π-π 作用及氢键有关。由相同阳离子不同阴离子的离子液体对木质素模型物的降解的研究发现，反应不仅与离子液体的酸性有关，也与阴离子的性质有关（图 7.3）。另外，也有人认为阳离子的影响远大于阴离子。最近，有报道指出离子液体中阴离子的主要作用是破坏木质素聚合物的结构，而阳离子的作用则不明显[6]。在降低木质素的聚合度方面，烷基磺酸盐阴离子表现出来的效果最好，其次是乳酸根、乙酸根、氯离子和磷酸根离子。这些阴离子的活性排列顺序主要认为和基团中电负性原子的亲核性有关。针对烷基磺酸根离子对于木

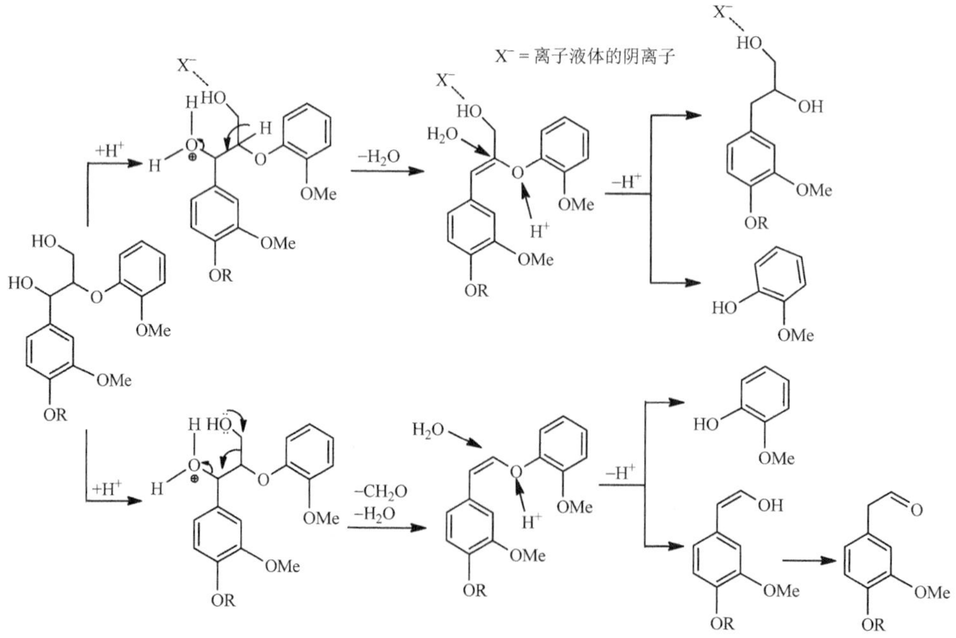

图 7.3　木质素在离子液体中的降解反应

质素的脱聚作用主要认为是通过硫原子加成到木质素芳香环支链上的不饱和键，然后释放出醇。但是，进一步以木质素模型物为底物时，发现这种阴离子效应是由其与木质素结构中—OH 中的 H 原子形成的氢键导致的。这种与木质素羟基中 H 的配位可以稳定化合物的电子环境，从而引起水分子对 C ═ C 键的亲核进攻。但是，大部分报道还是认为离子液体阴离子的亲核性应该是导致木质素脱聚的主要原因，因为离子液体中的阴离子更容易进攻严重缺电子的质子化的 C—O 键。离子液体对于木质素转化获得寡聚物虽然具有较好的效果，但是离子液体价格昂贵，难以回收利用，废物排放还会污染环境，这些缺点阻碍了它的发展。

7.1.4 木质素寡聚物的重聚反应

木质素的溶解和解聚获得寡聚物的过程非常复杂，目前对详细的解聚机理及解聚过程中化学键的演变规律尚不明确。木质素的结构特性、溶剂种类、反应条件以及催化剂类型等对木质素的解聚机理和产物均有很大影响。许多预处理过程都能有效地从生物质中脱除木质素，这种萃取出的木质素一般称为工业木质素。萃取得到的工业木质素甚至比天然木质素更难发生降解，因为在大部分的萃取过程中都采用了酸、碱催化剂或高压热水处理，这些处理过程会导致木质素中 C—O 键断裂生成一些反应活性中间体，而这些活泼的中间体可进一步发生聚合生成更加稳定的 C—C 键[7]。当以工业木质素为反应原料时，即使在相对较高的温度下（>250℃），所得到的单酚收率一般小于 10%，而相对应的木质素模型化合物则可在更加温和的条件下发生脱聚。这可能是由于：①木质素缩聚比生成苄基 C 正离子具有更低的活化能，导致在苄基 C 正离子形成的过程中会自发发生木质素的缩聚反应；②木质素缩聚可能具有比木质素水解更低的活化能，因此木质素缩聚反应的速率比水解速率更快。由于木质素甲氧基的共振效应和侧链基团的诱导效应，木质素酚羟基的邻对位具有更高的电子云密度，在分级转化过程中容易在邻对位发生缩聚反应，形成大量新的 C—C 键[8]。最近，Shuai 等详细研究了木质素缩聚的主要路径[9]，指出木质素缩聚和木质素水解是两条平行的反应，都会受反应温度、催化剂用量（酸、碱）等的影响。但是，仅仅通过优化这些反应条件参数，并不能减少或消除缩聚反应的发生，所以必须发展新的反应策略。例如，还原催化分级策略（reductive catalytic fractionation）[10]或离子液体分级[11]，这些过程可避免木质素的缩聚反应，但是会产生新的技术和工程上的问题。同时，在温和条件下分离木质素的过程中，将未发生缩聚的木质素先分离，然后再催化脱聚未发生缩聚的木质素，可稳定分离过程中得到的木质素。寻找一定的保护试剂（如甲醛），保留木质素的部分 β-O-4 连接也是一种非常有效的方法。但是，这种方法需要根据原料和催化剂的类型对保护试剂进行严格的筛选。在这个过程中，

要同时控制好木质素的保护、木质素水解和木质素缩聚几个平行反应之间的速率。同时，反应溶剂的选择也非常重要，因为溶剂会影响木质素聚合链的形貌，因而影响反应过程中催化剂对 *β-O*-4 连接键的进攻。

7.2 合成单酚产物

一般的预处理过程可使木质素与半纤维素/纤维素分子间的连接键发生断裂，从而达到脱除木质素的效果。但是，所得到的木质素寡聚物相对分子质量相对较大，一般从几百到几千甚至几万不等，单环酚类化合物收率低。单环酚类化合物可作为化学化工中间体直接使用，如图 7.4 所示。同时，单环酚类化合物经过加氢脱氧过程可进一步制备高品位生物燃料。因此，由木质素制备高收率和高选择性的单酚化合物是木质素利用最为有效的方法之一。

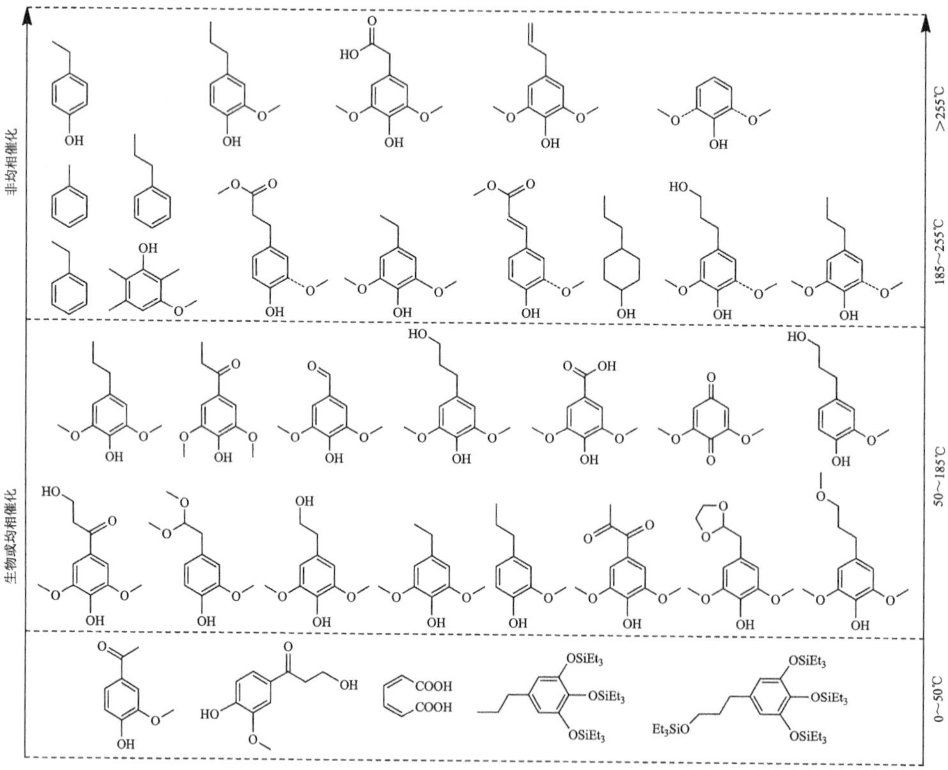

图 7.4　木质素脱聚生成的单酚化合物

根据木质素催化解聚所采用的催化剂类型、溶剂种类和反应条件的差异，由木质素合成单酚化合物的主要方法分为热裂解、溶剂解、氧化、氢解、光催化解聚、电化学解聚等。其中，催化溶剂解、催化氧化和催化氢解对木质素转化的选择性好、效率高、易于实现、应用较为广泛。这些过程通常在溶剂的存在下发生。在溶剂的辅助下，溶剂热效应可使木质素溶解和脱聚在更低的温度下发生，得到较多的液体产物，而气体产物和焦炭的收率相对较低。溶剂种类的差异性表现在水、醇类以及其他有机溶剂对不同种类木质素的溶解度不同，这会大大影响原料与催化剂的接触，从而影响催化反应的效果。同时，不同的溶剂对木质素分子间和分子内化学键断裂的选择性也不同。反应条件的差异性体现在温度、反应时间、气氛种类与压力等，能够调控反应速率，加速或抑制副反应的发生。其中催化剂类型对反应的影响最大，催化剂类型差异在于酸催化剂、碱催化剂和金属催化剂等分别对不同的化学键断裂有特定的催化效果，同时均相催化和多相催化还会展现出完全不同的效果。

7.2.1　单酚产物的理论收率

为了更好地评价木质素脱聚过程的效率，计算木质素脱聚所获得的单酚的理论收率是十分必要的。一般情况下，不是所有的木质素单体间的化学键连接都能被破坏。例如，一般认为 C—C 连接键的断裂是非常困难的，而 C—O 连接键的断裂相对容易一些。为了计算木质素脱聚的理论单酚收率，我们假设木质素是一条线性的无限长的直链，所有的单体之间都是以容易断裂的 C—O 键（α-O-4、β-O-4）和不易断裂的 C—C 键（5-5、β-5、β-β）连接。如果木质素单体和 C—O 相连，则此键的断裂即可释放出一个单酚和一个二聚体或寡聚物。那么，由此可知单酚的理论收率等于聚合物中可断裂的 C—O 所占百分数的平方。例如，如果采用一种方法可以使木质素中的所有的 C—O 键断裂，而一般在天然木质素结构中，C—O 占总单体连接键的 70%，也就是说总的理论单酚收率为 49%。当然，我们也要考虑聚合度的影响，因为链端的聚合物只需要断裂一个 C—O 键即可获得一个单体。一般聚合度由 2 增加到 10，其单酚理论收率将从 70%降到 53%。

7.2.2　催化水解制备单酚

木质素脱聚制备单酚化合物的水解反应受催化剂、溶剂、反应温度、时间等的影响，而其中催化剂的影响是最大的。常用的催化木质素水解的方法主要包括水热水解、酸水解和碱水解。近年来，甲酸在木质素催化水解方面的应用越来越受到人们的关注。甲酸可以催化木质素结构中醚键的断裂，促进单酚类化合物的生成。而对于固体酸催化剂的研究主要以分子筛为主。例如，弱酸性的 SBA-15 分子筛对有机溶解木质素水解有很好的催化效果，在 150℃的低温条件下反应，可由木质素获得以单酚类化合物为主的生物油产物。强酸性的 HZSM-5 分子筛具有更好的催化效果，在220℃条件下可以得到15.4%的单酚类化合物收率，但是也有报道指出强酸在高温下会促进结焦和积碳的生成。比较其他种类的固体酸催化剂时发现，中度酸性的SiO_2-Al_2O_3催化剂对木质素水解也有不错的效果，在250℃条件下可得到约30%的芳香族单体化合物。

最早用于木质素脱聚获得木质素单体的均相催化剂主要是无机碱，常见的碱催化剂主要有LiOH、KOH、NaOH等，具有成本低、来源丰富等优点（表7.3），其中以NaOH为主。一般认为，碱不仅可以破坏木质素的分子内连接键，同时对一些别的功能基团（如与芳环连接的甲氧基）的影响也很大。碱催化反应制备单酚化合物在相对较高的温度下进行，所采用的温度一般在240～340℃之间。例如，300℃在压力250bar、2%（质量分数）NaOH和5%（质量分数）的原料条件下，可获得简单的芳香产物（图7.5）。10% Kraft木质素（磺酸盐木质素）溶液在5% NaOH的催化下，270～315℃、130bar的压力条件下反应，可得到单体产物和木质素寡聚体。在这个过程中木质素的脱聚是分步完成的。首先是醚键的断裂生成木质素寡聚物，其次是寡聚物的进一步脱聚生成单体产物。在强碱性溶液中，高的pH可阻止产物的重聚生成更长链的聚合物（图7.6），从而有利于木质素单体产物的生成。但是，由于高的反应温度和压力会导致生成很多的副产物，增加了目标产物分离、提纯的难度。液体酸（如硫酸、盐酸、甲酸等）也可用于木质素的脱聚，但是单酚产物的收率一般不高。同时，会导致部分半纤维素和纤维素组分的转化，生成糖类产物，降低木质素产物的选择性，增加分离提纯的难度。

表7.3 非金属催化木质素脱聚制备单酚

催化剂	原料	反应条件	产品	单酚收率
—	水热，250℃	有机溶解木质素	4-乙基苯酚，4-乙烯基苯酚，4-乙基愈创木酚，4-乙烯基愈创木酚，70%	
—	木糖渣	H_2O-THF，300℃	24.3%	
Na_2CO_3	木糖渣	300℃，8h	26.9%	
钒配合物	有机溶解木质素	MeCN，80℃	单酚，＜10%，	
NaOH	Kraft木质素	270～315℃	气体，甲酸，单酚，19.1%单酚	
NaOH	木质素	300～330℃	单酚、二聚、三聚，70%	
NaOH	软木木质素	315℃，连续流动床	单酚，小分子化合物，19.1%	
NaOH	杨木	315℃，6h	小分子酚类化合物，21.8%～53.2%	
NaOH	有机溶解木质素	H_2，300℃，硼酸	单体和寡聚物，85%	
甲基咪唑氯化铵	橡木	110～150℃	酚类，醇，糖，相对分子质量降低	
甲基咪唑盐	山毛榉	100℃	2, 6-二甲氧基苯醌，11.5%	

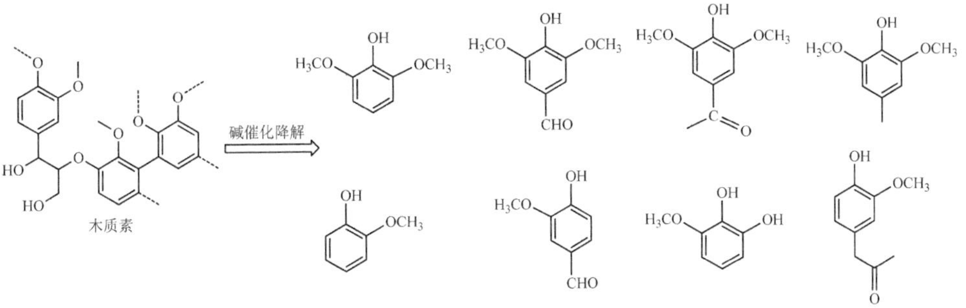

图 7.5 碱催化水解木质素脱聚所得的单酚化合物

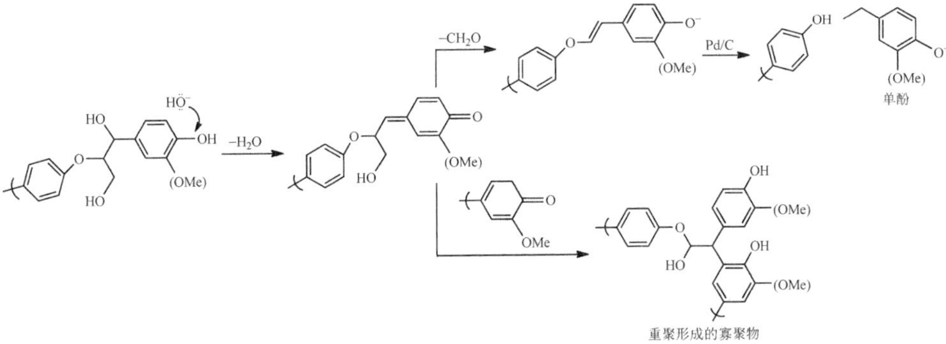

图 7.6 碱性条件下木质素可能发生的重聚反应

7.2.3 金属催化氢解制备单酚

催化氢解被认为是由木质素制备单酚化合物最为有效的方法。木质素的催化氢解是指木质素分子在还原反应中 C—C 键、C—O 键断裂并由氢稳定中间体生成单酚化合物的过程。木质素催化氢解可以直接将木质素转化为低氧含量的液体燃料，具有产物选择性好、热值高以及显著抑制焦炭生成等优点，适合工业化发展。木质素催化氢解反应既可以在外加氢气的条件下进行，又可以加入供氢溶剂进行氢转移。催化剂在木质素氢解过程中起着至关重要的作用。所采用的催化剂主要包括酸催化剂、碱催化剂、金属催化剂等。金属催化的木质素氢解反应具有能耗低、条件温和、转化率高等优点，因此被认为是木质素转化利用中最有前景的方法。金属催化剂主要包括贵金属、过渡金属和双金属等。金属催化一般采用的氢源以分子 H_2 为主。

1. 贵金属

贵金属不但具有优越的吸附氢和解离氢的能力，而且还能催化加氢和氢解反应，因此广泛应用于木质素的催化氢解（表 7.4）。其中，负载型贵金属催化剂以

其良好的稳定性备受研究者的青睐。一般来说，负载型催化剂是将金属盐类溶液浸渍在载体上，然后经沉淀转化，再加热分解，最后还原制得的。通过控制制备条件，不仅可以提高金属组分的分散度和热稳定性，还可以使催化剂有合适的孔结构、形状和机械强度。最常用的贵金属种类主要包括 Pd、Pt、Ru、Rh，而载体则主要包括活性炭、TiO_2、SiO_2、ZnO、ZrO_2、MCM、ZSM-5 以及 SiO_2-Al_2O_3、SiO_2-TiO_2 等复合氧化物材料。碳载体具有很大的比表面积，能有效提高贵金属组分的分散度，在木质素氢解上的应用很广。一般认为，Pd/C、Rh/C、Ru/C、Pt/C 等碳载体催化剂比其他载体催化剂的木质素氢解效果更好。例如，5% Pd/C 催化剂被用于催化转化松木中的木质素，在 200℃、35bar H_2 条件下反应 5～24h，可转化 80%～90%的木质素，获得二氢愈创木基醇和 4-丙基愈创木酚，以及一些二聚体和寡聚物，其单酚产物的选择性较高，寡聚物中主要包含有 β-5、5-5、4-*O*-5 和 β-1 类型连接键。在 H_2O-二氧六环溶剂体系中，同样以 Pd/C 为催化剂，可由木质素获得 22wt%收率的愈创木基产物，所得到的液体产物中木质素二聚体和寡聚物占总产物的 75%。以 Ru/C 为催化剂，桦木木质素中的醚键容易发生氢解断裂，生成以愈创木酚类产物为主的单酚化合物，收率为 50wt%，单体产物主要包括 4-*n*-丙基愈创木酚和 4-*n*-丙基紫丁香酚，同时还得到 18wt%的二聚体产物。产物中含有的不饱和键还会与 H_2 进行加氢反应而饱和，增加产物的稳定性，防止重聚反应的发生。在相同的反应条件下，以 Pd/C 为催化剂时，主要生成紫丁香酚类产物。

表 7.4　贵金属催化木质素脱聚制备单酚

催化剂	反应条件	原料	产物，收率
Pd/C	200℃，二氧六环	桔梗木质素	4-乙基苯酚等，9.0%
Ru/C	四氢呋喃，250℃	杨木	单酚，50.3%
Ru/Nb_2O_5	H_2O，250℃	桦木	单酚，14.4%
Rh/C	195℃，二氧六环	山杨木	单酚，50.1%
Pd/C	195℃	有机溶解木质素	醇，4-丙基愈创木酚，二聚体，79%～89%
Pd/C	195℃，二氧六环	松木	单酚，22.4%
Pd/C	乙醇/水，195℃	桦木	单酚，49%
Ru/C	甲醇，250℃	桦木	4-*n*-丙基愈创木酚，4-*n*-丙基紫丁香酚，52%
Pd/C	甲醇，250℃	桦木	4-*n*-丙基愈创木酚，4-*n*-丙基紫丁香酚，49%
Pd/C + H_3PO_4	甲醇，250℃	杨树	4-*n*-丙基愈创木酚，4-*n*-丙基紫丁香酚，42%
Pd/C + NaOH	甲醇，250℃	杨树	4-*n*-丙基愈创木酚，4-*n*-丙基紫丁香酚，23%
Pd/C	乙醇/水，200℃	杨木	单酚，43.3%
Pd/C	甲醇/水，200℃	杨木	单酚，43.5%
Pt/Al_2O_3	225℃（乙醇/水）	有机溶解木质素	烷基苯酚、愈创木酚，11%

贵金属碳载体催化剂虽然具有很大的比表面积和很高的金属分散度，但是缺少酸碱活性位点对氢解反应的促进作用。利用贵金属碳载体催化剂与酸碱催化剂之间的协同作用，将二者结合起来，对木质素氢解具有更好的催化效果[12-14]。例如，以 Pd/C 为催化剂，加入 H_3PO_4 可大大提高木质素氢解的活性，获得 44Cmol% 收率的单酚产物，产物以正丙酚为主。加入 NaOH 可以提高木质素的脱除率，但是与 H_3PO_4 不同的是，NaOH 会抑制木质素的进一步脱聚。主要是因为在碱性条件下，木质素衍生的愈创木基亚单元发生去质子化形成亲核基团，会增加木质素邻位的电荷密度。所形成的亲核基团会和甲基化的醌发生共轭加成反应，从而导致重聚反应的发生。同时，Pt/C 和磷酸之间的协同催化作用也能有效实现桦木木质素的氢解，最高可得到收率为 46.4%的单酚类化合物和 12.0%的二聚体化合物。以 Ru/C 为催化剂，在 NaOH 的协同作用下，有机溶解木质素转化率高达 92.5%，生成 12.7%的单酚类化合物和 6.1%的脂肪醇类化合物。

除了均相酸碱催化剂外，金属催化剂也可以和固体酸碱催化剂协同。例如，利用 Pd/C 和固体酸 HZSM-5 的协同催化作用，可实现木质素模型化合物的高效氢解，得到单酚类产物，再经过进一步加氢脱氧反应，最后制得环烷烃，转化率和产物选择性最高可达 100%。在水溶剂中，高压 H_2 气氛下，以 $LiTaMoO_6$ 和 Ru/C 为催化剂，可破坏玉米秸秆中木质素的 *β-O*-4 和 4-*O*-5 键，获得 23.8C%（碳收率）的单酚化合物。单酚产物以愈创木酚类和苯酚类产物为主，其中 4-烷基愈创木酚和 4-烷基苯酚最多。

除酸碱催化剂外，金属催化剂与金属卤化盐也存在协同作用。例如，Pd/C 和 Lewis 酸 $ZnCl_2$ 之间的协同催化作用也可以有效促进木质素模型化合物的氢解反应（图 7.7）。在温和条件下，催化体系的转化率和目标产物的选择性均在 80%以

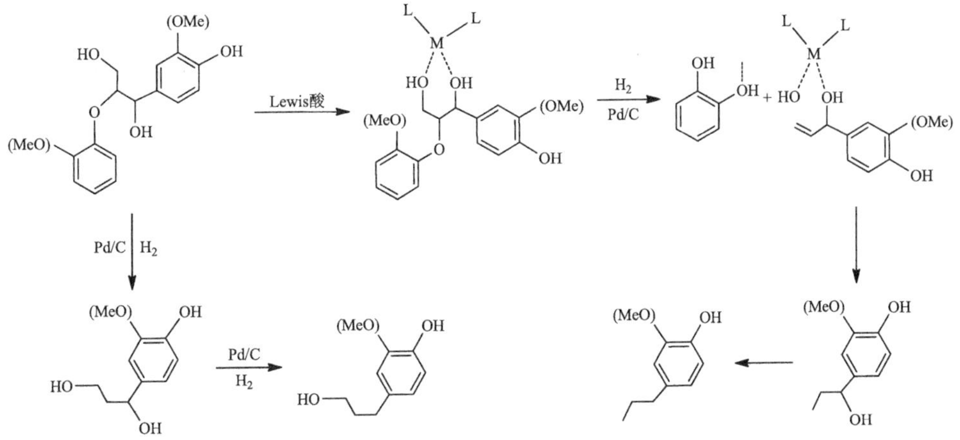

图 7.7 Pd/C 催化剂催化木质素 *β-O*-4 断裂的可能机理

上。此催化体系应用到真实木质素的氢解上，同样能实现高效解聚，单酚类化合物收率高达 54%。Pd/C 和 Lewis 酸 $CrCl_3$ 同样具有协同催化作用，对碱木质素氢解有很好的催化效果。在最优反应条件下，可得到 85.6%的木质素转化率和 35.4%的单酚类化合物收率。另外，该催化剂对脱碱木质素、有机溶解木质素、磺酸钠木质素等的氢解均有很好的催化效果。

直接在固体酸或固体碱载体上负载贵金属所得的多功能金属催化剂，能够有效利用载体的酸碱活性位，对木质素中醚键的氢解断裂起到促进作用。例如，γ-Al_2O_3 具有相对较强的酸性、优良的孔道与表面结构以及低廉的价格等优点。在早期的加氢脱氧催化剂研制过程中，均选择了 γ-Al_2O_3 作为催化剂的载体。例如，Pt/Al_2O_3 负载型催化剂对多种木质素的氢解反应均有较好的催化效果，这主要是由于催化剂载体 γ-Al_2O_3 的酸性可以有效促进 β-O-4 键的断裂，但同时木质素的重聚反应也会加剧。然而，在水热环境中，γ-Al_2O_3 并不稳定，会部分转化为 β-Al_2O_3，致使在反应中起去甲基作用的 Lewis 酸中心迅速减少，从而导致催化剂活性下降。此外，γ-Al_2O_3 负载的催化剂容易结焦积碳，这也是一个不容忽视的问题。ZrO_2 载体表面也具有一定的酸性，ZrO_2 负载的贵金属 Rh 催化剂表现出的催化活性与硫化的 CoMo/Al_2O_3 催化剂相当。Ru/ZrO_2 催化剂能有效氢解断裂木质素模型化合物中的 β-O-4 等醚键。并且，氢气压力对产物分布影响很大，在低氢气压力条件下，氢解产物可保留苯环的完整性，得到高收率的芳香族碳氢化合物，这为生物航空煤油利用提供了新思路。将金属纳米粒子 Ni、Pd 负载在 Al-SBA-15 上，在微波条件下，也可有效催化有机溶解木质素脱聚生成邻苯二甲酸二乙酯。

2. 过渡金属

贵金属催化剂虽然具有不错的催化氢解效果，但是成本太高，在一定程度上抑制了该类催化剂的大规模应用。同时，催化剂使用寿命离工业化应用要求仍有相当大的距离。因此，开发廉价的、性能稳定的新型催化材料与催化体系仍是木质素转化制备单酚化合物的关键与核心。过渡金属相比于贵金属，成本低廉，而且同样具备良好的催化性能。目前主要研究的过渡金属催化剂有 Ni、Cu、Fe 等（表 7.5）。

1）Ni 基催化剂

Ni/C 催化剂在一系列醇溶剂中，200℃条件下反应，可有效催化木质素的定向氢解获得单酚产物，其中丙烷基愈创木酚与丙烷基紫丁香酚的选择性高达 90%以上。反应过程中，Ni/C 催化剂和木质素中的芳香基发生作用，形成 Ni-芳烃复合物，可进一步促进 β-H 的削去和 C—O 的断裂，从而生成单酚产物。这进一步证明了木质素需先降解成可溶性寡聚物，然后进一步脱聚生成单体产物。以 Ni 为活性中心、HZSM-5 为载体，可在水相中将木质素的结构单元氢解。具有弱酸性的 Ni/SBA-15 催化剂对有机溶解木质素的氢解也有很好的催化效果。相比于单纯的 SBA-15 分子筛，负载型催化剂能实现木质素的高效转化，得到更多的单酚化合物。除了酸性载体外，在碱性 MgO 载体上负载 Ni，可催化木质素解聚产物的氢解和加氢反应，发现反应后产物的相对分子质量显著下降，实现了 *β-O*-4 等醚键的有效氢解断裂，同时加氢反应稳定了解聚产物，抑制了重聚反应的发生。对比负载型 Ni 和 Pd 催化剂对木质素结构单元解聚的影响发现，Ni 和 Pd 对木质素有较好的解聚能力，且在有机相中的催化能力一般比在水中的效果好。不同的是，Ni 在油相中有良好的解聚木质素的能力，但没有进一步加氢的能力，而 Pd 在油相中解聚木质素的能力较弱，但进一步加氢的能力较强。在水溶剂中，Ni-W_2C/AC（活性炭）表现出了和传统的贵金属相当的催化活性，主要是由于 Ni 和 W_2C 之间存在协同作用。

2）Cu 基催化剂

以掺杂 Cu 制备的多金属氧化物（Cu-PMO）为催化剂，有效结合了 Cu 和碱性位点的催化能力，可提高木质素的氢解效率（图 7.8）。以 Cu-PMO 为催化剂，甲醇既作为溶剂，又作为原位产氢的氢源，可实现有机溶解木质素的原位氢解，木质素的转化率为 100%，产物以儿茶酚类产物为主，收率为 50%。另外，固体碱催化剂 $CuMgAlO_x$ 在超临界乙醇中具有比在超临界甲醇中更好的催化效果，这是因为超临界乙醇在固体碱催化剂的作用下，与解聚产物的酚羟基进行了烷基化反应，稳定了解聚产物，抑制了重聚反应的发生。在 380℃下催化木质素氢解反应 8h，即可得到 60%（质量分数）的单酚收率。温度的增加能有效促进木质素氢解，但同时也加剧了重聚反应的发生和焦炭的生成，反应时间太长也会使重聚反应增多。$CuMgAlO_x$ 催化剂不仅对 Soda 木质素（碱木质素）氢解有很好的效果，能得到 60%（质量分数）的单酚收率，而且对 Alcell 木质素（溶剂型木质素）和 Kraft 木质素也有很好的催化效果，分别得到 62%（质量分数）和 86%（质量分数）的单酚收率。

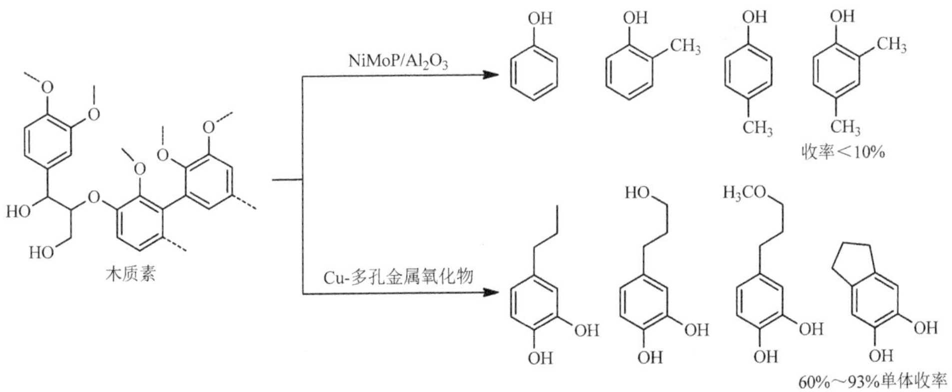

木质素　NiMoP/Al_2O_3　收率<10%　Cu-多孔金属氧化物　60%～93%单体收率

图 7.8　过渡金属催化剂催化木质素脱聚获得单酚化合物

3）Fe 基催化剂

Fe 基催化剂在高温下也能表现出加氢和氢解活性。例如，FeS 催化剂对木质素的醚键断裂效果明显。例如，丙三醇作为供氢溶剂，能为木质素氢解提供氢源，在常压下加热到 270℃时，即可获得较高的酚类化学品收率。非硫催化剂 FeMoP 在十六烷中，可将 β-O-4 结构单元解聚转化为苯和乙苯，其反应途径是先将其氢解成乙苯和苯酚，然后使苯酚转化为苯。但该反应温度较高，达 400℃。

表 7.5　过渡金属催化木质素脱聚制备单酚

催化剂	原料	反应条件	产品，单酚收率
$NiCl_2$，$FeCl_3$	有机溶解木质素	H_2O，305℃	醚溶性产品，26%～30%转化率
Ni/AC	磺酸钠木质素	200℃，H_2，乙二醇	单酚，68%转化率
Ni-W_2C/AC	木材	235℃，H_2，H_2O	单酚，46.5%转化率
Ni/HZSM-5	造纸木质素	250℃，甲醇-水	烷基取代酚/寡聚物，55%转化率
NiW/C	Kraft 木质素	甲醇，320℃	烷基酚类和愈创木酚，35%
Cu-Mg-Al	碱木质素	乙醇，340℃	取代苄基醇和烷基酚，36%
αMoC_{1-x}/AC	Kraft 木质素	乙醇，280℃	C_6～C_{10}酯、醇、芳烃、酚类和苄醇，1640mg/g
Raney Ni	杨树	2-丙醇/H_2O，180℃	酚类，26%
Ni/C	桦木	甲醇，200℃	4-n-丙基愈创木酚，4-n-丙基紫丁香酚，49%
Ni-W_2C	原生生物质	H_2，235℃	单酚，46.5%
Ni/C	木屑	200℃，甲醇	丙基愈创木酚，丙基紫丁香酚，50%
Cu-PMO	有机溶解木质素	140～220℃，H_2	邻苯二酚衍生物和一些低聚物，60%～93%
Ni-SBA15	有机溶解木质素	150℃，微波	单酚，35%～45%
Raney Ni + H-BEA	有机溶解木质素	150℃（2h）+ 240℃（2h），醇	78%芳烃，18%烯烃，4%酚类

3. 双金属

某些特定的双金属催化剂之间具有协同催化作用，对木质素催化氢解也表现出了非常好的催化效果。添加第二种金属形成的双金属催化剂有益于改进催化剂的几何和电子特性，两种金属的协同作用可以提高催化活性、选择性及稳定性（表 7.6）。例如，多种 Ni 基双金属催化剂能够在水中将 β-O-4′模型物氢解成 2-苯氧基-1-苯乙醇产物。与单组分 Ni 催化剂相比，Ni 基双金属催化剂如 NiAu、NiRu、NiRh 和 NiPd 催化效果更好。其中，NiAu 的效果最好，而单金属 Au 催化剂在氢解中完全无效。Ni_7Au_3 可使 β-O-4′模型物在温和条件下（水相，130℃，氢压 1MPa，1h）定量转化，得到 87%的单酚化合物。NiRu 催化剂也存在协同催化效应，85%

Ni 和 15% Ru 组合的催化剂效果最好，在低温 130℃条件下就可以实现木质素的高效转化，产物为木质素单体，收率为 5.8%。Ru 的引入有利于提高 Ni 的分散度，从而提高其活性；同时，Ni 会抑制 Ru 对单酚化合物的进一步加氢，所以 NiRu 双金属催化剂相比单金属 Ru 可得到更多的芳香族单体。另外，双金属催化剂 Zn/Pd/C 也被用于原生生物质中木质素的转化。在甲醇溶剂体系中，可得到高收率的二甲基酚产物。当以杨树为原料时，唯一的产物是 4-丙基紫丁香酚。同时，发现 Zn 物质有利于丙醇取代酚的生成，而 Pd/C 催化剂易生成丙基取代酚。异相的 FeMoP 催化剂对于芳基醚和酚的氢解，特别是 *β-O*-4′化合物的氢解具有较高的选择性。NiMoP/γ-Al_2O_3 也被用于催化木质素脱聚制备单酚化合物。该反应采用半连续式的流动反应器，反应温度为 320～380℃，催化剂中包含 17.0% MoO_3、2.95% NiO 和 5.71% P_2O_5。所得到的产物包括三相：水溶液中的产物主要为脱氧和加氢的产物，而苯酚的含量很低；有机相中的产物以芳香产物和气体产物为主；气体产物主要是来源于木质素的脱酰基反应生成的 CO_2 和 CO。

表 7.6 双金属催化木质素脱聚制备单酚

催化剂	原料	反应条件	产品	单酚收率
$Ni_{85}Ru_{15}$	有机溶解木质素	130℃，H_2，H_2O	单酚	42%转化率
$Ni_{85}Rh_{15}$	有机溶解木质素	130℃，H_2，H_2O	单酚	50%转化率
$Ni_{85}Pd_{15}$	有机溶解木质素	130℃，H_2，H_2O	单酚	56%转化率
Ni_7Au_3	有机溶解木质素	170℃，H_2，H_2O	单酚	14%转化率
CuMgAlO（2）	碱木质素	甲醇，300℃	单酚	6%收率
Zn/Pd/C	杨木	甲醇，225℃	单酚	54%收率
CuMgAlO（2）	碱木质素	乙醇，300℃	单酚	17%收率
CuMgAlO（2）	碱木质素	乙醇，380℃	单酚	60%收率
PtMgAlO（2）	碱木质素	乙醇，300℃	单酚	6%收率
NiMgAlO（2）	碱木质素	乙醇，300℃	单酚	4%收率
CuMgAlO（2）	Alcell 木质素	乙醇，380℃	单酚	62%收率
CuMgAlO（2）	Kraft 木质素	乙醇，380℃	单酚	86%收率

综合来看，木质素催化氢解过程中采用的多种功能的催化剂，如金属与酸催化剂协同、金属与碱催化剂协同、金属与金属催化剂协同等，往往比只用一种催化剂的效果更好，这是与木质素复杂的结构特性相关的。一般而言，某一种催化剂一般只对某一类型的反应有明显的催化作用，而木质素的结构复杂，包含各种不同类型的连接方式和官能团，需要多种催化剂协同作用，才能得到高效解聚。然而，其中详细的催化机理途径还有待进一步的研究。尽管在木质素降解领域开

展了相当广泛的研究工作，但是很少有关于成熟的木质素制备酚类产品或芳烃产品技术的报道。木质素降解制备高经济价值的小分子单酚类化合物仍然是一大挑战。木质素催化液化产物的成分以组成木质素的基本结构单体与二聚体为主，多是酚类衍生物，有较高的氧含量，并不能直接应用于现有的发动机系统。必须通过加氢处理进行改质，降低氧含量，得到具有一定碳数分布的饱和烷烃，以达到可以替代化石燃料的目标。

7.2.4 氢源

在采用金属催化剂催化木质素脱聚生成单酚产物的过程中，通常需要大量额外的 H_2 作为氢源。为了避免 H_2 的使用，目前发展了一些别的氢源，包括甲酸、醇、四氢化萘等。

甲酸在木质素催化水解上的应用越来越受到人们的关注。因为甲酸的储存与运输相对于 H_2 安全很多，同时甲酸也是一种生物质衍生产物。例如，在转化生物质中纤维素组分制备乙酰丙酸的过程中，理论上可得到摩尔比为 1∶1 的甲酸，实际上由于反应过程中一些副反应的发生，导致得到的甲酸的量往往大于 1∶1。在一定反应条件下，甲酸加热后会完全分解为 CO_2 和活性氢，其中活性氢与木质素甲氧基的氧结合可生成水。甲酸不但能催化醚键的断裂，促进单酚类化合物的生成，而且还能在解聚过程中分解出氢气，为反应过程提供氢源，有助于稳定解聚产物，抑制重聚反应的发生。因解聚和加氢脱氧同时进行，所以该溶剂分解反应可以一步生成低氧含量的单体。在设计双功能催化剂/甲酸的过程中要尽量考虑：①金属的活性为最大化；②在氢解反应过程中尽量减少重聚或缩聚反应的发生；③催化剂载体的选择也非常重要，载体首先必须有好的热稳定性、大的比表面积和高的酸性。与传统的贵金属催化剂如 Rh、Ru、Pd、Pt 等相比，当以甲酸为氢源时，镍基催化剂表现出了相似的活性。例如，采用双功能 Ni 纳米硅酸铝为催化剂，以甲酸为氢源，可催化木质素的脱聚反应。由每克有机溶解木质素可获得几毫克的芳香化合物，包括丁香醛、香兰素、天冬氨醇和天冬氨酸醇。尽管所得到的单体产物的收率相对较高（35%～45%），但是这个过程中复杂产物的分离提纯以及使用昂贵的甲酸都增加了该过程在工业上应用的难度。

除了甲酸可作为氢源以外，还扩展到萘、甲醇、乙醇、异丙醇等。这些氢源同时也可以作为反应的溶剂，而这些溶剂对木质素的溶解性与氢解效果有很大的关系，溶解性差的水和烷烃溶剂氢解效果较差，而溶解性好的醇类溶剂氢解效果普遍较好。例如，同时采用木质素模型化合物和有机溶解木质素为原料，以异丙醇为氢源，Raney Ni 和酸性的 beta-zeolite 为催化剂，反应温度为 150～240℃，反应时间为 4h。（^{13}C-^{1}H）HSQC 2D NMR 分析结果发现木质素结构单元间的醚键发生断裂，同时苯环上的甲氧基被破坏。当以甲醇或其他的醇（乙醇、乙二醇）为溶剂时，在 200℃下反应 6h，无额外氢源的条件下可转化 50%的木质素，产物中丙基愈创木酚和丙基紫丁香酚的选择性为 90%。有趣的是，当在此体系中加入 H_2 作为氢源时，对木质素的转化并无明显影响。这个结果进一步证明了醇可作为氢源产生活性氢，从而促进木质素的脱聚。

7.2.5 一步策略选择性转化木质素制备单酚

由于木质素结构的复杂性，由木质素制备单酚化合物过程复杂。总的来讲，由木质素制备单酚化合物可分为一步和两步策略。在一步策略中，直接以木质素或原生生物质为原料，通过调控反应条件、溶剂和催化剂，可获得不同收率和种类的单酚化合物（表 7.7）。而在所采用的方法中，还原催化分级（reductive catalytic fractionation，RCF），早期称为“early-stage catalytic conversion of lignin”（ECCL）被认为是最为有效的方法之一。1948 年，Hibbert's 课题组首先提出了还原催化分级的概念[15, 16]，后来 Lee 和 Pepper 又对此方法进行了改进[17, 18]。最近，大部分的研究者又把这种方法称为“lignin first”[19]。催化还原分级把木质素萃取和脱聚结合在一起，可稳定反应中间体，实现木质素价值的最大化。同时，生物质中的碳水化合物几乎不受影响，反应后以固体残渣的形式过滤分离即可作为原料制备别的化学品和燃料。判断一个还原分级过程主要的标准如下：①高的木质素脱除率；②最大的木质素单体收率；③反应残渣中高的碳水化合物含量[20]。

表 7.7 一步法直接氢解生物质中的木质素制备单酚化合物[27-29]

原料	溶剂	催化剂	反应条件	收率
不同的生物质原料	H_2O	Ni-W_2C/AC	235℃，4h，6MPa H_2	10.1wt%～40.5wt%
不同的生物质原料	H_2O，H_3PO_4	Ru/C，$LiTaMoO_6$	230℃，24h，6MPa H_2	16.2C%～35.4C%
白松木材	H_2O-二氧六环	Pd/C	195℃，24h，3.45MPa H_2	22wt%
芒属	甲醇	Ni/C	225℃，12h，3.5MPa H_2	68wt%
桦木屑	甲醇	Ru/C	250℃，3h，3MPa H_2	50wt%
杨树	甲醇	Pd/C，$ZnCl_2$	225℃，12h，3.4MPa H_2	54wt%
锯末	甲醇	Pd/C，H_3PO_4	200℃，3h，2MPa H_2	44C mol%
桦木屑	甲醇	Ni/C	200℃，6h	理论收率的 54%
不同的生物质原料	甲醇	Ni/C	200℃，6h	26～32wt%
毛竹	H_2O-甲醇	Raney Ni，HUSY	270℃，0.5h	27.9wt%
挪威云杉渣	H_2O-甲酸	Ru/Al_2O_3	340℃，6h	16wt%

还原催化分级的反应溶剂以水和有机溶剂为主，一般为甲醇、乙醇、异丙醇、

乙二醇、二氧六环或这些溶剂与水的混合物。溶剂的作用首先是萃取生物质中的木质素组分，接下来立即将萃取出的液体木质素进一步催化脱聚，获得单酚化合物。在催化脱聚过程中，常在 H_2 气氛下结合一些金属催化剂，如贵金属催化剂 Ru/C、Pd/C 或镍基催化剂（Raney Ni、Ni/C、Ni/Al_2O_3）[21-24]。所得到的液体产物中包含大量的单酚化合物，以及一些二聚或三聚体产物。同时，研究还表明在经过催化还原分级处理所得到的固体残渣中，木质素的含量非常低，其中所包含的碳水化合物由于去掉了木质素保护层，更容易被纤维素酶进攻[25]。如在甲醇体系中，以 H_2 为还原剂，Ru/C 为催化剂，可从桦木中萃取超过 90%的木质素。所得的液体产物中，包含约 50%的单酚化合物（主要为 4-*n*-丙基愈创木酚和 4-*n*-丙基紫丁香酚，其选择性为 79%）和 20%的二聚体产物。所得的反应残渣中主要包含未反应的碳水化合物，其中保留了 92%的多糖和几乎全部的纤维素。该研究还指出高的单酚收率主要是由于 Ru/C 催化剂能有效地氢解木质素单体间的醚键连接，同时稳定反应生成的活性中间体。这可有效阻止活性中间体进一步发生重聚，生成更加稳定的 C—C 键。在此催化体系中，当以硬木、桦木和杨树为原料时可获得相对较多的单体和二聚体，其收率分别为 50%和 18%，而木质素的脱除率为 93%。以芒草为原料，可获得中等木质素移除率和单酚收率。单酚产物以甲醇解和侧链羟基化的香豆素和阿魏酸为主。当以 Pd/C 为催化剂时，所得的木质素产物的—OH 的含量大大降低，尤其是单酚化合物中的—OH[26]。另外，以 Pd/C 为催化剂时，催化剂的活性依赖于甲醇中水的浓度[24]。溶剂中低的水含量可提高木质素的萃取率，而大部分的碳水化合物没有发生变化。相反地，高的水浓度会同时促进半纤维素和木质素的溶解，得到更纯的纤维素残渣。在甲醇/水和乙醇/水混合溶剂中，30%醇-70%水（体积分数）是最佳的反应体系。在这些混合溶剂中的反应温度比纯溶剂相对较低（473K 或更低），说明在催化还原分级过程中水和有机溶剂之间具有协同作用。与传统的有机溶解过程相比，催化还原分级所需要的水的浓度要更低一些，可能是由于反应过程中生成了大量的—OH 和相对分子质量更低的寡聚物，从而增强了产物的水溶性。

基于贵金属催化剂的高成本以及苛刻的反应条件，价格更便宜的碱土金属催化剂更具有发展潜力。例如，Ni/C 催化剂对甲醇体系中转化桦木中的木质素制备单酚化合物具有非常好的催化活性和选择性，所得的产物主要包括丙基愈创木酚和丙基紫丁香酚[30]。在处理过程中，天然木质素首先醇解脱聚得到寡聚物，其相对分子质量为 1100～1600g/mol；然后此寡聚物进一步在 Ni/C 催化下转化为单酚化合物。醇分子在醇解反应中作为亲核试剂进攻 C—O—C，使其发生断裂；而在接下来的氢解反应中，醇作为氢源产生活性 H。在由寡聚物转化为单酚的过程中，同时经历脱水和 C_α、C_β 的加氢反应，接下来 C_γ 进一步加氢，最终由转化了的 50%的木质素获得 97%的单酚化合物（表 7.8）。进一步将此体系扩展应用到杨树和桉树，在相似的反应条件下，丙烯基化合物如2-甲氧基-4-丙基苯酚（DHE）和2, 6-二甲氧基-4-丙基苯酚（DMPP）、丙烯基衍生物异丁子香酚（isoeugenol）和甲氧基异丁子香酚（methoxyisoeugenol）为主要的单酚产物。根据所采用的原料不同，单酚的收率在约10%到约30%之间。与贵金属催化剂Ru/C相比，Ni/C催化剂对转化玉米秸秆中的木质素表现出了相似的催化活性，获得了相似的产物分布和单酚收率[23]。加入酸作为Ni/C的共催化剂，可进一步提高单酚的收率。当加入酸化活性炭时，单酚的收率为32%，而以磷酸为共催化剂时，单酚的收率为38%。但是，酸性共催化剂的引入会导致生物质原料中半纤维素组分的快速溶解，甚至完全降解为可溶性糖类产品。不过，得到的可溶性糖很容易被酶降解，96h后其降解率大于90%。

表7.8 甲醇溶剂体系中一步法Ni/C催化木质素脱聚生成单酚化合物的收率（wt%）[31]

原料，催化剂含量	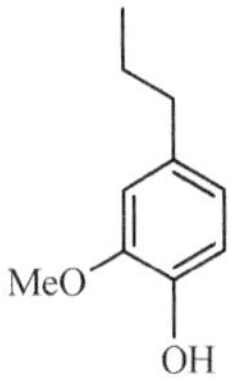 MeO, OH	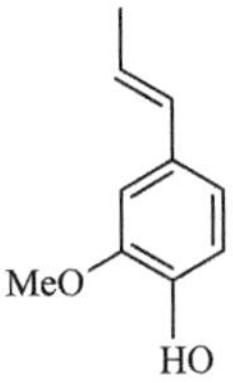 MeO, HO	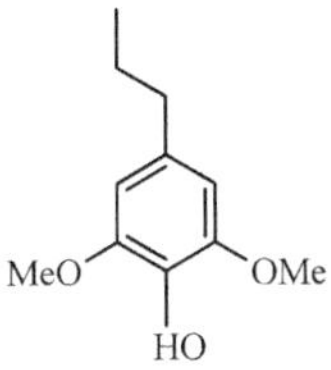 MeO, OMe, HO	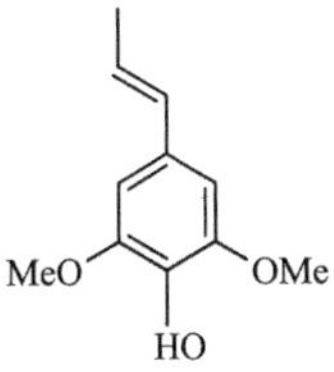 MeO, OMe, HO	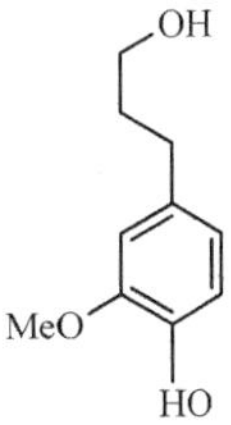 OH, MeO, HO	总收率
桦木，5wt%	—	8	—	12	—	20
桦木，5wt%	—	2	—	2	2	6
桉树，5wt%	—	6	—	8	2	16
桦木，10wt%	10	1	18	3	—	32
杨木，10wt%	1	8	2	15	—	26
桉树，10wt%	6	3	8	11	—	28

另外，还原性催化剂Ni-Al_2O_3，在甲醇体系中可溶解桦木中超过90%的木质素，得到的液体木质素产品含有40%的单酚化合物，这些单酚中70%为4-*n*-丙醇愈创木酚和4-*n*-紫丁香酚。这些结果表明溶剂不仅可以促进木质素组分的溶解，同时在接下来的脱聚过程中也有利于断裂*β*-*O*-4键，形成不饱和的活性中间体，如二甲酰基/辛烷醇。在这个过程中，可能涉及了非金属催化的氧化还原过程。这和现在的一些观点是明显不同的，传统的观点认为金属催化剂仅仅是催化溶解下来的木质素的不饱和侧链的加氢反应，形成稳定的单酚化合物和寡聚体产物。催化还原反应可以有效阻止不期望的重聚反应，抑制缩聚木质素副产物的生成。通过简单的过滤分离，即可分离出催化剂，得到的固体反应残渣中保留了原料中93%的葡萄糖和83%的木糖。这些残渣经过糖化和发酵，可获得

73%的生物乙醇。

从以上的研究可以发现，通过一步反应，采用还原催化分级过程，控制催化剂和溶剂可由原生生物质获得高收率的单酚和二聚体产物。在此过程中，溶剂不仅可将木质素从生物质中萃取下来，同时还要作为氢源。因此，溶剂的选择非常关键，它既影响木质素的脱除率，又影响单酚的收率和产物的分布。在现在的研究中，绝大多数的溶剂都以甲醇为主，但是在甲醇体系中木质素的脱除率和其他的有机溶剂如 THF、GVL 相比要低得多，从而进一步影响单酚产物的收率。因此，虽然目前研究者对催化剂的关注相对较多，更多的研究应该集中在溶剂的开发上，但是，催化剂在反应过程中的作用也是至关重要的。

7.2.6　两步策略选择性转化木质素制备单酚

由于溶剂热预处理可在相对较为温和的条件下萃取出生物质中的木质素，从而可抑制重聚反应的发生，同时降低半纤维素和纤维素的转化率。采用分步法可实现这个目的（图 7.9）。在第一步反应中，在相对温和的条件下，选择性地萃取原生生物质中的木质素组分而尽可能地保留其中的半纤维素和纤维素组分。所得到的液体木质素比天然木质素具有更低的相对分子质量 M_w。取决于所采用的溶剂、催化剂和萃取条件，所得到的寡聚物相对分子质量从几百到几千不等。在第二步反应过程中，过滤分离出未反应的固体半纤维素和纤维素，所得到的液体木质素进一步脱聚生成单酚化合物。第二步过程中所要求的反应温度通常比第一步高，并且催化剂在这一步中起着非常重要的作用[32]。与传统的一步策略相比，两步策略具有如下优点。

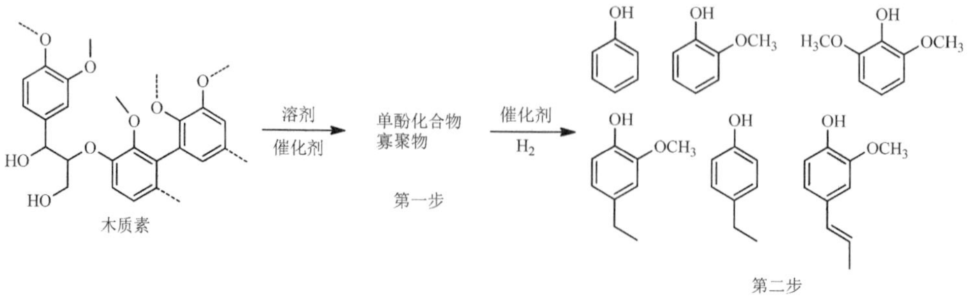

图 7.9　分步转化策略由木质素脱聚制备单酚化合物

（1）木质素萃取后以液态形式存在，此反应液可直接作为第二步反应的原料液。

（2）液态木质素原料具有比固态木质素更好的传质、传热性能，有利于进一步反应中与催化剂接触。

（3）连续的操作过程可大大提高过程的效率。

（4）对于液体木质素的进一步加氢反应，目前有许多较为成熟的工艺可以借鉴。

在分步策略的第一步萃取过程中，溶剂和反应温度显著影响木质素的萃取率。例如，采用两步法研究乙醇溶剂热体系中毛竹中木质素的降解过程，第一步萃取在 220℃条件下进行，45.3%的木质素被溶解，而半纤维素和纤维素的转化率分别为 23.2%和 8.2%。在溶解过程中，木质素组分内部的部分 *β-O*-4 连接键发生断裂。通过简单过滤分离处理未反应的固态半纤维素和纤维素，所得到的液体部分（以木质素寡聚物为主）进一步在 300℃下反应，可导致木质素苯丙烷侧链的 C—C 键发生断裂，其断裂的顺序依次为 C_α—C_β、C_1—C_α、C_β—C_γ[2]。在最佳条件下（300℃，8h），基于所转化的木质素得到的 4-乙基苯酚的收率为 10.6wt%。在水-THF（3∶7，体积比）共溶剂体系中，200℃条件下，以木糖渣为原料，木质素的萃取率达到 89.8%，而纤维素的转化率只有 31.5%[4]。所得到的液体木质素的重均相对分子质量为 706g/mol。将此液体木质素寡聚物进一步在 300℃下反应，可促进木质素的进一步脱聚，获得单酚产物。研究发现含有 H 和 G 结构单元的木质素容易在反应的初始阶段发生脱聚，然而 S 单元需要在更长的时间才能发生脱聚，这说明提高反应温度和延长反应时间有利于木质素的进一步脱聚制备单酚化合物。300℃下反应 8.0h，在无任何额外催化剂和氢源的条件下，可获得 24.3wt%收率的单酚，其中包括 10.5wt%的 4-乙基苯酚、6.6wt%的 2, 6-二甲氧基苯酚和 4.0wt%的 4-乙基愈创木酚。这三种酚占所得的总单酚收率的 86.8%。所得到的反应残渣中包含 83.5%的纤维素。

以上的研究表明溶剂热可同时促进木质素的溶解和脱聚，但是脱聚产物以木质素寡聚物为主，得到的单酚收率较低。为了进一步提高单酚的收率，常常需要加入催化剂。目前所采用的催化剂主要包括贵金属催化剂等[33]。通过在 H_2O-THF 共溶剂体系中引入 Na_2CO_3，几乎所有的木质素和纤维素之间的连接键在 140℃可发生断裂，导致 94.6%的木质素发生溶解[5]。同时，*β-O*-4 中的 C—O 键和木质素苯环侧链的 C_α—C_β 也会发生部分断裂，生成芳香醛化合物。以此产物为原料进一步在 300℃下反应，可断裂木质素的 C_{Ar}—C_α 键，进一步提高了无烷基取代基的单酚产物的选择性。在不添加额外氢源的情况下，单酚的收率达到 26.9wt%。但是，所得到的单酚收率仍然是非常有限的。

固体氧化还原催化剂在氢源（H_2、醇或甲酸）的存在下，可有效提高单酚的收率。在上述催化还原分级过程中，采用两步策略效果仍然非常好。Yan 等[34]在水溶剂体系中研究了桦木中木质素的选择性转化。以 Pt/C 为催化剂，可获得 33.6wt%的单酚和 8.7wt%的二聚体，总收率为 42.3wt%。向此体系中引入 0.2wt%的 H_3PO_4，所获得的单酚和二聚体的收率分别增加到 37.9wt%和 9.9wt%。向水溶

剂中加入有机溶剂 1, 4-二氧六环可进一步提高产物的收率。例如，当二氧六环和水的比例为 1∶1 时，H_3PO_4 的用量为 1wt%，以 Pt/C 或 Rh/C 为催化剂在 4MPa H_2、473K 下反应 4h，单酚和二聚体的收率分别为 45wt%和 12wt%。单体产物中含有 46%的“C_9 单元”，包括 6%的丙基愈创木酚、21%的丙基紫丁香酚和 15% 2, 6-二甲氧基-4-（3-羟丙基）苯酚。采用萃取的方法可分离出这些单酚和二聚体。以此混合物为原料，进一步在 Pd/C 的催化下，在 5wt% H_3PO_4-H_2O 体系中单酚可被催化软化得到烷烃和甲醇，而二聚体中的 α-O-4 键发生断裂分成两部分，得到三种 C_7～C_9 的碳氢化合物，其收率为 93.6mol%。反应后发现二聚体中的 5-5 键仍然没有被破坏，所得到的产物只有 C_{18} 烷烃一种，其收率为 97.4mol%，而甲醇的收率为 8.5mol%。这表明 Pd/C 催化剂可有效破坏木质素中的 C—O 键，而对其中的 C—C 键则没有影响。Toledano 等以由橄榄树中提取的有机溶解木质素为原料，以乙醇-H_2O（70%）共溶剂为反应体系，发现含 10wt%的镍基 Al-SBA-15 催化剂对木质素催化脱聚的效果最好，获得了最高的液体收率（30%），液体产物中主要包括单体、二聚体和三聚体。在此反应体系中，有效抑制了重聚反应的发生。在 2-丙醇（2-PrOH，70%，体积分数）水溶液体系中，以 Raney Ni 为催化剂，可转化木屑中 77%的木质素，反应残渣中包含 64%的木聚糖[35]，简单分离即可得到含有半纤维素和纤维素的固体残渣，其中纤维素的含量为 79%。所得的液态木质素在 2-丙醇溶剂中以 Raney Ni 为催化剂进一步反应可得到 25%的生物油。

以玉米秸秆为原料，采用两步法首先在 80wt% GVL-20wt%水的混合溶剂中萃取出木质素。萃取完成后，向其中加入大量的水即可得到木质素沉淀。进一步以木质素沉淀为原料，Ru/C 为催化剂，双相 H_2O-庚烷-H_3PO_4 为反应溶剂，氢解反应可得到 38%的生物油。若在第二步引入 5%的甲醇溶剂，产物中甲酯的含量明显增加，木质素单体产物的收率增加到 48%。其原因可能是酯化反应稳定了羧酸中间体。采用这个过程所获得的单酚的收率比其他过程要高[36]。采用两步策略，在萃取木质素得到相对分子质量相对低的液态木质素的过程虽然烦琐且成本相对较高，但是可以使生物质中的每一种组分都得到充分的利用。

7.3 合成酮或醇

由上节可知，木质素脱聚可获得大量的单酚化合物。在氢源（一般为 H_2）存在下，单酚化合物发生含氧基团的进一步加氢反应，生成环己酮类产物（图 7.10）。环己酮是重要的化工原料，是制造尼龙、己内酰胺和己二酸的主要中间体，也是重要的工业溶剂，如用于油漆，特别是用于那些含有硝化纤维、氯乙烯聚合物及其共聚物或甲基丙烯酸酯聚合物的油漆等。所得到的环己酮类产物进一步加氢，即可生成环己醇类产品。而环己醇是一种重要的有机合成中间体，主要用于制取己内酰胺、己二酸，还可用于制取增塑剂（如邻苯二甲酸环己酯）、表面活性剂以及用作工业溶剂等。当以烷基取代的木质素衍生化合物为原料，进行氢化反应时，可获得相应的烷基取代环己醇。以烷基取代环己醇为原料可直接制备含有取代烷基的高分子化学品，可以通过烷基来调变聚合物产品的性质，如结晶度、熔点、弹性等。在这个过程中，催化剂对加氢反应的活性至关重要。

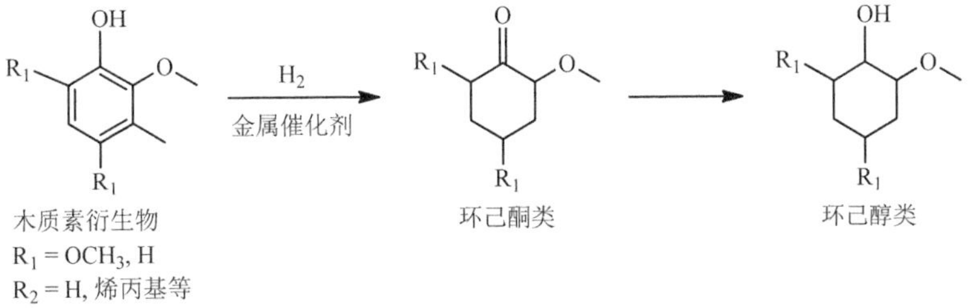

H_2
金属催化剂
木质素衍生物
$R_1 = OCH_3, H$
R_2 = H, 烯丙基等
环己酮类
环己醇类

图 7.10　由木质素衍生化合物氢化制备酮、醇类产品

7.3.1　催化剂的影响

众所周知，铂族金属在催化加氢方面有着优异的反应性能，因此很多酚类化合物的加氢研究是在以铂族金属为基础的催化剂催化下进行的。研究发现，以 Pd、Pt、Ru 等贵金属作为催化剂的活性组分对酚类化合物的加氢均具有良好的活性。例如，以 $PdCl_2$ 为金属前驱体制备的 3wt% Pd/γ-Al_2O_3 催化剂对于在温和的水相条件下 4-乙基苯酚选择性氢化为 4-乙基环己醇显示出良好的催化活性[37]。4-乙基苯酚的转化率达到 100%，并且 4-乙基苯酚完全转化为 4-乙基环己醇和 4-乙基环己酮，碳平衡达到 100%。在 60℃下反应 12h，4-乙基环己醇的选择性可达到 98.9%。同时，Pd/γ-Al_2O_3 催化剂也适用于来源于原生生物质体系的其他单酚的氢化，并表现出良好的活性和选择性。动力学实验表明 4-乙基苯酚在加氢过程中，首先形成 4-乙基环己酮作为中间体，然后进一步氢化成 4-乙基环己醇。3wt% Pd/γ-Al_2O_3 催化剂表现出良好的耐水性和稳定性，循环使用 4 次后仍保持较高的活性。通过调变催化剂的活性中心或载体的性质，可选择性获得酮或醇类化合物。例如，在反应温度为 230℃时，Pd/Al_2O_3 催化下加氢产物只有环己酮，而以 Pd/MgO 为催化剂时，产物为环己酮（90%）和环己醇（10%），这表明载体的酸碱性影响着产物的选择性。一般认为，Al_2O_3 等酸性载体有利于生成环己酮，MgO 等碱性载体更倾向于生成环己醇。使用双金属催化剂（Pd/Yb-SiO_2）时可以发现，金属 Yb 的加入可提高苯酚的转化率和产物中环己酮的选择性。

除了贵金属外，一些过渡金属负载型催化剂对木质素加氢制备酮或醇也具有较好的催化活性。其中，应用最为广泛的是 Raney Ni 催化剂。例如，在 Raney Ni 催化下，以甲醇水相重整产生的氢气作为氢源，对苯酚进行原位加氢，产物中环

己醇和环己酮的总选择性大于 99%。在此过程中，反应温度是影响催化剂活性的主要因素，温度过高时催化剂会晶化，导致催化活性降低。同时，通过引入一些助催化剂对加氢催化剂进行修饰也可改变催化剂对生成酮或醇的选择性。例如，通过添加 $AlCl_3$ 修饰商用负载型 Pd 催化剂发现，Lewis 酸可大幅提高 Pd 催化剂的加氢速率，并可有效抑制环己酮的继续加氢。

7.3.2 溶剂的作用

反应溶剂也会影响木质素加氢制备酮或醇的收率和选择性，常采用的溶剂主要有 H_2O、异丙醇、十烷、十二烷、十六烷等。例如，碱性 Pd/C 和酸处理后的 Pd/C 在非极性的环己烷中比在叔戊醇中可以获得更高的苯酚转化率和环己酮收率。这可能归因于醇在碱性 Pd/C 上的苯氧离子溶剂化使得苯氧离子的吸附有所减弱。非极性溶剂可以增强二氧化硅负载的聚钛氮杂双金属络合物（Ti-N-Pt-Mn）的活性，这可能是由于非极性溶剂中初始氢吸收更高。同时相转移催化剂的引入可促进反应的进行。例如，三氯化钌和甲基三辛基氯化铵在二氯甲烷中可形成溶剂化离子对，并在相转移的条件下可促进环己烯醇互变异构生成环己酮。由四丁基硫酸氢铵（THS）和氯（1, 5-己二烯）铑的二聚体组成的相转移催化剂在苯和缓冲溶液中进行反应，环己酮的收率可提高到 73%。

相比于有机溶剂，水溶剂更加绿色和环保。但是，以水为溶剂时，对所采用的催化剂的稳定性要求更高。研究表明大部分金属催化剂在有机溶剂中稳定性较好，但是在水溶剂中由于活性金属组分的溶脱，导致重复利用时催化剂的活性明显降低。

由于有机溶剂大多有毒且具有挥发性，因此人们开发了更加绿色的离子液体来代替有机溶剂。在离子液体中以聚丙烯酸稳定的 Rh 纳米粒子为催化剂进行酚类的加氢反应，四烷基铵离子液体可以降低金属纳米粒子的粒径，并防止纳米粒子的进一步聚集。在甲基（三辛基）氯化铵（$[CH_3(C_8H_{17})_3NCl]$）作用下，环己酮的收率可达到 100%。类离子液体共聚物稳定的“水溶性”Pd 纳米粒子和磷酸钨的组合可以协同促进苯酚选择性加氢得到环己酮。在常压的氢气气氛下，即使在室温条件下，苯酚的转化率和环己酮的选择性也都可达到 99%。

目前，制备烷基环己酮、醇类化合物所采用的原料以木质素衍生的单酚模型化合物为主，在催化剂和溶剂的共同作用下，底物几乎可被完全转化，获得高收率和高选择性的酮或醇（表 7.9）。但是，当此催化体系应用于原生生物质时，其活性相对较低，获得的酮或醇的收率也较低。主要原因可能是原生生物质反应液成分复杂，且单酚化合物收率有限，以及存在的大量木质素寡聚物容易附着在固体催化剂表面，导致催化剂中毒、失活。

表 7.9　由木质素衍生单酚化合物制备酮、醇类化合物[38]

催化剂	原料	溶剂	温度/℃	产物、转化率、选择性
Pt/C	愈创木酚	H_2O	200℃，20bar	环己醇，80%，68%
Ru/C	愈创木酚	H_2O	200℃，20bar	环己醇，75%，70%
RuZrLa	愈创木酚	H_2O	200℃，40bar	环己醇，100%，91.6%
RuZrLa	4-丙基愈创木酚	H_2O	200℃，40bar	丙基环己醇，100%，89.5%
RuZrLa	4-丙基紫丁香酚	H_2O	200℃，40bar	丙基环己醇，100%，86.9%
RuZrLa	紫丁香酚	H_2O	200℃，40bar	丙基环己醇，100%，90.8%
Ru/C + MgO	愈创木酚	H_2O	160℃，15bar	环己醇，98%，79%
Ru-MnO_x/C	愈创木酚	H_2O	160℃，15bar	环己醇，99%，72%
Ru-MnO_x/C	紫丁香酚	H_2O	160℃，15bar	环己醇，99%，70%
Co/TiO_2	丁香油酚	十二烷	200℃，10bar	丙基环己醇，100%，99.9%
Co/TiO_2	愈创木酚	十二烷	200℃，10bar	环己醇，100%，98%
Co/TiO_2	紫丁香酚	十二烷	200℃，10bar	环己醇，100%，99.9%
NiCo/Al_2O_3	愈创木酚	H_2O	200℃，50bar	环己醇，96%，70.9%
Ni/CeO_2	愈创木酚	十六烷	300℃，40bar	环己醇，100%，81%
Ni/SiO_2-Al_2O_3	4-丙基愈创木酚	十六烷	250℃，10bar	丙基环己醇，100%，85%
Pt/C	4-丙基愈创木酚	十六烷	300℃，40bar	2-甲氧基-4-丙基环己醇，99%，90%
Rh/ZrO_2	愈创木酚	十烷	250℃，40bar	2-甲氧基环己醇，99%，89%
Ru/C	愈创木酚	十烷	250℃，40bar	2-甲氧基环己醇，100%，60%
Raney Ni	愈创木酚	H_2O	75℃，atm①	环己醇，100%，79%
Raney Ni	愈创木酚	异丙醇	80℃，atm	环己醇，5%，95%
Raney Ni	紫丁香酚	异丙醇	80℃，atm	环己醇，100%，92%
Raney Ni	4-烯丙基紫丁香酚	异丙醇	120℃，atm	丙基环己醇，100%，78%
Raney Ni	4-烯丙基愈创木酚	水	80℃，atm	丙基环己醇 100%，80%
Ni/SiO_2	愈创木酚	无溶剂	320℃，170bar	环己酮，96.7%，55%
NiCu/CeO_2-ZrO_2	愈创木酚	无溶剂	320℃，170bar	环己酮，94.2%，60%

7.4　加氢脱氧合成烃类产物

由于木质素脱聚所得到的单酚化合物中的氧含量仍然很高，高的氧含量使其进一步作为生物燃料的使用受到限制。因为，单酚化合物中含有甲氧基和羟基，

① atm：标准大气压。

含氧化合物具有热力学不稳定性。而加氢脱氧是去除单酚化合物中 O 元素最为有效的方法之一，因此被广泛应用于提升生物油的品质。在加氢脱氧过程中，木质素衍生化合物与 H_2 作用发生部分氢化，苯环上不饱和 C 原子发生加氢反应，生成相应的环己醇类化合物；再进一步氢解破坏 C—O 键，然后 O 元素以水的形式脱除，得到的产物发生脱甲基反应即可得到最后的烷烃产物。木质素衍生物也可首先发生脱甲基反应，再进行苯环加氢，最后环己烷的 C—O 键再发生加氢脱氧反应，生成最后的烷烃产物（图 7.11）。

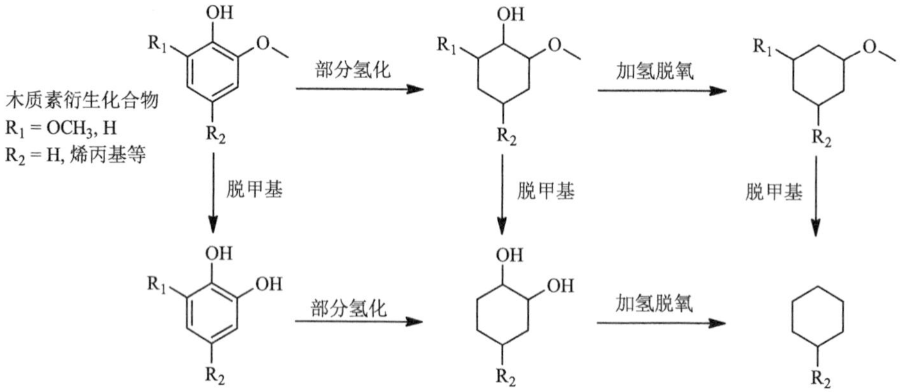

图 7.11 由木质素衍生化合物制备烃类产品

在这个过程中，主要的工作集中在发展高活性、稳定的催化剂上。所采用的加氢脱氧催化剂以金属催化剂为主，包括 Ru、Rh、Pd、Pt 等贵金属和 Ni、Co、Fe 等非贵金属。除此之外，一些双金属催化剂如 CoMo、NiMo 也被广泛用于木质素的加氢脱氧反应。

在贵金属催化剂中，Pt/C 催化剂应用较为广泛，不仅能催化苯环的加氢反应，也能促进环己醇中 C—O 键的氢解，将酚类化合物完全转化为烷烃（图 7.12）。Lercher 课题组发展了一系列的方法，通过多步反应（氢化、脱水或水解），催化转化木质素衍生芳香化合物获得烷烃。所采用的加氢脱氧催化剂包括 Pd/C、Pt/C，同时结合使用一些均相或非均相的酸如 H_3PO_4、Nafion、HZSM-5[39-42]。结合使用 Pt/C 和 HZSM-5，环烷烃的收率超过 80%。另外一种策略是直接采用固体酸作为负载材料，制备双功能催化剂。例如，Ru/HZSM-5 对木质素衍生单酚的加氢脱氧表现出了非常好的催化活性[43]。催化剂中的 HZSM-5 所提供的 Brønsted 酸性可有效催化脱水反应，而金属 Ru 主要催化氢化反应，这两种活性中心对催化剂的催化作用都是非常重要的。所研究的几种 C_6～C_9 单酚化合物都可发生转化得到相应的环烷烃。当改变催化剂载体，以 Ru/SiO_2-Al_2O_3 或 Rh/SiO_2-Al_2O_3 为催化剂时，即使在更高的反应温度下，所得到的烷烃收率也要低很多。这主要是由于 SiO_2-Al_2O_3 载体的酸性比 HZSM-5 更低。

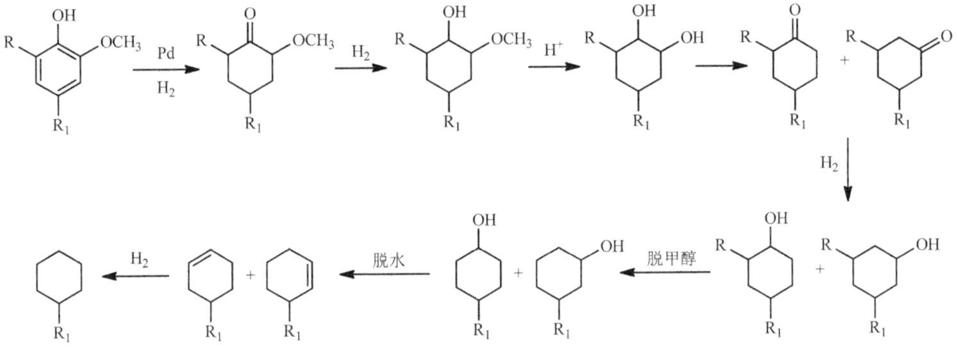

图 7.12 Pd/C 催化木质素加氢脱氧的反应机理

在非贵金属催化剂中，催化活性最好的是负载型 Ni 基催化剂。例如，以 SiO_2-ZrO_2 复合氧化物为载体的 Ni 基催化剂在苯酚、愈创木酚等酚类化合物的加氢脱氧反应中也表现出了优异的催化活性与稳定性。以 Raney Ni 为催化剂，结合使用 Nafion/SiO_2，在 4MPa H_2 的水溶液体系中，可使木质素衍生的单酚发生加氢脱氧反应获得碳氢化合物和甲醇。Raney Ni 作为加氢催化剂，而 Nafion/SiO_2 起 Brønsted 固体酸的作用催化水解或脱水反应。当以苯甲醚为模型化合物时，首先发生芳烃的羟基化反应，然后是甲氧基的水解形成环己酮，进一步加氢生成甲醇和环己醇。环己醇进一步发生脱水和加氢反应，最终生成碳氢化合物。以 HBEA-35/Raney Ni 为催化剂，在十六烷中利用异丙醇为供氢溶剂，在无外加氢气条件下，由木质素单体和二聚物也可获得高选择性的芳烃。当将此催化体系直接应用到以木质素为原料时，所得的产物收率为 50%，其中包含 71%芳烃、26%烷烃、3%酚类。当以不同硅铝比的 HZSM-5 为载体，采用过量浸渍法制备的 Ni/HZSM-5 为催化剂时，苯酚首先发生苯环上的加氢反应，得到环己醇，环己醇再在酸性水溶液中脱水得到环己烯，然后环己烯再加氢得到环己烷。进一步以 Cu 和 Co 修饰的 Ni/HZSM-5 为催化剂，Ni 仍然是苯酚加氢反应的活性组分，只有 Ni 存在时才有催化活性，掺杂 Cu 的催化剂由于活性组分的减少，催化活性有所下降，而掺杂 Co 后催化剂的活性位稳定性有所增加，且 Ni 的分散性更好，因而活性增加。在 Ni 和 Co 的含量都为 10%的 Ni-Co/HZSM-5 的催化下，苯酚完全氢化，且产物中烃类的选择性达到 99%。载体对催化剂的活性也有很大的影响。在一系列的不同载体负载的 Ni 催化剂中，对苯酚加氢的催化活性最好的是 Ni/ZrO_2，活性顺序为 Ni/ZrO_2＞Ni-V_2O_5/ZrO_2＞Ni-V_2O_5/SiO_2＞Ni/Al_2O_3＞Ni/SiO_2。

与贵金属相比，当采用 Ni 基催化剂时，加氢脱氧反应需要在更高的温度（250～320℃）和 H_2 压力（50～170bar）下进行。目前关于由酚类化合物制备烷烃的研究中，一般都是以木质素模型化合物（愈创木酚、紫丁香酚等）为原料，因此所获得的收率相对较高（图 7.13，表 7.10）。在酚类模型化合物加氢脱氧研究的基

础上，利用木质素降解获得的酚类混合物为原料，在 Ni/SiO_2-ZrO_2 催化剂的催化作用下也可以成功获得以环烷烃与多烷基取代苯为主要成分的碳氢化合物，碳氢化合物总收率达到 62.81%。

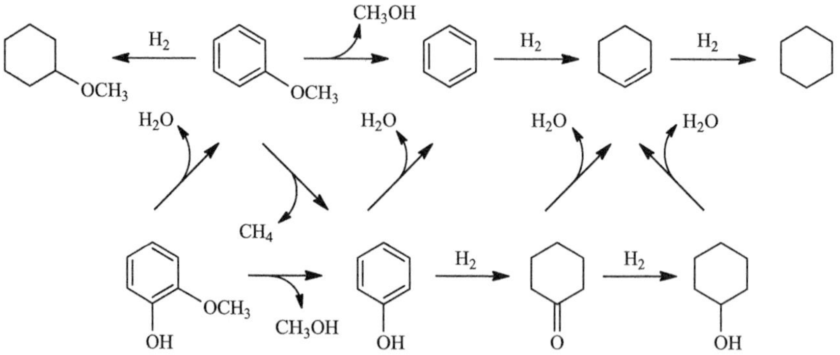

图 7.13　愈创木酚加氢脱氧的反应网络

表 7.10　由木质素衍生物加氢脱氧制备烃类化合物[38]

催化剂	原料	溶剂	温度，H_2 压力	产物，转化率，选择性
Ru/CNT	愈创木酚	十二烷/H_2O	220℃，50bar	环己烷，—，92%
Ru/CNT	丁香油酚	十二烷/H_2O	220℃，50bar	丙基环己烷，—，94%
Ru/CNT	愈创木酚	十二烷/H_2O	220℃，50bar	丙基环己烷，—，94%
Ru/CNT	4-烯丙基紫丁香酚	十二烷/H_2O	220℃，50bar	丙基环己烷，—，80%
Raney Ni，全氟磺酸/SiO_2	愈创木酚	H_2O	300℃，40bar	环己烷，195%，86.9%
Raney Ni，全氟磺酸/SiO_2	紫丁香酚	H_2O	300℃，40bar	环己烷，99%，90.8%
Raney Ni，全氟磺酸/SiO_2	4-丙基愈创木酚	H_2O	300℃，40bar	丙基环己烷，100%，79%
Pd/C，H_3PO_4	4-烯丙基愈创木酚	H_2O	250℃，50bar	丙基环己烷，99%，65%
Pd/C，H_3PO_4	丁香油酚	H_2O	250℃，50bar	丙基环己烷，100%，71%
Pd/C，H_3PO_4	4-烯丙基愈创木酚	H_2O	250℃，50bar	丙基环己烷，92%，58%
Pd/C，HZSM-5	愈创木酚	H_2O	200℃，50bar	环己烷，100%，85%
Pd/C，HZSM-5	4-丙基愈创木酚	H_2O	200℃，50bar	丙基环己烷，97%，90%
Pd/C，HZSM-5	丁香油酚	H_2O	200℃，50bar	丙基环己烷，97%，90%
Pd/C，HZSM-5	4-烯丙基愈创木酚	H_2O	200℃，50bar	丙基环己烷，95%，80%
Ru/HZSM-5	愈创木酚	H_2O	200℃，50bar	环己烷，99.9%，93.6%
Ru/HZSM-5	紫丁香酚	H_2O	200℃，50bar	环己烷，76.2%，57.2%
Ru/HZSM-5	4-丙基愈创木酚	H_2O	200℃，50bar	丙基环己烷，99.6%，89.5%
Ru/HZSM-5	4-烯丙基紫丁香酚	H_2O	200℃，50bar	丙基环己烷，99.9%，85.4%
$Rh/SiO_2-Al_2O_3$	愈创木酚	十烷	250℃，40bar	环己烷，100%，57%

续表

催化剂	原料	溶剂	温度，H_2压力	产物，转化率，选择性
$Rh/SiO_2-Al_2O_3$	愈创木酚	十烷	250℃，40bar	环己烷，100%，60%
Ni/HZSM-5	愈创木酚	H_2O	250℃，50bar	环己烷，100%，74%
Ni/HZSM-5	4-丙基愈创木酚	H_2O	250℃，50bar	丙基环己烷，98%，84%
Ni/HZSM-5	丁香油酚	H_2O	250℃，50bar	丙基环己烷，100%，80%
Ni/HZSM-5	4-烯丙基紫丁香酚	H_2O	250℃，50bar	丙基环己烷，93%，78%
Ni/SiO_2-ZrO_2	愈创木酚	十二烷	300℃，50bar	环己烷，100%，96.8%
Ni/SiO_2	愈创木酚	无溶剂	320℃，170bar	环己烷，97.5%，62%
$NiCu/Al_2O_3$	愈创木酚	无溶剂	320℃，170bar	环己烷，80.2%，52%
$NiCu/SiO_2$	愈创木酚	无溶剂	320℃，170bar	环己烷，87%，62%
$NiCuLa/ZrO_2-SiO_2$	愈创木酚	无溶剂	320℃，170bar	环己烷，85.6%，63%

大部分的加氢脱氧反应都在单一的溶剂中进行，如水、十烷、十二烷等。相比于单相溶剂，双相溶剂具有更明显的优势。双相溶剂可以将反应生成的烷烃产物萃取到有机相中，避免产物的进一步降解，同时也可提高反应物的转化率。2015 年，Fu 课题组以水/十二烷双相体系为反应溶剂，发现此双相体系比单相体系对单酚化合物的加氢脱氧反应表现出了更好的催化活性[44]。

7.5 合成芳香醛、羧酸

木质素由于羟基、芳基醚键的存在能够发生氧化和氧化裂解反应。化学氧化法相对简单，只需加入催化剂来催化氧化，因而受到了广泛的重视。木质素催化氧化解聚过程可显著降低木质素主要化学键断裂的能垒，实现木质素的高效解聚。采用不同的氧化剂、催化剂和反应条件，木质素通过氧化降解反应可生成一些醛或酸类化合物。总体来说，所有的催化氧化解聚方法都需要加入氧化剂，O_2、H_2O_2是使用最多的氧化剂，此外还有硝基苯、金属氧化物、二氧化氯和次氯酸盐等[45, 46]。在均相反应条件下，木质素的氧化反应一般结合酸、碱催化剂和过氧化氢，有时候也在相对高的温度和压力下采用一些均相的杂多酸催化剂结合金属离子（Cu^{2+}、Fe^{3+}等）。

在由木质素制备芳香醛的过程中，对氧化剂的氧化能力要求不高。采用硝基苯作氧化剂，由硫酸盐木质素转化获得的香草醛的收率为 13%～14%。硝基苯虽然是有效的氧化剂，但也为致癌物。由此，发明了大量的金属催化剂，这些催化剂对催化氧气氧化木质素制醛类化合物具有不错的催化效果。例如，采用 $CuSO_4$ 为催化剂，氧气为氧化剂，NaOH 水溶液为溶剂，由软木木质素磺酸盐可得到 22%

的香草醛。在此过程中，木质素被碱解聚为单体后，又被 Cu(Ⅰ)氧化成香草醛。用 Cu^{2+}、Fe^{3+}或组合的金属有机络合物作为催化剂，使用分子氧作为氧化剂，可从水解的木质素、碱木质素和硫酸盐木质素中分别得到 14.4%、8.0%和 3.5%的醛产物，同时随氧气压力的增加，水解木质素的催化氧化可得到更多醛结构的产物。另外，以 $Co(OAc)_2/Mn(OAc)_2$ 为催化剂，O_2 为氧化剂，乙酸为溶剂，也可由木质素获得香草醛和香草酸。与金属盐相比，当采用金属氧化物，如 CuO、CoO 为催化剂时，发现 CuO 对氧化木质素具有更好的催化能力，其产物香草醛和酸的产率可达到 10%。钒基催化剂也可选择性断裂木质素键，引发不同位置的化学键断裂。例如，断裂苄基的 C—C 键，可生成 2, 6-二甲氧基苯醌和相应的醛。Cu 替代 $LaFeO_3$ 中的部分 Fe 成为一种新的催化剂 $LaFe_{1-x}Cu_xO_3$，用于将木质素转化成芳香醛，其氧化剂为 O_2，溶剂为 NaOH 溶液，在 100℃下反应 3h，发现 $LaFe_{0.8}Cu_{0.2}O_3$ 效果最佳，主要产物为香草醛、丁香醛及对羟基苯甲醛，产率可达 20%。然而，一般在酸性条件下利用分子氧氧化木质素，醛、酸的得率较低；木质素的碱性氧化则具有更高的效果。木质素碱性氧化成香草醛的机理如图 7.14 所示。但是，在这些反应条件下所得到的氧化产物的收率并不是很理想，因为生成的自由基产物部分会发生重聚形成具有更复杂结构的产物。

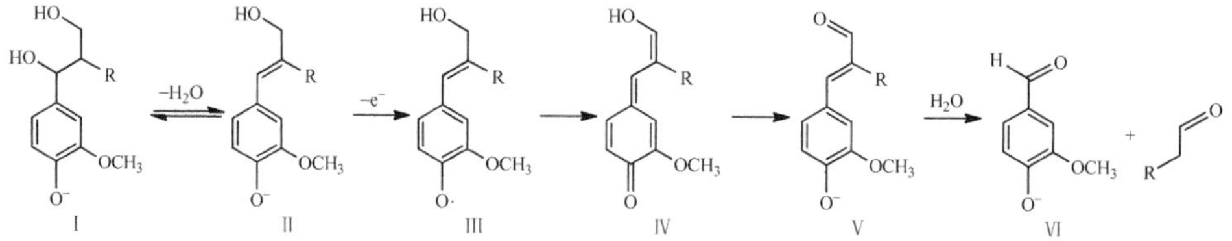

图 7.14　碱性条件下木质素催化氧化制备芳香醛的机理

与 O_2 相比，H_2O_2 具有更强的氧化能力。H_2O_2 氧化降解木质素的产物中含有大量的羧酸。例如，在水相介质中使用 H_2O_2 对木质素进行非催化氧化裂解，发现在碱性和酸性环境中，主要产物均包括单体和二羧酸。在碱性条件下木质素更易溶解，在温度为 120℃、反应时间为 5min 时，通过 H_2O_2 降解，木质素的转化率达到 98%，而在酸性条件下，温度为 160℃、反应时间为 10min 时，产物最高得率为 97.4%。同时，在碱性环境中，产物中含有较多的乙二酸和甲酸，而在酸性环境下多产生甲酸和乙酸。当 H_2O_2 作为氧化剂时紫丁香基产物居多，而 O_2 作为氧化剂时得到的愈创木基产物较多。

对于木质素及其模型化合物的催化氧化研究很多，但深入探究氧化机理的却很少。值得一提的是，美国威斯康星大学的 Stahl 研究团队在机理探究方面取得了重大成就。他们先以木质素模型化合物研究了催化氧化反应的路径（图 7.15），发现 C_α 位置的羟基氧化成酮基对 β-O-4 键的断裂起决定性作用。然后用真实木质素先氧化后解聚反应，得到 61.2%的酚类液体产物，而未氧化的木质素解聚反应只得到 7.2%的芳香族化合物收率。

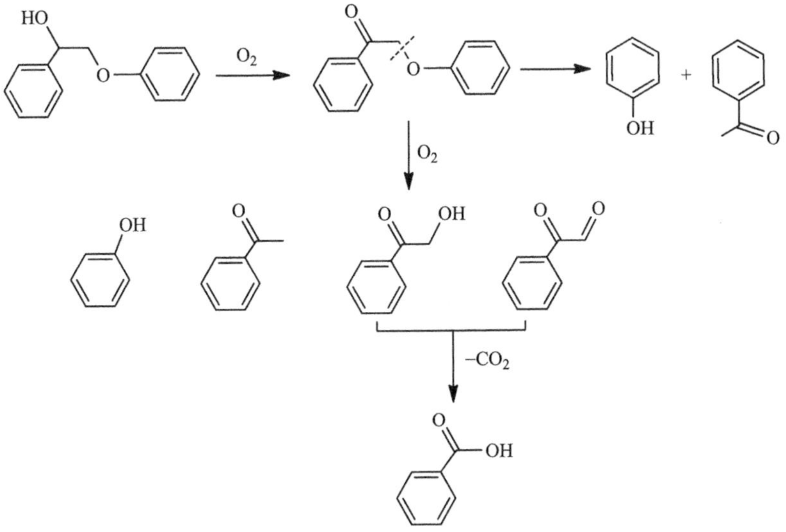

图 7.15　木质素催化氧化制备羧酸的反应机理

除了传统的加热方式，电化学氧化法、光催化氧化法、微波辐射氧化法也应用于木质素的氧化反应以制备醛、酮或酸类产物。电化学氧化法具有高效、低成本、环保等优点，电化学氧化法需要电极来提供氧化反应所需的能量[47]。利用 Ti/TiO_2NT/PbO_2 电极在 60℃条件下降解硫酸盐木质素，结果发现醚键（C—O—C）含量下降了 13%，而羰基（C ═ O）基团含量则提高了 44%，生成的产物主要为香草醛和香草酸[48]。电化学氧化法主要的瓶颈为该技术要求木质素的浓度较低，因此工业化应用过程中处理大量的木质素尚不可行。光催化氧化法则需要在光照条件下进行，紫外光在催化降解高沸醇木质素反应中有很好的效果，而光强度和光照时间是影响木质素的降解的主要因素，降解产物主要包括香草酸、紫丁香基和愈创木基衍生物。其中，香草醛、紫丁香醛、高香草酸等是重要的化石燃料替代品。与传统的电加热方式相比，微波辐射氧化法具有更高的效率。例如，以介孔 MCM-41、HMS、SBA-15 和无定形氧化硅作为催化剂，过氧化氢为氧化剂和乙腈为溶剂，氧化 4-羟基-3-甲氧基苯乙醇时，在 30min 辐射后，该体系中生成了香草乙酮、香草醛和 2-甲氧基苯醌[49, 50]。

综上所述，通过对反应溶剂、催化剂、反应条件等参数的调控，木质素有望成为高效生产寡聚物、单酚类、芳香醛、酮、酸类高附加值精细化学品和芳香烃烷烃类高品位生物燃料的原料，替代不可再生的化石资源（表 7.11）。然而要实现木质素催化解聚的工业化利用，还有许多需要完善的地方。

表 7.11　不同催化剂对木质素的氧化结果[51-56]

原料	催化剂	溶剂	反应条件	产物	收率/%
Kraft 木质素	$H_3PMo_{12}O_{40}\cdot xH_2O$	80%甲醇-水溶液	O_2，0.5MPa，170℃	单体氧化产物	2.92
Kraft 松木	$H_3PMo_{12}O_{40}\cdot xH_2O$	80%甲醇-水溶液	O_2，0.5MPa，170℃	单体氧化产物	3.25
Kraft 木质素	$CuSO_4/FeCl_3$	NaOH 溶液	O_2，0.5MPa，170℃	单体氧化产物	1.58
木质素	$CuSO_4/FeCl_3$	NaOH 溶液	O_2，0.5MPa，170℃	单体氧化产物	1.38
木质素	$CuSO_4/FeCl_3$	NaOH 甲醇-溶液	O_2，0.5MPa，170℃	单体氧化产物	1.62
硬木有机溶木质素	$CuSO_4$	[MIM][Me_2PO_4]	O_2，2.5MPa，175℃	对羟基苯甲醛，香草醛，紫丁香醛	29.7
硬木有机溶木质素	$CuSO_4$	NaOH 溶液	O_2，2.5MPa，175℃	对羟基苯甲醛，香草醛，紫丁香醛	19.3
硬木有机溶解木质素	$CuSO_4$	[mPy][Me_2PO_4]	O_2，2.5MPa，175℃	香草醛，紫丁香醛，对羟基苯甲醛	29.1
造纸木质素	$FeSO_4$	H_2O	H_2O_2，30～60℃	相对分子质量降低、羟基含量增加	
松木	$Cu(OH)_2$	120g/L NaOH	O_2，0.9MPa，160℃	香草醛	23.1
木质素	$MgSO_4$	2mol/L NaOH	O_2，0.5MPa，120℃	香草醛，紫丁香醛，对羟基苯甲醛	11.5
造纸木质素	$LaMnO_3$	2mol/L NaOH	O_2，0.2MPa，120℃	寡聚物（15.1）、香草醛（1.5）	16.6
造纸木质素	$LaFe_{0.75}Mn_{0.25}O_3$	2mol/L NaOH	O_2，0.2MPa，120℃	寡聚物（38.6）、香草醛（2.6）	41.2
造纸木质素	$LaFe_{0.5}Mn_{0.5}O_3$	2mol/L NaOH	O_2，0.2MPa，120℃	寡聚物（37.6）、香草醛（2.8）	40.4
造纸木质素	$LaFe_{0.25}Mn_{0.75}O_3$	2mol/L NaOH	O_2，0.2MPa，120℃	寡聚物（36.4）、香草醛（2.8）	39.2
造纸木质素	$La_{0.9}Sr_{0.1}MnO_3$	2mol/L NaOH	O_2，0.2MPa，120℃	寡聚物（34.1）、香草醛（3.0）	37.1
蒸汽爆破木质素	$LaFeO_3$	2mol/L NaOH	O_2，0.5MPa，120℃	香草醛，紫丁香醛，对羟基苯甲醛	15
蒸汽爆破木质素	$LaFe_{0.8}Cu_{0.2}O_3$	2mol/L NaOH	O_2，0.5MPa，120℃	香草醛，紫丁香醛，对羟基苯甲醛	18
蒸汽爆破木质素	$LaMnO_3$	2mol/L NaOH	O_2，0.5MPa，120℃	香草醛，紫丁香醛，对羟基苯甲醛	14.5

（1）木质素自身结构以及在催化解聚过程中的结构变化需要更深入的认识。虽然近年来科学家们采用多维 NMR 和高分辨率质谱等新技术较细致地研究了木质素的化学组成和结构特性，但是仍未形成统一和完善的木质素结构理论体系。对于木质素高分子的空间结构，只能近似地推导出假设模型。而随着木质素的来源、预处理分离方法和分析检测手段的不同，推导出的结构模型也不尽相同，这

给木质素催化解聚过程中机理的探究增加了难度。

（2）目前报道的研究工作中，以模型化合物为对象的研究较多，而以生物质真实原料为对象的研究较少。模型化合物虽然具有一定的代表性，但真实生物质中的木质素与纤维素、半纤维素之间复杂的连接以及反应过程中纤维素和半纤维素的水解产物与木质素的降解产物组分均十分复杂。因此，仅仅使用单一的化合物难以全面客观地反映生物质真实原料的转化过程与催化反应机制，更无法考察各种组分之间的相互影响。因此，加强生物质真实原料的催化炼制研究，是生物质转化为高品质液体燃料必须经历的一个阶段，对于其工业化应用具有重要意义。

（3）针对木质素特殊的结构特性，深入探索高效的催化解聚体系。木质素分子内部致密的网状芳环结构、复杂的化学键合方式以及氢键的作用，使得当前大多数木质素解聚体系存在温度高、反应条件苛刻、时间长、传热传质不畅、催化剂与木质素接触面小等问题，最终导致木质素解聚效率低、产物收率低、易结焦等不足。因此，开发温和、高效、具有普适性的催化体系仍是木质素解聚利用研究的重点。

（4）木质素解聚产物的处理与利用。对木质素催化解聚产物进行分离，实现高价值化学品的利用，是木质素综合利用的重要途径。然而，木质素降解产物成分复杂，性质差异较大，相对分子质量分布参差不齐，很难找到经济合理的分离方法。通过分级萃取和中压制备色谱分离等方法虽然可以获取纯度较高的目标产物，但是操作复杂、成本高、效率低。因此，对于木质素解聚产物的简单高效利用途径，仍有待进一步探索。

（5）催化剂的稳定性有待进一步提高。在生物质基的含氧化合物加氢改质过程中，含氧化合物的加氢反应与聚合反应是平行竞争关系。然而聚合反应的速率一般远远大于加氢反应的速率，因此，加氢改质过程往往伴随着聚合与结焦现象的发生，导致催化剂快速失活。这是目前生物油加氢改质难以取得突破性进展的一个重要原因。

参 考 文 献

[1] Li C, Zhao X, Wang A, et al. Catalytic transformation of lignin for the production of chemicals and fuels. Chemical Reviews，2015，115（21）：11559-11624.

[2] Hu L，Luo Y，Cai B，et al. The degradation of the lignin in *Phyllostachys heterocycla* cv. *pubescens* in an ethanol solvothermal system. Green Chemistry，2014，16（6）：3107-3116.

[3] Luterbacher J S，Azarpira A，Motagamwala A H，et al. Lignin monomer production integrated into the *γ*-valerolactone sugar platform. Energy Environmental Science，2015，8：2657-2663.

[4] Jiang Z，He T，Li J，et al. Selective conversion of lignin in corncob residue to monophenols with high yield and selectivity. Green Chemistry，2014，16：4257-4265.

[5] Jiang Z，Zhang H，He T，et al. Understanding the cleavage of inter-and intramolecular linkages in corncob residue

for utilization of lignin to produce monophenols. Green Chemistry，2016，18：4109-4115.

[6] Grbz E I，Gallo J M R，Alonso D M，et al. Conversion of hemicellulose into furfural using solid acid catalysts in γ-valerolactone. Angewandte Chemie International Edition，2013，52：1270-1274.

[7] Mahmood N，Yuan Z，Schmidt J，et al. Hydrolytic depolymerization of hydrolysis lignin：effects of catalysts and solvents. Bioresource Technology，2015，190：416-419.

[8] Sturgeon M R，Kim S，Lawrence K，et al. Acidolysis of α-O-4 aryl-ether bonds in lignin model compounds：a modeling and experimental study. ACS Sustainable Chemistry & Engineering，2014，2：472-485.

[9] Shuai L，Luterbacher J. Organic solvent effects in biomass conversion reactions. ChemSusChem，2016，9：133-155.

[10] Schutyser W，Van den Bosch S，Renders T. Influence of bio-based solvents on the catalytic reductive fractionation of birch wood. Green Chemistry，2015，17（11）：5035-5045.

[11] Sathitsuksanoh N，Holtman K M，Yelle D J，et al. Lignin fate and characterization during ionic liquid biomass pretreatment for renewable chemicals and fuels production. Green Chemistry，2014，16：1236-1247.

[12] Huang X，Zhu J，Korányi T I，et al. Effective release of lignin fragments from lignocellulose by Lewis acid metal triflates in the lignin-first approach. ChemSusChem，2016，9（23）：3262-3267.

[13] Huang X，Morales G O M，Zhu J，et al. Reductive fractionation of woody biomass into lignin monomers and cellulose by tandem metal triflate and Pd/C catalysis. Green Chemistry，2017，19：175-187.

[14] Renders T，Schutyser W，Van den Bosch S，et al. Influence of acidic（H_3PO_4）and alkaline（NaOH）additives on the catalytic reductive fractionation of lignocellulose. ACS Catalysis，2016，6：2055-2066.

[15] Baker S B，Hibbert H. Studies on lignin and related compounds. LXXXVI. Hydrogenation of dimers related to lignin1. Journal of the American Chemical Society，1948，70：63-67.

[16] Bower J R，Cooke L M，Hibbert H. Studies on lignin and related compounds. LXX. Hydrogenolysis and hydrogenation of maple. Journal of the American Chemical Society，1943，65（6）：1192-1195.

[17] Pepper J M，Lee Y W. Lignin and related compounds. I. A comparative study of catalysts for lignin hydrogenolysis. Canadian Journal of Chemistry，1969，47：723-727.

[18] Pepper J M，Lee Y W. Lignin and related compounds. Ⅱ. Studies using ruthenium and Raney nickel as catalysts for lignin hydrogenolysis. Canadian Journal of Chemistry，1970，48：477-479.

[19] Rinaldi R，Jastrzebski R，Clough M T，et al. Paving the way for lignin valorisation：recent advances in bioengineering，biorefining and catalysis. Angewandte Chemie International Edition，2016，55：8164-8215.

[20] Tan S，MacFarlane D，Upfal J，et al. Extraction of lignin from lignocellulose at atmospheric pressure using alkylbenzenesulfonate ionic liquid. Green Chemistry，2009，11：339-345.

[21] Galkin M V，Samec J S M. Selective route to 2-propenyl aryls directly from wood by a tandem organosolv and palladium-catalysed transfer hydrogenolysis. ChemSusChem，2014，7：2154-2158.

[22] Luo H，Klein I M，Jiang Y，et al. Total utilization of miscanthus biomass，lignin and carbohydrates，using earth abundant nickel catalyst. ACS Sustainable Chemistry & Engineering，2016，4：2316-2322.

[23] Anderson E M，Katahira R，Reed M，et al. Reductive catalytic fractionation of corn stover lignin. ACS Sustainable Chemistry & Engineering，2016，4（12）：6940-6950.

[24] Renders T，van den Bosch S，Vangeel T，et al. Synergetic effects of alcohol/water mixing on the catalytic reductive fractionation of poplar wood. ACS Sustainable Chemistry & Engineering，2016，4（12）：6894-6904.

[25] Ferrini P，Rezende C A，Rinaldi R. Catalytic upstream biorefining through hydrogen transfer reactions：understanding the process from the pulp perspective. ChemSusChem，2016，9：3171-3180.

[26] Van den Bosch S，Schutyser W，Koelewijn S F，et al. Tuning the lignin oil OH-content with Ru and Pd catalysts

during lignin hydrogenolysis on birch wood. Chemical Communications，2015，51：13158-13161.

[27] Jiang Z，Hu C. Selective extraction and conversion of lignin in actual biomass to monophenols：a review. Journal of Energy Chemistry，2016，25（6）：947-956.

[28] Van den Bosch S，Schutyser W，Vanholme R，et al. Reductive lignocellulose fractionation into soluble lignin-derived phenolic monomers and dimers and processable carbohydrate pulps. Energy Environmental Science，2015，8：1748-1763.

[29] Liu Y，Chen L，Wang T，et al. One-pot catalytic conversion of raw lignocellulosic biomass into gasoline alkanes and chemicals over $LiTaMoO_6$ and Ru/C in aqueous phosphoric acid. ACS Sustainable Chemistry & Engineering，2015，3：1745-1755.

[30] Song Q，Wang F，Cai J，et al. Lignin depolymerization（LDP）in alcohol over nickel-based catalysts via a fragmentation-hydrogenolysis process. Energy Environmental Science，2013，6：994-1007.

[31] Klein I，Saha B，Abu-Omar M M. Lignin depolymerization over Ni/C catalyst in methanol，a continuation：effect of substrate and catalyst loading. Catalysis Science & Technology，2015，5：3242-3245.

[32] De bruyn M，Fan J，Budarin V L，et al. A new perspective in bio-refining：levoglucosenone and cleaner lignin from waste biorefinery hydrolysis lignin by selective conversion of residual saccharides. Energy Environmental Science，2016，9：2571-2574.

[33] Jongerius A L，Bruijnincx P，Weckhuysen B M. Liquid-phase reforming and hydrodeoxygenation as a two-step route to aromatics from lignin. Green Chemistry，2013，15：3049-3056.

[34] Yan N，Zhao C，Dyson P J，et al. Selective degradation of wood lignin over noble-metal catalysts in a two-step process. ChemSusChem，2008，1：626-629.

[35] Ferrini P，Rinaldi R. Catalytic biorefining of plant biomass to non-pyrolytic lignin bio-oil and carbohydrates through hydrogen transfer reactions. Angewandte Chemie International Edition，2014，53：8634 -8639.

[36] Rinaldi R. Plant biomass fractionation meets catalysis. Angewandte Chemie International Edition，2014，53：8559-8560.

[37] Yi J，Luo Y，He T，et al. High efficient hydrogenation of lignin-derived monophenols to cyclohexanols over Pd/γ-Al_2O_3 under mild conditions. Catalysts，2016，6：12.

[38] Sun Z，Fridrich B，de Santi A，et al. Bright side of lignin depolymerization：toward new platform chemicals.Chemical Reviews，2018，118（2）：614-678.

[39] Zhao C，He J，Lemonidou A A，et al. Aqueous-phase hydrodeoxygenation of bio-derived phenols to cycloalkanes. Journal of Catalysis，2011，280：8-16.

[40] Zhao C，Kou Y，Lemonidou A A，et al. Hydrodeoxygenation of bio-derived phenols to hydrocarbons using RANEY®Ni and Nafion/SiO_2 catalysts. Chemical Communications，2010，46：412- 414.

[41] Zhao C，Lercher J A. Selective hydrodeoxygenation of lignin-derived phenolic monomers and dimers to cycloalkanes on Pd/C and HZSM-5 catalysts. ChemCatChem，2012，4：64-68.

[42] Zhao C，Kou Y，Lemonidou A A，et al. Highly selective catalytic conversion of phenolic bio-oil to alkanes. Angewandte Chemie International Edition，2009，48：3987-3990.

[43] Zhang W，Chen J，Liu R，et al. Hydrodeoxygenation of lignin-derived phenolic monomers and dimers to alkane fuels over bifunctional zeolite-supported metal catalysts. ACS Sustainable Chemistry & Engineering，2014，2：683-691.

[44] Chen M Y，Huang Y B，Pang H，et al. Hydrodeoxygenation of lignin-derived phenols into alkanes over carbon nanotube supported Ru catalysts in biphasic systems. Green Chemistry，2015，17：1710-1717.

[45] Yang Q，Shi J，Lin L，et al. Characterization of changes of lignin structure in the processes of cooking with solid alkali and different active oxygen. Bioresource Technology，2012，123：49-54.

[46] Rahimi A，Ulbrich A，Coon J J，et al. Formic-acid-induced depolymerization of oxidized lignin to aromatics. Nature，2014，515（7526）：249-252.

[47] Pan K，Tian M，Jiang Z H，et al. Electrochemical oxidation of lignin at lead dioxide nanoparticles photoelectrodeposited on TiO_2 nanotube arrays. Electrochimica Acta，2012，60：147-153.

[48] Shi R，Takano T，Kamitakaha R，et al. Studies on electrooxidation of lignin and lignin model compounds. Part 1：Direct electrooxidation of non-phenolic lignin model compounds. Holzforschung，2012，66（3）：303-309.

[49] Badamali S K，Luque R，Clark J H，et al. Unprecedented oxidative properties of mesoporous silica materials：towards microwave-assisted oxidation of lignin model compounds. Catalysis Communications，2013，31：1-4.

[50] Tonucci L，Coccia F，Bressan M，et al. Mild photocatalysed and catalysed green oxidation of lignin：a useful pathway to low-molecular-weight derivatives. Waste and Biomass Valorization，2012，3（2）：165-174.

[51] Voitl T，Rudolf von R P. Oxidation of lignin using aqueous polyoxometalates in the presence of alcohols. ChemSusChem，2008，1：763-769.

[52] Liu S W，Shi Z L，Li L，et al. Process of lignin oxidation in an ionic liquid coupled with separation. RSC Advances，2013，3：5789-5793.

[53] Tarabanko V E，Koropatchinskaya N V，Kudryashev A V，et al. Influence of lignin origin on the efficiency of the catalytic oxidation of lignin into vanillin and syringaldehyde. Russian Chemical Bulletin，1995，44：367-371.

[54] Deng H B，Lin L，Sun Y，et al. Perovskite-type oxide $LaMnO_3$：an efficient and recyclable heterogeneous catalyst for the wet aerobic oxidation of lignin to aromatic aldehydes. Catalysis Letters，2008，126：106-111.

[55] Gao P，Li C，Wang H，et al. Perovskite hollow nanospheres for the catalytic wet air oxidation of lignin. Journal of Catalysis，2013，34：1811-1815.

[56] Zhang J H，Deng H B，Lin L. Wet aerobic oxidation of lignin into aromatic aldehydes catalysed by a perovskite-type oxide：$LaFe_{1-x}Cu_xO_3$（$x=0$，0.1，0.2）. Molecules，2009，14：2747-2757.

第8章 生物质气化

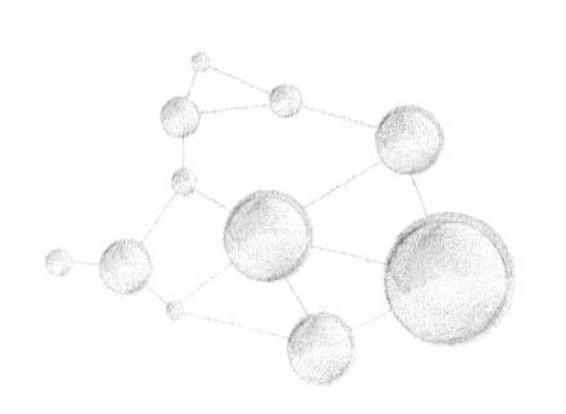

传统的生物质转化方法主要分为生物化学转化和热化学转化两类方法。生物化学转化是在微生物和酶的作用下，将生物质通过厌氧消化或发酵转化为沼气（甲烷）、乙醇、氢气、丁二醇、乳酸等能源产品和化工原料。热化学转化方法是在一定温度和压力条件下，将生物质转化为气体燃料、液体燃料（生物油）和固体（生物炭、焦）产物，主要包括热裂解（也称为热解或裂解）、气化和直接燃烧等技术。热化学转化技术能将生物质转化为更为有用的能量形式，因而备受关注。图8.1总结了热化学转化的几种主要过程、用途及产品市场应用情况。热化学转化方法中的直接燃烧技术将生物质的化学能转化为可以直接利用的热能，其利用效率低，主要适于农村小规模的分散利用。而热裂解、气化技术的转化效率高，可以生产木炭、生物燃油和化学品，所得产品能量密度高且易于存储和运输，不仅可以直接在涡轮机、发动机和锅炉中燃烧用于发电和供热，也可以用于合成运输燃料和化学品，因此热裂解、气化技术是大规模集中处理生物质的主要方式。

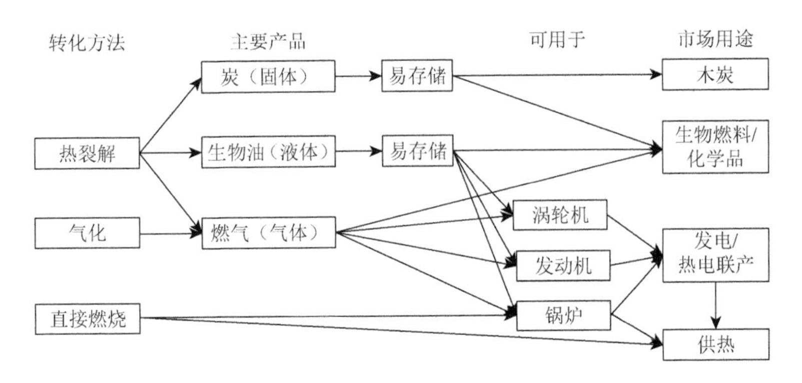

图8.1　生物质热化学转化方法及可供市场产品示意图[1]

在生物质的热化学转化过程中，总是会产生固体、液体和气体这三类产物，三者的比例可以通过调整热解的反应条件在较大范围内灵活地进行调变。表8.1给出了木材在不同热解条件下所得三类产物的比例变化情况。中温和短的停留时间有利于主要获得液体产物，是适于生物质热解过程的操作条件；而高温和较长的停留时间会增大生物质向气体产物转化的产率，是生物质气化的操作条件。热裂解技术将生物质主要转化为液体产物，液体易于存储和运输，可以用于供能、生产运输燃料及化学品。自从煤炭气化过程出现发展至今，气化技术已经有两百多年的历史[2]，而生物质气化技术经过几十年的发展和实践，也已经取得了很大的成就，并有很多商业应用实例。本章将主要介绍生物质气化的原理和应用，生物质热裂解技术的原理和方法将在第 9 章进行介绍。

表 8.1　木材在几种不同反应模式下热解所得典型产物的质量产率（干木基）[1]

反应模式	反应条件		各相产物的产率/%		
	温度/℃	停留时间	液体	固体	气体
快速热解	约 500	热解气停留时间短，约 1s	75	12（炭）	13
炭化	约 400	热解气停留时间长，以天计	30	35（炭）	35
气化	700～1000		5	10（炭）	85
烘焙	约 290	固体停留时间 10～60min	0～5	80（固体）	20

生物质气化是指生物质原料经过压制成型或简单的破碎加工处理后，在一定的热力学条件下，借助气化介质即气化剂（空气、氧气、水蒸气等）的作用，使生物质中的生物大分子发生热解、氧化、还原、重整反应，热解伴生的焦油进一步热裂化或催化裂化为小分子碳氢化合物，得到含有 CO_2、CO、H_2、CH_4 和 C_mH_n 等烃类碳氢化合物的混合气体，再通过净化处理获得洁净可燃产品气的过程。由于生物质由纤维素、半纤维素、木质素、惰性灰分等组成，氧含量和挥发分（即生物质裂解生成的可挥发性热解物质，热解条件下以蒸气形式存在）含量高，焦炭的活化性强，因此与煤相比，生物质具有更高的活性，更适合气化。生物质气化技术将低品位的固体生物质原料转变成高品质的气体，并通过后续转化过程合成液体燃料。这些燃气和液体燃料的使用更加方便清洁，提高了能源利用效率。

生物质中的可燃成分与氧气通过氧化反应，放出热量，为气化反应的其他过程如热分解和还原过程提供反应的热量，因此整个生物质气化过程从能量平衡角度分析是一个自供热系统，其能量回收和热容量高于直接燃烧和热解过程[2]。

生物质气化系统包括四个部分：进料系统、气化反应系统、气体净化系统和气体利用系统。不同气化工艺会导致生成燃气的组成和热值不同[3]。气化转化的重点是气体组分和产率的调整与控制。

按照气化所得产品气的组分和用途，一般将气化过程分为三类（图 8.2）。

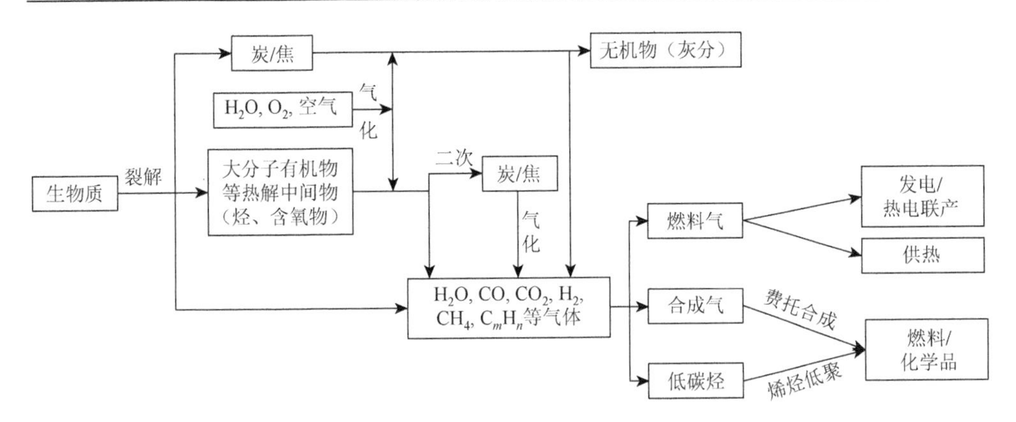

图 8.2　生物质气化过程及产品气用途示意图

（1）生物质气化为燃料气，燃料气可用于集中供气、供热或发电。

（2）生物质气化为合成气，合成气可用于工业上成熟的费托合成工艺合成以石蜡烃为主的液体燃料。

（3）生物质气化为低碳烯烃，低碳烯烃可通过低聚反应合成液体燃料。

8.1　生物质气化为燃料气

生物质气化与热解不同，气化过程需要气化介质（空气、氧气等），以生产气体产品为主，气体热值低，为 4～6MJ/m^3，而热解过程通常不需要气化剂，其产物是液、气、碳 3 类产品，所得气体为 10～15MJ/m^3 的中高热值气体[4]。生物质气化为燃料气的最终目的是得到洁净的燃料气，因此要采用催化剂来抑制、转化或消除热解气化反应过程中产生的焦油。

我们首先介绍生物质气化的基本原理。

8.1.1　生物质气化的基本过程和基本参数

1. 气化的基本过程和反应

生物质包含纤维素、半纤维素和木质素生物大分子，平均组成单元为$C_6H_{10}O_5$，组成会随着生物质物理性质的改变而略有变化。如果生物质燃料完全燃烧生成 CO_2 和 H_2O，那么所需的空气/燃料化学计量比在 6∶1～6.5∶1。然而，气化过程实际上是生物质的不完全氧化过程，所需的氧气要少得多，空气/燃料化学计量比在 1.5∶1～1.8∶1[2]。

气化过程必然伴随热解过程，热解是气化的第一步（图 8.2）。一般认为，生物质气化经历如下三个阶段：①固体燃料的干燥（脱除内在水分）；②物质颗粒在

 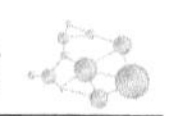

高温环境下迅速热解，产生焦炭、焦油和气体产物；③气化反应（热解产生的挥发分之间发生二次反应，以及焦油裂解，焦炭与气化剂反应生成 H_2、CO、CH_4 和烃类等可燃气体）。

生物质气化是一种复杂的非均相与均相反应过程，通过一系列复杂的热化学反应进行。将气化炉分列为不同区域是不切实际的，且多种气化反应总是同时发生。气化过程涉及的不同阶段及其中发生的主要反应分述如下[2, 5]。

1）干燥区

生物质原料的物理和化学性质对最终产品的品质有着重要的影响。对生物质原料进行干燥、致密化和压块等预处理，可以提升产品的品质。生物质的干燥过程可以在气化反应器的内部进行，但是大量的水分会导致能量损失，并降低产品的质量。生物质的含水量与生物质本性相关，通常在 5%～35%。由于燃烧区域的传热作用，生物质干燥发生在燃料箱区。但是由于温度较低，干燥过程中燃料中的挥发分不会发生热分解。

干燥过程如下所示：

$$湿基原料 \xrightarrow{热} 干基原料 + H_2O \tag{8.1}$$

2）热解或热分解区

热解是生物在缺氧/缺空气条件下发生的一个复杂的热分解过程，产生固体焦炭、液体焦油和气体产品，三者比例受生物质本性和过程操作条件的影响。

在热解过程中，干燥和生物质组成的相对分子质量降低同时发生，而水分在低于 200℃即可除去。当温度升高到 300℃时，生物质组成中的非晶态纤维素的相对分子质量开始下降，生成羰基和羧基自由基，过程中产生 CO 和 CO_2。当温度高于 300℃时，前期生成的晶态纤维素开始分解生成炭、焦油和气体产品，半纤维分解生成可溶聚合物，伴随着挥发分气体、炭和焦油的生成。木质素在 300～500℃较高温度范围内分解生成甲醇、乙酸、水和丙酮。

从总体上看，纤维素、半纤维素和木质素生物质大分子聚合物转化为炭和中等尺寸的分子（挥发分）。因此，生物质热解在 125～500℃发生，烃类以焦油的形式凝聚。300℃以内发生的化学反应是放热反应，而高于 300℃发生的化学反应为吸热反应。因此，300℃的温度足以生成焦炭，无需外部加热。但是高温热解过程需要外部加热使所得的气体和液体燃料的产量最大化。

生物质热解反应示意如下：

$$干基原料 \xrightarrow{热} 焦炭 + 挥发分 \tag{8.2}$$

3）部分氧化或燃烧区

从生物质中挥发出来的物质发生放热的氧化反应生成氧化物，释放出热量，温度高达 1100～1500℃，可以得到含有 CO、H_2、CO_2 和 H_2O 的气体燃料。气化阶段至关重要，决定了最终产品气的类型和品质。压力、反应器温度、气化剂（氧气、空气、水蒸气）等因素是影响产品气产率的关键参数。燃烧区发生的放热反应释放出大量热量，这些热量也可以用于干燥生物质，以及用于热解反应产生挥发性物质，还可以为还原反应提供热量。在这一区域，固体炭化燃料和空气中的氧发生非均相反应生成碳氧化物并释放出大量的热量。H_2 燃烧产生水蒸气，释放出大量热量。

上述反应如式（8.3）～式（8.5）所示。

碳部分氧化： $C + 0.5O_2 \longrightarrow CO$ $\quad \Delta_r H_m^\ominus = -111MJ/kmol$ （8.3）

CO 氧化： $CO + 0.5O_2 \longrightarrow CO_2$ $\quad \Delta_r H_m^\ominus = -283MJ/kmol$ （8.4）

H_2 氧化： $H_2 + 0.5O_2 \longrightarrow H_2O$ $\quad \Delta_r H_m^\ominus = -242MJ/kmol$ （8.5）

4）还原区

生物质气化过程不仅仅生成有用的气体产品，还会伴随产生一些不希望获得的副产物，如 NO_x、SO_2 和焦油。焦油是影响产品气利用如发电的最大障碍，燃料气中过多的焦油颗粒会降低生物质的利用效率，导致燃料线路、过滤器和发动机的严重堵塞。可以通过设置还原区域发生热分解的适当反应温度来控制焦油颗粒的生成，减少焦油颗粒的适宜还原区温度为 1000℃。在还原区，大量高温化学反应在还原气氛下发生，将气体和焦炭的显热转化为产品气中的化学能。还原过程会生成 CO、H_2 和 CH_4 等可燃性气体。

上述反应如式（8.6）～式（8.10）所示。

Boudouard 反应： $C + CO_2 \rightleftharpoons 2CO$ $\quad \Delta_r H_m^\ominus = 172MJ/kmol$ （8.6）

水气反应： $C + H_2O \rightleftharpoons CO + H_2$ $\quad \Delta_r H_m^\ominus = 131MJ/kmol$ （8.7）

甲烷化反应： $C + 2H_2 \rightleftharpoons CH_4$ $\quad \Delta_r H_m^\ominus = -75MJ/kmol$ （8.8）

水气变换反应： $CO + H_2O \rightleftharpoons CO_2 + H_2$ $\quad \Delta_r H_m^\ominus = -41MJ/kmol$ （8.9）

甲烷水蒸气重整： $CH_4 + H_2O \rightleftharpoons CO + 3H_2$ $\quad \Delta_r H_m^\ominus = 206MJ/kmol$ （8.10）

除此之外，由于生物质原料中含有硫元素和氮元素，在气化过程中还会涉及 H_2S 和 NH_3 的生成。反应如式（8.11）和式（8.12）所示。

H_2S 的生成： $H_2 + S \longrightarrow H_2S$ $\quad \Delta_r H_m^\ominus = -20kJ/mol$ （8.11）

NH_3 的生成： $1.5H_2 + 0.5N_2 \rightleftharpoons NH_3$ $\quad \Delta_r H_m^\ominus = -46kJ/mol$ （8.12）

2. 气化过程的基本参数

在气化过程中有多种运行参数会影响气化气的性质。首先对这些基本概念和基本参数进行解释。

1）当量比

当量比（equivalence ratio，ER）是指在气化过程中，单位质量生物质所消耗的空气（氧气）量与生物质完全燃烧所需要的理论空气（氧气）量之比，是气化过程的重要控制参数。

当量比与生物质的类型、气化方法和操作条件均有关系。当量比小，会造成生物质燃烧过程缺氧，反应温度过低且反应不完全，有效成分总量减少，气体产率下降。随着当量比增大，气化过程消耗的氧的量增多，反应温度升高，有利于气化反应的进行，但燃烧的生物质的量增加，产生的 CO_2 量增加，会使气体质量下降。特别是当以空气为气化剂时，气体中氮气的量也大大增加，对气化反应不利。当量比应当控制在一个合理的范围之内，生物质气化的理论最佳当量比为0.28，实际运行过程中通常控制在 0.2～0.28。

当以水蒸气为气化剂时，常用的另一个当量比为水蒸气/生物质的质量比 S/B 比（steam to biomass ratio），指的是单位质量的生物质所消耗的水蒸气的量。

理论上 S/B 比增大有利于水蒸气气化反应的正向进行，但由于水蒸气气化反应为吸热反应，需要额外提供热量，所以 S/B 比的增大与供热的增加是成正比的。实际过程中也需要将 S/B 比控制在一个合适的范围之内。

2）气体产率

气体产率（G_v）指单位质量的原料气化后所产生的气体燃料在标准状态下的体积。常用单位为 m^3/kg 或 Nm^3/kg，Nm^3 为标准立方米。

气体产率受生物质种类的影响，并取决于原料中的水分、灰分和挥发分。当原料中的灰分和水分降低时，可燃组分含量增大，气体产率也随之增大。气体产率还受气化过程中多种控制因素，如气化剂种类、温度、停留时间等的影响。

3）气体热值

一定体积或质量的燃气所能释放出的热量称为燃气的热值（heating value，HV）。热值是衡量燃气燃烧性能的一个重要指标，常用单位为 MJ/Nm^3 或 kJ/Nm^3。

燃气的热值分为高位热值（HHV）和低位热值（LHV）。高位热值是指单位燃气完全燃烧后，其烟气被冷却到初始温度，其中的水蒸气以凝结水的状态排出时，燃烧过程所放出的全部热量。低位热值是指单位燃气完全燃烧后，其烟气被冷却到初始温度，其中的水以蒸汽的状态排出时，燃烧过程所放出的全部热量。高位热值与低位热值之间相差水蒸气的冷凝热。通常燃气燃烧时生成的水蒸气以气态形式存在，因此实际使用过程中常采用低位热值。

4）气化效率

气化效率指生物质气化后生成气体的总热量与气化原料（生物质）的总热量之比，是衡量气化过程的主要指标。气化效率的计算式如下：

$$\text{气化效率}(\%)=\frac{\text{气体热值}(\text{kJ / Nm}^3)\times\text{气体产率}(\text{Nm}^3\text{ / kg})}{\text{原料热值}(\text{kJ / kg})}\times 100\% \tag{8.13}$$

一般气化设备的气化效率在 70%左右。

5）碳转化率

碳转化率 η_C（carbon conversion efficiency，CCE）是指在气化过程中转化成

为燃气中的碳占生物质原料中总碳的百分数，即气体中含碳量与原料中含碳量之比，是衡量生物质气化过程的一个重要标准。碳转化率 η_C 的计算式如下：

$$\eta_C(\%)=\frac{12(\varphi_{CO_2}+\varphi_{CO}+\varphi_{CH_4}+n\varphi_{C_nH_m})}{22.4\times(298/273)\times C}G_v\times100\% \tag{8.14}$$

式中，G_v 为气体产率，Nm^3/kg（标准状态，0℃）；C 为生物质原料中的碳含量，%；φ_{CO_2}、φ_{CO}、φ_{CH_4}、$\varphi_{C_nH_m}$ 分别为燃气中 CO_2、CO、CH_4 和不饱和碳氢化合物 C_nH_m 的体积分数；n 为不饱和碳氧化合物 C_nH_m 的含碳数。

8.1.2　生物质气化的影响因素

随着气化反应器（气化炉）和反应工艺（如气化剂、反应温度、原料性质等）的差异，气化过程及产品气的组成、热值等性质也千差万别。下面分别介绍这些因素对生物质气化性能的影响。

1. 气化炉的影响

生物质气化炉的设计受燃料实用性、原料形状和尺寸、水分含量、灰分含量和终端产品的应用等因素的影响。依据反应器容器内生物质的支撑方式、生物质与氧化剂的流动方向和反应器内供热方式等因素，可以将气化炉分为几种不同的类型，常见的有固定床气化炉和流化床气化炉两大类型。除此之外，还包括气流床气化炉和旋风分离床气化炉，这两类气化炉的应用较少。下面将重点介绍常用的固定床气化炉和流化床气化炉这两类气化炉的特征。

1）固定床气化炉

固定床或移动床气化炉都有一个固体燃料颗粒床，气化剂（空气、氧气、水蒸气）通过床层向下或者向上流动。固定床气化炉是最简单的气化炉，由燃料和气化剂的柱形容器、燃料进料单元、灰分收集器单元和气体出口组成，设计在中等压力（25～30atm）条件下操作。气体冷却和净化系统与固定床气化炉相连，通常由湿式洗涤、旋风分离过滤和干过滤单元组成。固定床气化炉的结构简单，由混凝土或不锈钢制造，通常在低气体流速、高碳转化率和长时固体停留时间等条件下操作。固定床气化炉适合用于小规模的供热和供电，但是受生成焦油含量的影响严重，而近年来焦油控制技术的进步可以改善这一状况。

气化反应系统涉及气化剂（空气、氧气、水蒸气）与生物质的相互作用，依据气化剂与生物质的相互作用的方式，固定床气化炉进一步分为下吸式、上吸式和横吸式气化炉。这三种气化炉的结构示意图如图 8.3 所示[6]，下面依次介绍它们的特点。

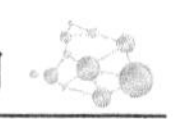

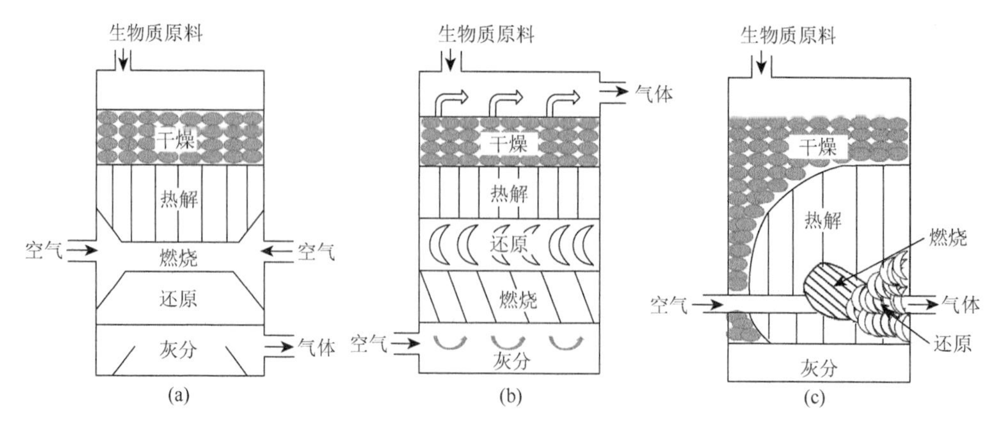

图 8.3　下吸式气化炉（a）、上吸式气化炉（b）和横吸式气化炉（c）示意图[6]

a. 下吸式气化炉

生物质物料自炉顶投入炉内，气化剂由进料口和进风口进入炉内。炉内的物料自上而下分为干燥区、热解区、氧化区和还原区，如图 8.3（a）所示。顾名思义，下吸式气化炉中的空气在向下流动过程中与固体生物质燃料发生相互作用，气化产生的气体及废物与气化剂保持并流方向移动，因此，下吸式气化炉也称为并流式气化炉。

在气化剂的带动下，从干燥区和热解区得到的所有分解产物必须经过氧化区，挥发性物质在此区域发生热裂解，使焦油含量减少，获得品质更高的燃料气。在氧化区，空气在与炭接触之前，先与正在裂解的生物质发生相互作用，促进生成火焰，使热解过程得以维持。在热解区末端，在缺氧状态下获得的气体为 CO_2、H_2O 和 H_2，称为燃烧裂解（flaming pyrolysis）。由于下吸式气化过程自身消耗了99%的焦油，在燃烧裂解中得到的产品气中微粒和焦油含量都很低，因此适合应用于小规模发电[7]。

下吸式气化炉的特点：结构简单，工作稳定性好，可随时进料，大块原料可以不经预处理直接使用，焦油含量少。但出炉燃气灰分较高（需除尘），燃气温度较高。整体而言，该技术被认为是较好的气化技术，市场化程度高，有大量的炉型在运转或建造。对于小型化应用（热功率≤1.5MW）很有吸引力，在发达和不发达经济地区均有较多的应用例子。

b. 上吸式气化炉

生物质物料自炉顶投入炉内，气化剂由炉底进入炉内参与气化反应，气化生成的燃气自下而上流动，由燃气出口排出，也称为逆流气化炉，如图 8.3（b）所示。还原区生成的气体热值高，与热解区和干燥区产生的蒸汽一起离开反应炉。气化过程中，燃气在经过热解区和干燥区时，可以有效地进行热量的多向传递，既可以用于物料的热解和干燥，又降低了离开气化炉时自身的温度，因此这种气化炉的整体热效率最高。同时，热解层和干燥层对上行燃气具有一定的过滤作用，使其灰分很低。

上吸式气化炉的特点：炉型结构简单，适于不同形状尺寸的物料，热效率高，压差小和结渣趋势小。适合应用于所需火焰温度高、含尘量中等的场合。但是生成气中焦油和水分含量较高、合成气产量低、发动机启动时间长、反应性能差，成为上吸式气化炉系统的瓶颈问题[6]。产品气中的焦油容易造成输气系统堵塞，使输气管道、阀门等工作不正常，加速其老化，因此需要复杂的燃气净化处理，给燃气的利用（如供气、发电）设施带来困难，难以进行大规模的应用。

c. 横吸式气化炉

横吸式气化炉是最简单的气化炉之一，物料自炉顶加入，灰分落入下部灰室，气化剂由炉体一侧供给，生成的燃气从另一侧抽出。燃气呈水平流动，故又称平吸式气化炉。空气通过单管进风喷嘴高速吹入，形成一个高温燃烧区，温度可达2000℃，能使用较难燃烧的物料。与下吸式和上吸式气化炉不同的是，横吸式气化炉有单独的灰室、燃烧和还原区，因此要求生产气化燃气所用原料的灰分含量要小。

横吸式气化炉的主要特点：对负荷响应快，负荷能力强，启动时间（5～10min）短，与干燥鼓风相容，设计高度短，结构紧凑。但燃料在炉内停留时间短，还原层容积很小，CO_2 还原程度低，从而影响了燃气的质量。炉中心温度高，超过了灰分的熔点，较易造成结渣，且燃气温度高。仅适用于含焦油很少及灰分小于 5%的燃料，如无烟煤、焦炭和木炭等。横吸式气化炉已进入商业化运行，主要应用于南美洲，但是总体来说该炉型的应用较少。

2）流化床气化炉

流化作用的原则是燃料和床料都要像流体一样运动。当流化介质如空气、水蒸气、氧气或它们的混合物，通过反应炉中的固体物料时可以观察到流化现象。流化床气化炉运用了返混原理，使原料颗粒与已经经过气化的颗粒之间进行充分混合。气化炉中最常用的床料是氧化硅，其他散粒体如砂、橄榄石、玻璃微珠和白云石等具有催化特性，近年来也用于减少气化过程中的焦油的生成。为了改善气化过程中生成的炭的利用，从构型设计和灰分条件（如干灰分或团聚灰分）等方面分析，流化床气化炉与固定床气化炉明显不同[2]。

采用流化床的基本概念来加强燃料颗粒之间的传热，可以使气化过程进行得更好，因此流化床能在接近等温的条件下操作。流化床的操作温度依赖于床料的熔点，通常在 800～900℃。这个温度相对较低，因此气化反应在这一低温下不会达到化学平衡，除非使用催化剂促进气化反应的发生。气体的停留时间较短，是气化反应难以达到化学平衡的另一原因。这些因素会导致流化床气化炉中产生的煤气含量降至固定床气化炉的范围。流化床气化炉中的碳转化效率相当高，最高

可达 95%。由于流化床气化炉的设计和优良的混合特性，适于按比例放大，可以用于处理加大颗粒尺寸范围的燃料。

流化床气化炉也为添加剂的使用提供了条件，加速了焦油的转化。然而，灰分和碱金属含量高的生物质材料，如草、甘蔗、杏仁壳、水稻和小麦秸秆，能够与床料中的氧化硅及物料中的氧化硅形成低共熔体，低共熔体的形成会使颗粒具有黏性，最终形成更大的块状物导致其失去流化作用。为了保障流化床气化炉的正常运行，必须频繁地让反应器停工进行周期性的清洁，增加了运行成本。这一问题亟待解决！研究者们发展了一些补救措施，例如，将煅烧过的石灰岩添加到流化床中，可以提升低共熔体的熔点，使得气化反应在高于 900℃的高温条件下可以维持更长的时间，使团聚风险最小化，避免经常替换反应床。然而，由于流化过程中石灰岩会随着气化剂流出，这一方案不是特别有效，除非可以在较长时间范围内使流化床中石灰岩的浓度保持不变。由于炭的黏滞性和焦化作用，通过旋风过滤器和套筒过滤器除去的碳在测定和收集过程中的不确定度分别估计为±4%和±20%。

流化床气化炉具有许多特征，如负荷和燃料灵活、传热速率高、气化介质要求温和、气化炉高温均匀，以及气体冷却效率高等。然而，流化床气化炉受焦油和产生于不同生物质原料中的粉尘的影响，不仅降低了燃气的品质，还会导致包括原动机在内的一些长时运转设备的故障。

依据流化程度和床高，将流化床反应器主要分为了两类，即鼓泡流化床和循环流化床（CFB），如图 8.4 所示。下面分别介绍这两类流化床气化炉的特性。

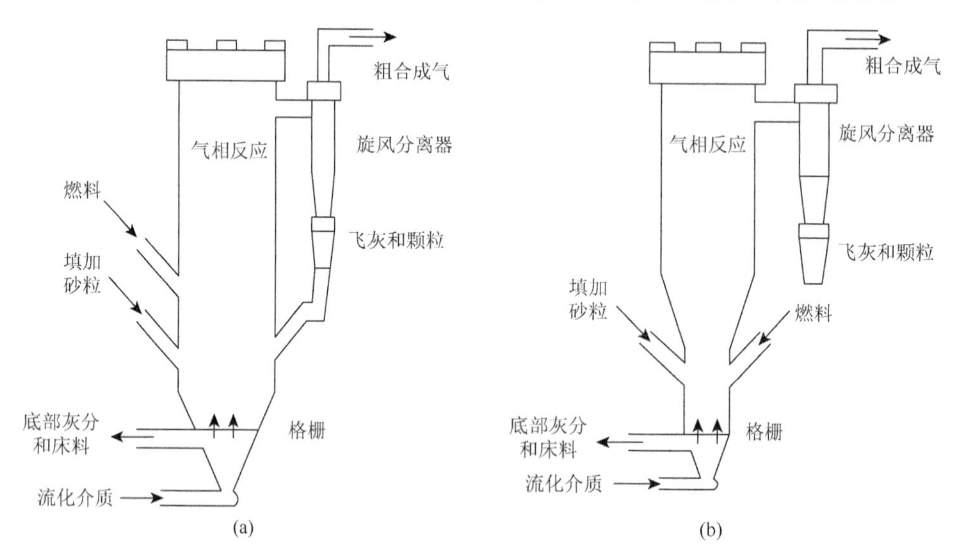

图 8.4　鼓泡流化床（a）和循环流化床（b）气化炉示意图[8]

a. 鼓泡流化床气化炉

鼓泡流化床气化炉是最简单的流化床气化炉，生物质原料在高压流化介质如空气、氧气和水蒸气中发生气化，通常在低气体流速特别是低于 1m/s 的流速下运行。如图 8.4（a）所示，气化剂由布风板下部吹入气化炉内，生物质燃料颗粒由上部直接输送进入床层，与高温床料混合接触，发生热解气化反应。大部分转化过程发生在鼓泡床区域，密相区以燃烧反应为主，稀相区以还原反应为主，生成的高温燃气由上部排出。随气流一起运动的固体颗粒在旋风分离器中与气体分离，在流化床气化炉的底部进行收集。通过调节气化剂与燃料的当量比，流化床温度可以控制在 700～900℃，运行平均温度较高，为 850℃，原料热分解程度更大。但是由于进料颗粒的黏滞度导致颗粒之间的接触面积下降，鼓泡流化床气化炉的碳转化率低于循环流化床气化炉。

鼓泡流化床气化炉的特点：适用于颗粒较大的生物质原料，一般粒径小于 10mm；生成气中的焦油含量较低，成分稳定；但飞灰和炭颗粒夹带严重，运行费用较大。鼓泡流化床气化炉的应用范围广，从小规模气化到热功率达 25MW 的商业化运行均可使用。在同等直径尺寸下，气化能力小于循环流化床气化炉，但对于小规模的生产应用场所更具有市场与技术吸引力。

b. 循环流化床气化炉

与鼓泡流化床气化炉相比，循环流化床气化炉的气体流速较高，通常为 3～10m/s。生成气中夹带大量固体颗粒，固体颗粒通过气化炉上部燃气出口处设置的旋风分离器或布袋分离器与气体分离，未反应完的炭颗粒通过返料器送入炉内循环再反应，因此提高了碳转化率和热效率。炉内反应温度一般控制在 700～900℃。相比于鼓泡流化床气化炉，循环流化床气化炉每单位反应器横截面积的能量通量更高。为了提高终端产品的收率，两种反应器均设计在加压条件下运行。

循环流化床气化炉的特点：运行的流化速率高，为颗粒终端速率的 3～4 倍；气化空气量仅为燃烧空气量的 20%～30%；为保持流化高速，床体直径一般较小；适用于多种原料，生成气中焦油含量低；单位产气率高，单位容积的生产能力大。该炉型特别适合规模较大的应用场所（热功率可达 100MW），主要应用于锅炉、造纸工业、水泥窑和发电厂等，具有良好的技术含量和商业竞争力。

几种最通用的气化炉的性能数据如表 8.2 所示。

表 8.2 几种最通用的气化炉的性能数据[9]

气化技术	气化温度/℃	冷气效率/%	炭转化率/%	粗产品气中焦油含量/(g/Nm^3)
流化床气化炉	800～900	＜70	＜70	10～40
循环流化床气化炉	750～850	50～70	70～95	5～12

续表

气化技术	气化温度/℃	冷气效率/%	炭转化率/%	粗产品气中焦油含量/(g/Nm^3)
下吸式固定床气化炉	最高床温：900～1050 气体出口温度：700	30～60	＜85	0.015～0.5
上吸式固定床气化炉	最高床温：950～1150 气体出口温度：150～400	20～60	40～85	30～150

2. 气化剂的影响

当空气作气化剂时由于氮气的稀释作用，生产的是低热值合成气，当以水蒸气和氧气混合气为气化剂时生产的是中热值合成气，而当以水蒸气与空气混合气为气化剂时能高收率地获得氢气，降低体系的能量需求[10]。可见，气化气氛对气化终端产品气的性质有着极大的影响。依据气化剂的种类，将生物质气化过程分为空气气化、氧气气化、水蒸气气化、空气-水蒸气气化、氧气-水蒸气气化等。下面分别介绍不同气化剂的生物质气化过程的特点。

1）空气气化

整个生物质气化过程是一个自供热系统，气化反应无需额外热源。并且由于空气廉价易得，因此空气气化是目前最简单的、经济可行性强的气化方式，应用非常普遍。空气气化的缺点是空气中含有 79%的氮气，氮气不参加反应，却稀释了燃气的浓度，降低了燃气热值，所得产品气为低热值燃气。另外，氮气在气化过程中的高温环境下会生成氮氧化物 NO_x，污染环境。但在近距离燃烧和发电时，空气气化仍是最佳选择。

多种运行条件均会对气化过程和产品气的性质产生重大影响。

（1）空气流量是保证气化炉能够长周期经济稳定运行的重要影响因素。空气流量过小会造成生物质燃烧过程缺氧，反应温度过低且反应不完全，有效成分总量减少。同时使焦油总量增多，堵塞后续二次设备管道。而流量过大，使得气化反应速率过快，燃气产量虽高，但容易造成过氧燃烧，使燃气中的可燃成分含量减少。同时过快的气流速率会将反应残余的炭粒和灰分带入后续反应装置，既造成能源浪费，又增加了后续处理设备的负担。

（2）空气当量比 ER 是气化过程的重要控制参数。随着当量比的增加，气化炉反应温度升高，氧化层、还原层持续稳定在 1000℃、900℃左右。增大氧气的量有利于气化炉中发生 H_2 和 CO 的氧化反应［式（8.4）和式（8.5)］，以及甲烷的部分氧化反应，因此产品气中 H_2、CH_4、CO 的含量减小，焦油含量降低，但同时也会使燃气热值降低，产率近似呈线性增加。理论最佳空气当量比为 0.28，由于原料与气化方式的不同，实际运行中控制的最佳空气当量比在 0.2～0.28。在空气气化下制取富氢气体，燃气中氢的体积分数大约为 11%～15%。

1000℃以上高温空气气化、生物质旋风气化是近年来提出的新工艺，具有焦油含量低且污染小、热值高、可控性强等特点。

2）氧气气化

氧气气化利用富氧条件与生物质的部分燃烧为热解还原反应提供所需的热量产生燃气，反应实质和空气气化相同，但是没有氮气稀释反应介质，并减少了加热 N_2 所需的热量，避免了氮氧化物的产生。与空气气化相比，在相同的当量比下，氧气气化的反应温度显著提高，速率明显加快，气化热效率提高，燃气热值提高 1 倍以上，为中热值燃气。在相同气化温度下，氧气气化的耗氧量降低，当量比减小，因而也提高了气体的质量。

实际过程中生物质气化工艺多采用富氧气化，即通过提高空气中氧的体积分数来降低气化介质中氮气的体积分数。氧气浓度的增大，提高了气化炉内的反应温度，加快了反应速率，使生物质燃料充分燃烧，缩短了燃尽时间，增强了原料的燃烧活性。氧气浓度、氧气当量比和氧气体积分数对燃气组成、碳转化率和热值都有很大的影响。氧气浓度增大，使生物质原料热分解程度增大，燃气中 CO、H_2 含量较高，CH_4 含量较低。气化当量比约 0.15 是循环流化床富氧气化的最佳运行条件。

由于氧气气化所得燃气的热值大小与城市煤气相当，可以建立中小型集中生活供气系统，也可以用于生产合成气，取得更好的经济效益。富氧技术既能缩小反应器的体积，又能提高燃气轮机的效率。但是存在需要昂贵的制氧设备和额外的动力消耗的缺点，因此总体上经济效益不高。

3）水蒸气气化

水蒸气气化以高温水蒸气作为气化剂，需要提供额外的热源才能得以维持，是一个吸热反应过程。水蒸气的加入可以促进热分解反应，以及碳的水气变换反应［式（8.7）］、CO 变化反应［式（8.9）］和甲烷水蒸气重整反应［式（8.10）］，会产生大量氢气，大量氢气又推动了碳的甲烷化反应［式（8.8）］，产品气中 H_2、CH_4 含量较高。典型的水蒸气气化气的组成（体积分数）为：H_2，20%～26%；CO，28%～42%；CO_2，16%～23%；CH_4，10%～20%；C_2H_2，2%～4%；C_2H_6，1%，C_3 以上成分组成为 2%～3%，燃气热值为 17～21MJ/m^3。

水蒸气的加入向系统中补充了大量的氢源，产品气中会产生大量的氢气。氢能是一种导热性好且热值高的清洁能源，便于储存和输送。与空气、氧气-水蒸气等气化方式相比，水蒸气气化的产氢率高，燃气质量好，热值高，是一种将低品质生物质转化为高品质的氢能的有效利用方式。水蒸气气化能够有效地制取富氢燃气，秸秆类生物质加压气化所得的燃气中 H_2 体积分数最大，能达到 50%以上[11]。

催化剂和高温有利于氢的产出。随着温度的升高，加入水蒸气可以显著地提高产氢率和产气率。

4）空气-水蒸气气化

空气气化是自供热体系，简单易行，投资少，工业应用较多，但是由于空气中氮气的稀释作用以及需要消耗额外的热量加热氮气，过程的热效率低，燃气中氢气的体积分数不高，燃气热值低。水蒸气气化产物中 H_2、CH_4 含量较高，CO_2、CO 等含量较少，但是只有当水蒸气的温度达 700℃以上时，焦炭与水蒸气的反应才能达到理想的效果，因此反应时需要外加热源。而空气-水蒸气气化综合了空气气化和水蒸气气化的特点，既实现了自供热，又可减少氧气消耗量，有利于提高燃气中氢气的体积分数。

5）氧气-水蒸气气化

氧气-水蒸气气化综合了氧气气化和水蒸气气化两者的优点，既实现了自供热反应，减少了额外的能源消耗，又能得到较好的 H_2、CO 气体成分。生物质的氧气-水蒸气气化，由于水蒸气的加入向系统提供了大量的氢源，可以生产富含 H_2、烃类化合物和 CO 的燃气。水蒸气的存在还减小了焦油处理的难度。

3. 温度和停留时间的影响

温度是影响生物质气化过程的最主要的参数，改变温度对产品气的成分、热值及产率均有着重要影响。温度升高，有利于生物质气化反应以及焦油裂解，并促进炭的转化，因此气体产率增大，焦油及炭的产率降低，气化过程的碳转化率升高。焦油的热裂解有利于 H_2 的生成，气体中 H_2 和碳氢化合物 C_mH_n 含量增加，CO_2 含量减少，气体热值提高。在一定范围内提高反应温度，对于以热化学气化为主要目的的过程是有利的。

一般而言，气化的温度控制在 700～1000℃。对气化过程中涉及的反应进行热力学分析可知，温度升高有利于吸热反应的发生，即促进了 Boudouard 反应［式（8.6）］、水气变换反应［式（8.7）］和甲烷水蒸气重整反应［式（8.10）］的发生，导致产品气中 H_2 和 CO 浓度增大，甲烷浓度下降。当温度高于 1200～1300℃时，甲烷含量极少甚至没有甲烷生成，生成高级烃或者焦油，无需进一步反应即可产出最大量的 H_2 和 CO。过高的温度不利于放热反应如炭的部分氧化［式（8.3）］的进行，因此 CO 含量下降。过高的反应温度也会造成燃气热值下降。升高温度可以使得碳转化率增大，这是因为升高温度促进了 Boudouard 反应［式（8.6）］和水气变换反应［式（8.7）］，使得更多的碳转化为气体产品。

温度和停留时间是决定二次反应过程的主要因素。温度高于 700℃时，气化过程初始产物（挥发性物质）的二次裂解受停留时间的影响很大，8s 左右即可接近完全分解，使气体产率明显增加。

4. 生物质原料的影响

生物质物料的含水量和灰分、颗粒大小、料层结构等性质都对气化过程有着显著的影响，原料反应性的好坏，是决定气化过程可燃气体产率与品质的重要因素。下面重点介绍原料颗粒大小的影响。

生物质原料颗粒尺寸一般在 0.3～1.0mm，超出此范围的颗粒容易造成进料器堵塞[12]。当颗粒尺寸较小时，颗粒表面积大，有利于传热，可以获得较快的加热速率，有利于轻质气体的产生，因此在气化过程中可以获得较高的气体产率，较低的碳和焦油产率。小颗粒尺寸的生物质原料的表面积大，与气化剂接触更充分，气化反应速率快，气化反应更完全。气体中 H_2、CO 和 CH_4 等可燃气体含量较高，CO_2 含量较低。当颗粒尺寸较大时，不利于传热，随着颗粒尺寸的增大，颗粒内的温度梯度增加，颗粒核心与颗粒表面温差大，导致碳和焦油产率增大而气体产率下降。

尽管原料颗粒尺寸对气化过程会造成一定的影响，但是其影响程度远不如温度等其他重要运行参数那么显著。

5. 催化剂的影响

催化剂是气化过程中重要的影响因素，其性能直接影响着燃气组成与焦油含量。在生物质气化过程中加入合适的催化剂，可以促使焦油大分子裂解为 H_2、CO_n、CH_4 等小分子化合物，提高气体产率。改变催化剂的种类和性质，可以起到有效地调节燃气成分的作用，提高燃气的质量和热值。关于常用催化剂的种类及更加具体的影响，请参阅 8.1.3 节中“3. 生物质焦油裂解催化剂”部分相关内容。

8.1.3 生物质气化过程中的焦油问题

生物质热解和气化过程不可避免地会产生副产物焦油。焦油的成分十分复杂，通常认为焦油是一种分子量比苯大、可在室温下冷凝的黏稠状的多种有机化合物的混合物，大部分是苯的衍生物，包括苯、苯酚、氮杂环化合物和多环芳烃（PAH）等。

1. 焦油的化学成分和危害

生物质焦油的成分十分复杂，据估计多达 200 余种化合物，目前可以分析出来的化合物有 100 多种，主要成分不少于 20 种，其中 7 种物质的含量超过了 5%，它们是苯、萘、甲苯、二甲苯、苯乙烯、酚和茚。

按焦油化学成分的形成温度对焦油进行分类，分为初级焦油、二次焦油和三级焦油。生物质在不同温度下形成这几类焦油的示意图如图 8.5 所示[13]，这几类焦油的性质和主要成分列于表 8.3。纤维素、半纤维素和木质素在降解过程中均会

生成焦油。初级焦油的主要成分是含氧烃类化合物，随着热解温度的升高，含氧烃类化合物首先转变为轻质烷烃、烯烃和芳香类化合物，然后随着温度进一步升高转化为高级烃类和更大的多环芳烃类物质。

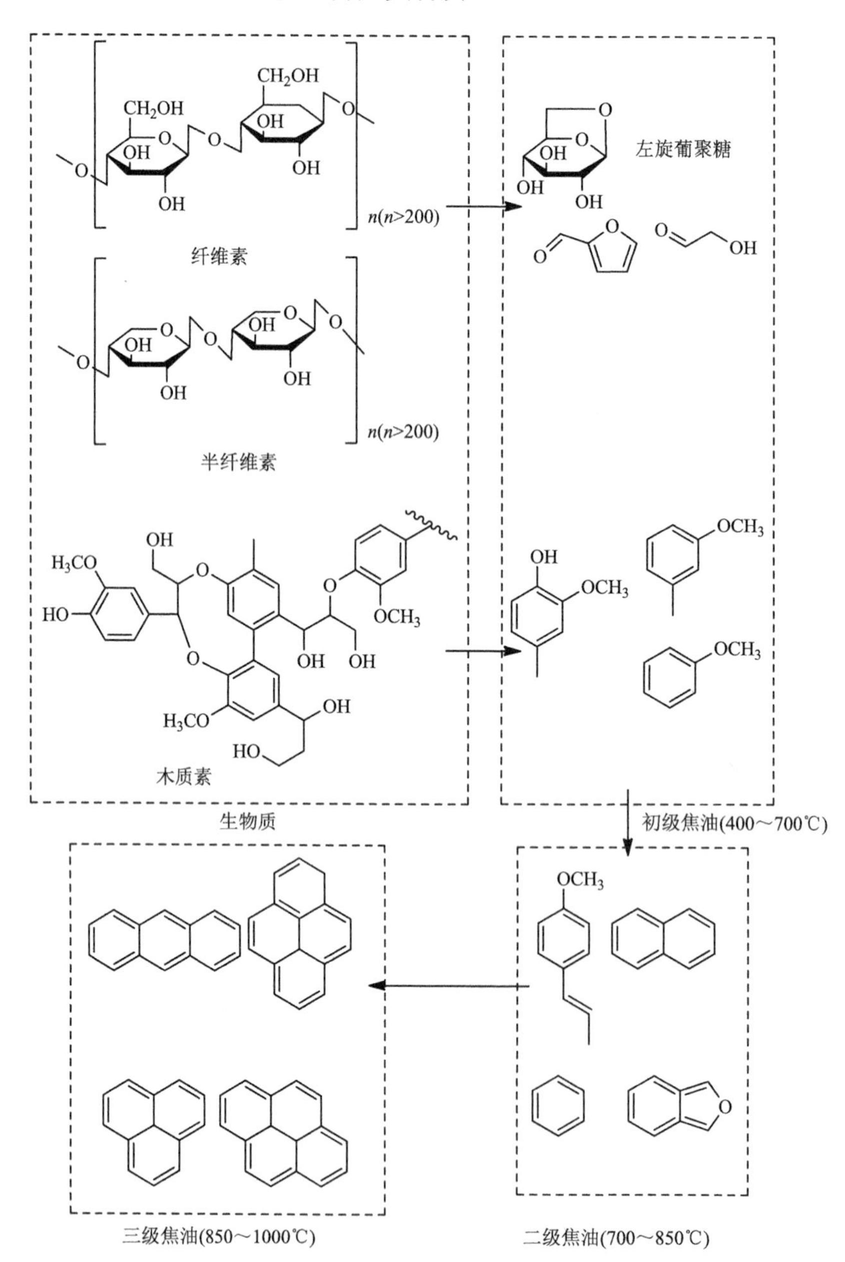

图 8.5　不同反应温度下焦油的形成示意图

表 8.3　基于化学成分形成温度的焦油分类

等级	来源	代表性化合物
初级焦油	由纤维素、半纤维素和木质素裂解形成的一级焦油	低相对分子质量含氧烃类化合物，如左旋葡聚糖、糠醛和羟基乙醛
二级焦油	由一级焦油转化为二级焦油	酚类和烯烃类化合物，如苯酚、甲酚和二甲苯
三级焦油	无氧原子取代的芳烃	芳烃的甲基衍生物，如甲基苊、甲基萘、甲苯、茚；无取代基的芳烃/多环芳烃，如苯、萘、蒽、菲、芘、苊烯

焦油的成分和生成量随着生物质原料（种类、粒径大小、湿度等）、反应条件（温度、催化剂、停留时间等）、反应器（类别、结构等）等多种变量的变化而改变。随着温度的升高，焦油含量减少，一般而言，反应温度在 500℃时焦油产量最高。延长停留时间，焦油裂解更加充分，产品气中焦油含量也随之减少。生物质热解和气化过程的焦油产率为 0.5～100g/m^3，一般气化炉产生的燃气中焦油含量均在 1g/m^3 以上，远远超过了燃气设备可耐受焦油的含量（0.01～0.02g/m^3）。

焦油的生成对生物质气化的过程是不利的，焦油不仅影响了生物质的利用效率和气化炉后续工艺及设备，还会影响后续合成气的费托合成工艺。具体而言，生成焦油的不利影响主要表现如下。

（1）焦油造成了设备堵塞。焦油在低温下凝结成液体，焦油中的物质会在下行设备中与一些小颗粒杂质凝聚生成结构复杂的颗粒物，堵塞输气管道和阀门等附属设施，腐蚀金属管道，造成机械故障，或者造成热解中所用的催化剂失活。

（2）焦油降低了生物质气化效率。生物质气化过程中产生的焦油的能量占可燃性气体能量的 5%～10%，占生物质所含能量的 3%，生成过多的焦油对生物质的气化效率是十分不利的，浪费了源于生物质的有效能量。

（3）焦油造成了环境危害。焦油难以完全燃烧，并产生炭黑等颗粒，对燃气利用设备等损害相当严重。焦油中所含的不同的芳香化合物和氮杂环化合物有毒，燃烧后产生的气体会对环境和人体造成伤害。

焦油的生成与生物质转化利用的绿色可持续特征相违背，因此焦油被认为是限制生物质热解和气化技术应用的瓶颈[13]，必须尽量将其脱除。从另一个角度分析，焦油也是一种可利用的物质，能够分解转化为可燃的小分子气体，改善燃气组成与热值，如果能够将焦油加以充分利用，可以提高气化效率。

2. 焦油的去除方法

焦油是生物质热解和气化过程中不希望得到的副产物，因此如何有效地降低焦油含量甚至除去焦油，是生物质气化过程中一个值得关注的重要问题。

目前已经发展了很多处理生物质焦油的方法，主要分为物理法、热化学方法和等离子体法这三类方法[14]。

1）物理法

对焦油不做化学处理，采用分离技术将焦油从燃气中直接移除的方法称为物理法。物理法主要包括湿式净化法（冷却/洗涤塔、文丘里洗涤器、除雾器和湿静电除尘器）和干式净化法（过滤法和旋风分离法）。

湿式净化法和旋风分离法的基本原理都是采用分离设备将焦油捕获，具有操作流程简单和操作成本低的特点，可以有效地实现焦油的粗去除。湿式净化法由于会有大量的水带走焦油，还会带走一些氮氧化物和一些有机化合物，因此会造成二次污染。旋风分离法只对粒径为100μm左右的焦油去除有效，而湿静电除尘器只对较小的液体颗粒有效。过滤法则是采用吸附材料（如纺织品、活性炭、玉米芯等）或过滤材料（如滤纸、陶瓷）从气化气中直接吸附、过滤焦油，具有原料易得、操作简单、无二次污染等优点。但该方法需要使焦油保持气体状态，因而费用较高，而且使用过的吸附/过滤材料难以处理，同时并不是所有的焦油分子都可以被截留下来，因此常常需要与其他方法联用。

物理法是目前使用较多的焦油去除方法，但其最大劣势就是只是将焦油从气化气中分离而未对其转化处理，这样不但降低了产品气的热值和生物质气化的转化率，而且焦油本身的能量得不到利用，因而使整个气化过程的能量利用效率降低。物理法的使用只是将一种问题转移到另一种问题上，并没有在本质上真正解决生物质焦油的问题。

2）热化学方法

热化学方法主要包括热裂解和催化裂解两类方法。

a. 热裂解

热裂解是指在高温条件下，将原料气中的焦油分子加热使其裂解为小分子的气体烃类。在热裂解过程中，要实现焦油的高转化率，需要有适当的温度（高于800℃）和保留时间。热裂解可以将焦油转化为有用的气体产品，增加产品气的能量含量，提高总体热解和气化效率。但是若想获得焦油的高转化率，对温度的要求很高，在实际生产过程中较难实现。并且当没有催化剂存在时，焦油中的较大有机分子在高温下发生热化学裂解，生成小的不可凝气体，并产生烟灰，烟灰对生物质气化过程是不利的。

b. 催化裂解

为了降低焦油裂解过程的反应温度，使用催化剂对焦油进行催化裂解，可以将焦油裂解的反应温度降低到750～900℃，显著减少了能耗。催化裂解可以在较低温度下将焦油有效地转化为有用的气体产物，因而成为消除焦油的主要方法。

用于焦油的催化转化方法主要有以下两类[15]。

（1）内部原位转化。将催化剂与生物质原料混合，焦油在热解和气化反应器内被原位转化，即生物质热裂解过程中生成的焦油可以在生成时即刻与催化剂作用，催化裂解为小分子气体产物。

（2）外部转化。采用一个独立的反应器置于热解和气化反应器的下游，外部转化焦油。生成的焦油在载气带动下流出热解和气化反应器，流至独立的催化反应器与催化剂作用，催化裂解为小分子气体产物。

3）等离子体法

等离子气化技术是利用等离子体获得高温热源，经过一系列的化学反应使非气态物质转化为气体的一种技术。与热化学法相比，等离子体具有反应活性较强、温度高、能量大等特点。将等离子体气化技术应用于焦油裂解，将其高效转化为合成气或其他气体，为克服热裂解和催化裂解技术的不足、提高生物质气化转化率和产品气的热值提供了一种全新的选择。

3. 生物质焦油裂解催化剂

催化剂是催化裂解技术的核心，很多材料（特别是一些稀有金属的氧化物）对焦油都有催化作用，目前在焦油裂解过程中常用的催化剂主要有如下几类：天然矿石类催化剂、碱土金属催化剂、碱金属和其他金属催化剂、铁系金属催化剂等。下面分别介绍这几类催化剂的特征。

1）天然矿石类催化剂

天然矿石的储量大，价格低廉，催化裂解的效率高，被广泛应用于生物质气化过程。常用的天然矿石类催化剂主要有白云石、石灰石、方解石、菱镁矿和橄榄石等。

表 8.4 给出了这几种天然矿石的化学成分[16-19]。由表 8.4 可见，这几种天然矿石的主要成分是 CaO、MgO 和 CO_2（碳酸盐）。其中，石灰石和方解石中 CaO 的含量较高，菱镁矿和橄榄石中 MgO 的含量较高，而白云石中 CaO 和 MgO 的含量均较高。这几种矿石的活性顺序为：白云石（CaO-MgO）＞菱镁矿和橄榄石（MgO）＞石灰石和方解石（CaO）。CaO 和 MgO 的混合物具备更高的催化活性，这是因为两种氧化物的混合使原子阵列产生一定程度的扭曲，生成了更多的催化活性中心，因此关于白云石的研究和应用较多。

表 8.4　几种天然矿石的化学组成（wt%）

矿石种类	CaO	MgO	CO_2	SiO_2	Fe_2O_3	Al_2O_3	K_2O
石灰石	45.25	8.51	42.14	2.51	0.51	0.98	0.31
白云石	30.9	20.9	45.4	1.7	0.5	0.6	—
方解石	53.0	0.6	41.9	2.7	0.8	1.0	—
菱镁矿	0.7	47.1	52.0	—	—	—	—
	Mg	Si	Fe	Ni	Ca	Al	Cr
橄榄石	30.5	19.6	7.1	0.19	0.20	0.07	0.08

研究者通过白云石和硅砂对松木屑催化热解气化的对比实验（表 8.5）发现，白云石的加入可以显著地提高 H_2 的含量并降低焦油含量，而燃气中轻质烃含量降低则导致了燃气热值略有下降。

表 8.5　白云石对生物质水蒸气-氧气气化结果的影响[18, 20]

矿石各类	气体组成/vol%			H_2/CO	低位热值 LHV/(MJ·m³)	气体产率/(m³/kg)	气化效率/%	焦油含量 /(g/m³)
	H_2	CO	CH_4					
硅砂	25～28	45	6.4	0.6	15	1.1	30	12
硅砂＋白云石	43	27	4.8	1.5	12.3	1.35	47	2～3

注：白云石以 2%的比例与干基松木屑混合，由进料装置连续加入气化炉。

2）碱土金属催化剂

上述分析表明，白云石等天然矿石的主要化学成分是碱土金属氧化物 CaO 和 MgO，两者都能够很好地催化焦油裂解，碱土金属氧化物 CaO 和 MgO 也常用作生物质焦油催化裂解的催化剂。生物质灰分中碱土金属的含量较多，各成分的质量分数大约分别为 CaO 44.3%、MgO 15%、K_2O 14.5%，因而灰分也可以用作催化裂解的催化剂。

在碱土金属氧化物中，CaO 因其价格低廉、容易获取而得到广泛应用。CaO 在生物质焦油催化裂解中具备双重作用，它不仅可以催化焦油裂解，还可以吸收气化过程中产生的 CO_2，从而既实现了燃气中减排 CO_2，又提高了 H_2 等可燃气体的比例。研究者对比研究了几种催化剂对生物质气化的影响，结果如表 8.6 所示，在松树皮气化过程中加入 CaO 可以提高产品气中的 H_2 含量（表 8.6 第 1 项）。CaO 被广泛应用于传统火力电厂湿法脱硫和循环流化床电厂干法脱硫过程，也可以用于脱除生物质气化过程中产生的含硫气体，含硫气体会造成催化剂中毒。脱硫效果与 CaO 颗粒大小和气化温度有关，反应温度越高，颗粒越小，脱硫效果越好。

表 8.6　几种催化剂对生物质气化的影响

序号	运行参数	催化剂	气体产率/(m³/kg)	气体组成/%				
				H_2	CO	CH_4	CO_2	C_{2+}
1[21]	松树皮、水蒸气、600℃	无	0.87（$\eta_C = 0.3\%$）	60	9.1	3.2	27.7	—
		CaO（CaO/生物质＝1）	1.42（$\eta_C = 55.6\%$）	64.5	5.9	2.8	26.8	—
2[22]	水蒸气/木材（S/B＝1）、750℃	无	—（燃气含焦油）	42.7	24.6	8.4	21.6	2.4
		17wt% K_2CO_3	1.23（燃气无焦油）	52.4	21.8	3.2	21.4	1.2
3[23]	葡萄渣/橄榄渣、600℃、CO_2 气流（催化剂阳离子 5wt%）	无	—	14.5	50.8	29.2	—	5.5
		LiCl	—	27.7	27.9	36.5	—	7.9

续表

序号	运行参数	催化剂	气体产率/(m^3/kg)	气体组成/%				
				H_2	CO	CH_4	CO_2	C_{2+}
3[23]	葡萄渣/橄榄渣、600℃、CO_2气流（催化剂阳离子5wt%）	NaCl	—	16.2	45.8	31.8	—	6.1
		KCl	—	15.7	45.6	32.6	—	6.1
		$AlCl_3$	—	11.5	49.8	33.3	—	6.0
		$ZnCl_2$	—	66.5	20.4	11.1	—	2.0
4[24]	甘油/水蒸气（50/50）、800℃	无	1.7	54.1	37.5	7.4	1.1	4.7
		Ni/Al_2O_3（0.8wt%）	2.4	68.2	19.9	4.1	7.4	0.5
5[25]	松木屑/空气、840℃（三种商用镍基催化剂）	催化反应器入口	1.8～2.5（焦油：1～8g/m^3）	11～15	16～23	4～7	12～15	—
		催化反应器出口	2.1～2.6（焦油：0.002～0.3g/m^3）	18～28	18～26	2～5	9～14	—

3）碱金属和其他金属催化剂

碱金属和 Zn、Al 等金属催化剂也常用于生物质气化过程，催化裂解焦油并提高燃气品位。碱金属 K 和 Na 等能以金属盐与有机物形成螯合物的形式存在，能够加快生物质裂解的速率，降低反应的活化能[26]。K_2CO_3 的催化性能如表 8.6 第 2 项所示，木材浸渍 17wt% K_2CO_3 后再进行气化，结果表明，K_2CO_3 具备显著的催化焦油裂解性能，在燃气出口没有检测到焦油，燃气中 H_2 含量显著提升。如果在产品气中检测到焦油，可以将其视为催化剂失活的第一标志。与无催化剂条件相比，当 Al_2O_3 负载的 K_2CO_3 和 Na_2CO_3 用作催化剂时所得气体产率更低，但是催化剂的活性稳定，测试 30h 也没有出现催化剂失活现象，催化剂上没有形成积碳[22]。

LiCl、NaCl、KCl、$AlCl_3$ 和 $ZnCl_2$ 几种金属氯化物对葡萄渣和橄榄渣气化的催化性能如表 8.6 第 3 项所示，结果表明，气体产率和碳产率均有所增大。Li 和 Zn 明显地促进了气相中 H_2 的生成，尤其是 Zn，使 H_2 含量增大了 5 倍。Zn 对 H_2 的生成有利，但是强烈地抑制了甲烷的生成。发生这一现象的主要原因是，在 Zn 上氢与甲基自由基反应生成甲烷的速率慢，因此增大 Zn 的浓度使得固体碳产率增大，气体产率下降。

4）铁系金属催化剂

铁系金属包括 Fe、Co、Ni 三种金属元素，它们的化学性质相近，均对生物质焦油催化裂解具有较好的催化能力。目前主要是将 Fe、Ni 等活性组分负载到天然矿石、碱土金属化合物、分子筛等载体上，增大催化剂的比表面积，提高其抗烧结能力和分散度。

目前关于镍基催化剂的研究和应用最多，因为镍基催化剂具备优良的催化重整性能，能够将甲烷等低碳烃通过催化重整反应转化为 H_2 和 CO。镍基催化剂的催化性能优越，在 750℃时就具有很高的裂解效率（97%以上），其催化能力高于碱金属和白云石等天然矿石催化剂。从表 8.6 中第 4 项和第 5 项数据可见，镍基催化剂能够显著地催化焦油裂解，提升燃气中 H_2 和 CO 的含量。

在大多数情况下，镍不单独用作催化剂，而是将镍负载于比表面积较大的载体上形成负载型催化剂，增大催化剂与焦油的接触面积，提高其催化活性。选择适当的载体，能防止积碳，延长催化剂的寿命，提高催化效率。褐煤、磺化煤、钙铝石、Al_2O_3、白云石等都常用作镍基催化剂的载体，不同载体负载的镍基催化剂的催化能力和反应特性也不同。如果再向镍基催化剂添加 Pt、Fe、Co 等与 Ni 形成合金催化剂，可进一步提高其催化能力。

镍基催化剂对硫敏感，遇含硫气体就会中毒。与积碳机理类似，H_2S 吸附在镍基催化剂表面活性位上，H 获得电子占据 Ni 表面，使得焦油不能与 Ni 接触。造成催化剂中毒的另一种原因就是含硫气体与金属 Ni 反应生成 Ni_2S_3 和 NiS 物质，从而使催化剂失活。

添加三氧化钨能够有效防止镍基催化剂发生硫中毒现象。在高硫条件下进行实验，运行 100h 仍未出现硫中毒现象，而传统催化剂早已失活。钨的作用机制如下[27]：

$$NiS_x + W \longrightarrow Ni + WS_x \tag{8.15}$$

$$WS_x + xH_2 \longrightarrow W + xH_2S \tag{8.16}$$

镍基催化剂的催化能力高于碱金属和白云石等天然矿石催化剂，但是其价格较高，增加了生产成本，这是限制其工业应用的主要因素之一。

8.1.4 生物质气化新技术

随着实验技术的飞速发展，近年来涌现了一些新兴气化技术，主要有等离子体气化和超临界水气化。

1. 等离子体气化

利用热等离子体技术进行生物质热转化利用，是一项完全不同于常规热解气化的新工艺。该气化过程需要水蒸气等离子发生器、等离子气化炉等设备共同运行完成。等离子点火器产生的等离子电弧能够制造一个高温、高能量的反应环境，不但可以大幅度提高反应速率，而且还能使常温下不能发生的一系列复杂的化学反应在等离子活化状态下得以发生，生成以 H_2、CO 为主的可燃气体，气体具有纯度高、洁净的优点。生物质中的挥发分含量和氧含量高，对于快速高温热解反应极为有利，生成化学合成气 CO 和 H_2。另外，生物质原料中 N 和 S 含量低，等

离子体气化气中的 CO_2、CH_4 等杂质的含量低，大大降低了气体精制费用。等离子体气化设备成本较高，是限制等离子体气化技术发展的主要因素之一。

目前利用等离子体气化技术的研究工作主要集中在煤的洁净转化和危险废弃物热处理，加拿大、俄罗斯、波兰等国家和地区在此方面的研究颇多。中国科学院广州能源研究所和中国科学技术大学也开展了生物质的等离子体气化的研究[28]。

2. 超临界水气化

当水的温度和压力条件处于临界点（22.12MPa、374.12℃）以上时，即为超临界状态。超临界水作为溶剂和反应物会体现出独特的性质，有机材料和气体在其中的溶解度显著增加，而无机材料的溶解度则降低。在超临界水中，生物质气化过程也会发生包括热裂解、异构化、脱水、缩合、水解、蒸汽重整、甲烷化、水煤气变换等一系列反应过程，生成主要成分为 H_2、CH_4 和 CO 的气体。

当反应温度低于 450℃时，生成气体的主要成分是 CH_4。反应温度高于 600℃时，对吸热反应有利，水会促进吸热的水气变换反应式（8.7），可提高生物质气化效率和产氢率[29]。生物质的超临界水气化的主要优点是无需对湿生物质进行预干燥处理，大大减少了干燥过程所需的能耗。

8.2 生物质气化为合成气

生物质气化所得燃气主要为低热值到中低热值的燃气，即使经过加入催化剂和调整气化过程运行参数等方式进行调整，所得产品气的燃烧性能仍然无法与城市天然气（约 38MJ/m^3）相比。从 8.1 节的介绍可以看出，生物质气化气中主要产物有 H_2、CO、CH_4 和 CO_2，还有少量的 C_2 以上的低碳烃，通过加入具有甲烷重整或部分氧化催化性能的催化剂，可以将甲烷转化为合成气 H_2 和 CO，从而增大产品气中 H_2 和 CO 的含量。合成气中 H_2/CO 当量比随原料和生产方法不同而异，通常在 0.5～3。不同化学当量比的合成气再进一步按照 C1 化学路线，应用工业上成熟的费托合成工艺可以合成烃类产物或化学品。随着合成气的后续用途不同，作为原料气的合成气的 H_2/CO 当量比要求也不同，例如，合成氨要求 H_2/CO 比为 3∶1，合成甲醇要求 H_2/CO 比为 2∶1，合成乙酸要求 H_2/CO 比为 1∶1。将生物质气化为合成气，再由合成气经不同途径进一步转化为烃类等液体燃料或化学品，是将不同种类生物质间接转化为生物能源，代替石油衍生产品的可行途径。这些生物质包括植物废弃物、农业废弃物、工业废弃物、厨房废弃物、食物废弃物和畜牧废弃物。

生物质气化气中 H_2/CO 比通常较低，CO_2 含量较高，不利于醇醚燃料和费托合成。因此调整化学当量比是将生物质通过间接路径合成烃类液体燃料或化学品的核心。煤制合成气工业中一般采用水煤气变换结合 CO_2 分离技术调整合成气的化学当量比，但是对于生物质而言，由于在元素组成和结构上与煤存在着巨大差异，传统的煤气化工业技术不完全适合生物质合成气的处理。发展高碳转化率的生物质合成气化学当量比调整技术，是生物质合成燃料降低成本和推广应用的关键。

8.1 节已经详细介绍了生物质气化过程的运行控制参数对气化气的影响，本节对这些影响因素不再赘述，将重点从合成气的化学当量比的调整原理和方法对生物质气化为合成气进行介绍。

8.2.1 调整 H_2/CO 化学当量比的基本原则和方法

1. 基本原则

为了使生物质气化合成气中 H_2/CO 化学当量比尽量符合后续费托合成原料气的要求，调整 H_2/CO 当量比的基本原则是，提高合成气中 H_2/CO 当量比，并尽量提升 H_2 和 CO 的有效含量，同时尽可能减少其中的 CO_2、CH_4 以及低碳烃的含量。

2. 调整方法

为了实现上述目的，可以通过以下两种途径来调整 H_2/CO 当量比。

1）气化过程中组分调整

在气化过程中添加一定量的水蒸气补充额外氢源，增加氢气的产量。生物质的水蒸气气化过程中涉及很多步骤[25]，阐述如下。

（1）当温度高于 350℃时，生物质主要进行的是热解反应，脱除挥发分，生成炭化残渣即焦炭。

（2）当温度高于 600℃时，焦炭将与水蒸气发生反应生成 CH_4 等低碳烃，如反应式（8.17）所示，焦炭也会与水蒸气发生反应生成 CO、CO_2 和 H_2，如反应式（8.18）所示。温度高于 800℃时，反应十分迅速。

$$\text{Tar} + H_2O \longrightarrow CH_4, C_2H_4 \quad (8.17)$$

$$\text{Tar} + H_2O \longrightarrow CO, CO_2, H_2 \quad (8.18)$$

（3）高温有利于焦炭发生 Boudouard 反应［式（8.6）］生成 CO，水蒸气的加入促进了热分解反应，以及焦炭的水气变换反应［式（8.7）］和甲烷的水蒸气重整反应［式（8.10）］，生成 H_2 和 CO。

（4）CO 与水蒸气发生变换反应［式（8.9）］生成 CO_2 和 H_2，反应中产生的大量 H_2 又促进了碳的甲烷化反应［式（8.8）］，生成 CH_4。

2）气化后合成气组分调整

通过水蒸气气化后，气化气中 H_2 和 CO 含量显著增加，但是仍然存在 H_2/CO 当量比需要进一步调整，以及较高含量的 CO_2 和 CH_4 等低碳烃需要除去的问题。

a. CO 含量调整

通过水蒸气重整工艺，可以将一部分 CO 转化为 CO_2 和 H_2［式（8.9）］，从而降低合成气中 CO 的含量，提高 H_2/CO 当量比。

b. 甲烷等低碳烃含量调整

甲烷等低碳烃转化为 CO 和 H_2 的途径主要有水蒸气重整、CO_2 重整和部分氧化三种方式。以甲烷为例，对其含量调整如下。

（1）甲烷水蒸气重整反应具有强烈的吸热特性，如式（8.10）所示。由于水蒸气的加入提供了额外的氢源，使得生成的合成气中氢气浓度很高。

（2）甲烷与 CO_2 重整反应生成 CO 和 H_2 是一个强烈的吸热过程，需要在高温下才能进行。反应式如下：

$$CH_4 + CO_2 \longrightarrow 2CO + 2H_2 \quad \Delta_r H_m^{\ominus} = 247\text{MJ/kmol} \tag{8.19}$$

（3）甲烷部分氧化反应生成 CO 和 H_2 是一个温和的放热反应，其反应速率比甲烷水蒸气重整更快。反应式如下：

$$2CH_4 + O_2 \longrightarrow 2CO + 4H_2 \quad \Delta_r H_m^{\ominus} = -71\text{MJ/kmol} \tag{8.20}$$

c. CO_2 含量调整

气化气中存在的 CO_2 使生物质的碳转化率和单程转化率降低，通过甲烷与 CO_2 重整反应式（8.19）可以同时降低 CO_2 和 CH_4 的含量，将它们转化为合成气组分 CO 和 H_2。

8.2.2　催化剂

从上述分析可以看出，通过水蒸气的加入增大了生物质气化气中 H_2 的含量后，仍然需要对合成气中各组分的比例进行调整。除了可以通过调整进料时水蒸气/生物质质量比 S/B 值、空速、反应器温度等运行操作参数来进行调变外，催化剂在调整 H_2/CO 计量比的过程中扮演着极其重要的角色。从气化气组成调整所涉及的反应来看，组成调整过程中将主要发生的是能降低 CO_2 和 CH_4 含量的重整和部分氧化反应，以及 CO 的水蒸气重整反应。因此，如果以合成气为目标产物，要求催化剂必须具备极好的重整能力，能产生合适的 H_2/CO 计量比，并能够抗衡积碳和金属烧结引起的催化剂失活，催化剂还要易于再生，具有很好的机械强度[22]。

催化剂在生物质气化过程中体现出来的催化特性与 8.1 节中所述催化剂类似，可以参阅 8.1 节。

8.3　生物质气化为低碳烯

乙烯、丙烯等低碳烯烃是基本的化工原料，其用途非常广泛。乙烯和丙烯通

过聚合、歧化等反应可以聚合制得聚乙烯、聚丙烯、丙烯腈、苯酚以及氯乙烯等化工原料，并进一步合成得到薄膜制品、香料、防水材料、电缆以及管材等精细日化品。此外，还可以通过烯烃低聚反应制备环境友好的液体烃燃料，特别是航用燃油。长期以来，以石油制取烯烃是获得低碳烯烃的主要途径。我国石油资源短缺，能源需求增长较快，原油对外依存度逐年增长，供求矛盾加剧。因此，采用非石油原料生产低碳烯烃成为解决供求矛盾的一个关键。现有的非石油原料制备低碳烯烃的研究包括天然气直接制烯烃、煤经合成气和甲醇制烯烃、生物质经合成气制烯烃以及生物质直接制烯烃等。其中，生物质是最丰富、最廉价的可持续的碳源，是世界上唯一一种能够转化为烯烃和芳香烃的可持续碳源。

将生物质转化为低碳烯烃的研究主要集中在热化学方法气化-合成工艺上，即首先将生物质直接气化为粗合成气，或者先将生物质热解得到生物油，然后将生物油气化为粗合成气；然后将气化所得气体通过净化、重整、变换制得合成气；最后进行费托合成制取低碳烯烃。现阶段主要采用生物质直接气化制取合成气，再由费托合成制备低碳烯烃。尽管生物质气化技术和费托合成技术已经相当成熟，但该工艺过程较复杂，且效率低。如何以一种相对简单的方式将生物质转化为低碳烯烃是近年来生物质研究领域的一个热点。

在生物质热解气化过程中通过加入催化剂，可以对气化气的组成进行调变，使其有利于低碳烯烃的生成[30-32]。生物质催化热解气化制备低碳烯烃过程的影响因素较多，本节将主要从原料和催化剂这两个方面介绍它们对生物质气化为低碳烯烃的影响[33]。

8.3.1 原料对生物质气化为低碳烯烃的影响

1. 原料种类

用于生物质催化气化制取低碳烯烃的原料主要有木质纤维素类生物质和藻类生物质两大类。不同来源的生物质原料的化学组成不同，因此其气化反应特性、气化产物产率和组成也随之而变。

木质纤维素类生物质主要由纤维素、半纤维素和木质素组成。不同的生物质原料中这三大组分的含量不同，其会影响气化气的产率和组成。如表 8.7 所示，甘蔗渣、稻壳和木屑 3 种不同生物质中的纤维素、半纤维素和木质素的含量不同，低碳烯烃的产率也不相同。甘蔗渣中纤维素和半纤维素总含量最高，烯烃总产率最高达 12.1%，其次是稻壳，木屑中木质素含量最高，低碳烯烃总产率最低，仅有 7.9%。为了进一步验证三种组分对烯烃生成的影响，对三种组分进行了单独气化实验（表 8.7），实验结果表明，纤维素气化所得的低碳烯烃产率最高，半纤维素次之，木质素最低。纤维素和半纤维素气化对低碳烯烃的选择性较高。

表 8.7 三种生物质催化热解气化制备低碳烯烃的对比[32]

原料	生化分析/%			烯烃产率/%
	纤维素	半纤维素	木质素	
甘蔗渣	43.86	26.24	21.82	12.1
稻壳	44.12	21.93	25.74	10.5
木屑	41.94	19.33	29.63	7.9
烯烃产率/%	16.2	14.7	5.3	

注：反应条件为 600℃、停留时间为 10s 和 6% La/HZSM-5 催化剂与原料比为 3。

从三种组分的热解气化过程和化学结构分析产生上述结果的原因。纤维素、半纤维素和木质素这三类生物大分子首先降解生成热解中间体，然后热解中间体在催化剂的作用下进一步转化为目标产物，即碳氢化合物。受其化学结构的影响，木质素热解的首要产物是各种酚类化合物，然后这些酚类化合物在催化剂的作用下主要生成芳香烃，如苯、甲苯和二甲苯，因此木质素气化所得低碳烯烃的产率最低。实验中还观察到木质素在催化热解过程会产生较多的焦和焦炭等固体残渣，这些残渣中残留了大量的碳元素，因而用来合成低碳烯烃的碳的量就会减少。同时，生成的焦炭对催化剂的活性有一定的抑制作用，进而影响了低碳烯烃的产率。

藻类生物质的化学组成与木质纤维素类生物质不同，其主要组分包括碳水化合物、脂质和蛋白质等。这三类主要组分中，脂质气化所得芳香烃产率最高，而蛋白质最低。脂质是藻类生物质热解气化获得烃类产物的主要来源，脂质在转化为芳香烃的过程中对烯烃有较高的选择性。脂质转化为烃类的基本机理为：脂质通过脱氧生成重质碳氢化合物，再进一步转化为烯烃，烯烃最终芳构化得到芳香烃[34]。采用不同培养基培养的湛江等鞭金藻进行催化热解气化制备低碳烯烃的研究发现[35]，随着脂质含量的增加，低碳烯烃的产率也随之增加，当脂质质量分数为 33.9%时，烯烃产率可达 16.4%。

2. 氢碳有效比

氢碳有效比（H/C_{eff}）是影响烯烃产率的一个重要因素。石油衍生原料的氢碳有效比 H/C_{eff} 一般在 1～4，而生物质热解得到的含氧化合物的 H/C_{eff} 一般小于 1，比石油衍生原料的 H/C_{eff} 低。一般而言，H/C_{eff} 高的原料所得碳氢化合物产品的产量较高。以甲醇、乙醇、苯酚等化合物为生物油组分的模型化合物，模拟了不同原料的 H/C_{eff} 对低碳烯烃产率的影响，结果如表 8.8 所示。从实验结果分析，增大 H/C_{eff}，有利于增加烯烃和芳香烃的总碳收率。

表 8.8　不同原料对低碳烯烃产率的影响[36]

原料	H/C_{eff}	反应条件	转化率/mol%	低碳烯烃产率/(g/g 进料)		低碳烯烃选择性/%
				实际产率	理论产率	
乙醇	2	HZSM-5、温度 600℃、重时空速 $0.4h^{-1}$、固定床反应器[36]	100	0.59	0.61	96.6
甲醇	2		98.9	0.29	0.45	70.1
丙酮	1.3		89.6	0.30	0.46	50.3
生物油	0.2		93	0.21	0.32	49.9
乙酸	0		92.8	0.20	0.31	43.9
苯酚	0.7		79.6	0.1		28.5
甲苯	1.1		78.5	0.07		25.5
甘蔗渣	0.12	600℃、6%La/HZSM-5 催化剂、停留时间为 10s、固定床反应器[32]		12.1（%）		
稻壳	0.08			10.5（%）		
木屑	0.03			7.9（%）		

对于氢不足的生物质原料而言，可以通过添加适量外源氢来提高其 H/C_{eff}。将具有较高 H/C_{eff} 的醇类或塑料与生物质联合进料，可以提高碳氢化合物的产率并抑制焦炭的生成。

然而，还存在一些特殊情况，如具有较高 H/C_{eff} 的苯酚（$H/C_{eff}=0.7$）的烯烃碳选择性仅为 28.5%，远低于生物油（$H/C_{eff}=0.2$）和乙酸（$H/C_{eff}=0$）。与其他含氧化合物（如酮类、醛类和酸类等）相比，酚类化合物在 HZSM-5 作用下的反应活性较低。而木质素在热解时会产生相对较多的焦和酚类化合物，这也是木质素气化所得烯烃产率低于纤维素和半纤维素的一个重要原因。

3. 生物质中的无机矿物质

生物质原料含有灰分，灰分主要是 Na、K、Ma、Ca 等碱金属和碱土金属盐，这些金属能显著影响热解产物的分布。总体来说，这些金属盐类对生物质的热解有一定的抑制作用，可以降低低碳烯烃的产率。

8.3.2　催化剂对生物质气化为低碳烯烃的影响

催化剂是提高低碳烯烃产率的核心和关键，不同催化剂的催化效果有所不同。目前，在生物质气化为低碳烯烃过程中常用的催化剂有：固体碱催化剂、酸性分子筛催化剂和改性分子筛催化剂。

1. 固体碱催化剂

典型的固体碱催化剂有 MgO 和 CaO。MgO 和 CaO 能够促使纤维素开环反应生成呋喃和羰基化合物等小分子化合物。CaO 能够促进生物质脱水生成大量的小分子，如糠醛和糠基乙醇等。与 MCM-41 分子筛相比，CaO 能够显著改变生物质热解产物的分布，有效地促进酸的脱氧生成碳氢化合物，此外，CaO 还能降低酚类化合物的产率[33]。

通常认为，生物质催化热解气化为低碳烯烃的反应路径主要有两条，如图 8.6 所示[37]。第一，生物质中的一部分物质直接热解得到小分子含氧化合物，这些小分子含氧化合物进入微孔催化剂的孔道内，在酸性位点的作用下进一步转化为低碳烯烃。第二，另一部分生物质热解得到大分子含氧化合物，不能进入催化剂的微孔内，而是在催化剂表面酸性位点的作用下生成焦炭并在催化剂表面沉积。但是这些大分子物质可以在介孔催化剂或大孔隙催化剂作用下转化为小分子含氧化合物，小分子含氧化合物再进入微孔内进一步转化为低碳烯烃。按照这条路径转化生成的烯烃的量不大。

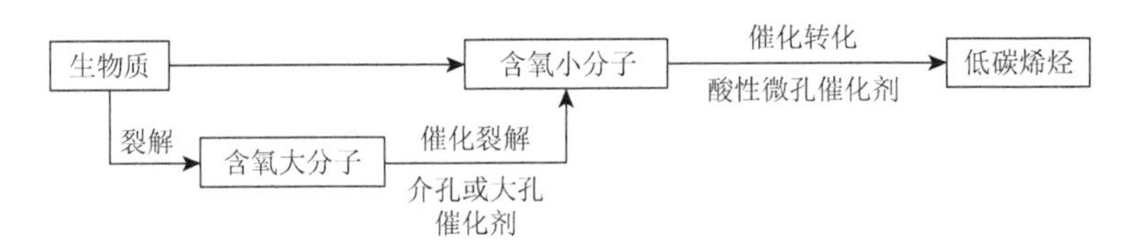

图 8.6 生物质制备低碳烯烃的反应路径[37]

将微孔催化剂 LOSA-1 与介孔催化剂或大孔隙催化剂 γ-Al_2O_3、CaO 和 MCM-41 进行机械性混合，再用于稻壳的催化热解气化，结果如表 8.9 所示[37]。机械混合的催化剂所得低碳烯烃的产率均比纯 LOSA-1 催化剂有着明显的提高，而焦炭生成量均有一定程度的降低。生物质催化热解过程中的氧元素能够以 CO、CO_2 和 H_2O 的形式脱除，因此热解挥发分通过脱羰反应、脱羧反应和脱水反应脱去氧，生成烯烃和芳香烃。

2. 酸性分子筛催化剂

生物质催化热解气化制备低碳烯烃过程中常用的酸性分子筛催化剂有 ZSM-5、HZSM-5 类。ZSM-5 类分子筛为微孔分子筛，表面有较多的酸中心，对脱羧、脱羰、脱水等反应均具有较好的催化活性。ZSM-5、LOSA-1、γ-Al_2O_3 和废催化裂化催化剂（FCC）几种催化剂用于稻壳热解气化制备低碳烯烃，实验结果如表 8.10 所示。其中，ZSM-5 催化作用下所得芳香烃和烯烃的产率最大。

表 8.9 稻壳在物理混合催化剂作用下的催化转化的产物分布[37]

催化剂	各组分质量分数/%						
	芳香烃	C_2～C_4烯烃	石油化工产品	甲烷	CO_2	CO	焦炭
100%LOSA-1	9.6	8.5	18.1	2.7	11.9	17.6	30.3
10%γ-Al_2O_3	14.1	11.2	25.4	3.6	14	24.8	24.8
10%CaO	13.6	9.6	23.2	1.1	12.8	22.6	26.6
10%MCM-41	12.5	9.8	22.6	1.3	14.8	26.1	24.7

表 8.10 稻壳在不同催化剂作用下的催化转化的产物分布[31]

催化剂	各组分质量分数/%						
	芳香烃	C_2～C_4烯烃	石油化工产品	甲烷	CO_2	CO	焦炭
ZSM-5	12.8	10.5	23.3	1.7	12.8	20.7	32.2
LOSA-1	9.6	8.5	18.1	2.7	11.9	17.6	30.3
γ-Al_2O_3	5.6	3.4	9	2.9	9.6	11.9	22.7
废 FCC 催化剂	6.4	5.7	12.1	3.1	12.4	15.8	26.3

由表 8.10 可以观察到，ZSM-5 催化生物质热解气化过程所得焦炭的量是最多的。究其原因，ZSM-5 为微孔分子筛，最大孔道尺寸非常小，为 0.5～0.6nm，生物质热解气化过程中所得的大分子化合物较难扩散到其孔道内，极易与 ZSM-5 表面的酸性位点作用形成焦炭。乙酸、呋喃、羟甲基糠醛和左旋葡聚糖等不同尺寸的分子在 HZSM-5 上进行催化转化，相似的现象也能在 HZSM-5 催化剂上观察到。乙酸和呋喃的分子尺寸小于 HZSM-5 孔道尺寸，羟甲基糠醛和左旋葡聚糖的分子尺寸大于 HZSM-5 孔道尺寸，因此羟甲基糠醛和左旋葡聚糖在 HZSM-5 上形成的积碳多于乙酸和呋喃[38]。总体来说，ZSM-5 类分子筛上较易积碳，催化剂容易失活。

3. 改性分子筛催化剂

生物质催化转化过程中催化剂的失活主要是由催化剂表面积碳引起的，大量的积碳沉积在催化剂表面的活性位点上或堵塞催化剂的孔道，使其活性下降，甚至完全失活，因此需要对催化剂进行改性处理。目前常用的催化剂改性方法为浸渍法，即在催化剂上负载适量的金属或者非金属，提高低碳烯烃的产率，降低催化剂表面的积碳并且保持催化剂的稳定性。

催化剂的酸位不但影响产物的选择性，而且对焦炭的形成起着决定性的作用。催化剂表面的强酸位会促进热解挥发分发生脱氧反应，与此同时，这些挥发分也会在酸性位上形成积碳，而积碳会导致催化剂表面酸性及结构发生变化进而影响产物分布，最终使得催化剂失活。因此，在催化剂的制备过程中，采用多种方法对催化剂的酸位进行调变，对延长催化剂的稳定性、避免催化剂失活非常重要。

采用 Ce、Co、Ga 和 Ni 等金属对 ZSM-5 进行改性，可以有效地调节催化剂上强酸位和弱酸位的比例，显著提高烯烃的选择性并增强催化剂的稳定性。其中，Ga/ZSM-5 的催化效果最佳，与未改性的 ZSM-5 相比，Ga/ZSM-5 使碳氢化合物的产率提高了 40%。鉴于 Ga 金属比较昂贵，故采用比较廉价的金属（Mg、K、Fe 和 Ni 等）来对分子筛进行改性。改性 ZSM-5 催化剂上所得低碳烯烃的产率均有所提高，其中金属 Fe 对于促进低碳烯烃的形成最为有效。

除了能提高烯烃产率之外，改性分子筛催化剂还能降低催化剂表面的积碳，从而保持催化剂的稳定性。在 HZSM-5 体相和表面的积碳速率分别为 3.5mg C/h 和 7.5mg C/h，而在经过改性后的 6%La/HZSM-5 体相和表面的积碳速率分别降低为 2.3mg C/h 和 5.0mg C/h。相对于无负载的 HZSM-5，改性的 6%La/HZSM-5 催化剂的寿命更长，性能更加稳定。磷对 HZSM-5 的改性也表现出了相似的特性，负载磷后的催化剂上的积碳比无负载的 HZSM-5 减少了 56.7%。

浸渍方法也会对改性分子筛催化剂的催化性能产生影响。普通浸渍法改性的分子筛催化剂对低碳烯烃表现出很好的择形性能，但其催化活性会有较明显的下降。可能的原因是，大量的金属离子在浸渍过程中进入了分子筛孔道内，经高温焙烧后形成金属氧化物，堵塞了分子筛的孔道。除了普通浸渍法之外，对催化剂进行改性的浸渍法还包括络合浸渍法和固相浸渍法。络合浸渍法是一种新的金属改性微孔分子筛的制备方法，即在浸渍过程中加入合适尺寸的配体使金属离子以络合物的形式存在，避免了金属氧化物对分子筛孔道内酸性位的影响。此外，还可以有效提高金属在分子筛表面的分散，从而实现在保持催化剂活性的同时提高择形性能的双重目的。与普通浸渍法相比，固相浸渍法制备的负载型催化剂上金属氧化物在催化剂上的分散度较高，可以在一定程度上避免由于高温焙烧过程中形成的金属氧化物堵塞分子筛孔道的现象。目前，这两种浸渍法用于生物质催化热解制备低碳烯烃所用催化剂的制备研究鲜有报道。

8.4 由低碳烯合成燃油

将生物质气化为低碳烯烃（乙烯、丙烯和丁烯等）后，低碳烯烃再通过烯烃低聚反应可以合成清洁液体燃料，所得产品中芳烃含量很低。烯烃低聚是一类重要的化学反应，为从低碳烯烃合成液体燃料、塑料、药物、染料、树脂、洗涤剂、润滑油和添加剂等产品提供了有效途径。

8.4.1 烯烃低聚反应的概念

烯烃低聚反应是指有限数量的烯烃单体在催化剂作用下聚合形成一个或多个

 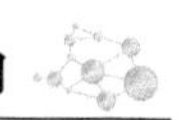

构造单元重复相连的化合物的反应。烯烃低聚反应与一般聚合反应不同，聚合反应生成的产物的相对分子质量很大，如丙烯聚合制备聚丙烯，而烯烃低聚反应的主要产物为烯烃单体的二聚物、三聚物、四聚物（如酸催化下的低碳烯烃低聚反应），常常伴有副反应发生，如裂解和歧化等，从而造成产物组成的复杂性[39, 40]。考虑到目前的实际应用，低聚反应的概念不只局限于一种单体的整数倍低聚，也包括几种单体的交叉低聚反应。交叉低聚伴有氢转移，产物由复杂的烃类混合物组成，如烷烃、烯烃、环烷烃、环烯烃及芳香族化合物。

目前研究较多的烯烃单体包括低碳烯烃（C_2～C_4）、α-烯烃（C_4以上的直链端烯烃）与异丁烯等。低聚产物通式可以表示如下：

$$H_3C-\underset{\substack{|\\R}}{\overset{H}{C}}-[CH_2-\underset{\substack{|\\R}}{CH_2}]_{n-2}-\overset{H_2}{C}-\underset{\substack{|\\R}}{CH_2}$$

式中，n 取值 2～5；R 为 C_mH_{2m+1}，m 取值 0～10。

随着现代工业的发展以及环保要求的提高，对于清洁油品（不含硫、氧、芳烃等）的生产要求也日趋严格，尤其是在军事、航空航天领域中，需要提供高性能的液体燃油。以低碳烯烃（乙烯、丙烯和丁烯等）为原料进行的低聚反应是一条制取清洁液体燃料的重要途径。

8.4.2 烯烃低聚反应机理

烯烃低聚反应是一个酸催化反应，在多相催化剂上发生反应时主要有两种活性中心：一种是质子酸中心，即 B 酸中心；另一种是负载金属的空轨道产生的 L 酸中心。对这两种酸中心所起作用的认识已经比较清楚，它们在低聚反应中遵循的机理有所不同[41]。

1. 乙烯低聚反应

乙烯在 HZSM-5 分子筛上发生低聚反应，得到 C_5～C_{14} 的低聚产物，其种类达 50 多种。分析反应过程中生成的中间物在催化剂上的吸附状态，中间物种与催化剂上的羟基中的 O 原子成键形成烷氧基低聚物，这种吸附态中间物质与聚合物碳正离子的形成构成了动态平衡，进一步转化生成不同的低聚产物。固体酸催化剂上的乙烯低聚反应，其反应活性并不高，需要提高反应温度才能提升乙烯在酸性位上的反应速率和转化率，然而在高温条件下，固体酸催化又容易导致产物进一步发生异构化和裂化反应，降低低聚产物的产率[42]。

金属负载型 Ni 基催化剂也是一类常用的低聚反应催化剂，催化剂的主要活性中心为处于离子交换位置的 Ni^{2+}和 Ni^{+}，对乙烯低聚反应表现出非常好的反应活性，主要发生乙烯的二聚、三聚和四聚反应[43]。低聚合产物的生成概率相对较大，产物比例符合 Schulz-Flory 分布（$C_4>C_6>C_8$）。催化剂上的 Ni 中心与质子酸中心的协同作用如图 8.7 所示[41]，乙烯在催化剂上的 Ni 中心上首先发生一次聚合反应，然后质子酸中心能使低聚产物进一步聚合，获得长链的产物。

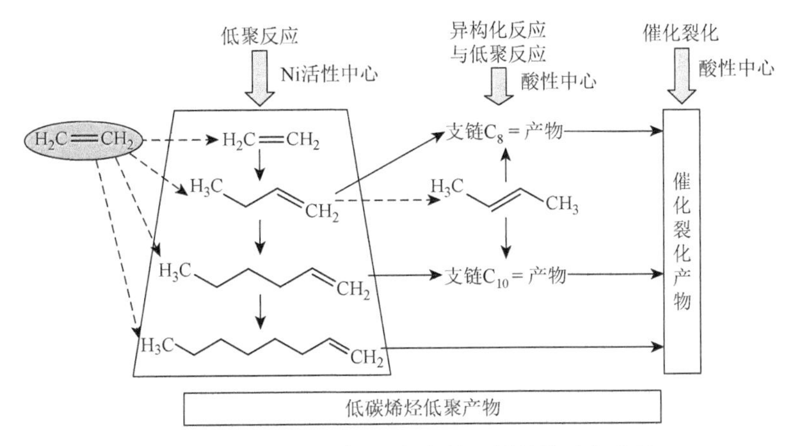

图 8.7　Ni 基负载型催化剂上的乙烯低聚反应路径

一般而言，Ni 中心上乙烯的低聚反应所得产物的支链少，而在质子酸中心上更容易获得多支链产物。

2. 丙烯低聚反应

丙烯及 C_3 以上烯烃的低聚反应在质子酸中心和 Ni 中心上均具有较好的活性，图 8.8 是丙烯在这两种活性中心上的低聚反应机理[44]。在固体酸中心上，丙烯分

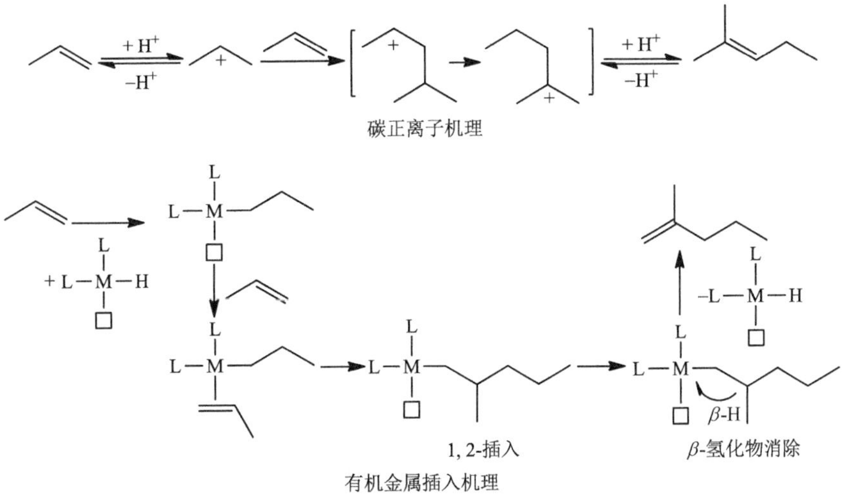

碳正离子机理

1, 2-插入

β-氢化物消除

有机金属插入机理

图 8.8　丙烯低聚反应机理[44]

子首先与质子结合形成碳正离子，然后与另一个丙烯分子发生加成反应，得到 C_6 碳正离子，同时碳正离子会发生异构，生成异构的低聚烯烃产物。在负载型 Ni 催化剂上，丙烯低聚反应是以有机金属插入反应机理进行的，丙烯分子首先与 M—H 键（M：金属）结合形成 M—C 键，另一分子丙烯与 Ni 配位后与前一个丙烯分子发生 1, 2 位插入反应，然后经过 β-H 转移得到聚合后的烯烃产物。

经碳正离子机理进行的低聚反应容易发生异构，得到具有不同支链和双键位置的烯烃产物，而按有机金属插入反应机理进行的反应则比较容易得到支链少的端位烯烃产物。

8.4.3 烯烃低聚反应催化剂

烯烃低聚反应成功实现商业化应用已有近一个世纪，但目前开发的绝大多数催化剂及相关的低聚反应技术主要是针对单一组分的乙烯或 $C_3^=$ 以上的烯烃原料，而以含乙烯的混合烯烃为原料发展起来的技术相对较少。烯烃低聚反应是强放热反应，C═C 双键加成的反应热约为 84kJ/mol，在以相同 C 原子数为目标产物（如柴油）的条件下，乙烯则需要经过更多次数的聚合，反应热也会不同。因此，对于乙烯和 $C_3^=$ 以上烯烃的低聚反应所使用的催化体系和反应条件也有所差别。例如，酸性 HZSM-5 分子筛对丙烯、丁烯具有较好的低聚活性，可以高选择性地获得汽油和柴油，但是对乙烯低聚反应的活性较差。

由于镍特别适于控制烯烃的连接方式，均相镍催化剂是一种重要的烯烃低聚反应催化剂。均相催化方法的反应温度较低，催化剂活性高，产物的选择性好，但是存在着操作压力过高（大约为 20MPa）、产物与催化剂分离困难等问题。尤其是如果将该反应用于空间受限的特殊场合的规模小型化装置上，要实现这些条件会存在较多的困难。因此近年来的研究重点大多集中于多相催化剂在较缓和的中压条件下进行的低聚反应。可以用于烯烃低聚反应的催化剂体系较为广泛，主要有固体酸催化剂、均相镍固载化催化剂、多相镍催化剂及茂金属催化剂等几种类型[39, 41]。

1. 固体酸催化剂

固体酸催化剂是一个较为广义的概念，有别于一般的无机酸，这里的固体酸指的是用酸处理过的白土、硅酸铝及无机酸的盐等。在烯烃低聚催化反应过程中，碳正离子是目前公认的反应中间物，因此要求固体催化剂首先要有酸性才会具有催化活性，并且能够与烯烃作用产生碳正离子。固体酸表面的酸性位可以是质子酸型或 Lewis 酸型。分子筛是一种高度结晶的水合硅铝酸盐，对催化烯烃低聚反应具有明显活性，因此被广泛用作烯烃低聚反应的固体酸催化剂。其他固体酸如固体磷酸催化剂、阴离子交换树脂等非分子筛型固体酸催化剂，具有与均相液体酸一样的催化活性，也常用于烯烃低聚反应。

1）分子筛

分子筛是一类具有分子大小孔径的硅铝酸盐体系，在烯烃低聚反应中以质子酸形式发生催化作用。其典型的特点之一是它具备独特的孔道结构，表现出对有机分子的筛分能力。尤其是 20 世纪 70 年代 Mobil 公司开发出的中孔 ZSM-5 型分子筛，因其孔径与许多化合物分子大小相接近，在择形催化和吸附领域中得到广泛应用。常用于烯烃低聚反应的分子筛有 ZSM-5、ZSM-12、HZSM-48、HY、Omega、丝光沸石、硅硼沸石及改性 Ni/ZSM-5 等。

分子筛催化剂的孔径是影响烯烃低聚反应的性能及产物分布的一个重要因素。在中孔分子筛上，烯烃在低温下即可发生低聚反应，并具有良好的选择性和稳定性，而这一现象不能在大孔分子筛上观察到。随着分子筛孔径的增大，烯烃低聚产物的支链度也会增大，因此大孔径分子筛在烯烃低聚反应中的适用性较低。目前虽然没有低聚物异构体分布的详细数据，但是从已有的实验结果可以预测，在中孔分子筛催化剂上生成的低聚产物比在非选择性酸性催化剂上生成的低聚产物的支链化程度要小。

影响低聚产物的选择性和产率的因素还有很多，如分子筛的类型、硅铝比、模板剂、制备条件等。分子筛对烯烃低聚反应的影响规律简述如下。

（1）与硅铝催化剂相比，分子筛催化剂具有活性高、选择性好、稳定性高和抗毒能力强等优点。

（2）当反应温度和转化率较高时，由于裂解、歧化和共聚的作用，产物不是简单地以二、三、四聚体的形式存在，而是以连续碳原子数的产物分布为特征，增加烯烃分压或提高分子筛中的 Al 含量，会加速副反应的发生。

（3）以 ZSM-5 分子筛为例，低温（200～220℃）、高压（5MPa）有利于柴油馏分的生成，而高温（280～375℃）、低压（0.4～3MPa）则有利于生成汽油馏分，且芳烃含量较高。此外，当温度高于一定数值时，继续提升温度将会促进裂解反应的发生，从而降低产物的相对分子质量。

（4）晶粒增大会使扩散作用增强，分子筛的晶粒大小和其催化活性的利用效率之间存在反比关系。

（5）尽管不同的研究体系采用了不同类型的分子筛催化剂，所得烯烃低聚反应性能的结论不一，但其中得到公认的基本规律是：ZSM-5 是活性最好的催化剂，所得低聚产物的支链度也较低；HY 型分子筛因孔径较大易形成位阻较大的多核芳烃，容易导致失活；丝光沸石也会因孔口阻塞而快速失活；Omega 型分子筛和丝光沸石的特点相似，并且所得低聚产物的支链度最大；Boralite 分子筛与 ZSM-5 在催化活性及低聚产物的支链化程度等方面表现出相似的特征。

（6）由于不同低聚体系的特点，分子筛催化剂的活性等规律也有较大的区别。以高碳数的 α-烯烃（C_{12}～C_{18}）为原料，三种典型分子筛的活性顺序为：八面沸石＞丝光沸石＞ZSM-5，这与低碳烯烃的低聚效果相反。对合成润滑油的 α-烯烃来说，高硅铝比、大孔分子筛催化剂较适用，但总体来说，分子筛的催化性能仍不如黏土型催化剂或目前工业上采用的 BF_3、$AlCl_3$ 等催化体系。

分子筛催化剂上酸性位对低聚反应的催化活性的影响尚不明确。一般认为，催化剂的酸性越强，低聚反应的活性越高。分子筛经过高温焙烧破坏了表面的质子酸位，大部分酸性位为 L 酸位，低聚反应生成的积碳相对较少。相应的，强酸性的质子酸位通过中毒使得强质子酸位被掩盖，也会表现出相同的效果，并且使芳烃的生成量下降。例如，NaHY 分子筛在高温下加入吡啶可以使分子筛表面的最强酸位中毒，或者通过改变 NH_4^+ 含量来调变分子筛的酸性，再将调变酸性后的 NaHY 分子筛用于丁烯低聚反应，结果发现，NaHY 分子筛对丁烯低聚反应的活性随着 Lewis 酸的强度的增加而上升。HZSM-5 催化乙烯低聚反应也发现，质子酸和 Lewis 酸均对活性有贡献，但是 Lewis 酸位的活性更高。

2）非分子筛型酸性催化剂

磷酸催化剂是目前在烯烃低聚反应中应用最为广泛的非分子筛型酸性催化剂，由于可以避免液体酸对设备造成的腐蚀性，因此固体磷酸催化剂备受青睐。固体磷酸盐的酸性可与硫酸盐等相媲美，常常被用于合成低相对分子质量的低聚物。这一领域的研究工作始于 20 世纪 30 年代，截至 1995 年，全世界已有 35 家以上的工厂采用固体磷酸催化剂催化低碳烯烃合成液体燃料。通常，催化剂的寿命约为每千克催化剂能生产 1200kg 汽油。固体磷酸催化剂是最早实现工业化和应用最为广泛的丙烯低聚反应催化剂，但固体磷酸容易泥化结块，导致催化剂失活，并且容易使低聚产物高度支链化，特别不适用于合成柴油。

在乙烯低聚生产 α-烯烃的成熟工艺中，目前主要采用的催化剂是三乙基铝和镍络合催化剂。日本出光石油化学公司开发了一种新型的催化剂体系，即在 $ZrCl_4$-倍半乙基氯化铝（EASC）-三乙基铝（TEA）的三组分体系中加入有机配位体形成 $ZrCl_4$-EASC-TEA 催化体系，该催化体系不但可以通过调节 TEA/EASC 的比例来使聚乙烯的量降到最低，而且还可以通过调节 EASC/$ZrCl_4$ 的比例来控制 α 值从而控制碳数分布。α-烯烃低聚反应对催化剂的选择比较特殊，具有择形作用的分子筛催化剂和固体磷酸催化剂均不适用。工业上将三乙基铝/$TiCl_4$ 催化剂用于制备高聚合度的润滑油，将 BF_3-醇催化剂用于制备低聚合度或中聚合度的合成烃油，如 BF_3-丙醇可将 1-癸烯低聚获得收率为 70%～80%的三聚物。与一般的碳正离子低聚过程相比，BF_3-醇催化剂表现的骨架支链化程度更大，但是其在低聚反应过程中产生骨架支链化的机理尚不清楚。

离子交换树脂也被用于烯烃低聚反应。例如，具有大孔网状结构的磺酸盐苯乙烯-二乙烯苯共聚物在 16℃、1MPa、LHSV = 1.8h^{-1} 的反应条件下，烯烃的转化率达到 89%，产物中二聚物、三聚物和四聚物分别占 33%、57%和 10%。

2. 均相镍固载化催化剂

固载化镍催化剂是将均相 Ni 催化剂的活性组分——有机金属镍络合物锚定在载体上（如聚合物、介孔材料等）构建而成。

对乙烯低聚反应而言，固载化镍催化剂的活性及其对 α-烯烃的选择性均较低，并且生成的烯烃产物的支链较多。可能的原因是载体上锚定的镍活性中心较少且分布不均匀，导致其活性较差，且不稳定。固载化镍催化剂上乙烯低聚的产物以二聚、三聚产物为主。有机镍的二齿 P、O 螯合物锚定在聚苯乙烯树脂上制备的多相镍催化剂，利用催化剂的螯合物部分可以调节低聚产物的线性度、反应活性及选择性[45]。将 $Ni(MeCN)_6(BF_4)_2$ 固载于 Al-MCM-41 介孔分子筛上，通过调节催化剂中 $AlEt_3$/Ni 的比例可以控制产物的选择性[46]，在 40℃、乙烯压力 0.98MPa、Al/Ni 比为 15 的条件下，产物中丁烯的选择性达到 84%。

对丙烯低聚反应而言，均相镍催化剂具有很高的反应活性和选择性，并且镍特别适合于控制烯烃的连接方式，因此均相镍催化剂一直是丙烯低聚反应催化剂的研究热点之一。催化剂配体的性质及空间结构、助剂和溶剂等均对丙烯低聚反应有着显著的影响。但是采用均相催化剂存在着反应完成后需对催化剂-产物进行分离操作的缺点，将均相催化剂的活性组分负载在载体上可以克服这一弊端。将 β-硫代乙酰丙酮镍(0)配合物锚定在聚合物上制成均相镍固载化催化剂用于丙烯低聚反应，用三异丙基膦和 Et_2AlCl 作助剂，催化剂的活性可达 7.4×10^4mol/(mol·h)，2, 3-二甲基-丁烯的选择性可达 80%。

3. 多相镍催化剂

多相镍催化剂又可以分为负载型镍催化剂和复合型镍催化剂。

将镍负载于载体上制备的载镍催化剂被广泛用于乙烯、丙烯和丁烯的低聚反应，如 SiO_2-Al_2O_3 上负载镍是众所周知的二聚反应的活性催化剂。常用的载体有硅酸铝化合物、纯硅分子筛、层状硅铝化合物及丝光沸石、Y 型和 ZSM-5 型分子筛等。

镍交换分子筛也被用于烯烃低聚反应。这类催化剂的活性高，主要是由于有镍的存在，以及镍与载体的酸性强度成一定的比例关系。镍交换无定形硅酸铝（含 0.27%镍，SiO_2/Al_2O_3 比为 50）用于乙烯低聚反应，在 1.1MPa 和 300℃条件下反应主要获得二聚物。催化剂的活性与载体酸性强度成比例，且乙烯的转化率和二聚物的产率随镍负载量的增加而增大。

$NiCl_2/Al_2O_3$ 催化剂与均相催化剂在相近条件下可以获得相似的低聚反应结

果，说明在固体表面和溶液中的活性物质是相似的。活性相可能是由镍和 L 酸结合而成的氢化物，也有人认为催化活性中心是 Ni_2^+。

多相镍催化剂的制备方法有浸渍法、共沉淀法和离子交换法，通常认为共沉淀法制备的多相镍催化剂的低聚活性最优，因为共沉淀法制备的催化剂上镍的分散度较高。

多相镍催化剂的阴离子及其含量对其催化性质也有一定的影响。实验中分别用硝酸镍、硫酸镍和氯化镍溶液浸渍制成多相镍催化剂，由于阴离子的存在诱发生成强 L 酸和 B 酸，并且酸的强度和酸位数目会随着阴离子含量的增加而增大，因此其催化活性随着焙烧后阴离子的含量和种类的不同而变。

硫酸铁-硫酸镍系列复合催化剂用于烯烃低聚反应，其中，用共浸渍法制备的 $Fe_{(2/3)x}Ni_{1-x}SO_4$-P_2O_5/γ-Al_2O_3 催化剂具有良好的催化活性和稳定性，并且对三聚以上产物具有很好的选择性。在 60℃、3.0MPa 和 LHSV 为 $2h^{-1}$ 的反应条件下，丙烯低聚反应的转化率可达到 92.9%，$C_9^=$ 和 $C_{12}^=$ 的选择性分别达到 42.9%和 51.8%。在硫酸镍系列复合催化剂中，$NiSO_4/Al_2O_3$ 对烯烃低聚反应的催化活性较高，这主要是因为硫酸根和 Al_2O_3 在焙烧过程中发生相互作用，产生了强酸性，从而对二聚物具有良好的选择性。

几种典型的 Ni 催化剂上的乙烯低聚反应性能如表 8.11 所示[43]。

表 8.11　几种典型的 Ni 催化剂上的乙烯低聚反应性能

催化剂	Ni 含量 /wt%	反应方式	T/℃	p/bar	活性 /(g/g·h)	TOF/h^{-1}	低聚产物质量分数/%			
							C_4	C_6	C_8	C_{10+}
NiO/Al_2O_3-SiO_2	4	固定床	40	20.7	0.325	—	50	16	13	21
NiO/Al_2O_3-SiO_2	3.9	固定床	275	1.0	23.8%[a]	—	81.8	16	1.7	0.5
NiO/B_2O_3-Al_2O_3	3.0	固定床	200	10	0.33	23.1	74	20	5.1	0.9
Ni-NaY	5.6	固定床	70	41	0.4	15.0	67	33	0	0
Ni-Y（Si/Al 比＝30）	0.6	间歇式	50	40	30	10482	67	10	14	9
Ni-Beta（Si/Al 比＝12）	1.7	固定床	120	26	0.57	70	72.3	13.4	7.2	3.1
Ni-MCM-22	0.55	间歇式	150	40	2.2	876	81	5	13	1
Ni-MCM-36	0.6	间歇式	150	40	46	16072	45	25	15	15
Ni-MCM-48	0.5	间歇式	150	35	113	47379	42	37	14	7
Ni-SBA-15	5	固定床	120	30	1.0	42	—	—	—	35.1
Ni-MCM-41	0.5	间歇搅拌	30	20	3	1257	56	24	10	10
Ni-MCM-41（3.5nm）	2	间歇式	150	35	150	15723	45	33	15	7
Ni-MCM-41（10nm）	2	间歇式	150	35	158	16561	40	33	16	11

a. 转化率。

4. 茂金属催化剂

镍以外的其他金属催化剂也可以用于烯烃低聚反应。负载在活性炭上的钴催化剂已经成为烯烃低聚生产直链烯烃的适宜催化剂；将 ReO_3 及 WO_3 用于丙烯催化反应，前者主要引发复分解反应，而后者则催化低聚反应；负载型硫酸铁催化剂对丙烯低聚具有较高的催化活性，产物中三聚体和四聚体的选择性较高。

8.4.4　亟待解决的问题

将生物质热解气化为低碳烯烃，低碳烯烃再通过烯烃低聚反应合成液体燃料，是实现生物质能利用的一条有效途径，有利于发展我国生物质化工产业，促进生物质气化下游产品的综合利用。这对于环境保护、资源合理利用、可持续发展战略需求均具有重要意义。伴随着几次工业技术革命，烯烃低聚技术在过去几十年中的发展日趋成熟，其核心问题在于新型高效催化剂的开发。

但随着整个社会对于生产要求的不断提高，该过程的发展仍主要存在以下几方面需要解决的问题。

（1）高效的烯烃低聚反应催化剂主要是均相催化剂，但该反应体系对于产物组分的分布调控存在不足之处，并且反应后需要将催化剂与产物进行分离，使操作成本增加。开发廉价、高活性的多相催化剂及发展相应的工艺技术仍具有研究价值。

（2）目前低碳烯烃低聚工艺过程的主要产物是汽油，对于碳链更长的柴油的生产能力相对不足。如何通过优化催化剂的孔道结构、活性中心以及反应条件来控制产物分布，高选择性地获得柴油组分也是发展生物质化工需要考虑的一个方向。

（3）低碳烯烃低聚生成长链产物会释放出大量的热，同时长链产物在催化剂中的扩散对催化剂提出了要具有更大的孔道结构的要求，因此存在着提升催化剂耐热稳定性和抗积碳失活稳定性之间的平衡。将催化剂结构与工艺过程相结合研究，对产物分布进行优化调控，以及延长催化剂寿命是发展烯烃低聚多相催化反应的重要研究内容。

参考文献

[1] Bridgwater A V. Review of fast pyrolysis of biomass and product upgrading. Biomass & Bioenergy，2012，38：68-94.

[2] Sansaniwal S K，Pal K，Rosen M A，et al. Recent advances in the development of biomass gasification technology：a comprehensive review. Renewable & Sustainable Energy Reviews，2017，72：363-384.

[3] 陈冠益，高文学，颜蓓蓓，等. 生物质气化技术研究现状与发展. 煤气与热力，2006，26（7）：20-26.

[4] 袁振宏，吴创之，马隆龙. 生物质能利用原理与技术. 北京：化学工业出版社，2005.

[5] Ahmad A A，Zawawi N A，Kasim F H，et al. Assessing the gasification performance of biomass：a review on

biomass gasification process conditions，optimization and economic evaluation. Renewable and Sustainable Energy Reviews，2016，53：1333-1347.

[6] Rajvanshi A K. Biomass gasification. Boca Raton，Florida，United States：CRC Press，1986：83-102.

[7] Gautam G，Adhikari S，Gopalkumar S T，et al. Tar analysis in syngas derived from pelletized biomass in a commercial stratified biomass in a commercial stratified downdraft gasifier. Bioresources，2013，6(4)：4652-4661.

[8] Siedlecki M，de Jong W，Verkooijen A. Fluidized bed gasification as a mature and reliable technology for the production of bio-syngas and applied in the production of liquid transportation fuels—a review. Energies，2011，4（3）：389-434.

[9] Heidenreich S，Foscolo P U. New concepts in biomass gasification. Progress in Energy and Combustion Science，2015，46：72-95.

[10] Mathieu P，Dubuisson R. Performance analysis of a biomass gasifier. Energy Conversion and Management，2002，43：1291-1299.

[11] 肖军，沈来宏，邓霞，等. 秸秆类生物质加压气化特性研究. 中国电机工程学报，2009，29（5）：103-108.

[12] Mohammed M A A，Salmiaton A，Wan Azlina W A K G，et al. Air gasification of empty fruit bunch for hydrogen-rich gas production in a fluidized-bed reactor. Energy Conversion and Management，2011，52（2）：1551561.

[13] Liu W J，Li W W，Jiang H，et al. Fates of chemical elements in biomass during its pyrolysis. Chemical Reviews，2017，117（9）：6367-6398.

[14] 李乐豪，闻光东，杨启炜，等. 生物质焦油处理方法研究进展. 化工进展，2017，36（7）：2407-2416.

[15] Huang B S，Chen H Y，Kuo J H，et al. Catalytic upgrading of syngas from fluidized bed air gasification of sawdust. Bioresource Technology，2012，110：670-675.

[16] 侯斌，吕子安，李晓辉，等. 生物质热解产物中焦油的催化裂解. 燃料化学学报，2001，29（1）：70-75.

[17] Delgado J，Aznar M P，Corella J. Calcined dolomite，magnesite and calcite for cleaning hot gas from a fluidized bed biomass gasifier with steam：life and usefulness. Industrial & Engineering Chemistry Research，1996，35：3637-3643.

[18] 吕鹏梅，常杰，王铁军，等. 生物质气化过程催化剂应用研究进展. 环境污染治理技术与设备，2005，6（5）：1-6.

[19] Courson C，Makaga E，Petit C，et al. Development of ni catalysts for gas production from biomass gasification. Reactivity in steam-and dry-reforming. Catalysis Today，2000，63（2）：427-437.

[20] Olivares A，Aznar M A P，Caballero M A，et al. Biomass gasification：produced gas upgrading by in-bed use of dolomite. Industrial & Engineering Chemistry Research，1997，36（12）：5220-5226.

[21] Mahishi M R，Goswami D Y. An experimental study of hydrogen production by gasification of biomass in the presence of a CO_2 sorbent. International Journal of Hydrogen Energy，2007，32（14）：2803-2808.

[22] Sutton D，Kelleher B，Ross J R H. Review of literature on catalysts for biomass gasification. Fuel Processing Technology，2001，73（3）：15173.

[23] Encinar J M，Beltran F J，Ramiro A，et al. Pyrolysis/gasification of agricultural residues by carbon dioxide in the presence of different additives：influence of variables. Fuel Processing Technology，1998，55（3）：219-233.

[24] Valliyappan T，Ferdous D，Bakhshi N N，et al. Production of hydrogen and syngas via steam gasification of glycerol in a fixed-bed reactor. Topics in Catalysis，2008，49（1-2）：59-67.

[25] Caballero M A，Corella J，Aznar M P，et al. Biomass gasification with air in fluidized bed. Hot gas cleanup with selected commercial and full-size nickel-based catalysts. Industrial & Engineering Chemistry Research，2000，

39（5）：1143-1154.

[26] Saddawi A，Jones J M，Williams A. Influence of alkali metals on the kinetics of the thermal decomposition of biomass. Fuel Processing Technology，2012，104：189-197.

[27] Sato K，Fujimoto K. Development of new nickel based catalyst for tar reforming with superior resistance to sulfur poisoning and coking in biomass gasification. Catalysis Communications，2007，8（11）：1697-1701.

[28] 赵增立，李海滨，吴创之，等. 生物质等离子体气化研究. 太阳能学报，2005，26（4）：468-472.

[29] Guo Y，Wang S Z，Xu D H，et al. Review of catalytic supercritical water gasification for hydrogen production from biomass. Renewable and Sustainable Energy Reviews，2010，14（1）：334-343.

[30] Pan P，Hu C，Yang W，et al. The direct pyrolysis and catalytic pyrolysis of *Nannochloropsis* sp. residue for renewable bio-oils. Bioresource Technology，2010，101（12）：4593-4599.

[31] Zhang H，Xiao R，Jin B，et al. Catalytic fast pyrolysis of straw biomass in an internally interconnected fluidized bed to produce aromatics and olefins：effect of different catalysts. Bioresource Technology，2013，137（6）：82-87.

[32] Huang W W，Gong F Y，Fan M H，et al. Production of light olefins by catalytic conversion of lignocellulosic biomass with HZSM-5 zeolite impregnated with 6wt.% lanthanum. Bioresource Technology，2012，121（7）：248-255.

[33] 罗俊，邵敬爱，杨海平，等. 生物质催化热解制备低碳烯烃的研究进展. 化工进展，2017，36（5）：1551564.

[34] Du Z，Hu B，Ma X，et al. Catalytic pyrolysis of microalgae and their three major components：carbohydrates，proteins，and lipids. Bioresour Technol，2013，130：777-782.

[35] Dong X，Xue S，Zhang J，et al. The production of light olefins by catalytic cracking of the microalga isochrysis zhanjiangensis over a modified ZSM-5 catalyst. Chinese Journal of Catalysis，2014，35（5）：684-691.

[36] Hong C，Gong F，Fan M，et al. Selective production of green light olefins by catalytic conversion of bio-oil with Mg/HZSM-5 catalyst. Journal of Chemical Technology & Biotechnology，2013，88（1）：109-118.

[37] Zhang H，Xiao R，Jin B，et al. Biomass catalytic pyrolysis to produce olefins and aromatics with a physically mixed catalyst. Bioresource Technology，2013，140（7）：256.

[38] Wang K，Zhang J，Shanks B H，et al. Catalytic conversion of carbohydrate-derived oxygenates over HZSM-5 in a tandem micro-reactor system. Green Chemistry，2014，17（1）：557-564.

[39] 纪华，吕毅军，胡津仙，等. 烯烃齐聚催化反应研究进展. 化学进展，2002，14（2）：146-155.

[40] 宋瑞琦，相宏伟，李永旺，等. 烯烃齐聚合成液体燃料. 燃料化学学报，1999，27（S1）：80-90.

[41] 苏雄，段洪敏，黄延强，等. 低碳烯烃齐聚合成液体燃料研究进展. 化工进展，2016，35（7）：2046-2056.

[42] Gong J，Xu Y，Long J，et al. Synergetic effect of γ zeolite and ZSM-5 zeolite ratios on cracking，oligomerization and hydrogen transfer reactions. China Petroleum Processing & Petrochemical Technology，2014，16（3）：1-9.

[43] Finiels A，Fajula F，Hulea V. Nickel-based solid catalysts for ethylene oligomerization—a review. Catalysis Science & Technology，2014，4（8）：2412-2426.

[44] Britovsek G J P，Malinowski R，McGuinness D S，et al. Ethylene oligomerization beyond schulz-flory distributions. ACS Catalysis，2015，5（11）：6922-6925.

[45] Braca G，Galletti A M R，Girolamo M D，et al. Organometallic nickel catalysts anchored on polymeric matrices in the oligomerization and/or polymerization of olefins. Part ii. Effect and role of the components of the catalytic system. Journal of Molecular Catalysis A Chemical，1995，96（3）：203-213.

[46] Souza M O D，Rodrigues L R，Pastore H O，et al. A nano-organized ethylene oligomerization catalyst：characterization and reactivity of the $Ni(MeCN)6(BF_4)2$/[Al]-MCM-41/$AlEt_3$ system. Microporous & Mesoporous Materials，2006，96（1）：109-114.

第 9 章

生物质的热解转化

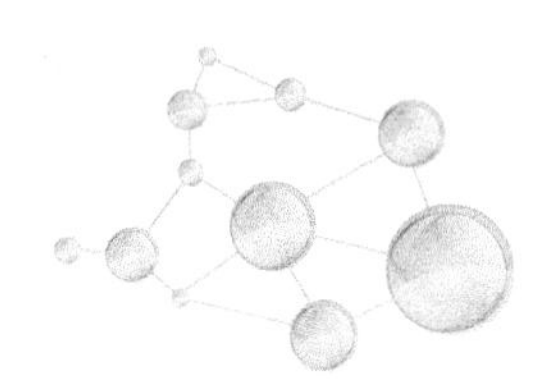

生物质的热解转化是指生物质在缺氧或有限氧条件下受热裂解，转化生成液体产物、固体产物和可燃气体的过程。生物质热解所得的液体产物称为生物油，固体产物为生物焦/炭。第 8 章所述的生物质气化法所得气体的热值低，不易存储和运输，而生物质热解所得的液体生物油和生物炭的能量密度高，易于输送和使用，避免了生物质气化的上述问题。因此生物质的热解转化是一种高效利用生物质资源的前沿技术，引起了国内外学者的广泛关注。通过改变生物质材料特征（组成、粒径等）、反应温度、升温速率、载气流速和压强等热解条件，可以得到不同的热解产品；也可以通过加入不同的催化剂以及改变催化反应条件，来控制热解蒸气的反应路径从而得到不同选择性的热解产物。依据反应条件的不同，生物质热解转化方法主要包括快速热解、催化热解、其与塑料等固体废弃物的共热解等几种方法[1-4]。本章将主要介绍生物质的快速热解、催化热解和生物质热解油的提质这几个方面的内容。

9.1 生物质快速热解

9.1.1 生物质快速热解的概念

改变生物质热解过程条件如反应温度、加热速率、热蒸气停留时间等，可以在很大范围内灵活地调变固体、液体和气体三相产物的收率比例，常见的几种热解过程条件及所得三相产物的收率对比关系如表 9.1 所示[2]。

表 9.1 几种热解技术对比[2]

热解技术	热解过程条件			热解所得产物		
	热蒸气停留时间	加热速率	温度/℃	炭/%	生物油/%	气体/%
慢速热解	5～30min	＜50℃/min	400～600	＜35	＜30	＜40
快速热解	＜5s	约 1000℃/s	400～600	＜25	＜75	＜20
闪速热解	＜0.1s	约 1000℃/s	650～900	＜20	＜20	＜70

生物质的快速热解是指生物质在缺氧或有限氧条件下快速升温至中温（约500℃）受热分解，热解蒸气再经过快速冷凝而获得主产物为液体产物，副产物为不可凝气体（燃气）和固体产物（焦炭）的热化学过程。由于生物质快速热解的主产物为液体生物油，因此也常被称为快速热解液化过程。由表 9.1 可见，生物质的快速热解可以得到最高的生物油产率，而液体生物油易于存储和运输，可以用于涡轮机、锅炉燃烧供能和发电，也可以用作从生物质生产化学品的原料。

生物质的热解通常可以分为两个过程，即一次裂解和二次裂解，如图 9.1 所示。生物质颗粒在快速升温过程中受热发生一次裂解反应，生成了一次挥发分、不可冷凝气体和炭。一次挥发分离开原料颗粒后，部分冷凝为生物油，部分可以在较高的温度下继续发生二次裂解，生成不可冷凝气体和由挥发分冷凝生成生物油。生物质热解最终形成热解生物油、不可冷凝气体和炭这三类产物。

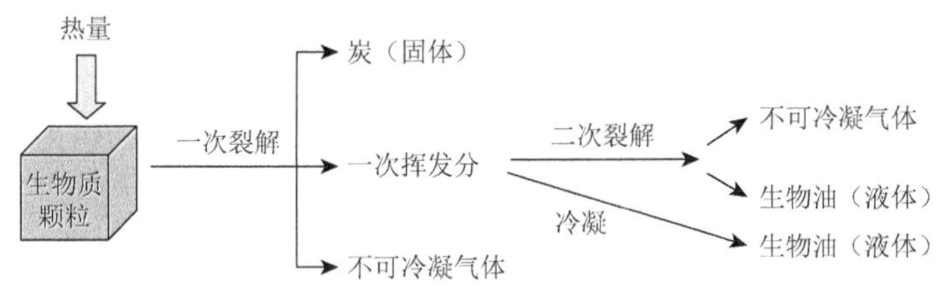

图 9.1 生物质热解过程示意图

9.1.2 生物质快速热解遵循的原则

在快速热解过程中，生物质主要生成蒸气和气溶胶，经过冷却凝结形成深褐色的均相流动液体生物油。大部分灰分含量低的生物质原料均可以得到较高的液体收率。获得最大生物油产率所需的反应条件主要为：10^3～10^4℃/s 的加热速率、500℃左右的反应温度、不超过 2s 的气相滞留时间和热解高温气体的淬冷[5]。在最佳反应条件下，秸秆热解生物油的产率一般不低于 50%，木屑热解生物油的产率一般不低于 60%[6]。

1. 生物质快速热解的基本特征

生物质快速热解过程以生产液体产物生物油为主，其基本特征如下[5]。

（1）生物质快速热解的加热速率极快，生物质颗粒反应界面的传热速率也极快，而生物质的热传导性较低，因此通常要求将进料生物质研磨细，其典型粒度小于 3mm。

（2）对大多数生物质而言，热解温度需要控制在 500℃，才能获得最高的液体收率。

（3）为了限制二次裂解反应，热蒸气停留时间要短，不超过 2s。

（4）为了尽量减少蒸气发生裂解反应，要将产物炭迅速移出。

（5）将裂解蒸气迅速冷却，使其凝结为生物油产品。

由于快速热解反应发生在几秒甚至更短的时间之内，因此传质、传热和相转移过程以及化学反应动力学等都是影响热解过程的重要因素。为了尽量缩短生物质颗粒在低温下的暴露时间，一个关键的解决途径是将要进行反应的生物质颗粒直接置于最优反应温度下，有利于木炭的生成。实现这一目的的可能途径有两条，一条途径是采用小颗粒生物质可以减小传热的影响；另一条途径是当颗粒与热源接触时，快速将热只传递到颗粒表面，如烧蚀裂解过程。

使用干基生物质原料时，主产物生物油的收率最高可达 75%，同时副产的生物炭和燃气均可以用于供热。因此除了烟道气和灰分外，快速热解没有其他废物产生。液体收率受生物质种类、温度、热蒸气停留时间、炭分离、生物质中灰分含量等因素的影响。而炭和灰分在蒸气裂解过程中还具有催化剂的作用。

2. 生物质快速热解的操作步骤

生物质的快速热解过程一般包括以下几个步骤[5]。

（1）为了尽量降低产物液体生物油的含水量，将原料干燥至含水量低于 10%。

（2）为了保障热解反应可以快速发生，将原料研磨至足够细小的颗粒。

（3）迅速有效地分离固体炭。

（4）淬冷热蒸气以利于收集液体。

任何生物质均可以用于快速热解，目前已经有超过 100 种不同类型的生物质原料被用于快速热解，从农业废料如秸秆、橄榄核和坚果壳，到能源作物如芒属植物、高粱，还有林业废料如树皮，固体废弃物如污水污泥和皮革废弃物等。由于木材在不同研究测试中具有一致性和可比性的特征，因此以木材为原料的快速热解居多。

总体而言，一个完整的快速热解商业过程包括三个阶段。

（1）原料的收集、储存、处理、准备和预处理。

（2）固体生物质通过快速热解转化为有用的液态形式的能源（生物油）。

（3）初级液体产物通过加工、精炼或净化转化为市场最终产品，如电力、热、生物燃油或化学品。

9.1.3　生物质快速热解的反应路径和机理

构成生物质尤其是木质纤维素类生物质的主要化学组分是纤维素、半纤维素和木质素。对木质纤维素类生物质而言，这三种组分的含量一般为：35%～50%的纤维素，25%～30%的半纤维素和 15%～30%的木质素[1]。生物质原料种类繁多，成分各不相同，这些组分的热解路径和机理自身就十分复杂，并且还存在着源自不同组分的热解中间物之间的交叉反应网络，因此热解所得生物油的组分也十分复杂。任何物质体系的性质都是由其结构决定的，为了更好地了解生物质热解过程的本质，下面分别从三大组分的结构出发，分析它们的热解特性和热解机理，进而理解生物质热解所得的产品特征。通常，半纤维素会首先在 200～260℃开始分解，而纤维素在 240～350℃断键，木质素的降解则发生在 280～500℃[7]。

1. 纤维素热解特征和机理

纤维素在木质纤维素类生物质中含量最为丰富，是最主要的组成部分，由纤维素组成的微细纤维束构成了纤维细胞壁的骨架结构，支撑着植物的生长发育。纤维素分子是由葡萄糖结构单元通过β-1, 4-糖苷键连接而成的线性饱和多糖结构的碳水化合物，其化学分子式为$(C_6H_{12}O_5)_n$。纤维素的分子链从侧面与相邻的反向排列的分子链通过大量分子内和分子间氢键紧密结合，组成直径约 3.5nm 的原纤维，多束原纤维再并行组合组成 10～25nm 的微纤维，从而形成具有结晶形态特征的纤维素结构。纤维素分子聚合了 100～14000 个葡萄糖单元，纤维素平均相对分子质量一般在 300000～500000[8]。纤维素的结构在三大组分中最简单，最为有序，且相对容易获得，因此被广泛用作生物质热解基础研究的实验原料。

纤维素的热稳定性低，受热作用很容易发生裂解，使分子链断裂，聚合度下降。由于纤维素具有组成单元单一的结构特征，纤维素的热解机理以解聚为特征。热解过程中发生了两类基本反应[9, 10]。其一是纤维素在低温和低加热速率时的降解（慢速热解），主要发生的反应是葡萄糖基脱水和炭化，生成炭、不可凝轻质气体和水。其二是在较高温度（240～400℃）和高加热速率时的快速蒸发（快速热解），纤维素结构中的糖苷键会发生断裂生成热解中间产物，如左旋葡聚糖（1, 6-β-D-脱水吡喃式葡萄糖）和左旋葡萄糖酮为主的脱水单分子产物，以及其他低相对分子质量的挥发性产物，如 CO、CH_4、甲酸、乙酸、醛酮、呋喃等，左旋葡聚糖和其他中间产物在气相环境中通过二次裂解或二次反应从而形成最终产物。左旋葡聚糖二次反应包括聚合、裂解和重组反应等。因此纤维素热解的液体产物中主要包括左旋葡聚糖、呋喃类、醛类、酮类、有机酸等，气体产物主要有 CO、CO_2、CH_4、H_2 和一些低碳烃类，固体产物为炭/焦。

纤维素的热解机理如图 9.2 所示[11-14]。

纤维素首先解聚为低聚糖（寡糖），低聚糖的糖苷键断裂生成 D-吡喃葡萄糖，再经过分子内重排反应生成左旋葡聚糖，过程如图 9.2（a）所示[11,12]。左旋葡聚糖将以 C—O 断裂、C—C 断裂和左旋葡聚糖脱水这三种不同的路径进一步降解生

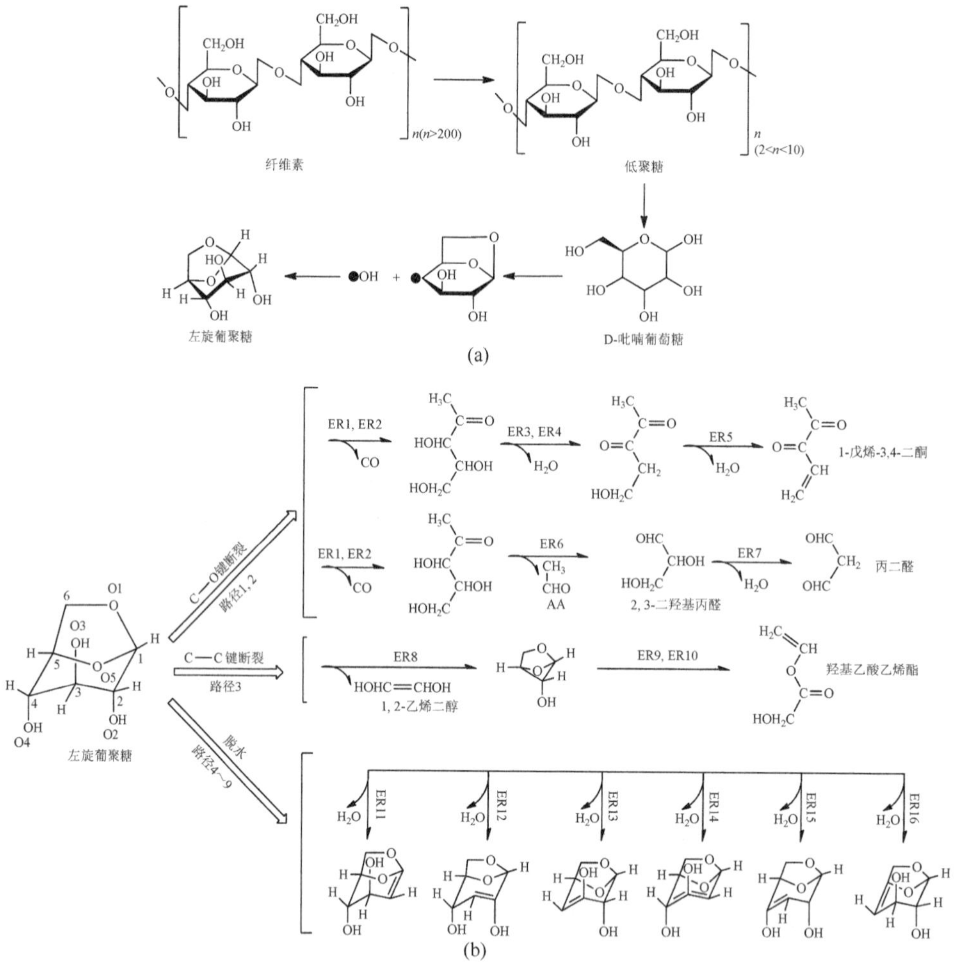

图 9.2　纤维素降解机理[11, 12]

（a）纤维素解聚为左旋葡聚糖；（b）左旋葡聚糖降解机理（C—O 键断裂、C—C 键断裂和脱水机理，ER 表示基元反应）

成小相对分子质量的化合物。图 9.2（b）所示为 394～1054℃下基于量子化学计算所得左旋葡聚糖的降解机理[13]。左旋葡聚糖分子中 C2 上的 OH 基和 C3 上的 H 原子之间的脱水反应是左旋葡聚糖降解的首选路径。而开始于 C6—O1 和 C1—O5 键的同时 C—O 键断裂则会形成中间物 2, 3, 4-三羟基-酮-己醛，随后释放出 CO 并生成中间物 2, 3, 4-三羟基-2-戊酮，此中间物再发生一系列脱水、C—C 键断裂生成羟基戊二酮、乙酸、二羟基丙醛、丙二醛等产物。在左旋葡聚糖的三种分解路径中，C—C 键断裂所需的能垒最高，生成二羟基乙炔、二羟基丁醛、羟基乙酸乙烯酯等产物。

2. 半纤维素热解特征和机理

半纤维素是植物纤维原料中除纤维素、淀粉、果胶以外的长链多聚碳水化合物的统称，因而半纤维素结构复杂，主要为无定形结构，且随着原料的不同，半纤维素的组成也存在着非常大的差异。一般认为半纤维素是多种单糖单元聚合而成的一类多糖化合物，分子链短且带有支链和乙酰基（所以也常用乙酰基作为粗生物质样品中半纤维素存在的信号）。组成半纤维素的糖基单元主要有 D-木糖基、D-甘露糖基、D-葡萄糖基、D-半乳糖基、L-阿拉伯糖基、4-*O*-甲基-D-葡萄糖醛酸基、D-半乳糖醛酸基和 D-葡萄糖醛酸基。研究过程中通常可以采用聚木糖作为半纤维素的模型化合物。

由于半纤维素多糖链的结构非常松散，没有形成类似于纤维素的致密晶态，因此半纤维素是生物质中最不稳定的成分，很容易被加热破坏，其反应活性最高。

半纤维素降解机理如图 9.3 所示[11]。

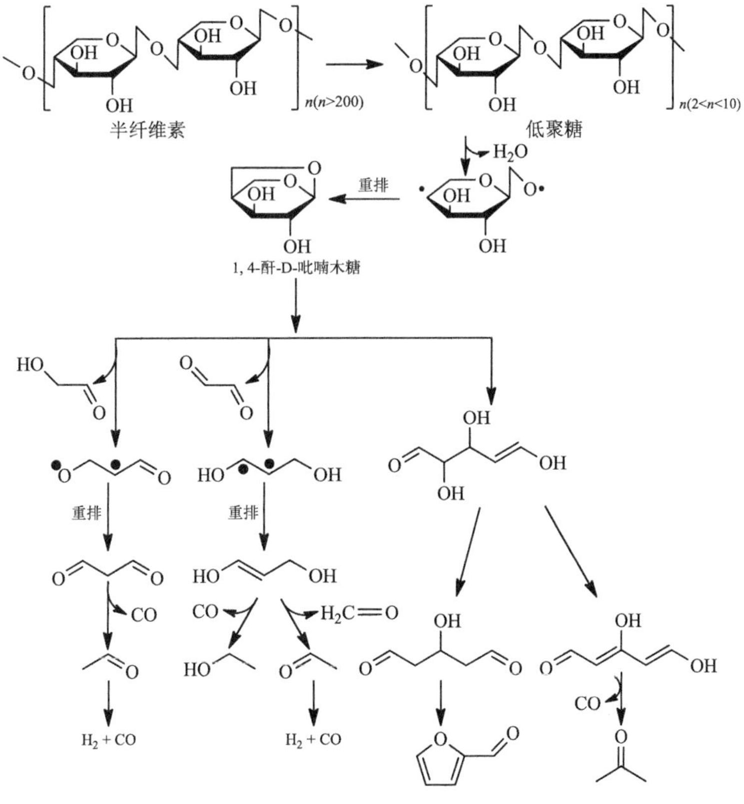

图 9.3　半纤维素降解机理[11]

半纤维素的热解机理与纤维素相似，也是从多糖链的解聚形成低聚糖开始，紧接着发生糖苷键断裂和产物分子重排生成 1, 4-脱水-D-吡喃木糖，然后 1, 4-脱水-D-

吡喃木糖进一步降解形成呋喃类化合物如糠醛和含有 2、3 个碳的小分子化合物，并伴随着 CO、H_2 等气体的生成。纤维素热解所得的中间产物为左旋葡聚糖，而半纤维素热解所得的中间产物为呋喃衍生物，呋喃衍生物的活性较高，容易发生二次热解，部分转变为小分子化合物和气体。半纤维素是工业上生产糠醛的主要原料。

3. 木质素热解特征和机理

木质素是由大量含有甲氧基的苯丙烷单元通过 C—O—C 和 C—C 交织形成的三维立体网状高分子聚合物，主要由愈创木基丙烷、紫丁香基丙烷和对羟基苯丙烷三种单体结合生成。木质素的结构本身无定形，并且随植物种类不同，三种单体的数量和结合方式也不同。木质素没有固定的分子式，一般用分子式 $C_9H_{10}O_2(OCH_3)_n$ 来表示，其 C/O 原子比一般在 2.80～3.30，C/H 原子比一般在 0.85～1.10，高于纤维素和半纤维素中两种原子比的数值（C/O≈1.2，C/H≈0.6）[15]。木质素是三大组分中碳含量最高的一种组分。

木质素是木质纤维素类生物质的三大组分中结构最复杂无序、热稳定性最好的一种组分。木质素的转化一直以来都是木质纤维素类生物质转化的重点和难点，这主要体现在木质素热解过程中的降解率低，固体残碳率高。木质素降解的温度范围很宽，一般而言，木质素在比较低的温度（＜250℃）下就开始降解，在 300～400℃有一个明显的放热分解区间，这一温度区间是木质素的主要分解区，但是直到温度升高到 900℃仍然还会残留大约 46wt%的固体残渣[16]。从化学结构上分析，木质素虽然是一种缺氢的芳香化程度较高的化合物，但是木质素各组成单体之间主要以烷基芳基醚键的方式连接，大部分醚键都可以在不太高的温度下断裂，因此木质素在较低的温度下即可以开始分解。木质素的一次热解主要由氢键断裂和芳香基失稳引起，一般从热软化温度 200℃开始。随着温度的升高，由于侧链结构中存在双键，木质素将首先形成大分子低聚物，然后通过自由基反应断裂成小分子碎片，这些碎片主要包括轻质芳香族物质如邻甲氧基苯酚等。由于木质素中的芳香环很难断裂，容易积碳，因此焦炭产率很高。木质素热解转化过程的中间产物（如降解生成的单体、低聚物）之间存在着严重的缩合反应趋向，而且缩合后的产物很难再被降解，因此木质素在较高的温度下反应时，延长停留时间会使残渣率急剧上升。

木质素降解包括三个阶段：干燥、快速降解和慢速降解。木质素热解所得的液体产物主要分为三大类：大分子低聚物（热解木质素）、酚类化合物和小分子化合物（甲酸、乙酸和糠醛等）。其中，酚类化合物是木质素热解所得生物油中最重要的化学组分，如愈创木酚、苯酚、二甲氧基苯酚（紫丁香酚）和邻苯二酚等。

由于木质素的结构极其复杂，目前对木质素的热解机理尚缺乏充分的认识。通常认为，木质素快速热解过程遵循的是自由基反应机理。

木质素降解机理如图 9.4 所示[12, 17]。

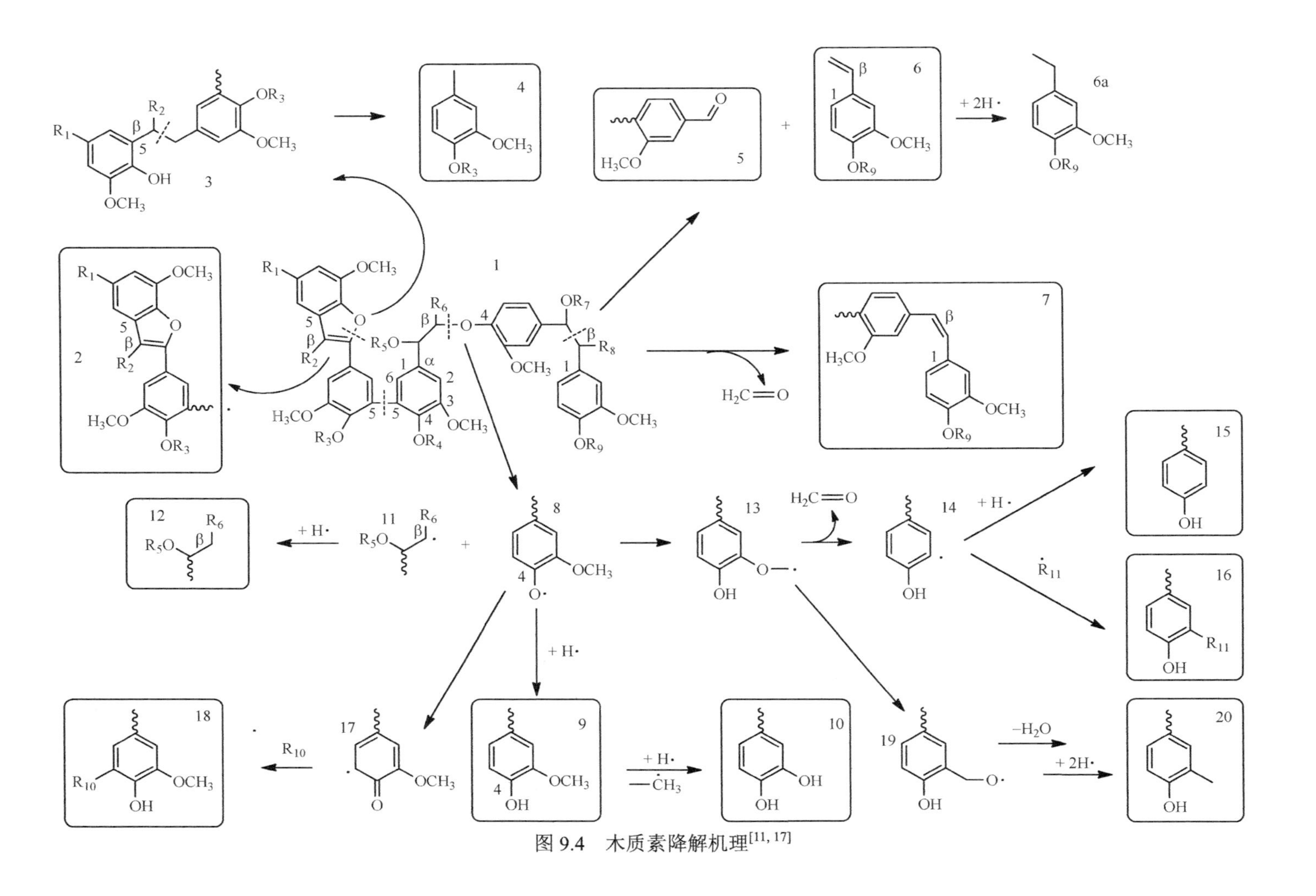

图 9.4　木质素降解机理[11,17]

木质素分子中β-O-4键的断裂产生了自由基，自由基从其他含有弱C—H键或O—H键的物质（如C_6H_5—OH）捕获质子生成降解产物，如香草醛和2-甲氧基-4甲基酚。随后，自由基以链式传递的方式转移为其他物质，最后，一旦两个自由基碰撞生成一个稳定的化合物，链传递即被终止。

9.1.4 生物质快速热解产物特征

生物质热解总会产生液体、固体和气体三类产物，改变生物质原料的种类和热解过程的条件可以在很大范围内灵活地调变固体、液体和气体三相产物的收率比例及产品特征。

1. 生物油

1）生物油的化学组成

生物油是生物质快速热解工艺过程产生的最重要的产物。从化学角度分析，生物油是一个多组分体系混合物，含有水和大量不同类型（上百种）的有机化合物，主要包含烃类、含氧化合物（如酚类、醛类、酮类和羧酸等）和热解木质素（大分子低聚物）。

生物油中包含的典型有机化合物种类及组成分布如图9.5所示[18]，由图可见，生物油的化学组成极其复杂。生物质原料的复杂性和热解机理的复杂性是导致生物油具有复杂化学组成的主要原因。9.1.3小节已经介绍了生物质中纤维素、半纤维素和木质素三大组分的热解机理。由于这三种生物大分子自身结构非常复杂，并且存在着多种不同的热解断键途径，因此这三种组分分别单独热解所得生物油的成分复杂，均含有大量不同类型的有机化合物。例如，纤维素热解生物油主要含有大量的左旋葡聚糖、醛类、酮类、有机酸等有机化合物，半纤维素热解生物油主要含有大量的呋喃类化合物及其衍生物，木质素热解生物油则主要含有大量的酚类化合物。当以生物质为原料进行快速热解时，纤维素、半纤维素和木质素这三种组分在相同的条件下同时进行热解，来自于不同组分的热解中间物之间又会交互发生二次反应，如聚合、缩合、氧化、还原、酯化等，生成大量不同类型的有机化合物，必然导致最后所得的生物油的成分极其复杂。同时，生物质原料本身含有水分以及热解过程中会发生大量脱水反应，因此生物油的含水量也比较大。

2）生物油的理化性质和特性

一般而言，源自木质生物质（如锯木屑）的生物油具有高热值和低水分含量的特征，而源自非木质生物质（如秸秆、稻壳、甘蔗渣等）的生物油则具有高含水量、低热值及低黏度的特征。表9.2归纳总结了生物油的典型理化性质[11]。

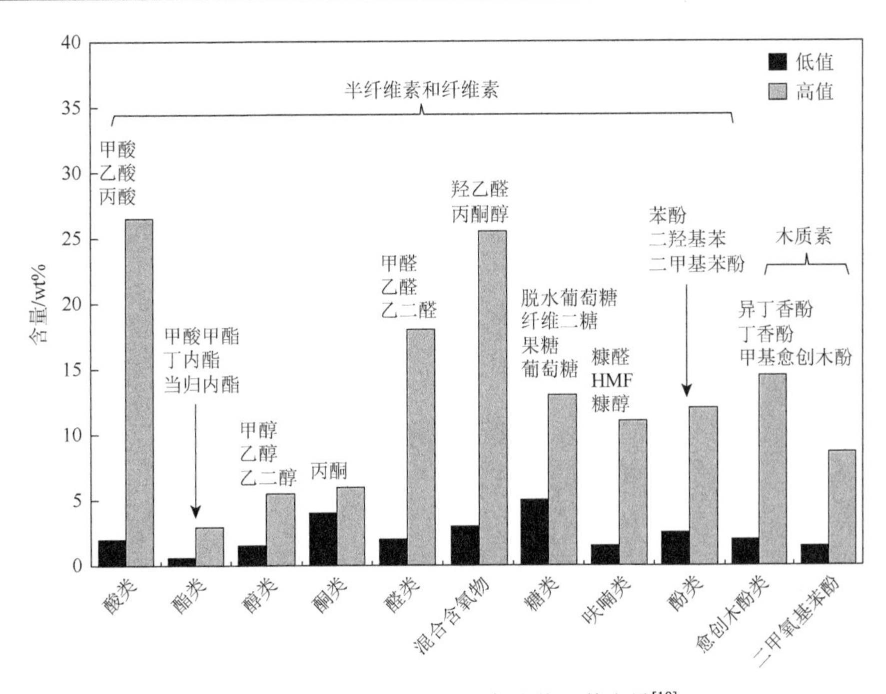

图 9.5　生物油中典型有机化合物及其含量[18]

表 9.2　生物油的典型理化性质[11]

理化性质	数值	理化性质	数值
热值/(MJ/kg)	14～22	元素组成/wt%	
水分含量/wt%	15～30	C	45.0～63.0
密度(298K)/(kg/L)	1.05～1.40	O	35.0～45.0
动力学黏度(313K)/(mPa·s)	40～100	H	5.0～7.2
灰分含量/wt%	0.03～0.30	N	0.07～0.40
蒸馏残余物(真空)/wt%	～50	S	0～0.20
		Na、Mg、Ca、K、Si、P、Cl 等无机元素	<0.01

生物油的一些基本理化性质主要包括以下几方面[5]。

（1）外观。典型的生物油是一种深褐色可以自由流动的液体，随着生物质原料种类和快速热解模式的改变，液体中含有的微碳和化学组成会发生变化，从而影响生物油的外观。生物油的外观可以呈现黑色到深红棕色、深绿色。过滤热解过程的热蒸气可以将焦炭从生物油中滤去，得到一种比较透明、具有红褐色外观的生物油。生物油中如果氮含量较高，会使液体呈现深绿色。

（2）热值。生物油的热值大约为柴油热值的 2/5，是传统燃料油的一半。

（3）水分。生物质原料本身含有水分（干基生物质进料原料的典型含水量最大为 10%），同时热解过程中会发生大量脱水反应，这两个因素均会导致生物油含水。热解生物油对额外添加水有一定耐受性，但是水的添加量有一个限度，水可以添加到发生相分离之前。这意味着，生物油不溶于水。水的影响很复杂，有利因素是添加水可以降低生物油的密度，改善稳定性，不利因素是添加水会降低生物油的热值。

（4）密度。与轻质燃油（0.85kg/L）相比，生物质的密度很大，这意味着要使锅炉和发动机适合于以生物油为燃料，必须重新设计锅炉和发动机的泵和喷雾器等设备以及大小规格。

（5）黏度。黏度是影响燃油使用的一个重要性质。生物油的黏度变化范围宽，并且依赖于原料、水含量、轻馏分含量和生物油老化程度。

除了上述广受关注的基本理化性质之外，生物油也具有一些不良特性。例如，生物油与任何烃类液体均不互溶，生物油具有高酸性和强腐蚀性、低热值、化学组成不稳定、易老化等特性。这些特性影响并限制了生物油的储存，以及在现有发动机体系中作为运输燃料的直接应用。生物油中含有大量的含氧化合物（高含氧量）是导致这些不良特性的主要原因，是引起生物油与烃类燃料之间差异的最主要问题。

表 9.3 归纳总结了生物油的部分特性、导致这些特性的原因以及这些特性会导致的后果影响。下面重点阐述其中的部分特性。

表 9.3　生物油的部分特性[5]

特性	原因	后果影响
酸性或低 pH	生物大分子降解产生的有机酸	腐蚀容器和管道
老化	发生聚合等二次反应	发生缩合等二次反应使黏度缓慢增大 潜在的相分离
高黏度	生物油的化学组成	高压力降会增加设备成本 用泵输送成本高 黏度随时间而变
与烃类混溶性差	生物油中含氧化合物含量高	生物油不与任何烃类混溶，集成精炼困难
氧含量极高	生物质组成	稳定性差 与烃类不混溶
水含量	热解过程中的脱水反应 原料中含水	对黏度和稳定性影响复杂：水含量增大会降低热值、密度、稳定性，增加 pH 影响催化剂
碱金属	灰分含量高 固体分离不完全	催化剂中毒 燃烧时发生固体沉积 侵蚀和腐蚀 生成渣 损坏涡轮

续表

特性	原因	后果影响
炭	处理过程炭分离不完全	生物油老化 沉降 过滤器堵塞 催化剂堵塞 发动机喷油器堵塞 碱金属中毒
可蒸馏性差	降解产物的混合物	生物油不能被蒸馏。液体在低于 100℃时开始反应，高于 100℃时大量分解
低 H∶C 比	生物质 H∶C 低	生物油提质为烃类更加困难
材料不相容性	酚类和芳香类化合物	损坏密封垫圈
含氮	生物质原料污染 高氮原料，如废弃物中的蛋白质	味道难闻 提质过程使催化剂中毒 燃烧产生 NO_x
相分离或非均相性	高的原料含水量 原料中高灰分 炭分离差	相分离 分层 混合性差 处理、储存和加工过程易变性
结构	独特结构源自生物质的快速解聚和热蒸气与气溶胶的快速淬冷	对老化敏感，如黏度增大和相分离
温度敏感	不完全的反应	液体在高于 100℃时不可逆分解为两相 高于 60℃时不可逆的黏度增大 高于 60℃时潜在的相分离
毒性	生物高聚物降解产物	对人有毒但是毒性很小 对环境的毒性可以忽略

（1）酸性。生物油中含有大量羧酸如甲酸和乙酸等（图 9.5），使得生物油的 pH 低（2～3）、酸性高。羧酸的反应活性强，高含量的酸性化合物也是造成生物油极度不稳定的一个重要因素。

（2）老化。生物油中的含氧化合物如醛、酮、苯酚等具有高反应活性，会在储存过程中发生缩合、聚合等二次反应，导致生物油的黏度缓慢增大，即发生了生物油的老化。可以通过添加甲醇、乙醇等醇类物质来降低和控制生物油的老化，在极限情况下会导致相分离。而细小炭的存在会使老化现象恶化。

（3）低热值、低火焰温度、点火延迟时间长和燃烧速率慢，生物油的水含量大是导致这些特性的主要原因。

（4）与烃类液体不相溶。生物油中含氧化合物含量高使得生物油与烃类燃料不互溶，阻碍了生物油作为燃油添加剂的应用。

生物油是一种初级油料，由于其复杂的化学组成导致了上述不良属性，因此不能直接用作车用燃料，目前仅可直接用作窑炉燃料。

为了改善生物油的性质，使其尽量接近于烃类燃油，扩大其使用范围，并且能够稳定地储存和运输，或者可以用作生产化学品的原料，必须通过一定的提质技术来提高生物油的品位。从生物油的化学组成来分析，在生物油可以用作柴油和汽油的替代品之前，必须除去生物油中存在的大量氧。用于生物油提质的途径主要有两种：一种途径是在快速热解过程中直接加入催化剂，辅助原位催化提质；另一种途径是在热解反应器之外连接一个独立的催化提质反应器，对已经生成的生物油进行离线提质。这两个部分的内容将在 9.2 节和 9.3 节分别详细介绍。

3）生物油的应用

生物油的用途非常广泛，分为直接应用和间接应用两种方式。如图 9.6 所示，生物油可以直接用于锅炉、窑炉、发动机和涡轮机中，作为燃油或柴油的替代品燃烧发电或供热。生物油也可以经过分离和生物炼制，用于制取左旋葡聚糖、左旋葡萄糖酮、糠醛、羟甲基糠醛、乙酰丙酸、芳烃等高附加值化学品，或者通过提质转化，用于生产运输燃料。

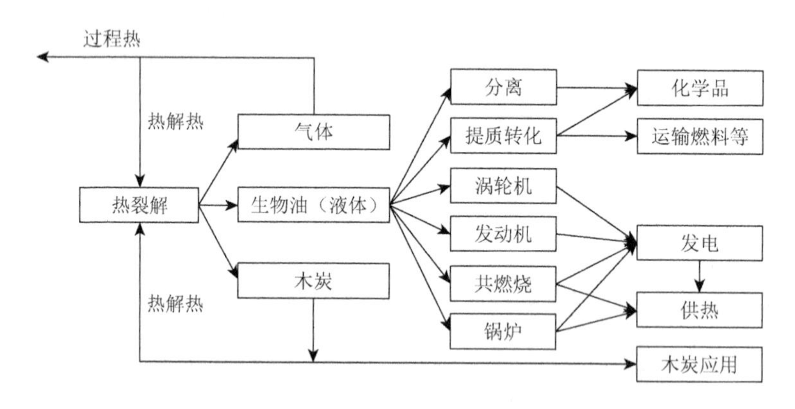

图 9.6　生物油的应用

4）生物油对环境、健康和安全的影响

由于生物油容易被广泛获取，人们开始日益关注生物油对环境、人类健康和安全的影响。2005 年开展了一项研究，在全世界范围内筛选了最商业化的生物油生产商提供的 21 种生物油原料，对它们进行了生态毒性评估。这项研究对生物油的运输要求进行了综合评价，并对生物油的生物降解性进行了评估。总体结论是，生物油对健康、环境和安全没有重大风险。

2. 生物炭

生物炭是指生物质热解过程中生成的固体残渣，也是生物质热解产生的一种主要产物。在一个典型的生物质热解过程中，2000kg 的生物质可以生产大约 700kg

的生物炭，产率为 30%～40%。生物炭具有相当高的孔斜率和表面积，含有—OH、—NH_2、—C＝O 和—COOH 等多种不同官能团，以及 N、P、S、Ca、Mg 和 K 等矿物元素。生物炭可以直接用作土壤修复材料、吸附剂、催化剂和催化剂载体等，更重要的是生物炭的表面性质和孔隙易于调变，使其成为一种很有前途的平台材料，可以用于合成许多碳基功能材料[12]。

3. 气体

气体是生物质热解的主要副产物，含有 10%～15%的生物质原料所含有的化学能。生物质热解过程本身需要消耗大约 10%的进料能量当量，而这一能量消耗可以通过气体燃烧所产生的热量来补偿，使得生物质热解过程能够实现能量自给[12]。

4. 焦油

焦油是生物质热解和气化过程中不可避免地会产生的副产物。关于焦油的性质和影响，以及焦油的去除方法请参阅第 8 章。

9.2 生物质催化热解

生物质的催化热解，即在生物质热解过程中加入催化剂，热解产生的热蒸气直接与催化剂接触，实现热蒸气的原位催化反应，改变热解中间物的反应路径，使热解反应向有利于生成左旋葡聚糖、左旋葡萄糖酮、糠醛和芳烃化合物等高附加值化学品的方向进行，降低生物油中的氧含量，实现生物油的原位催化提质。本节分别从生物质催化热解涉及的化学反应和催化剂这两个方面对生物质催化热解过程进行阐述[2]。

9.2.1 生物质催化热解中的化学反应

生物油的提质过程中会发生多种不同类型的化学反应，包括裂解、芳构化、羟醛缩合、加氢脱氧等。生物质催化热解将生物质的快速热解和这些化学反应整合在一个过程中完成，生成性质得到改善的生物油，降低了成本。生物油的高含氧量和酸、酮、醛等活性氧化物的存在是造成生物油的不良特性的主要原因。因此，生物质催化热解过程中催化剂的作用就是选择性地将氧尽量除去，将这些活性物质转化为稳定的有用的化合物。需要注意的是，催化热解过程中发生的反应非常复杂，多种反应可以同时发生，并交互影响。下面重点介绍催化热解过程中涉及的五类主要反应。

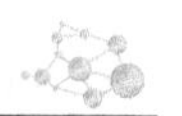

1. 裂解

含氧化合物发生催化裂解可以生成芳香烃和烯烃，而通过再聚或碎化反应生成的重质有机物也能通过裂解反应转化为低相对分子质量的产物。

热解蒸气的催化裂解涉及的反应有：常见的催化裂化反应（FCC），如质子化裂解（C—C）、氢转移、异构化、芳香侧链断裂等，还有脱氧反应。脱氧反应包括脱水、脱羧和脱羰反应，脱水反应在酸性位上发生，生成水和另一个脱水产物，而脱羧和脱羰反应会生成 CO_2 和 CO。理论上预测，热解蒸气完全脱氧可以达到42wt%的生物油收率。

下面分别阐述不同的热解中间物可能发生的反应及生成的产物类别。

（1）多元醇，反复发生脱水和氢转移，生成烯烃、烷烃和焦炭。

（2）烯烃和醛类，它们之间发生 Diels-Alder 反应和缩合反应，生成芳香化合物。

（3）在 HZSM-5 催化剂上以模型化合物研究烃类产物的来源，发现羧酸（乙酸、丙酸）、环戊酮、甲基环戊二烯、醇（甲醇、丁醇、庚醇）的催化裂解可以生成 C_1～C_4烃。

（4）热稳定的含氧化合物，如山梨醇和甘油，当氧以 H_2O、CO 或 CO_2 的形式脱去后，转化为烯烃（乙烯、丙烯、丁烯）、芳香烃和轻质烷烃（甲烷、乙烷、丁烷）。

（5）酚类化合物（源于木质素），当发生芳香 C—O 键断裂时会生成苯酚/芳香烃，当发生烷基 C—O 键断裂时则生成二酚或苯三醇，二酚或苯三醇再进行加氢脱氧反应生成苯酚。愈创木酚的裂解从 CH_3—O 或 O—H 键的断裂开始，生成邻苯二酚、苯酚、甲烷、邻甲基苯酚、2-羟基苯甲醛和焦炭。

热解蒸气的裂解反应是除去氧的重要反应，可以显著改善生物油的品质。

2. 芳构化

快速热解蒸气中的大量小分子含氧化合物和烯烃，通过芳构化反应转化为有价值的芳香族化合物，并伴随着氧以 CO、CO_2、H_2O 的形式除去。当 HZSM-5 存在时，酸、醛、酯和呋喃类物质在 370℃下就可以完全转化，醇、醚、酮和酚类物质大部分被还原，生成以芳香族化合物为主的产物。以丙醛为模型化合物进行芳构化反应，所得芳烃产率很高。以醇类（甲醇、乙醇、叔丁醇、戊醇）为模型化合物发生芳构化反应，所得的烃类产物分布极其相似，这意味着醇类物质经过了一个共同的反应路径。关于醇类转化生成烃类的反应机理，Johansson 等提出的烃池机理被广为接受[19]。进一步研究结果表明，醇类的碳数越高，催化剂失活越快。烷基化或烷基转移会产生取代芳烃，环戊酮、甲基环戊酮、乙酸和丙酸等物质也可以发生芳构化反应。

通过催化剂的芳构化作用，可以将快速热解蒸气中的高活性不稳定小分子含氧化合物如酸、醛、酯、酮等，转化为期望的有价值的芳香烃类物质。

3. 酮基化反应/Aldol 缩合

热解蒸气中含有大量的羧酸类和羰基化合物，如乙酸和糠醛等。羧酸的酮基化反应及酮与醛之间发生 Aldol 缩合（羟醛缩合）反应，会将羧酸类和羰基化合物转化为长链中间物，长链中间物再通过后续加氢脱氧反应转化生成汽油/柴油产品。

酯类，也可以发生酮基化反应生成酮类。酮基化反应通过 C—C 偶联并以 CO_2 和 H_2O 的形式脱去氧，生成一种新的酮。

乙酸、丙酸、己酸和庚酸等羧酸，在 300～450℃、固体氧化物催化作用下，均可以全部转化为酮类，短链羧酸的酮基化反应活性高于长链羧酸。

醛和酮或者两个醛，其中至少一个分子含有 α-H，它们能够发生自羟醛缩合或者交叉羟醛缩合反应生成一个新的不饱和醛或酮，同时以 H_2O 的方式脱去氧。Brønsted 酸和 Lewis 酸均对催化这些反应有效。以氧化铈-氧化锆催化丙醛气相缩合反应为例，如图 9.7 所示，丙醛气相缩合反应同时以羟醛缩合和酮基

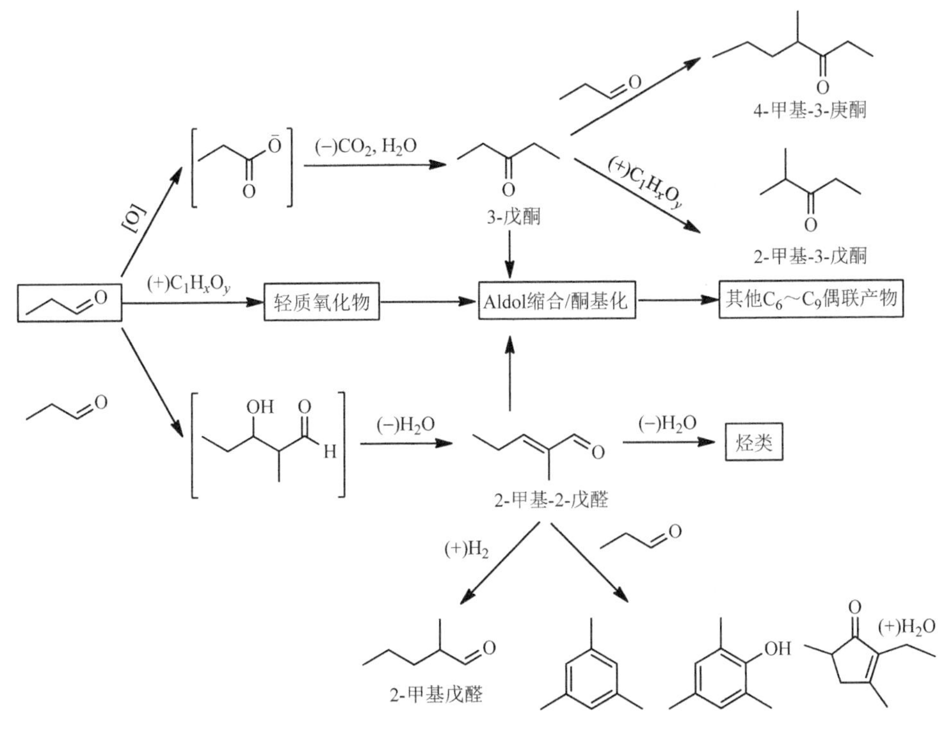

图 9.7　氧化铈-氧化锆催化剂上的丙醛反应路径[20]

化两种方式发生。部分氧化的丙醛发生酮基化反应生成 3-戊酮，3-戊酮能与另一个丙醛通过羟醛缩合形成 4-甲基-3-庚酮。丙醛的自羟醛缩合生成 2-甲基-2-戊烯醛，然后通过加氢反应生成 2-甲基戊醛，或者发生进一步缩合反应生成芳香烃。酸的存在会导致活性位上的竞争吸附，抑制羟醛缩合反应，因此必然会发生酮基化反应。

4. 加氢脱氧

加氢脱氧反应以水的形式脱去氧，将大部分的碳保留在产物中。当在合适的催化剂存在时，在很宽范围内的生物油组分都可以与一定压力的氢发生反应。近年来关于生物油的加氢脱氧反应的大量研究发现，只有在常压下进行的加氢脱氧反应才有可能被整合进生物质快速热解的操作单元中。

大部分加氢脱氧研究是在蒸气相条件下进行的，所用催化剂为负载贵金属催化剂。酚类物质及其衍生物是加氢脱氧过程中最活泼的化合物。在反应过程中，加氢脱氧和烷基转移是酚类衍生物发生的两个竞争反应，哪一个是主要反应路径取决于催化剂的组成、金属和载体的性质。例如，当载体的酸性较弱时，愈创木酚首先经过脱甲基反应生成邻苯二酚，邻苯二酚非常活泼，随后通过加氢脱氧反应形成苯酚再生成苯。苯甲醚也经历了一个相似的反应路径，首先脱甲基生成苯酚。当载体为酸性载体时，烷基转移和加氢脱氧反应在很大程度上都会发生。羰基化合物如丙酸和 2-甲基戊醛，在贵金属催化剂上，脱羰反应是优势反应，而在碱金属催化剂上，加氢生成相应的醛和醇是优势反应。

蒸气相加氢脱氧对于衍生于木质素的小分子含氧化合物的脱氧而言，非常有吸引力。

5. 水蒸气重整

热解蒸气组分尤其是小分子含氧化合物，能通过水蒸气重整反应生成可再生的 H_2。含氧化合物的水蒸气重整通常按照反应式（9.1）进行，当结合水气变换反应时，总反应按照反应式（9.2）进行。

$$C_nH_mO_p + (n-p)H_2O \longrightarrow nCO + (n-p+m/2)H_2 \tag{9.1}$$

$$C_nH_mO_p + (2n-p)H_2O \longrightarrow nCO_2 + (2n-p+m/2)H_2 \tag{9.2}$$

Ni 基催化剂常用作水蒸气重整反应的催化剂，多种含氧化合物均可以在 Ni 基催化剂上发生水蒸气重整反应。乙酸在市售 Ni 基催化剂上快速热分解后，再发生水蒸气重整，乙酸的分解会生成焦炭，焦炭在随后的水蒸气重整中可以被除去。乙酸在低于 650℃下即快速结焦。除了乙酸之外，间甲酚和二苄醚在高于 650℃下也能完全转化为氢气和碳氧化物。羟基乙醛也能在市售 Ni 基催化剂上经过快速热分解后完成水蒸气重整反应，羟基乙醛在金属催化剂表面可以完全分解，在反应过程中没有检测到中间物。在石墨化活性炭负载 Co 催化剂上，丙酮能够全部重整生成氢。

在水溶性组分的水蒸气重整过程（500℃）中，当小分子的氧化物（如乙酸和羟基丙酮）的浓度高时，总体上对产氢有一个积极促进作用。水蒸气的存在使得重整反应得以发生，从而消除小分子氧化物，在催化快速热解反应器中生成一个含氢氛围。

9.2.2　生物质催化热解中的催化剂

生物质催化热解是一个整合过程，即将生物质的快速热解以及初级热解蒸气催化转化为更受欢迎的含氧量更少的液体燃料这两个过程合二为一。以 CO_2 的形式除去氧是最期望的除氧方式，因为这样可以使额外加入的 H_2 量最少，并提高最终产物的 H/C 比。含氧化合物在 300～500℃下能够通过催化热解生产液态烃，其中氧以 H_2O、CO 和 CO_2 的形式除去。催化热解通常在常压下完成，并且无需额外供氢。催化剂既可以在快速热解反应器中与生物质直接混合，进行原位催化热解，又可以置于快速热解反应器之外的独立反应器中，只与热解热蒸气作用，发生非原位催化热解。两个过程各有其优劣，而催化剂在其中的作用是一致的。

热解蒸气的催化热解常常使用固体酸为催化剂，如沸石、氧化硅-氧化铝、硅沸石、催化裂化 FCC 催化剂、氧化铝、分子筛以及氧化锌、氧化锆、氧化铈等金属氧化物，亚铬酸铜也可以用作催化剂。除了这些固体催化剂之外，其他无机材料包括金属氯化物、磷酸盐、硫酸盐和碱也经常用于生物质的催化热解过程中。依据催化剂的组成和孔径性质，可以将这些催化剂主要分为五大类，即可溶性无机物、金属氧化物、微孔材料、中孔材料和负载型过渡金属催化剂。下面依次介绍这几类催化剂的组成和结构特征，以及其催化特性[2]。

1. 可溶性无机物

生物质本身含有大量无机化合物，如 K、Na、Ca 和 P 等，如表 9.4 所示。这些无机物尤其是 K 和 Ca，能够催化木质素部分炭化，提高固体炭产率，降低气体产物收率。钾可以催化裂解反应，促进多糖生成 CO_2、CO 和甲酸，促进半纤维素生成乙酸，以及促进木质素生成甲醇。

可溶性无机物的存在影响着生物质中每一个组分的热解特性，如热解反应温度、产物分布和生物油的收率。木质纤维素类生物质中的三大组分对无机物的敏感程度不同，其中，纤维素对无机物极其敏感，生物质样品中的少量矿物质就能强烈地催化纤维素组分的分解，而半纤维素和木质素对无机物的存在则不那么敏

感。以小麦秸秆和单一生物聚合物的热解反应为例[21]，当加入 2wt%的 KCl 作催化剂时，KCl 会明显提升炭收率，降低焦油收率。不同反应物原料对 KCl 的敏感程度不同，KCl 对纤维素解热所得炭、焦油和气体产物的收率会产生较大影响，而对木聚糖（作为半纤维素的模型物）和木质素的影响较小。

表 9.4　柳枝稷灰分组成[22]

化合物	组成/%	化合物	组成/%
SiO_2	72.2	Na_2O	0.77
Al_2O_3	3.74	K_2O	6.17
Fe_2O_3	1.28	P_2O_5	2.63
SO_3	0.39	TiO_2	0.18
CaO	6.19	SrO	0.02
MgO	2.33	BaO	0.01
750℃灼烧失重	1.63		

由于纤维素相对容易获取，因此在木质纤维素类生物质的三大组分中，对纤维素的热解行为研究得较多，所用的催化剂大多为碱金属和碱土金属无机物。下面主要讨论这些无机物对纤维素热解过程的影响规律。

（1）碱金属和碱土金属氯化物均会强烈影响低相对分子质量产物的分布，而它们对纤维素的影响方式不同。

氯化物中的阳离子对其催化活性至关重要。在微晶纤维素中浸渍 1mol%的 $MgCl_2$、NaCl、$FeSO_4$ 和 $ZnCl_2$[23]，对产物分布、热解特征温度和失重率等热解特征均会产生极大的影响。$MgCl_2$ 不会影响纤维素的失重率和热解温度，但是会抑制醛、酮、呋喃和糠醛的生成。NaCl 使得纤维素分解的温度区间变宽，会降低纤维素分解的起始温度，升高终止温度，并且使低相对分子质量产物的总量增大了大约 1/3。除此之外，由于 Na 能够强烈抑制羟乙酸基的转移反应，因此 NaCl 极大地抑制了左旋葡聚糖的生成，未经处理的纤维素热解所得左旋葡聚糖的含量为 36wt%，而经过 NaCl 处理后的纤维素热解所得左旋葡聚糖的含量则降低至只有 0.4wt%。$FeSO_4$ 也能够催化木材热解形成左旋葡聚糖和左旋葡萄糖酮，并使纤维素的分解温度降低 50℃。$ZnCl_2$ 也能有效催化玉米芯热解，在实验室规模的下吸式反应器中、340℃条件下，添加 15wt%的 $ZnCl_2$，可以得到超过 8wt%的糠醛和 4wt%的乙酸，占基于无水热解液体产物的 50wt%和 25wt%。

（2）阳离子和阴离子均会影响纤维素热解生成左旋葡聚糖。阳离子对左旋葡聚糖产率降低的影响趋势为 $K^+ > Na^+ > Ca^{2+} > Mg^{2+}$；阴离子对左旋葡聚糖产率降低的影响趋势为 $Cl^- > NO_3^- \approx OH^- > CO_3^{2-} \approx PO_4^{3-}$。

（3）碱性钠化合物 NaOH、Na_2CO_3 和 Na_2SiO_3 在松木微波热解过程中，均可以促进羟基丙酮的生成，并有利于生成 H_2。

（4）磷化物 H_3PO_4 和 $(NH_4)_3PO_4$ 能够促进纤维素的热解中间物经过重排和脱水路径生成糠醛和左旋葡萄糖酮。

（5）$Na_2B_4O_7 \cdot 10H_2O$、$KHCO_3$、$AlCl_3 \cdot 6H_2O$ 和 $(NH_4)_3PO_4$ 均会降低木材和纤维素的裂解温度，可能的原因是这些无机物的酸碱性能够催化纤维素的脱水/分解反应，从而使裂解反应温度下降。但是它们对降低木质素热解反应温度的作用不明显。

2. 金属氧化物

金属氧化物特别是过渡金属氧化物，在多种反应中被广泛用作催化剂。由于金属氧化物具有多种价态，因此通常具备氧化还原性，也具有酸碱性，这些性质均会影响金属氧化物的催化活性。其中，酸碱性是金属氧化物的一种重要性质，可以催化生物质的热分解以及催化热解中间物的二次反应生成更稳定的产物分子。

金属氧化物 MgO、NiO、Al_2O_3、ZrO_2、TiO_2、MnO_2、CeO_2、Fe_2O_3 等以及它们的混合物，是常用于生物质催化热解过程的催化剂。下面依据它们的性质分别进行介绍。

1）酸性金属氧化物

Al_2O_3、SiO_2 和 SiO_2-Al_2O_3 以及硫酸化的金属氧化物，如 SO_4^{2-}/TiO_2、SO_4^{2-}/ZrO_2 和 SO_4^{2-}/SnO_2，常用作生物质催化热解的催化剂。酸性金属氧化物对各相产物的收率和产物组成均会发生显著影响。

首先，酸性金属氧化物能够降低液体的产率，增大气体和固体的产率。酸性金属氧化物可以促进生物质的热分解以及热解中间物在催化剂上的二次分解，使得不可凝气体的生成量增大，液体收率下降。例如，在固定床反应器中进行的非原位催化热解，Al_2O_3 催化剂使得液体收率从 58.6wt%降低至大约 40wt%[24]。特别值得一提的是，与非催化热解相比，有机物的产率从 37.37wt%降低至大约 7wt%，而水的收率从 21.4wt%增大到大约 32wt%。

其次，酸性金属氧化物也会改变产物的组成。生物质热解液化所得液相产物包括了有机相产物和水相产物，经过 Al_2O_3 催化热解后，有机相产物中生成了更多的芳香烃和多环芳烃。在麻风果残渣的催化热解过程中，具有弱酸性和中等孔隙率的 SiO_2 对除去酸、酮和醛等含氧化合物表现出催化活性，并能抑制焦炭和多环芳烃的生成[25]。从气相产物组成分析，酸性金属氧化物能够催化脱羰反应，使得气相中生成大量的 CO，同时，C_1～C_4 烃的含量也显著增大[24]。

酸的本性对生物质催化热解影响显著，其本性不同，催化作用也不相同。在纤维素热解过程中，强 Brønsted 酸（SO_4^{2-}/TiO_2、SO_4^{2-}/ZrO_2 和 SO_4^{2-}/SnO_2 等）可以极大地降低左旋葡聚糖和羟基乙醛的收率，显著增大甲基糠醛、糠醛、呋喃和左旋葡萄糖酮的收率。其中，SO_4^{2-}/SnO_2 对甲基糠醛的选择性最高，而 SO_4^{2-}/TiO_2 和 SO_4^{2-}/ZrO_2 则更有利于糠醛和呋喃的生成。此外，在纤维素热解过程中，Lewis 酸、Al_2O_3 纳米粉末则有利于提高脱水糖的总收率。

2）碱性金属氧化物

碱性金属氧化物能够有效催化羧酸和碳基化合物之间的酮基化反应和羟醛缩合反应。MgO 和 CaO 等碱土金属氧化物是典型的碱性催化剂，其中氧离子为碱，金属离子为 Lewis 酸。

碱性金属氧化物的催化作用与酸性金属氧化物类似，能够降低生物油的产率，但是更多的催化作用体现在可以改善热值、烃类分布并移除含氧基团等生物油的相关品质上，从而提升生物油的品位。以 MgO 为例[26]，MgO 可以明显降低生物油中的氧含量，使氧含量从 9.56wt%降至 4.9wt%。MgO 能够催化 C—C 键断裂，使生物油中所含脂肪烃的碳骨架从 C_{22}～C_{28} 降至 C_{11}～C_{17}。碱性金属氧化物如纳米 CaO 能够降低酚类和脱水糖的选择性，酚类的选择性从 26.5%降低到 13.0%，脱水糖的选择性从 10.1%降低到 1.2%[27]。CaO 可以彻底除去生物油中的酸类，使酮类的选择性从 3.8%增加到 20.9%，尤其是环戊酮的选择性从 2.4%增大至 16.7%。与生物质非催化热解相比，生物质经碱性金属氧化物催化热解后，所得生物油中所含烃类和轻质化合物（乙醛、丙酮、丁酮和甲醇）的含量增长明显。

与酸性氧化物不同的是，由于 MgO 等碱性金属氧化物能够催化羧酸的酮基化反应，因此显著增大了气相中 CO_2 的产率[24]。

3）过渡金属氧化物

除了典型的酸性金属氧化物和碱性金属氧化物之外，NiO、四方晶相 ZrO_2、ZnO、TiO_2、Fe_2O_3、CeO_2 和 MnO_2 等过渡金属氧化物，以及 ZrO_2-TiO_2、Mn_2O_3-CeO_2 和 ZrO_2-CeO_2 等双过渡金属氧化物，也常用于生物质的催化热解。

从生物质催化热解所得的各相产率的变化趋势进行分析，这些催化剂总体上的催化活性是相似的，即经过催化热解后，生物油和有机相的产率下降，气体和固体的产率增大，水相的产率也会增加。在液相产物中，小分子化合物的含量增大，含氧化合物含量下降。

不同催化剂的催化特性也有所不同，主要体现在不同产物的选择性存在差异。ZrO_2-TiO_2 可以明显增大气相中 CO_2 的产率，而 NiO 则由于能够催化水蒸气重整反应，因此同时增大了 CO_2 和 H_2 的产率。Fe_2O_3 和 ZrO_2-TiO_2 能够催化不同烃类的生成，但是这些物质的产率极低。ZnO 可以促进裂解过程中的氢原子转移，而 $FeO-Cr_2O_3$ 氧化物则会选择性地促进苯酚和轻质酚类的生成[2]。

SiO_2 负载的 CeO_2、Fe_2O_3、ZnO、MnO_2 和 MgO 等过渡金属氧化物，以及 Mn_2O_3-CeO_2 和 ZrO_2-CeO_2 等混合金属氧化物，经常用于研究热解蒸气中羰基化合物之间可能发生的酮基化反应和羟醛缩合反应。通过酮基化反应，可以将小分子含氧化合物转化为更长链的烃类。小分子羧酸如乙酸、丙酸等能转化为汽油范围内的有机物，羧酸中的氧则主要以 CO_2 和 H_2O 的形式除去。CeO_2 对这类反应表现出极高的催化活性，对水具有极高的耐受性。产物中的分子对羧酸酮基化反应也会产生影响，但是影响程度不同，如糠醛能够强烈地抑制酮基化反应，而水和酚类的影响则极小。CeO_2-Mn_2O_3 混合氧化物比单一氧化物 CeO_2 的活性更高，对水和 CO_2 的耐受性也更大。

3. 微孔材料

微孔分子筛是一类成熟的催化裂解催化剂，早已成功用于石油炼制和甲醇制汽油工艺中的催化裂解过程。由于微孔材料具有众所周知的酸性和择形性，近 20 年来，微孔材料在生物质催化快速热解过程中也得到了广泛的应用。

1）ZSM-5

ZSM-5 基催化剂是一类微孔材料催化剂，研究最为广泛，尤其是质子化的 HZSM-5，因其具有强酸性和择形性而备受关注。择形分子筛 HZSM-5 具有中等孔径（0.54～0.56nm），良好的热稳定性和水热稳定性。由于孔径的限制，只允许小分子在微孔中扩散，并重构为折叠有效尺寸不超过三甲基苯的大分子。

ZSM-5 基催化剂对各相产物的收率均会产生显著的影响，能够明显降低生物油的产率，氧在低温下以 H_2O 的形式除去，在高温下则以 CO_x 的形式除去，生物油中氧含量减少 25%以上。HZSM-5 也能够降低液体产率和炭产率，增大不可凝气体、水和焦炭的产率。

ZSM-5 基催化剂对芳香化合物的选择性最高。具有中等孔径、适度内孔容和空间位阻的分子筛，最有利于芳香烃的生成，常用作芳构化催化剂[2]。在 HZSM-5、硅沸石、H 丝光沸石、HY 和氧化硅-氧化铝这些催化剂催化生物质的裂解过程中，具有强酸性和择形性的 HZSM-5 催化剂上会生成最大量的芳香化合物。HZSM-5 是催化热解蒸气生产芳香烃的最为有效的催化剂，并且 HZSM-5 催化所得的生物油容易与水相分离。在 350～410℃下，木质素衍生物和生物质裂解产物在 HZSM-5 上都能选择性地转化为芳香烃。将蒸气引入反应体系能增大有机馏出物的产率，使芳香烃的选择性略有下降。ZSM-5 催化热解所得的生物油中，主要芳香族化合物为单环芳香化合物和多环芳烃[28]。

催化裂解过程会发生多种反应，主要有脱氧、脱羧、环化、芳构化、异构化、

烷基化、歧化、低聚和聚合反应。对 ZSM-5 分子筛催化裂解过程中芳香化合物和多环芳烃的形成，Williams 和 Horne 提出了一个双路径机理[29]：①裂解中间物在催化剂上形成短链烃，然后进行芳构化反应生成芳香化合物和多环芳烃；②属于裂解油中非酚类组分的含氧化合物则直接脱氧生成芳香化合物。

为了说明 ZSM-5 基催化剂在生物质催化热解过程中的催化作用，下面分别从脱氧机理、酸的作用、反应条件的影响、催化剂失活和催化剂改性等几个方面进行讨论[2]。

a. ZSM-5 上的脱氧机理

木质纤维素类生物质在催化热解时，首先热分解为每个组分的对应单体和一些更小的含氧化合物，这些碎片再与催化剂接触发生进一步的转化。ZSM-5 基催化剂具备择形性和强酸性，能够催化许多种不同类型的反应。不同类型的含氧化合物在不同反应条件下脱氧，再以不同的方式转化为芳香烃。在整个过程中，温度是影响产物分布的重要因素。

下面分别介绍不同类型的含氧化合物在 ZSM-5 基催化剂上的催化反应途径。

（1）甲醇、乙醇、丙醇、异丙醇、丁醇等醇类在低温（约 200℃）下就可以在 HZSM-5 上发生脱水反应生成烯烃，然后在高于 250℃时转化为更高级的烯烃，再在高于 350℃时生成烷烃和芳香烃。

（2）乙醛、丙醛等醛类非常活泼，在 HZSM-5 上生成大量的热焦炭而不是烃类。酚类和热解木质素也容易在热降解过程中生成热焦炭，因此醛类、酚类和热解木质素的这种热解会导致反应器堵塞。通过丙醛与丙烯的对比实验，研究了丙醛的热转化机理。丙醛在 HZSM-5 上的转化更加活泼，丙醛首先生成一个 Aldol 三聚体，再发生脱水和环化反应生成 C_9 芳烃。这一机理不同于丙烯所经历的烃池机理。

（3）羧酸和酯基官能团倾向于通过以脱羰的方式而不是以脱水的方式除去氧，脱羰除氧可以将氢保留在烃类产物中。酮类在 HZSM-5 上消耗的同时伴随着 H_2O 的演变，证明酮类通过缩合和分解反应形成芳香烃和烯烃。而羧酸在 HZSM-5 上的转化观察到丙酮、CO_2 和 H_2O 的演化，证明羧酸首先进行的是酮基化反应生成丙酮，然后经过与丙酮相同的反应路径生成芳香烃和烯烃。

（4）葡萄糖在 HZSM-5 上的转化会经历两个步骤：第一步，葡萄糖首先通过逆 Aldol 断裂、脱水和 Grob 断裂的方式，热分解为较小的含氧化合物；第二步，脱水中间物在催化剂上转变为芳烃、CO、CO_2 和水。催化转化步骤比最初的热解步骤的速率慢得多。

（5）糠醛转化，首先是糠醛脱羰生成呋喃，呋喃进一步转化为环己烯和 3, 4-二甲基苯甲醛，然后这些中间物再形成芳香烃、轻质烯烃、碳氧化物和焦炭。在 HZSM-5、Ga/HZSM-5、In/HZSM-5 和β沸石这些催化剂中，HZSM-5 对羟甲基糠醛的催化裂解的活性最好。

（6）苯酚比其他反应底物的反应性能差，在 400℃时只能部分转化为丙烯和丁烯。愈创木酚的转化更加困难，在 HZSM-5 上甚至在 450℃时都难以转化，使裂解催化剂上的积碳增加。木质素在催化热解过程中发生解构，生成酚类，最终生成芳香烃。HZSM-5 催化剂的存在加剧了木质素的解构。木质素芳香结构单元上的脂肪链转化为小分子烯烃，而这些烯烃能够发生芳构化生成芳香烃类。木质素芳香结构单元则发生部分脱氧生成简单酚类。热解木质素的原位催化热解在固定床反应器中 600℃条件下进行时，ZSM-5 催化剂上可以得到超过 87%的芳烃选择性。与非质子化 ZSM-5 相比，HZSM-5 具有更强的酸性，因此会生成超过 50%的积碳。源于紫丁香基木质素的单体木质素比较庞大，由于存在尺寸排阻或空间堵塞，不能被 HZSM-5 有效转化。

b. 酸性的作用

催化剂的酸性特别是 Brønsted 酸性，对热解蒸气中的含氧化合物的裂解会产生重要影响。HZSM-5 的酸位能够促进含氧化合物的脱氧、脱羧和脱羰反应，以及经由碳正离子机理发生的裂解、低聚、烷基化、异构化、环化和芳构化反应。当 HZSM-5 上的 H 被 K 取代之后，会完全丧失其反应活性。甚至当用 1.5wt%的钾部分中和 HZSM-5 之后，都会导致汽油的选择性急剧下降。HZSM-5 具有强酸性和择形性，主要用于生产芳香烃，而 HY 和 SiO_2-Al_2O_3 则主要用于生产脂肪烃。从理论上分析，催化剂的酸性更高会增强其裂解活性。由于 HZSM-5 具有更好的氢转移能力，因此经 HZSM-5 催化热解后所得产品中烃类的产率最高。

骨架 Si/Al 比是影响 ZSM-5 基催化剂酸性的重要因素，进而影响其催化活性。一般而言，降低骨架 Si/Al 比能够增强 ZSM-5 基催化剂的酸性，低 Si/Al 比的材料意味着其催化活性更高。沸石内的酸位浓度对使芳香烃的产率最大化至关重要。降低 Si/Al 比、增大催化剂/进料比都会增大芳香烃的产率。由葡萄糖转化生产芳香烃，芳香烃的产率会随着 ZSM-5 骨架 Si/Al 比的变化出现一个极大值。然而 Si/Al 比也不适于过低，因为低 Si/Al 比材料在水热条件下会发生脱铝作用，也会造成催化剂结构相对不稳定。

如何在对催化剂的酸性进行精细调变的同时而无需牺牲催化剂的稳定性是催化剂酸性调变过程中亟待解决的一个核心问题。

c. 反应条件的影响

反应温度、停留时间、促进剂和催化剂/进料比等反应条件是裂解过程中影响产物分布和焦炭形成的重要因子。加热速率快、催化剂/进料比高、合适的催化剂对实现目标产物的产率最大化至关重要。

将催化剂床层与钢珠混合稀释，可以降低气时空速（gas hourly space velocity，GHSV），增加芳香烃和多环芳烃（polycyclic aromatic hydrocarbons，PAHs）的产率。在流化床反应器中进行的锯木屑原位催化剂裂解反应，重时空速（weight hourly space velocity，WHSV）和反应温度可以控制产物的产率和选择性。降低生物质的 WHSV 和反应温度，均会增大单环芳烃的产率，也能降低 PAH 的选择性。增长停留时间，可以使更多的氧以 CO_2 和 CO 的形式除去。

增大催化剂/进料比能够增加汽油和重质馏分的产率，减少焦炭的生成。

d. 催化剂失活

随着再生次数的增加，ZSM-5 基催化剂会逐渐失活，提质生物油中的氧含量增大，分子质量分布增加，芳香烃和 PAH 的浓度下降。究其原因，催化剂上的积碳和骨架脱铝是导致催化剂失活的两个主要因素。

下面分别介绍这两个因素的产生原因和改善方法。

（1）积碳会导致酸位覆盖和微孔堵塞，是催化剂失活的一个重要原因。温度是影响积碳的一个重要因素，高温下焦炭的形成更为严重。不同化合物引起积碳的趋势不同，其中醛类、酚类和热解木质素是最可能的结焦前驱体。不同化合物积碳导致催化剂失活的速率有所不同，与醛类、酮类和羧酸类化合物相比，醇类积碳所致催化剂失活的速率慢于其他含氧化合物。生物油中不同组分也会导致积碳，水相部分在转化过程中的积碳现象，与甲醇和乙醇等轻质含氧化合物在转化过程中的积碳是相似的。轻油组分与正庚烷共加工时，轻油中所含的愈创木酚也会引起积碳增加。反应体系中如果含有水，对焦炭的生成有抑制作用，因为水的存在能够使水蒸气重整反应得以发生，消耗部分焦炭。进料的有效氢的含量也是使生成焦炭最小化和使烃类产率最大化的重要因素。共进料时 H/C 比较低，会导致更加严重的催化剂失活现象。因此，加入富氢原料共进料是提高催化剂寿命的非常有用的方法，如甲醇会使积碳减少，用甲醇稀释可以极大地提高催化剂的寿命。

积碳不会改变 HZSM-5 上酸位的强度，但是因为积碳覆盖了酸位，从而降低了暴露酸位的总量。B 酸位和 L 酸位都会受到积碳的影响，积碳对 B 酸位的影响更严重。

一般而言，积碳引起的催化剂失活是可逆的，通过燃烧将积碳除去，可以使催化剂再生。

（2）骨架脱铝是催化剂失活的另一个重要因素。当水含量较高、反应温度较高时，催化剂容易发生骨架脱铝作用。在 450℃下使用高含水量的进料时，脱铝引起的催化剂失活现象非常明显。由于脱铝会使催化剂的总酸量急剧降低，大量酸位消失，特别是较强的酸位消失，因此骨架脱铝导致的催化剂失活是不可逆的。为了避免发生不可逆的脱铝作用，催化剂应当在低于 400℃下使用。

与积碳所致催化剂失活相类似，B 酸位和 L 酸位也均会受到脱铝的影响。中等脱铝条件下 B 酸位所受影响更大，而严重脱铝条件下 L 酸位所受影响更大。

e. 金属改性的 ZSM-5

通过选择合适的催化剂，可以调变催化热解所得液体产物的组成。我们知道，沸石的酸性和多孔性对芳香烃的产率至关重要。除了改变 Si/Al 比可以调变酸性外，还可以通过向沸石中掺杂其他金属阳离子或氧化物的方式来有效并精细地调变酸位的强度和密度。多种金属都可以用于对 ZSM-5 催化剂进行改性，如 CeZSM-5、CoZSM-5、H/[Al，Fe]ZSM-5、GaZSM-5、H/[Co]ZSM-5、NiZSM-5 和 HZSM-5，它们应用于生物质的催化热解过程时，都对烃类的生成非常有利。

金属改性在 HZSM-5 催化剂上引入了双功能，使得改性 HZSM-5 催化剂同时具备了酸性和金属的性质。例如，Ga 改性的 Ga/HZSM-5 催化剂在 400℃时用于松木屑非原位催化热解，所得生物油的收率和芳香烃的选择性均比未经改性的 HZSM-5 更高。值得一提的是，在 Ga/HZSM-5 上所得芳香化合物苯、甲苯和二甲苯（BTX）等的收率提高显著，均大约是在 HZSM-5 上所得收率的 2 倍，Ga 的添加加快了芳香化合物的生成速率。Ga/HZSM-5 体现了双功能催化剂的特征，其中 Ga 物质加快了脱羰和烯烃芳构化的反应速率，而 HZSM-5 催化了其他反应，如低聚和裂解生产芳香烃[30]。

再以 Zn 改性的 Zn/HZSM-5 为例说明改性催化剂的催化作用。Zn/HZSM-5 用于生物质催化热解时可以促进糠醛的生成，因为 Zn 对氢转移有促进作用。与母体 HZSM-5 相比，Zn 的掺杂促进了脱羰产物呋喃的转化，生成了更多的苯、碳氧化物和烯烃。表 9.5 给出了 HZSM-5 和 Zn/HZSM-5 的酸性表征结果[31]。掺杂 Zn 之后，几乎不影响催化剂的总酸量，但是影响酸位的类型和分布，会导致部分 B 酸位转化为 L 酸位，并且随着 Zn 负载量的增大，酸强度增加。增大催化剂上 Zn 的负载量，还会延缓苯的烷基化反应，也会引起类石墨积碳量的减少。这可能是由于 Zn 具备活化 C—H 的能力，活化的 H 原子再通过附近的 B 酸位转移到吸附的碳正离子上，从而导致上述促进作用的发生。

表 9.5 HZSM-5 和 Zn/HZSM-5 的 NH_3-TPP 酸位表征[31]

催化剂	酸位类型	峰位/℃	半峰宽(WHM)/℃	酸位含量/%	总酸量/(mmol/g)
HZSM-5	L	177	47	16.2	0.36
	B	365	132	84.8	
0.5%Zn/HZSM-5	L	198	88	29.4	0.37
	B	343	140	70.6	
1.5%Zn/HZSM-5	L	216	98	47.0	0.39
	B	338	136	52.8	

过渡金属 Ni 和 Co 也经常用于 ZSM-5 基催化剂的改性。Ni 和 Co 的掺杂会在 ZSM-5 基催化剂上引入水蒸气重整的活性中心，也会对催化剂的表面酸性造成影响，使 B 酸位减少，而 L 酸位增加，然而对总酸量的影响不大，金属负载量从 1% 增加到 10%，总酸量几乎保持不变。Ni 和 Co 金属改性的 ZSM-5 对促进生成水的催化活性有限，但是可能由于能催化水蒸气重整反应，从而显著增大了气体产物中

H_2的含量。由于金属 Ni 和 Co 有利于氢的转移，因此它们能够促进加氢反应的发生。当在裂解气相色谱-质谱联用 Py-GC/MS 系统中进行芒属植物巨芒的催化热解时，掺杂 Ni 的催化剂会降低生物油中重质酚类物质的含量，增大轻质酚类的含量。

Fe 和 Cu 金属对 HZSM-5 进行改性后，对生物质热解所得的各相产物的产率影响不大，仅导致液体产率略有下降，气体产率略有上升，而炭产率几乎不变。然而，掺杂金属后的催化剂上的脱氧程度会下降。金属掺杂之后的催化剂的酸性会发生改变，导致了液体产率和脱氧程度下降，而热解中间物在这些金属位上发生的重整反应，则是导致气体产物收率增大的一个重要原因。

镧系金属Ce改性后的HZSM-5，会在葡萄糖催化热解过程中减少焦炭的生成，增大由糠醛脱羰生成呋喃和 CO 的选择性。

镁和硼也能够用于对 HZSM-5 的酸性进行精细调变。添加镁会使催化剂的总酸量下降，尤其是降低了其中弱酸位的比例，从而增大了中等强度酸位的比例。而用硼替代 HZSM-5 骨架中的 Al，则会使弱酸位增多，但强酸位几乎不受影响。将这两种催化剂用于甲醇或热解蒸气制备烯烃的反应中，它们的稳定性均有改善。

2）其他微孔材料

除了 HZSM-5 之外，其他多种微孔材料也常用于生物质的催化解热，如镁碱沸石、丝光沸石、β沸石、HY、稀土 Y 沸石（REY）和硅酸盐等。这些微孔材料在酸性、孔径或孔结构等方面均表现出不同的性质，除 ZSM-5 之外的一些微孔材料的技术参数总结于表 9.6 中。温度对沸石结构有着重要的影响，高温会导致沸石孔径发生热畸变。

表 9.6　生物质催化热解过程中所用的多种微孔分子筛材料的参数[2]

催化剂类型	表面积/(m_2/g)	孔径/nm	Si/Al 比	酸性/mmol NH_3
HY	119～730	0.74～0.85	2.6～84	0.576～0.97
USY	520～675	0.74～0.8	2.75～7	0.9～1.2
β沸石	410～630	0.7	14～50	0.183～1.1
Hβ	546～661	0.66	12.5～150	0.72～1.1
H 丝光沸石	112.6～474	0.67	7～45	0.159
镁碱沸石	347	0.54	10	0.326
硅酸盐	401.9	0.54		
硅沸石	550	0.55		0
SAPO-34	441			0.180
ZSM-11	149		240	0.136
天然沸石	65.42		1.45	
REY 沸石	>650		88	

一般而言，由于孔径的限制，含氧化合物在小孔径分子筛上不能生成任何芳香化合物，只能获得 CO、CO_2 和焦炭；孔径为 0.52～0.59nm 的中等孔径分子筛上，则可以获得高产率的芳香化合物；而大孔径分子筛上，芳香化合物和含氧化合物的产率都很低，焦炭的产率则较高。

催化剂的性质，尤其是催化剂的择形性和酸性，会对生物质催化热解的产物分布造成显著影响。催化热解反应具有形状选择性即择形性，可以通过调变催化剂上活性组分的种类和孔形寻找适合于催化裂解的催化剂。一般而言，酸性沸石可以降低可凝产物（冷凝为生物油的物质）的产率，提升焦炭和不可凝气体的产率。在木质素热解过程中，这些微孔材料会显著降低生物油中脂肪族羟基和羧酸基团的含量。

微孔材料的孔径尺寸对其催化性能有着重要影响。以源自紫丁香基木质素的更庞大木质素单体为例，由于尺寸排阻或孔堵塞，这些木质素单体不能在 ZSM-5 和丝光沸石上进行转化。而β沸石和 Y 沸石的孔径大于 ZSM-5 的孔径，它们对这些木质素衍生的含氧化合物的脱氧则极为有效。

不同类型的微孔材料由于具有不同的理化和表面特性，因此可以催化热解蒸气选择性地发生不同类型的二次反应。ZSM-5 和丝光沸石可以促进初级热解蒸气发生脱羧反应，镁碱沸石对脱水和脱羰反应比 ZSM-5 和丝光沸石更加有效，而 Y 沸石和β沸石则有利于芳香化合物发生脱除甲氧基的反应。HZSM-5 和硅沸石对汽油范畴的芳烃类物质具有较高的选择性，而 H 丝光沸石和 HY 对煤油范畴的烃类的选择性更高，其中 H 丝光沸石对芳烃具有更高的选择性，HY 则对脂肪族烃类的选择性更高。USY 催化剂，特别是低 Si/Al 比的 USY，在玉米秸秆、碱木素和麻风籽废料的催化热解过程中，可以促进气化反应的发生，也增大了产物油中芳香化合物的含量，但是 USY 在聚乙烯的分解过程中会快速失活。

下面重点介绍 HY 和 Hβ这两类微孔材料的催化热解反应特征。

（1）HY 具有相对较弱的 B 酸位，能够激发环戊酮的转化，而 HY 上更高的可及酸位密度能够促进缩合反应的发生。HY 用于正庚烷的转化时，其失活现象没有 HZSM-5 那么严重。HY 用于玉米秸秆的催化热解时，尽管 HY 上所得的液体收率低于 ZSM-5，但是 HY 上所得生物油中的含氧量是最低的。

（2）Hβ对脱氧反应的催化活性高于 HY 和 H 镁碱沸石，Hβ是第二活泼的芳构化催化剂，对芳构化反应的催化活性仅次于 ZSM-5 基催化剂。Hβ具有催化脱羰的活性，因此气相产物中 CO 的含量高。Si/Al 比会影响 Hβ的催化性能，低 Si/Al 比的 Hβ用于木质纤维素类生物质的催化热解时，所得产物的脱氧程度更大，芳烃收率更高。由于 Hβ表面 B 酸位密度较大，裂解能力较强，因此有机相的产率更低，水相的产率更高。较大的酸位密度也使得 Hβ上的焦炭生成量高于 H 镁碱沸石、H 丝光沸石、HY 和 HZSM-5。从生物油的产物分布进行分析，Hβ和 HZSM-5

这两种催化剂对生物质原料的种类具有完全不同的敏感性。随着反应原料的不同，Hβ上所得生物油的产物分布也不同，但是任何原料在 HZSM-5 催化下均会得到相似的产物分布特征。

4. 中孔材料

孔径大小是多孔材料的一个重要的性质，影响了它们在生物质催化热解中的活性和选择性，因为孔径大小会控制反应物到达微孔内活性位的途径。图 9.8 为生物质原料、含氧化合物和烃类分子的动力学直径与沸石孔径的对比示意图。当分子的动力学直径大于或者与葡萄糖相当时，由于分子不能扩散进入微孔材料的孔内，微孔材料的存在对生物质热解及其初级热解大分子中间物的反应几乎没有影响。而中孔材料的孔径在 2～15nm 可调变，较大的孔径允许较大的有机分子进入孔内，与活性位之间发生相互作用。中孔材料的孔径较大，对生物质的原位催化裂解极其有利，甚至能够用于处理木质纤维素大分子。

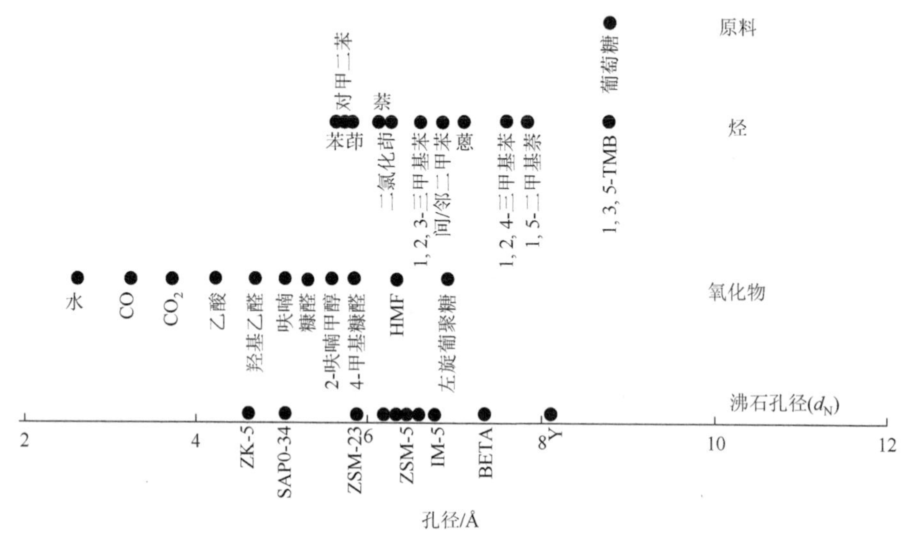

图 9.8 沸石的孔直径与原料、含氧化合物及烃的动力学直径的对比示意图[32]

中孔材料常用于催化裂解反应，表 9.7 归纳总结了常用的中孔材料的表面积、孔径、Si/Al 比等性质。下面分别介绍以下三类中孔材料催化剂。

表 9.7 用于催化裂解的中孔材料的参数[2]

催化剂类型	表面积/(m_2/g)	孔径/nm	Si/Al 比	酸性/mmol NH_3
SBA-15	698～807	6.9～9.1	纯氧化硅	
Al/SBA-15	511	7.2	10	
MCM-41	1000	3.8	50	

续表

催化剂类型	表面积/(m_2/g)	孔径/nm	Si/Al 比	酸性/mmol NH_3
Al-MCM-41	866～990	2.6～3.5	20～51.3	0.2
Cu-Al-MCM-41	879	2.3	24	
Fe-Al-MCM-41	651	2.3	23	
Zn-Al-MCM-41	1298	1.8	49	
Al-MCM-48	1350	2.6	20	
MSU-S/HBEA	1017	3.0		0.20
MSU-S/WBEA	923	3.5		0.24
Meso-MFI	567	4.1	15	
0.5%Pt/中孔 MFI	472	4.1	15	

1）MCM-41

中孔材料 MCM-41 的化学组成为硅铝酸盐，是一种性能优良的催化剂，常用于裂解真空瓦斯油、聚乙烯等回收塑料废弃物，对中间馏分油具有很高的选择性。MCM-41 催化棕榈油热解时，生成了大约 80wt%的汽油、煤油和柴油范畴的烃类物质，但是由于 MCM-41 的酸性更低、孔径更大，因此 MCM-41 上生成的积碳量高于 ZSM-5 和 USY。当 MCM-41 用于生物质的催化热解时，可以使液体总收率得到极大的提升，但是主要生成了更大量的水相产物，而有机相产物的收率则几乎不受影响。

Al-MCM-41 在云杉木的催化热解过程中，会使生物油中乙酸和呋喃类物质的产率增大，使具有更大相对分子质量的酚类化合物的产率降低。Al-MCM-41 在纤维素的催化热解中，几乎可以将左旋葡聚糖完全消除，而在木素生物质和芒属植物生物质的催化热解转化中，则会显著增大酚类化合物的产率。

在中孔材料中掺杂铝可以改变骨架 Si/Al 比，从而调变中孔材料的酸性。Al-MCM-41 的酸量会随着 Si/Al 比的下降而增大，精细地调变酸量可以获得目标产物的最大产率。通过中温汽蒸（550℃和 750℃、20%蒸汽分压），Al-MCM-41 的表面积和酸量会下降，使液体产物收率下降，具体而言，主要使有机相产物的收率降低。而低 Si/Al 比的 Al-MCM-41 可以增大高附加值芳香化合物的产率。在芒属植物生物质的催化热解转化过程中，Fe 和 Cu 掺杂的 Al-MCM-41 有利于生成更大量的酚类物质，而结合 Zn 的 Al-MCM-41 则会使酚类物质的收率降至最低，并减少焦炭的生成。

从总体上看，MCM-41 类催化剂的活性没有 HZSM-5 的活性高。

2）SBA-15

SBA-15 是一种具有高度热稳定性和高度水热稳定性的中孔材料，并具有高度

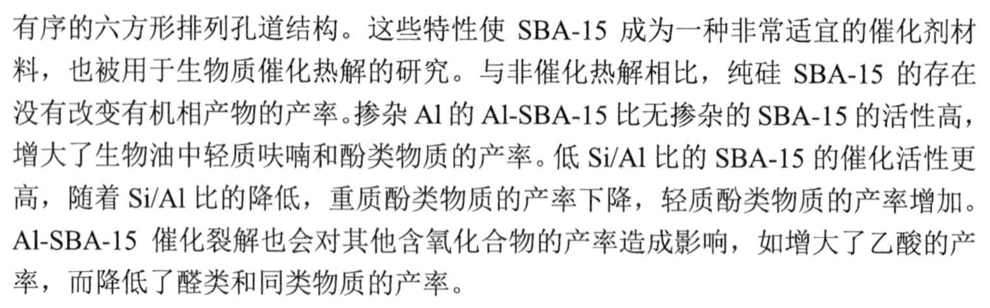

有序的六方形排列孔道结构。这些特性使 SBA-15 成为一种非常适宜的催化剂材料，也被用于生物质催化热解的研究。与非催化热解相比，纯硅 SBA-15 的存在没有改变有机相产物的产率。掺杂 Al 的 Al-SBA-15 比无掺杂的 SBA-15 的活性高，增大了生物油中轻质呋喃和酚类物质的产率。低 Si/Al 比的 SBA-15 的催化活性更高，随着 Si/Al 比的降低，重质酚类物质的产率下降，轻质酚类物质的产率增加。Al-SBA-15 催化裂解也会对其他含氧化合物的产率造成影响，如增大了乙酸的产率，而降低了醛类和同类物质的产率。

3）MSU-HBEA 和 MSU-WBEA

MSU-HBEA 和 MSU-WBEA 在水蒸气条件下比 Al-MCM-41 更加稳定，对多环芳烃和重质馏分的选择性更好。由于它们的酸性更强，产物中几乎没有酸类、醇类或羰基化合物的生成。

5. 负载型过渡金属催化剂

加氢脱氧是提高生物油品位和生产烃类产物的有效途径，是生物质催化热解过程中涉及的一类重要反应。传统生物油加氢脱氧过程在液相、250～450℃、氢压 7.5～30MPa、硫化 CoMo 或 NiMo 催化剂条件下操作，由于操作压力高，对设备提出了耐高压的要求，并带来操作成本高的问题，使得传统加氢脱氧过程与生物质快速热解过程不太兼容。使用硫化催化剂时，为了保持催化剂的活性，要求将硫化物与原料一起进料，这样会引起传统加氢脱氧过程的其他严重问题。近年来发展起来的气相加氢脱氧技术可以在常压氢条件下操作，并且能够与热解操作单元结合，因而气相加氢脱氧比传统加氢脱氧更具优势。

烯烃、醛类、酮类、脂肪醚类、醇类和羧基化合物，在催化剂存在的条件下都很容易发生加氢脱氧反应。而酚类、酚醚类等芳香族含氧化合物，则需要在更严苛的反应条件下发生加氢脱氧反应，如需要更高的反应温度。为了便于讨论热解中间物的反应路径，常用模型化合物为反应物研究气相加氢脱氧反应。

负载于酸性载体上的过渡金属对加氢脱氧反应具有极高的活性，因而备受关注。在 Py-GC/MS 系统中进行的白杨木原位催化热解研究中[33]，对于将木质素衍生低聚物裂解为单分子酚类物质，再进一步转化为不含羰基和侧链的酚类化合物这一反应过程，Pd/SBA-15 展现出了非常特别的催化能力。Pd/SBA-15 几乎可以完全除去脱水糖，并使呋喃化合物脱去羰基。增大 Pd 的负载量（0.79wt%～3.01wt%），可以增大催化剂的活性。

常用的催化剂主要有如下三类。

（1）负载于酸性金属氧化物上的过渡金属催化剂，如 Cu/SiO_2、Pd/SiO_2、Ni/SiO_2、$Pd\text{-}Cu/SiO_2$、$Pt/\gamma\text{-}Al_2O_3$、$Pt/SiO_2\text{-}Al_2O_3$ 等。

（2）负载于碱性金属氧化物上的过渡金属催化剂，如 Pt/MgO 等。

（3）负载于活性炭载体上的过渡金属催化剂，如 Cu/C、Fe/C、Pd/C、Pt/C、Ru/C、Pd-Fe/C 等，以及负载于碳纳米纤维上的过渡金属催化剂，如 Pt、Sn 和 Pt-Sn 等。

9.3 生物质热解油的提质

如前所述，为了扩大生物油的使用范围，改善生物油的性质，使其性能尽量接近于烃类燃油，能够稳定地被储存和运输，或者可以用作生产化学品的原料，必须通过一定的提质技术来提高生物油的品位。生物油可以通过两种方式进行提质，一是在快速热解过程中加入催化剂，进行原位催化提质，即 9.2 节中介绍的催化裂解的方式，二是对已经生成的生物油在热解反应器之外进行离线提质。本节将主要介绍第二种提质方式。

用于生物油提质的方法有很多，主要分为物理提质和催化提质，以及其他化学提质方法[5]。下面依次详细介绍这些提质方法的特征。

9.3.1 生物油的物理提质

生物油的一些属性（表 9.3）会对生物油的燃料品质造成不利影响，其中最重要的不利属性包括：生物油的高含氧量导致的生物油与常规燃料不互溶，生物油中固体含量高，黏度高，以及生物油的化学性质不稳定。为了改善生物油的品质，针对生物油的这些不利属性发展了过滤、添加溶剂和乳化等物理提质方法。

1. 过滤

对生物质热解过程中生成的热蒸气进行过滤，可以将生物油中的灰分含量减少至低于 0.01%，碱含量低于 10ppm，使用旋风分离器分离后，可以使灰分含量降至更低。过滤法可以得到更高品质的生物油产品，碳含量减少，黏度下降，液体产物的平均相对分子质量减小，但是过滤会造成产率下降，降低值可达 20%。关于热蒸气过滤器的性能和操作过程，目前可以获取的信息有限，但是可以肯定的是，它们能够起到类似于气化过程热气过滤器的作用。

将原油和热过滤油用于柴油机中进行对比测试，由于过滤油的平均相对分子质量更小，可以极大地加快过滤油的燃烧速率，降低点火延迟时间。目前，热气过滤技术还没有应用于长期运行过程，美国能源部的国家可再生能源实验室、芬兰国家技术研究中心和英国阿斯顿大学在这方面陆续开展了一些研究工作。

过滤法也存在一些困难，如由于液体的物理化学性质，过滤低于约 5mm 的小颗粒非常困难，通常需要很高的压力差和自清洁过滤器。

2. 添加溶剂

在生物油中添加极性溶剂，是使生物油分布更加均匀，提高生物油的稳定性和降低黏度的有效手段。

溶剂主要通过以下 3 种机制降低生物油的黏度。

（1）溶剂的物理稀释作用。

（2）溶剂可以降低反应物浓度或者改变油的微观结构，从而降低生物油中各组分之间的反应速率。

（3）溶剂与生物油中的活性组分发生反应，生成酯或缩醛，从而阻止这些活性组分之间发生聚合反应生成大分子聚合物。

能够添加进生物油的溶剂有很多，如乙酸乙酯、甲基异丁酮和甲醇、丙酮、乙醇及其混合物等，其中甲醇是最好的添加剂。生物油添加 10wt%甲醇后，其老化速率（即黏度增加速率）比未添加甲醇之前小了近 20 倍[34]。添加甲醇的生物油在 90℃下可以稳定存放 96h，而不添加甲醇的生物油，其黏度在放置 2.6h 后就已经超标[35]。

生物油/溶剂的混合油在使用时仍然存在一些不便。尽管通过添加溶剂已经降低了油品的黏度，但是与常规燃料相比，混合油的黏度仍然较高。因此需要改进燃烧室中的喷嘴，才能将混合油用于涡轮机中进行燃烧。此外，燃烧前还需要用标准燃料预热涡轮机，才能使混合油燃烧，显然，混合油的燃烧性能与标准燃料相比还存在明显的差异。需要注意的是，单纯地添加溶剂，并不能从本质上改善生物油的含氧量、含水量、热值以及燃烧性能，因此目前已鲜有采用该方法对生物油进行改性。

3. 乳化

生物油的一个重要性质是生物油与常规燃料不互溶。尽管如此，借助表面活性剂的乳化作用可以使生物油混溶于柴油，使生物油分布更加均匀，提高其稳定性。

乳化油比生物油更加稳定，乳化油的稳定性受生物油浓度、表面活性剂含量和单位能量输入等诸多因素的影响。生物油的含量越高，乳化油的黏度越高。当乳化剂添加量（质量分数）为 0.5%～2.0%时，乳化油的黏度适中。生物油轻组分质量分数为 10%～20%的乳化油的黏度比纯生物油的黏度低，流动性好，利用方便[35]。加拿大矿物与能源技术中心开发了一种加工工艺，即在柴油中加入 5%～30%的生物油生产微乳液。意大利佛罗伦萨大学已经开展了相关研究工作，获得的柴油中含有 5%～95%生物油的乳液，这种乳液既可以用作运输燃料，又可以用作发动机发电用的燃料，而无需对发动机进行改造使其适于双燃料操作。

乳化油对发动机的腐蚀性/侵蚀性比柴油严重，因此乳化油对发动机相关配件的材料要求较高。

从乳化油的成本进行分析[35]，如果要达到完全乳化状态（不分层），生物油轻组分质量分数为 10%时的乳化成本为 2.6 美分/L，质量分数为 20%时的乳化成本为 3.4 美分/L，质量分数为 30%时的乳化成本为 4.1 美分/L。每添加质量分数为 10%的生物油轻组分，乳化油的十六烷值就会降低 4。

9.3.2 生物油的催化提质

1. 生物质自身所含灰分的影响

在考虑生物油的催化提质之前，首先应当考虑生物质自身组成中所含的碱金属的影响。这些碱金属是生物质在生长和养分迁移过程中必不可少的物质，形成了生物油的灰分，它们自身也是非常活泼的催化剂。其中最活泼的碱金属是钾，其次是钠，它们会使热解蒸气发生二次裂解，从而降低液体的收率和液相品质。在适宜的浓度时，碱金属的这些催化作用甚至比炭裂解强烈得多。

生物质的这些灰分含量可以通过控制作物的种类和收获时间，在一定程度上加以控制，但是不能从生长的生物质中完全消除灰分。用水或稀酸洗涤生物质，可以降低灰分含量，在极端温度或酸浓度条件下，能够彻底除去灰分。但是当洗涤条件变得苛刻时，水解作用会破坏半纤维素和纤维素的结构，使液体收率和液体品质下降。除此之外，洗涤后的生物质需要尽可能彻底地除去酸并加以处理，这一过程必然会产生大量的废水，增加了后处理成本，此外湿生物质也需要干燥处理，增大了能耗。因此洗涤并不是一个可行的方法，除非在一些特殊情况下一定要用到洗涤方法，如需要除去污染物。除去高含量灰分的同时，会发现生物油中左旋葡聚糖的产率会有一定程度的增加。

2. 生物油催化提质为生物燃油

将生物油提质为柴油、汽油、煤油、甲烷和液化石油气（LPG）等常规的运输燃料，要对生物油进行完全脱氧和常规精炼。也有将生物油部分提质为与炼厂汽油组分一致的产物，从而可以利用常规炼油厂进行精炼。

生物油催化提质的方法主要包括催化加氢和催化裂解两类[5, 36]。通过提质后，生物油中的含氧化合物转变为轻质烃和芳香烃，以及 H_2 和合成气。提质过程中发生的化学反应包括加氢脱氧、酮基化/Aldol 缩合、芳构化和裂解反应。例如，生物油裂解主要涉及热裂解（C—C 键断裂）、氢转移、芳香烃侧链断裂和异构化，以及脱羧、脱羰和脱水等脱氧反应，通过裂解可以降低生物油的含氧量，改善其品质。下面分别介绍催化加氢和催化裂解的特征。

1）催化加氢

典型的催化加氢精制过程在高压（20MPa）、中温（400℃）和供氢溶剂存在条件下进行，加入催化剂对生物油进行加氢处理，将氧以水的形式除去。在理论上这一过程可以用反应式（9.3）来描述：

$$C_1H_{1.33}O_{0.43} + 0.765H_2 \longrightarrow CH_2 + 0.43H_2O \tag{9.3}$$

加氢精制是较为早期的生物油改性提质方法，可以显著降低生物油中的含氧量，提高能量密度。加氢精制有别于快速热解，因此可以与快速热解分别独立完成。将生物油完全加氢精制生成粗汽油类产物后，再通过常规精制获得运输燃料，而这一过程可以在常规炼油厂利用现有的加工工艺来完成。以源自生物质的粗汽油等价物进行预测，按质量计算的典型产率大约为25%，按能量（包括氢提供的能量）计算大约为55%。

催化剂是加氢精制工艺中必不可少的核心和关键，常用于生物油加氢精制过程的催化剂主要有以下两类。

（1）Al_2O_3或硅铝酸盐上负载的硫化CoMo或硫化NiMo催化剂。关于这类催化剂的活性研究最早始于20世纪80年代和90年代，过程控制条件与石油馏分的脱硫类似。然而由于生物油与石油馏分的化学成分不同，在反应过程中开始出现了大量的根本性问题，如在生物油的含水环境下催化剂载体氧化铝或硅铝酸盐的不稳定性，以及活性组分硫易从催化剂上剥离而失活，因此需要经常处理再硫化。硫化CoMo催化剂用于生物油加氢处理后，生物油的含氧量降低至0.5%（质量），芳香烃的含量增大至38%。

（2）Al_2O_3、C、ZrO_2和碳纳米管等载体上负载Pd、Ru、Pt等贵金属的催化剂。近年来，大量学术和工业研究机构开始研究这类催化剂，他们在间歇式和连续流动装置中均进行了反应测试，在较低温度（最高至380℃）下即可将生物油催化加氢转化为石油精炼原料范围内的产品。如Pt/Al_2O_3催化剂，在压力5～10MPa、温度350～400℃条件下用于生物油催化加氢，可以使含氢化合物的含量明显增加。

由于生物油的组分十分复杂，在催化加氢过程中会发生多种不同类型的反应。在实际研究过程中用模型化物为原料进行加氢精制，对反应过程和反应中间物进行检测，可以帮助我们理解生物油加氢处理中常涉及的一些基本反应的反应机理。以酯类化合物为例，将戊酸甲酯和庚酸甲酯作为生物油中羧基组分的模型化合物，在催化加氢过程中观察到生成了烯烃、烷烃、乙醇、羧酸等产物。实验结果说明，酯类化合物在催化加氢过程中主要涉及以下三条反应途径。

（1）酯先生成醇，进而脱水生成烃类。

（2）酯水解生成羧酸和醇，再脱羧和脱水生成烃类。

（3）酯直接脱羰基生成烃类。

通过催化加氢，能够显著降低生物油中的含氧量，提高生物油的热值。但是由于催化加氢需要在高压下操作，条件苛刻、设备复杂、成本较高。并且，由于生物油热稳定性差，当温度超过 80℃时生物油中活性组分的再聚反应强烈，生成大量的低聚物，使得黏度快速增大。另外，生物油中的部分组分会在催化剂基体的孔道内沉积，堵塞活性中心，致使催化剂失活。因此，催化加氢精制设备一般都较复杂，成本较高，在操作中还容易发生反应器堵塞和催化剂失活等现象。

2）催化裂解

催化裂解是在催化剂的作用下，将生物油中的大分子物质裂解成小分子烃类，将氧以 H_2O、CO 和 CO_2 的形式除去。与催化加氢相比较，催化裂解无需还原性氢气，反应在常压下操作，条件温和，所需常压设备与操作成本都比催化加氢高压设备的成本低。生物油的催化裂解是一个复杂的过程，包含了多个平行反应和连串反应。理论上这一过程可以用反应式（9.4）来描述：

$$C_1H_{1.33}O_{0.43} + 0.272O_2 \longrightarrow 0.65CH_{1.2} + 0.35CO_2 + 0.275H_2O \qquad (9.4)$$

催化裂解最常用的催化剂是择形分子筛催化剂，如 ZSM-5、HZSM-5、Y 型分子筛和磷酸铝类分子筛等。由于分子筛具有酸性和孔道结构的规整性，它们在生物油催化裂解过程中展示出较好的催化裂解和芳构化性能。除此之外，ZrO_2 和 Al-MCM-41、Cu/Al-MCM-41 等也可以用作催化裂解的催化剂。

在催化剂的诸多物理化学性质中，孔径和表面活性位对精制效果的影响最为显著。HZSM-5 和 HY 催化生物油裂解改性，可以得到 27.9%的烷烃收率，其中烃类以 C_6～C_9 烃为主。在 550℃条件下 ZSM-5 催化裂解热蒸气时，由于热解中间物在催化剂的作用下会发生裂解，导致生物油的收率下降，而相对分子质量分布变窄，产物更加集中，从而提高了产物的选择性。

反应条件也会影响精制的效果。较高的反应温度有利于裂解反应的发生，使相对分子质量分布变得更窄，其中单环芳烃和多环芳烃的含量增加明显。温度也会影响生物油中氧的脱除形式，温度较低时，氧主要转化为 H_2O，而在较高温度下则转化为 CO 和 CO_2。

生物油催化裂解作用途径主要包括如下两种方式：①分子筛将生物油中的组分催化裂解为烷烃，烷烃再发生芳构化作用；②将生物油中的含氧化合物直接脱氧形成芳香族化合物。

催化裂解过程中采用的催化剂大多为 ZSM-5，催化剂结焦率高、寿命短、很难再生。ZSM-5 型分子筛属于微孔分子筛，适合大约 C_{10} 烃大小的分子进出孔道。热裂解产生的生物油中含有一些未裂解完全的大分子低聚物，还有源自活性组分的再聚而生成的大分子低聚物，这些低聚物由于孔径的限制无法进入微孔，会在分子筛催化剂的外表面凝结，催化剂积碳而失活。降低催化剂的温度和生物油蒸气的浓度，或缩短蒸气的停留时间，可以减缓积碳。但是降低温度又会减慢裂解速率，使得生物油的催化转化效果变差，缩短停留时间又会降低生物油中氧的脱除率。这些问题都是在实际使用过程中需要加以考虑的。

催化裂解能够有效去除生物油中的氧，但缺点是精制油产率较低，结焦率高，催化剂寿命短，目前尚未找到性能好、转化率高、结焦率低的催化剂。为了降低结焦率，提高精制油的产率，可将生物油初步分离后分步精制，或采用四氢萘、苯、醇类等溶剂来稀释生物油。

9.3.3 用于生物油化学提质的其他方法

本小节主要介绍用于生物油提质的其他化学方法，以及不包括在加氢精制和催化裂解内的催化反应过程。

1. 酯化和其他反应过程

生物油提质的目标大多定位在降低生物油的含氧量。含氧量越低，生物油的性质越接近于运输燃料，但是除氧过程必然会副产大量的水和碳氧化物。除氧过程会消耗大量的氢却只能得到非能源的水，高昂的提质成本严重影响了提质研究成果的实际应用。从生物油的化学组分来分析，生物油本身是由碳链长短不一的醇、醚、醛、酮、酸及其各种衍生物组成的复杂含氧混合物，如果对这些复杂组分进行重整、还原、酯化、异构化处理，使其生成结构简单的稳定的含氧衍生物，如醇、醚、酯等，也可以达到提升生物油品位的目的。而这些结构简单的含氧有机物本身就是很好的燃料，还可以添加到常规燃料中增加燃料的辛烷值或十六烷值，提高其燃烧效率。因此，浙江大学郑晓明和楼辉提出，无需大量耗氢，以制取稳定而易燃的含氧有机物为目标这一新的提质思路[37]。

不经分离的复杂氧化物混合体系可能在催化剂上同时进行多种反应，如长链和结构复杂分子的裂解、醛和酮的不饱和键加氢、正构碳链的异构化、氮和硫原子的加氢脱除以及有机酸和醇的酯化等，这些反应均可以在金属/酸碱催化中心上协同完成。生物油提质制取稳定的易燃含氧有机物，主要涉及如下几类反应。

1）醛和酸的加氢酯化

醛和酸的加氢酯化反应如反应式（9.5）所示。

$$R_1CHO + R_2COOH + H_2 \longrightarrow R_1CH_2OOCR_2 + H_2O \tag{9.5}$$

催化剂为酸性载体 HZSM-5 和 $Al_2(SiO_3)_3$ 上负载的 Pt，是金属/酸双功能催化剂。将乙醛、丁醛分别与乙酸构成模型体系，在氢压 1.5MPa 和 150℃条件下，醛和酸转化生成乙酸乙酯和乙酸丁酯。

2）酸性组分的酮基缩合

通过酮基缩合可以将生物油中不稳定组分，即大量有机酸转化成易燃烧的酮。酸性组分的酮基缩合反应按照反应式（9.6）进行。

$$2RCOOH \longrightarrow RCOR + H_2O + CO_2 \tag{9.6}$$

催化剂为负载在 Al_2O_3 或 TiO_2 上的 CeO_2。酚和水对催化性能的影响不大，而糠醛的存在则会严重抑制该反应的发生，因此酮基缩合反应提质时需要先进行预处理除去糠醛。

3）催化酯化

在固体酸或碱的作用下，将生物油中的羧基与醇类溶剂通过酯化反应生成酯类，减少生物油中羧酸的含量，降低生物油的酸性和腐蚀性，提高生物油的稳定性。经过催化酯化处理之后，生物油的储存稳定性显著增加，在 5℃下保存 8 个月其黏度的变化也不大，生物油的密度由改性前的 1.24g/cm^3 降至改性后的 0.96g/cm^3，热值提高了大约 50%。

2. 生物油重整制氢

氢气是一种可再生的清洁能源，工业上目前主要由天然气、石油和煤等化石燃料来生产氢气，以水蒸气为介质对生物油进行重整是制取氢气的又一重要途径。生物油重整制氢主要有两条途径，即水相重整制氢和气相重整制氢。

1）水相重整制氢

Dumesic 等最早提出生物油水相重整制氢这一新方法[38]。将生物油分成水相和油相这两相分别加以利用，含氧化合物主要存在于水相，将水相产物通过催化重整、脱水/加氢反应制得氢和烷烃，所得氢气又可以用于对油相进行加氢。水相重整制氢可以简单描述为在加压条件下水溶液（或水介质）中组分的低温重整与水气变换制氢，该工艺在低温（500K 左右）下进行，可以极大地降低能耗。

生物油的水相包含了上百种化学成分，主要为乙酸、甲酸、乙醇醛、丙酮醇、左旋葡萄糖和芳香烃等，因此生物油水相重整制氢反应过程极其复杂，反应可以向多个方向同时进行，反应中间物又可以继续发生不同的反应。图 9.9 为生物油重整制氢的反应网络示意图[39]。

生物油水相重整的总包反应方程式为：

$$C_nH_xO_y + (2n-y)H_2O \longrightarrow nCO_2 + (2n-y+x/2)H_2 \tag{9.7}$$

总包反应主要包括 C—C 键裂解式（9.8）和水气变换式（9.9）两个步骤。

$$C_nH_xO_y + (n-y)H_2O \longrightarrow nCO + (n-y+x/2)H_2 \tag{9.8}$$

$$CO + H_2O \longrightarrow CO_2 + H_2 \quad \Delta_r H_m^\ominus = -41.2\text{kJ/mol} \tag{9.9}$$

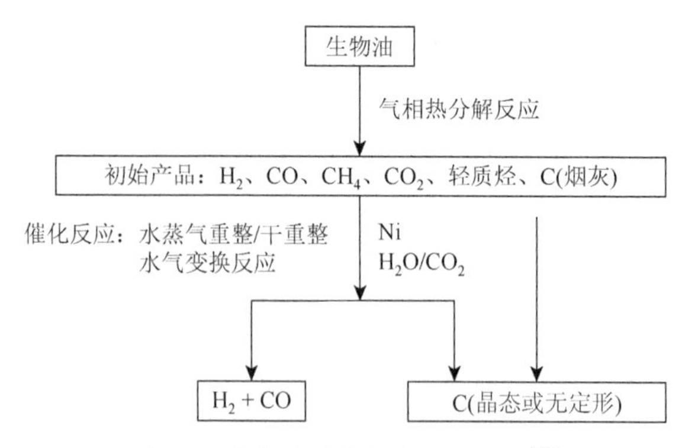

图 9.9 生物油重整制氢反应网络[39]

水相重整制氢所用催化剂大多为酸性载体上负载 Ni 等金属或贵金属的催化剂，具备脱水和加氢双功能，如 Pt/Al_2O_3-SiO_2。由于 Pt—C 键的吸附键能高于 Pt—O 键，因此含氧化合物主要以 Pt—C 键的形式吸附在 Pt 活性位上。又由于在 Pt 催化剂上 C—H 键、O—H 键断裂活化能相近，并且低于 C—C 键和 C—O 键断裂的活化能，因此 C—H 键、O—H 键将首先断裂，脱附出来的 2 个 H 原子形成 H_2，随之发生 C—C 键、C—O 键的断裂生成 CO，CO 再经历水气变换反应生成 H_2 和 CO_2［式（9.9）］[40]。

反应过程中会平行发生一些副反应，主要为 H_2 与 CO/CO_2 的甲烷化反应，以及被吸附物质 C—O 键断裂之后的加氢反应。这些反应都会引起氢的消耗，降低氢的产率，因此如何避免发生甲烷化反应和加氢反应对水相重整制氢非常重要。

在水相重整制氢中加入催化剂，可以有效提高氢的产率。催化剂的催化作用主要体现在以下几个方面。

（1）生物油水相组分在催化剂表面发生吸附，吸附后其稳定性降低，容易发生深度裂化、脱氢、缩和等反应，使气体产物中 H_2 含量增加。

（2）生物油水相中的酸、醛、酮和芳香烃等化合物中的羧基、羰基等基团在催化剂表面发生分解，使气体产物中 CO 的含量增加。

（3）在催化剂表面上，生物油水相组分发生脱甲基反应生成 CH_4，CH_4 再发生水蒸气重整反应［式（9.10）］，以及少量 CH_4 会发生 CO_2 重整反应［式（9.11）］，这些反应的综合作用会降低 CH_4 的含量。

$$CH_4 + H_2O \longrightarrow CO + 3H_2 \quad \Delta_r H_m^{\ominus} = 206.2\text{kJ/mol} \tag{9.10}$$

$$CH_4 + CO_2 \longrightarrow 2CO + 2H_2 \quad \Delta_r H_m^{\ominus} = 54\text{kJ/mol} \tag{9.11}$$

（4）催化剂会同时促进水气变换反应［式（9.9）］。由于水相重整制氢在 500K 左右的低温下进行，在热力学上对水气变换反应更为有利，因此所得的 CO 的浓度极低。

水相重整路线在实际应用过程中也面临一些困难，主要有以下两大瓶颈问题：①水相重整工艺只能处理生物油浓度较低的原料，且操作空速很小；②重整过程中会发生甲烷化反应等副反应，一方面降低了 H_2 的选择性，另一方面，反应中生成的烷基化产物会吸附在催化剂活性位上，与反应物分子发生竞争吸附，从而降低催化剂催化生物油制氢的活性。

2）水蒸气重整制氢

与水相重整制氢类似，水蒸气重整制氢可以简单描述为生物油中水溶性组分的水蒸气高温重整与水气变换制氢。与水相重整制氢不同的是，水蒸气重整制氢无需加压，但是要在较高的温度（600～800℃）下进行。生物油水蒸气重整制氢是提高生物油质量的有效手段之一。

借鉴化石燃料水蒸气重整制氢工艺，生物油水蒸气重整制氢最初也是采用固定床装置，催化剂一般为 Ni 基催化剂，以及负载于 Al_2O_3、$CeZrO_2$ 载体上的贵金属 Pt、Rh、Pd 催化剂。但是固定床工艺存在催化剂表面结焦且容易堵塞反应器的现象，因此开展了流化床水蒸气重整制氢工艺研究。流化床具有原料混合均匀、传热充分等特点，也可以满足重整反应过程（生物油蒸发、加热、重整）所需热量大的要求，并且流化床中催化剂颗粒之间、颗粒与器壁之间的相互摩擦可以使新鲜的颗粒表面不断地暴露出来，保证催化剂与水蒸气充分接触，有利于延长催化剂的寿命，提高重整效率。在放大反应器时，流化床的这些优点比固定床更具优势。

水蒸气重整技术在应用过程中面临的瓶颈问题如下：①催化剂迅速结焦、失活；②对糖类物质的重整困难。

3. 生物油气化生产合成燃料

在气化介质的辅助下，将生物油气化转化为 H_2、CO、CO_2、CH_4、C_2 和 C_3 烃等合成原料气，对气体进行净化，再经过甲醇合成和费托合成等进一步的技术处理，得到甲醇、二甲醚、低碳醇、汽油和柴油等高品位的燃料。这一路径属于生物质的间接液化，是实现生物油高质化利用的一条重要的途径。生物质热解气一般属于中热值燃气，既可用作居民生活燃气，又可用作工业原料生产合成气。

与第 8 章所述的生物质气化过程类似，生物油气化制备合成气所需操作温度很高，一般在 800～1200℃，甚至高达 1600℃[41]。当气化温度较低时，合成气中的甲烷含量偏高，不符合理想的合成气原料要求（费托合成中 H_2/CO 比要求为 2～2.5）。通过甲烷水蒸气重整［式（9.10）］或甲烷 CO_2 重整［式（9.11）］可以将甲烷转化为 CO 和 H_2，而这两个反应均为吸热反应，因此需要升高反应温度（>1200℃）或加入催化剂促进这两个反应的发生，从而减少甲烷在合成气中的含量。

气化剂的种类对合成气组分的影响显著，常用的气化剂包括空气、氧气、CO、氢气、水蒸气。加拿大 Saskatooon 大学的 Panigrahi 等在管式固定床微型反应装置上，进行了生物油气化制备合成气和民用燃气的对比研究，反应在 800℃下进行，生物油以 5g/h 的速率进料，通过特殊设计的喷嘴喷入反应器，所得结果如表 9.8 所示[42]。气化剂 CO_2、H_2 及水蒸气的加入，有利于提高气体产物中合成气的含量。不同的气化剂表现出不一样的影响规律。例如，当以生产燃气为目的时应避免加入 CO_2，而加入 H_2 则有利于促进烃类的裂解。

表 9.8　不同气化介质实验结果[42]

气化介质	介质质量分数/%	生物油转化率/%	H_2 质量分数/%	CH_4 质量分数/%	气体热值/(MJ/m^3)
N_2, CO_2	CO_2：20～60	83～68	15～54.6	12.5～27.4	26.8～19.8
N_2, H_2	H_2：0～60	83	12.8～47.8	13.9～27.4	64.6～16.3
水蒸气		67～81	47～49	13.4～16.2	18.9～17.3

与生物质直接气化相比，生物油气化的优势主要体现在如下几个方面。

（1）生物油为液体，比生物质原料更易收集、存储和运输，可将其集中到一起进行气化，也可以通过油泵实现带压连续进料。

（2）生物质高温气化所得的灰分熔化后会产生比较严重的排渣问题，而生物油气化可以避免这一问题。

（3）由生物质直接气化所得原料气存在着 H_2 含量低、CO_2 含量高、H/C 比不足、CO_2/CO 比高、焦油含量高等问题，如果不经过后续的合成气组分调整，很难满足传统化学合成工艺的要求。

虽然生物油气化所得气体比生物质直接气化所得气体要纯净得多，但其中仍然含有一些可凝的有机成分、半焦、热裂解过程带出来的灰分以及其他的燃料污染物与潜在的空气污染物。这些杂质的存在不仅会引起安全上的问题，还会造成后续催化剂中毒，因此必须对生物油气化所得的气体进行净化。为了满足费托合成所需合成气的质量要求，需要在高温高压条件下对合成气进行净化，而为了阻止敏感的催化剂中毒，合成气不能含有焦油和颗粒物，需要用高效微粒进行过滤，并吸附硫、氯等有毒组分。

参 考 文 献

[1] Zhou C H，Xia X，Lin C X，et al. Catalytic conversion of lignocellulosic biomass to fine chemicals and fuels. Chemical Society Reviews，2011，40（11）：5588-5617.

[2] Liu C J，Wang H M，Karim A M，et al. Catalytic fast pyrolysis of lignocellulosic biomass. Chemical Society Reviews，2014，43（22）：7594-7623.

[3] 姚倩，徐禄江，张颖. 催化快速热解生物质制备高附加值化学品研究进展. 林产化学与工业，2015，35（4）：

138-144.

[4] 朱锡锋，李明. 生物质快速热解液化技术研究进展. 石油化工，2013，42（8）：833-837.

[5] Bridgwater A V. Review of fast pyrolysis of biomass and product upgrading. Biomass & Bioenergy，2012，38：68-94.

[6] 朱锡锋，陆强. 生物质快速热解制备生物油. 科技导报，2007，25（21）：69-75.

[7] Babu B V. Biomass pyrolysis：a state-of-the-art review. Biofuels，Bioproducts Biorefining，2008，2（5）：293-414.

[8] Mohan D，Jr Pittman C U，Steele P H. Pyrolysis of wood/biomass for bio-oil：a critical review. Energy & Fuels，2006，20（3）：848-889.

[9] Shen D K，Gu S，Bridgwater A V. The thermal performance of the polysaccharides extracted from hardwood：cellulose and hemicellulose. Carbohydrate Polymers，2010，82（1）：39-45.

[10] Shen D K，Gu S. The mechanism for thermal decomposition of cellulose and its main products. Bioresource Technology，2009，100（24）：6496504.

[11] Liu W J，Li W W，Jiang H，et al. Fates of chemical elements in biomass during its pyrolysis. Chemical Reviews，2017，117（9）：6367-6398.

[12] Li S，Lyons-Hart J，Banyasz J，et al. Real-time evolved gas analysis by ftir method：an experimental study of cellulose pyrolysis. Fuel，2001，80：1809-1817.

[13] Zhang X，Yang W，Blasiak W. Kinetics study on thermal dissociation of levoglucosan during cellulose pyrolysis. Fuel，2013，109：476-483.

[14] Vinu R，Broadbelt L J. A mechanistic model of fast pyrolysis of glucose-based carbohydrates to predict bio-oil composition. Energy Environmental Science，2012，5（12）：9808-9826.

[15] Zakzeski J，Bruijnincx P C A，Jongerius A L，et al. The catalytic valorization of lignin for the production of renewable chemicals. Chemical Reviews，2010，110（6）：3552-3599.

[16] Nowakowski D J，Bridgwater A V，Elliott D C，et al. Lignin fast pyrolysis：results from an international collaboration. Journal of Analytical and Applied Pyrolysis，2010，88（1）：53-42.

[17] Kosa M，Ben H，Theliander H，et al. Pyrolysis oils from CO_2 precipitated kraft lignin. Green Chemistry，2011，13（11）：3196.

[18] Huber G W，Iborra S，Corma A. Synthesis of transportation fuels from biomass：chemistry，catalysts，and engineering. Chemical Reviews，2006，106（9）：4044-4098.

[19] Johansson R，Hruby S，Rass-Hansen J，et al. The hydrocarbon pool in ethanol-to-gasoline over HZSM-5 catalysts. Catalysis Letters，2009，127：1-6.

[20] Gangadharan A，Shen M，Sooknoi T，et al. Condensation reactions of propanal over $Ce_xZr_{1-x}O_2$ mixed oxide catalysts. Applied Catalysis A：General，2010，385：80-91.

[21] Jensen A，Dam-Johansen K，Wo´jtowicz M A，et al. Tg-ftir study of the influence of potassium chloride on wheat straw pyrolysis. Energy & Fuels，1998，12（5）：929-938.

[22] Patwardhan P R，Satrio J A，Brown R C，et al. Influence of inorganic salts on the primary pyrolysis products of cellulose. Bioresource Technology，2010，101：4646-4655.

[23] Varhegyi G，Antal M J，Szekely T，et al. Simultaneous thermogravimetric-mass spectrometric studies of the thermal decomposition of biopolymers. 2. Sugarcane bagasse in the presence and absence of catalysts. Energy & Fuels，1988，2（3）：273-277.

[24] Stefanidis S D，Kalogiannis K G，Iliopoulou F E，et al. *In-situ* upgrading of biomass pyrolysis vapors：catalyst screening on a fixed bed reactor. Bioresource Technology，2011，102（17）：8261-8267.

[25] Mochizuki T，Atong D，Chen S Y，et al. Effect of SiO_2 pore size on catalytic fast pyrolysis of jatropha residues by using pyrolyzer-GC/MS. Catalysis Communications，2013，36：1-4.

[26] Pütün E. Catalytic pyrolysis of biomass：effects of pyrolysis temperature，sweeping gas flow rate and mgo catalyst. Energy，2010，35：2761-2766.

[27] Lu Q，Zhang Z F，Dong C Q，et al. Catalytic upgrading of biomass fast pyrolysis vapors with nano metal oxides：an analytical PY-GC/MS study. Energies，2010，3：1801820.

[28] Williams P T，Nugranad N. Comparison of products from the pyrolysis and catalytic pyrolysis of rice husks. Energy，2000，25：493-513.

[29] Williams P T，Horne P A. The influence of catalyst regeneration on the composition of zeolite-upgraded biomass pyrolysis oils. Fuel，1995，74（12）：1839-1851.

[30] Cheng Y T，Jae J，Shi J，et al. Production of renewable aromatic compounds by catalytic fast pyrolysis of lignocellulosic biomass with bifunctional Ga/ZSM-5 catalysts. Angewandte Chemie International Edition，2012，51（6）：1387-1390.

[31] Fanchiang W L，Lin Y C. Catalytic fast pyrolysis of furfural over H-ZSM-5 and Zn/H-ZSM-5 catalysts. Applied Catalysis A：General，2012，419-420：102-110.

[32] Jae J，Tompsett G A，Foster A J，et al. Investigation into the shape selectivity of zeolite catalysts for biomass conversion. Journal of Catalysis，2011，279（2）：257-268.

[33] Lu Q，Tang Z，Zhang X，et al. Catalytic upgrading of biomass fast pyrolysis vapors with Pd/SBA-15 catalysts. Industrial & Engineering Chemistry Research，2010，49（6）：2573-2580.

[34] Diebold J P，Czernik S. Additives to lower and stabilize the viscosity of pyrolysis oils during storage. Energy & Fuels，1997，11（5）：1081-1091.

[35] Ikura M，Stanciulescu M，Hogan E. Emulsification of pyrolysis derived bio-oil in diesel fuel. Biomass & Bioenergy，2003，24（3）：221-232.

[36] 徐俊明，蒋剑春，卢言菊. 生物热解油精制改性研究进展. 现代化工，2007，27（7）：13-17.

[37] 郑小明，楼辉. 生物质热解油品位催化提升的思考和初步进展. 催化学报，2009，30（8）：76769.

[38] Cortright R D，Davda R R，Dumesic J A. Hydrogen from catalytic reforming of biomass-derived hydrocarbons in liquid water. Nature，2002，418：964-967.

[39] 汪璐，王铁军，张琦，等. Z204 催化剂上生物油水相重整制氢反应. 石油化工，2008，37（3）：238-242.

[40] 谢建军，阴秀丽，黄艳琴，等. 生物油水溶性组分重整制氢研究进展及关键问题分析. 石油学报（石油加工），2011，27（5）：829-838.

[41] 李理，阴秀丽，吴创之，等. 生物质热解油气化制备合成气的研究. 可再生能源，2007，25（1）：40-43.

[42] Panigrahi S，Chaudhari S T，Bakhshi N N. Synthesis gas production from steam gasification of biomass-derived oil. Energy & Fuels，2003，17（3）：637-642.